I0074190

Wärme und Wärmewirtschaft der Kraft- und Feuerungs- Anlagen in der Industrie

mit besonderer Berücksichtigung der
Eisen-, Papier- und chemischen Industrie.

Von

WILHELM TAFEL

o. Professor an der Technischen Hochschule zu Breslau.

Mit 123 Abbildungen und 2 Zahlen-Tafeln.

München und Berlin 1924
Druck und Verlag von R. Oldenbourg.

Alle Rechte, insbesondere das der Übersetzung, vorbehalten
Copyright 1924 by R. Oldenbourg, München und Berlin

Dem Andenken

der Lehrer meiner Studienzeit

Reuleaux, Riedler, Slaby, Wedding

in Dankbarkeit und Treue

gewidmet.

Vorwort.

Die Grundlagen des vorliegenden Buches sind im Frühjahr 1923 Betriebs- und Wärmeingenieuren der Oberschlesischen Eisenindustrie in Gestalt von Hochschulkursen dargelegt worden. Sie haben so starken Anklang gefunden, daß dem Verfasser das Bedürfnis gegeben schien, die »Wärmewirtschaft der Kraft- und Feuerungsanlagen« in erweiterter Form in Druck zu geben und als Handbuch erscheinen zu lassen für alle, die mit technischen Anlagen zu tun haben, ohne selbst Maschineningenieure zu sein. In dieser Lage sind unsere Berg- und Hüttenleute, unsere Chemiker, die in die Industrie gehen, sind aber auch die Absolventen der Fachschulen für die Textil-, Papier- und ähnliche Industrien. Industrielle Unternehmen sind Arbeitsstätten, auf denen mittels Menschen und maschineller Anlagen Waren erzeugt oder höherwertig gemacht werden. Somit hat jeder in einem solchen Arbeitende mit Maschinen zu tun. Er braucht sie nicht zu bauen — diese Arbeit leistet der Maschineningenieur — aber er muß sie richtig auswählen, muß kritisch beurteilen können, ob das, was die Vertreter seiner Lieferfirmen versichern, möglich oder nicht möglich, glaubhaft oder nicht glaubhaft ist, und muß diese Anlagen endlich sachgemäß betreiben und instandhalten können. Dazu ist nicht das Studium des Maschinenbaues nötig, das mindestens zur Hälfte der formgebenden Arbeit gewidmet ist. Auf der anderen Seite kann solch kritisches technisches Denken auch nicht allein aus dem Studium der sog. »reinen Wissenschaften«, vor allem Physik, Mathematik und Chemie gewonnen werden. Wer das behauptet — und es wird häufig behauptet — hat von dem Wesen der Technik nie einen Hauch verspürt. Das ist so wenig möglich, wie man aus dem Studium der Perspektive, Farbenlehre, Ästhetik usw. jemals Maler oder Bildhauer zu werden vermag. Wie diese niemals auf anderem Wege entstehen können, als auf dem eigener künstlerischer Arbeit, so können wir Technik

auch in den oben umrissenen Grenzen nur lernen, indem wir selbst
technisch rechnen und schöpferisch arbeiten. Zu diesem anzuleiten,
ist einer der Hauptzwecke dieses Buches, um seiner selbst wie vor allem
um der Klärung und des Verständnisses willen, die für technische Fragen
allein das Rechnen bringt.

Technische Rechnungen sind, weit mehr als die der exakten Wissenschaften, Grenzrechnungen. Die Genauigkeit, die bei dem physikalischen oder physiko-chemischen Versuch oder der quantitativen
Analyse an oberster Stelle steht, ist hier meist weniger wichtig, als die einfache, rasche Erfassung möglichst vieler Abhängigkeiten. Die langen, ver-
wickelten Rechnungen, die verwirren, statt zu klären, sind hauptsächlich schuld, wenn Wärme- und Betriebsingenieure sich oft nicht recht finden.
Man kann sagen: technisch sehen, heißt einfach sehen, heißt das Ver-
wirrte klarlegen und so aus dem Gestrüpp des einzelnen sich schließlich
den Blick für das Ganze erringen. Kann in den exakten Wissenschaften reine Einzelleistung immerhin noch eine achtenswerte Betätigung
darstellen, so ist sie für alle Ingenieursarbeit immer bis zu einem
gewissen Grade minderwertig, für die Wärmewirtschaft aber bedeutet
sie überhaupt nichts.

Wir fassen zusammen:

Dieses Buch will die technischen Grundlagen vermitteln, die zur Beurteilung des Wärmeverbrauchs in Kraft- und Feuerungsanlagen erforderlich sind. Es will technische Kritik und klares technisches Rechnen
lehren. Es soll endlich, indem es Kraft- und Feuerungsanlagen auf den
gleichen Grundlagen aufbaut und von gleichen Gesichtspunkten aus
behandelt, dazu erziehen, nicht am einzelnen haften zu bleiben, sondern
den Blick stets auf das Ganze zu richten. Diese letztere Fähigkeit ist
unentbehrlich für jede gute Wärmewirtschaft, ja, man kann sagen, für
jede Wirtschaftlichkeit in der Industrie überhaupt.

Der gemeinsame Aufbau der beiden Gebiete (Kraft- u. Feuerungsanlagen) ist neu. Was aus dem Schrifttum an neuen Gedanken aufgenommen ist, wurde nach dem Gesichtspunkt ausgewählt, ob es erfolg-
reiche Anwendung in der Praxis gefunden hat oder für die Zukunft
verspricht.

Es sei noch eines Zweckes gedacht, dem dieses Buch dienen möchte.
Der Verfasser hat die Ehre, als Lehrer an einer deutschen Hochschule zu
wirken. Seine Aufgabe ist, Betriebsleute vor allem für das Berg- und
Hüttenfach und für die chemische Industrie auszubilden. Seit dem ersten
Tage dieser Tätigkeit sieht er mit Sorge den Zwiespalt, dem unsere
werdenden Betriebsleute ausgesetzt sind, zwischen der Ausbildung in den

sogenannten »reinen« und den angewandten Wissenschaften, in den vorbereitenden allgemeinen naturwissenschaftlichen Fächern und der Übung
in eigener, selbständiger, technischer Arbeit. Diese Teilung ist einigermaßen befriedigend gelöst für den Maschinenbau, weil dieser am längsten
von allen technischen Fächern wissenschaftlich betrieben wird. Weniger
befriedigend aber für alle anderen Industriezweige. Unsere Hüttenleute,
um ein Beispiel zu nennen, müßten nach dem Wortlaut der Lehrpläne
der Vorstufe, die wenigstens 2, jetzt leider meist $2^1/_2$ und 3 Jahre dauert,
Chemie fast wie die Chemiker, Technik wie die Maschinenbauer treiben.
Sie müßten also zwei Studien, von denen jedes einzelne die verfügbare
Zeit voll ausfüllt, auf den gleichen Raum zusammenpressen. Und zwar
in einem Alter, in welchem der Studierende das berechtigte Bedürfnis
hat, sich auch allgemein zu bilden, und in dem für einigen Lebens-
genuß Raum bleiben sollte, nicht aus Weichlichkeit, sondern weil ohne
ihn, ohne zeitweilige Entlastung des Gehirns, der zu bewältigende Stoff
nicht verdaut werden kann. Es verweigert wie der Magen die Aufnahme von Nahrung, wenn ihm zu viel zugemutet wird. Da ein
solches Zusammenpressen eine Unmöglichkeit bedeutet, so kann leicht
in einfacher Notwehr eine Folge entstehen, welche die schlimmste
für eine Schule ist: der Lernende biegt den Schwierigkeiten aus, er erfüllt äußerlich, aber nicht in Wirklichkeit das Unmögliche. Die Hochschule, die mehr als zu allem
anderen zur zuverlässigen, selbstkritischen, ehrlichen und gründlichen
Arbeit anleiten soll, gerät dann in Gefahr, zur Scheinarbeit zu erziehen, welche die Oberfläche statt der Tiefe sucht. Wenn auch die
einzelnen Hochschulen und Persönlichkeiten nach Kräften bemüht sind,
dieser Gefahr vorzubeugen, so scheint es dem Verfasser doch ein Bedürfnis, daß die beteiligten Faktoren, Ministerien, Hochschulen und
Industrie sich über eine einheitliche Regelung, Einteilung und Beschränkung des Stoffes einigen. Das vorliegende Buch möchte ein
Vorschlag sein, wie für zukünftige Betriebsingenieure, aufbauend etwa
auf Maschinenzeichnen, Maschinenelemente, theoretische Feuerungskunde
(Verbrennungschemie), Wärmelehre und vielleicht einer vorbereitenden
Vorlesung über Kraftmaschinen als Vorstufe Technik in der zweiten
Studienhälfte gelehrt werden kann. Der Vorschlag gilt nicht für das
Einzelne, das Buch dient ja auch anderen Zwecken, sondern nur in
den großen Linien, wie sie oben umrissen worden sind. Kann das
vorliegende Werkchen nach dieser Richtung anregend wirken, so erfüllt
es einen Nebenzweck, der dem Verfasser besonders am Herzen liegt.

    Zum Schluß sei denen, die bei Abfassung des Buches mitgewirkt
haben, an dieser Stelle der beste Dank gesagt, vor allem den Firmen,

die mich mit Zahlenmaterial und Zeichnungen versehen haben, ferner meinen Assistenten Herren Dr.-Ing. H. Sedlaczek und Dipl.-Ing. Helmut Weiß für die Anfertigung der Abbildungen und Durchsicht des Manuskriptes und Herrn Dipl.-Ing. O. Reihlen für die Durchsicht der besonderen, Gas- und Dieselmotoren betreffenden Kapitel. Endlich den Papierfabriken in Dachau und Luisenthal, die mich mit Papier versehen haben, einer Vorbedingung für das Schreiben von Büchern, die in Deutschland in der Zeit, in welcher dieses Buch entstanden ist, nicht bei jedem Gelehrten erfüllt war.

Breslau, Mai 1924.

W. Tafel.

Inhaltsverzeichnis.

Literaturverzeichnis.

1. H. Gröber, Die Grundgesetze der Wärmeleitung und des Wärmeüberganges.
2. De Grahl, »Wirtschaftliche Verwertung der Brennstoffe«.
3. V. Blaeß, »Die Strömung in Röhren und die Berechnung weitverzweigter Leitungen und Kanäle«.
4. Brabbée-Wirz, »Vereinfachtes zeichnerisches und rechnerisches Verfahren zur Bestimmung der Durchmesser von Dampfleitungen«.
5. C. Geiger, »Handbuch der Eisen- und Stahlgießerei«.
6. R. Geipert, »Der Betrieb von Generatoren mit einem Anhang: Das Kesselhaus«.
7. H. Jüptner, »Beiträge zur Feuerungstechnik«.
   »   »Die Heizgase der Technik«.
8. G. Lang, »Der Schornsteinbau«.
9. E. Mach, Die Prinzipien der Wärmelehre.
10. K. Dichmann, »Der basische Herdofenprozeß«.
11. A. Ledebur, »Gasfeuerungen«.
12. E. Hausbrand, »Verdampfen, Kondensieren und Kühlen«.
13. F. Mayer, »Die Wärmetechnik des Siemens-Martinofens«.
14. H. Maurach, »Der Wärmefluß einer Schmelzofenanlage für Tafelglas«.
15. G. Keppler, »Die Brennstoffe und ihre Verbrennung«.
16. F. Nuber, »Wärmetechnische Berechnung der Feuerungs- und Dampfkesselanlagen«.
17. M. Pavloff, »Die Abmessungen von Martinöfen«.
18. A. Riedler, »Großgasmaschinen«.
19. W. Richards, »Metallurgische Berechnungen«, übersetzt von Neumann und Brodal.
20. L. Schneider, »Die Abdampfverwertung im Kraftmaschinenbetrieb«.
21. R. Schöttler, »Die Gasmaschine«.
22. A. Stodola, »Dampf- und Gasturbinen«.
23. W. Tafel, »Walzen und Walzenkalibrieren«.
24. H. Dubbel, »Großgasmaschinen«.
25.   »   »Dampfmaschinen«.
26. R. Vater, »Technische Wärmelehre«.
27.   »   »Die Neueren Wärmekraftmaschinen«.
28. »Taschenbuch der Eisenhüttenleute«.
29. »Hütte, des Ingenieurs Taschenbuch«.

Auf die benützten Arbeiten in Fachzeitschriften ist im Text hingewiesen.

I. Teil. — Kraftanlagen.

I. Kapitel.
Die Hauptsätze der Wärmelehre als Grundlagen der Wärmewirtschaft.

a) Absolute Temperatur, Gesetze von Gay-Lussac und Mariotte. Isothermische Zustandsänderung.

In der Wärmelehre oder Thermodynamik rechnet man die Temperaturen von einem Nullpunkt an, der bei minus 273° C liegt und nennt sie »absolute Temperaturen«. Diese Zahl rührt daher, daß die Gase sich bei beliebigem aber gleichbleibendem Druck, wie die Erfahrung lehrt, bei Erwärmung um je 1° C um $\frac{1}{273}$ des Raumes ausdehnen, den sie bei gleichem Druck und 0° C einnehmen, während sie sich bei Abkühlung um 1° um das gleiche Maß zusammenziehen.

Das Gesetz von Gay-Lussac lehrt, daß bei gleichem Flächeneinheitsdruck ein Gas in gleichem Maße an Volumen zunimmt, wie seine absolute Temperatur wächst. Hat es vor der Erwärmung die absolute Temperatur T_1 gehabt, und bei einem Flächeneinheitsdruck von 1 Atm., d. h. bei atmosphärischem Druck ein Volumen $= V_1$ eingenommen, und erwärmen wir es auf T_2, so verhalten sich nach dem genannten Gesetz

$$V_2 : V_1 = T_2 : T_1 \quad . \quad . \quad . \quad . \quad . \quad . \quad (1)$$

$$\text{und} \quad V_2 \text{ wird} = V_1 \frac{T_2}{T_1} \quad . \quad . \quad . \quad . \quad . \quad (2)$$

Erwärmen wir z. B. 1 l eines beliebigen Gases von 0° C auf 273° bei gleichem Druck (es stehe etwa der sich frei bewegende Kolben a in Abb. 1 unter dem konstanten Einfluß seines Eigengewichtes und der von außen drückenden Atmosphäre), so nimmt das Volumen im Verhältnis von $\frac{546}{273}$ zu. Mit andern Worten, es verdoppelt sich; s_2 wird $= 2\,s_1$. Würden wir es um 273° abkühlen, so müßte, wenn das Gay-Lussacsche

Gesetz unbedingte Gültigkeit hätte (es weist nach dem absoluten Null-
punkte zu wachsende kleine Abweichungen auf), die Gleichung bestehen:

$$V_2 : V_1 = 0 : 273,$$

d. h. das Volumen würde gleich 0 werden. Daher der
Nullpunkt, den die Wärmelehre bei 273° annimmt.

Sorgen wir umgekehrt, daß die Temperatur
gleich bleibt, indem wir etwa den Zylinder aus gut
wärmeleitendem Stoffe wählen, so nimmt das Volumen
mit wachsendem Druck ab (Gesetz von Mariotte
oder Boyle). Es verhalten sich also

$$V_2 : V_1 = P_1 : P_2, \quad \dots \dots \dots \quad (3)$$

daraus

$$V_2 = V_1 \frac{P_1}{P_2} \quad \dots \dots \dots \quad (3')$$

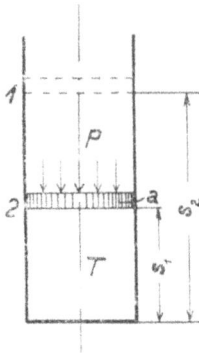

Abb. 1. Expansion bei
gleichem Druck.

Ist p der Flächeneinheitsdruck in kg je cm², F die Kolbenfläche in
cm², so ist $P_1 = p_1 \cdot F$, $P_2 = p_2 \cdot F$ usw. Es verhalten sich also nach dem
eben genannten Gesetz

$$P_1 : P_2 = p_1 : p_2 = V_2 : V_1$$

oder

$$p_1 \cdot V_1 = p_2 \cdot V_2 = \text{konstant.} \quad \dots \dots \quad (4)$$

b) Druck-Volumen-Diagramme.

Tragen wir den eben geschilderten Vorgang, bei dem ein Gas bei
gleichbleibender Temperatur sich ausdehnt (isothermische Expansion), oder zusammengedrückt wird (isothermische Kompression),
in einem Diagramme auf, dessen Abszissen die jeweiligen $V = F \cdot s$,
dessen Ordinaten die zugehörigen p sind (pV-Diagramme), so erhalten
wir die Kurve der isothermischen Expansion bzw. Kompression als
gleichseitige Hyperbel; denn bei ihr stehen die Ordinaten senkrecht,
und das Produkt aus Ordinate und Abszisse ist in jedem Punkt konstant.

Sie ist entweder aus der Gleichung $p_2 = p_1 \frac{V_1}{V_2}$ zu errechnen oder aus
der bekannten Strahlenkonstruktion zu ermitteln, wie sie auf S. 68 u. 69
ausführlich dargelegt werden wird (Abb. 2).

Der Raum ($r \cdot F$, Abb. 2), den das Gas vor der Bewegung des Kolbens
(bei Kolbenmaschinen im Totpunkt) einnimmt, der auch außerhalb des
Zylinders, z. B. in den Kanälen zwischen Steuerorgan (Schieber oder
Ventilen) liegen kann, wird »Schädlicher Raum« genannt. Der Punkt
(*Exp.*), in welchem die Expansion beginnt, bei einer Dampfmaschine z. B.
der Punkt, wo das Einlaßventil H schließt, heißt »Expansionspunkt.«

Öffnet, wie es bei Kraftmaschinen meist der Fall ist, etwas vor dem Totpunkt ein Auslaßhahn oder Ventil *A*, so daß die expandierenden Gase (Auspuffgase) aus dem Zylinder entweichen können, so nennt man diesen Punkt »Vorausströmung« (*V.A.*). Auf dem Rückwege schiebt der Kolben die Auspuffgase vor sich her durch das Auslaßorgan ins Freie oder in einen Kondensator. Der betreffende Teil des Diagramms (*n Co*) heißt »Auspufflinie« oder »Ausschublinie«. Schließt das Auslaßventil nach einiger Zeit (Punkt *Co*, »Kompressionspunkt«), so beginnt

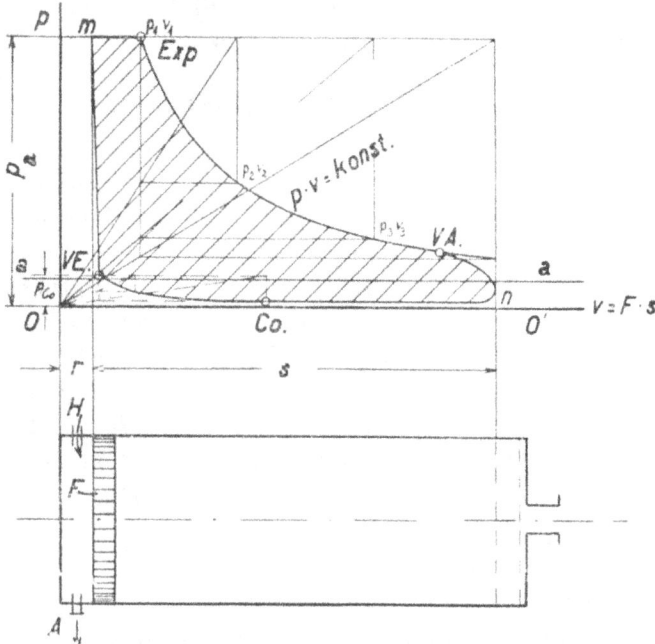

Abb. 2. Isothermische Expansion und Kompression.

von da ab, vollständig wärmedurchlässige Wände vorausgesetzt und ebenso gleichbleibende Temperatur an ihrer Außenseite, isothermische Kompression, deren Verlauf wiederum aus der Beziehung $V_1 \cdot p_1 = V_2 \cdot p_2 = V_3 \cdot p_3$ usw. (Gleichung 4) ermittelt werden kann. Öffnet das Einlaßventil kurz vor dem Totpunkt, wie es z. B. bei Dampfmaschinen der Fall ist, so nennen wir diesen Punkt »Voreinströmung« (*V.E.*). Endlich heißen wir den Druck, unter dem ein Gas in den Zylinder eintritt, nachdem das Eintrittsorgan geöffnet worden ist, »Admissionsdruck« (p_a), die horizontale, oft auch mehr oder weniger geneigte Linie vom Totpunkt bis zum Öffnen des Einlaßventils (Strecke *m-Exp.* in Abb. 2) »Admissions-«, die horizontale Linie (*a a*), die den Druck der Außenatmosphäre angibt, die »atmosphärische« und die Linie *o o'*, welche die Lage der

absoluten Luftleere bezeichnet, die »Nullinie«. Das eben beschriebene,
in Abb. 2 gezeichnete Diagramm könnte etwa das einer Kraftmaschine
sein, in die wir hocherhitzte Luft unter Druck eintreten, danach expandieren und endlich in einem luftleeren Raum auspuffen lassen. Voraussetzung ist dabei, daß die Zylinderwände absolut wärmedurchlässig
sind, und daß hinter ihnen bei der Expansion die Temperatur im Punkte
Exp., bei der Kompression die im Punkte *Co* konstant erhalten wird.

Das gezeichnete Diagramm ist auch annähernd das einer Dampfmaschine oder eines Zweitakt- Gas- oder Verbrennungsmotors. Über
die Abweichungen vgl. die betreffenden Abschnitte.

c) Adiabatische Zustandsänderung.

Die obengenannte Voraussetzung der vollständigen Wärmedurch-
lässigkeit der Zylinderwände wird praktisch nie gegeben sein. Nehmen
wir das andere Extrem vollständiger Undurchlässigkeit an, so
verlaufen Expansion und Kompression natürlich anders. Bei der ersteren
wird mit zunehmendem Volumen mit dem Druck zugleich die Temperatur sinken, bei der Kompression werden beide steigen. Solche Expansion bzw. Kompression, bei der von außen Wärme weder zu- noch abgeführt wird, bei der somit das expandierende Gas lediglich von seiner
Eigenwärme zehrt, während das zu komprimierende die freiwerdende
Wärme ganz in sich aufnimmt, nennen wir »adiabatisch«. Ihre Kurve
im pV-Diagramm verläuft nach folgender Gleichung

$$p_1 V_1^K = p_2 V_2^K = p_3 V_3^K = \ldots = \text{konstant} \ldots \quad (5)$$

wobei K das Verhältnis der spezifischen Wärme bei gleichbleibendem

Druck zur spezifischen Wärme bei gleichbleibendem Volumen $= \dfrac{c_p}{c_v}$

ist. Für Luft, wie für eine Reihe anderer Gase ist die Zahl $K = $ rund 1,4.
Für andere wird auf das Taschenbuch »Hütte« verwiesen.

d) Berechnung der geleisteten Arbeit aus dem Druck-Volumen-Diagramm.

Nehmen wir an, in Abb. 3 schiebe Gas oder Dampf mit dem Druck
p_a den Kolben auf dem ganzen Weg s (Hub) vor sich her, dann ist die
auf diesem Weg geleistete Arbeit A, wenn die Kolbenfläche $= F$ cm²
ist, offenbar

$$A = F \cdot p_a \cdot s \ldots \ldots \ldots \quad (6)$$

Das Hubvolumen V ist gleich Zylinder- bzw. Kolbenquerschnitt

$\times$ Hub $= F \cdot s = V$, somit $s = \dfrac{V}{F}$. Dieser Wert von s, in Gleichung (6)

eingesetzt, gibt

$$A = F \cdot p_a \cdot \frac{V}{F} = p_a \cdot V \quad . \quad . \quad . \quad . \quad . \quad . \quad (6')$$

Das Produkt $p_a \cdot V$ ist aber gleich dem Inhalt des Rechteckes *1, 2, 3, 4* in Abb. 3.

Genau ebenso stellt die Fläche jedes anderen pv-Diagrammes, etwa desjenigen von Abb. 2 oder 4, die bei dem betreffenden Kreisprozeß geleistete Arbeit in mkg dar, wenn wir p in Atm., F in cm² und s (Hub der Maschine) in m angeben. Hier ist die Kraft P in jedem Punkte des Weges verschieden (in Abb. 4 $= p_1 \cdot F$, $p_2 \cdot F$ usw. bis $p_{14} \cdot F$). Die mittlere Kraft P_m wird offenbar gleich dem arithmetischen Mittel aus allen Kräften, also

$$= \frac{F p_1 + F p_2 + \ldots F p_{14}}{14}$$

$$= F \frac{p_1 + p_2 + \ldots p_{14}}{14}.$$

Dann ist die auf dem Wege s geleistete Arbeit

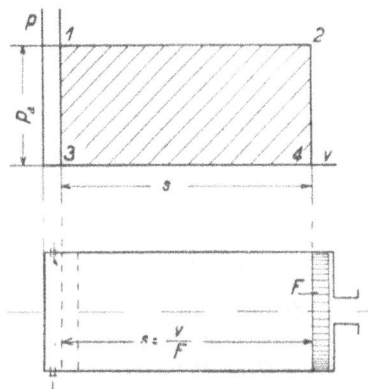

Abb. 3. Druck p_a schiebt Kolben ohne Expansion vor sich her. $A = p_a \cdot V$.

$$A = F \frac{p_1 + p_2 + \ldots p_{14}}{14} \cdot s \quad . \quad . \quad . \quad . \quad . \quad (7)$$

Dieser Ausdruck ist aber proportional dem Inhalt einer Fläche mit der Grundlinie s und der mittleren Höhe $p_1 + p_2 + \ldots p_{14}$, d. h. proportional der in Abb. 2 schraffierten Diagrammfläche. Ihre mittlere Höhe, gleich dem mehrfach angeführten arithmetischen Mittel aller Höhen, nennt man den »mittleren indizierten Druck« (p_i.) Man kann ihn entweder durch Planimetrieren der Diagrammfläche und Dividieren mit der Diagrammlänge s oder durch Abmessen und Addieren der verschiedenen Höhen p_1 bis p_{14} und Dividieren durch 14 oder endlich durch Addition im Zirkel ermitteln. Für den Betriebsmann ist das letztere Verfahren das geeignetste. Man nimmt (Abb. 4) Höhe *1, 1'* in den Zirkel, setzt diesen in *1''* ein derart, daß *1'', 2'* = *1, 1'* ist und erweitert die Zirkel-

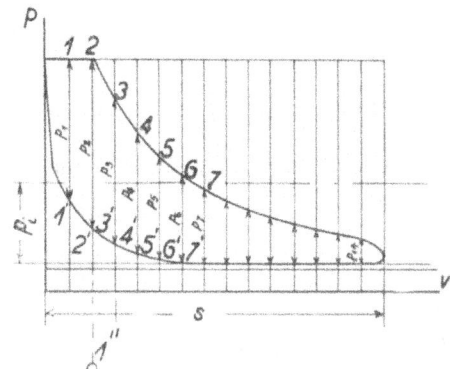

Abb. 4. Ermittlung von p_i.

öffnung bis *2*. Dann hat man $p_1 + p_2$ im Zirkel. Setzt man diesen nun
in *2″, 3′* ein (*2″, 3′ = 1, 1′ + 2, 2′*) und erweitert die Öffnung bis *3*, so
hat man $p_1 + p_2 + p_3$ usw. Ist die Zirkelöffnung erschöpft, so mißt man
sie am Maßstab ab und notiert die Zahl der abgenommenen Höhen und
die Zirkelweite, um dann, etwa bei p_4, von neuem zu beginnen. Die
Ermittlung von p_i in Abb. 4 würde sich also z. B. folgendermaßen gestalten:

$$\begin{array}{lcccc} \text{Zirkelöffnung} & 1 \text{ mit} & 4 & 75{,}5 \text{ mm} \\ » & 5 \text{ »} & 8 & 43 \text{ »} \\ » & 9 \text{ »} & 14 & \underline{29 \text{ »}} \\ & & \text{zusammen} & 147{,}5 \text{ mm} \end{array}$$

$$\text{somit} \quad p_i = \frac{147{,}5}{14} \cong 11 \text{ mm}$$

Angenommen, der Maßstab des Diagramms sei so gewählt, daß
1 mm 1 Atm. darstelle, so würde der mittlere indizierte Druck also gleich
11 Atm. sein.

Handelt es sich etwa um das Diagramm einer Dampfmaschine, spielt
sich der Prozeß bei jedem Hub einmal, bei jeder Umdrehung also zweimal
ab, und will man die Arbeit in mkg je Sek. haben, so ergibt sich, wenn u
die Umdrehungszahl je Min. bedeutet, F wieder wie oben den Kolbenquerschnitt und s den Hub,

$$A = F \cdot p_i \cdot 2 \, s \cdot \frac{u}{60} \text{ mkg (Sek)} \quad \ldots \ldots \quad (8)$$

und die sog. »indizierte Leistung« der Maschine (s. nachfolgenden
Abschnitt über den ersten Hauptsatz der Wärmelehre) ist

$$L_i = \frac{F \cdot p_i \cdot 2 \, s \cdot u}{60 \cdot 75} \text{ PS} \quad \ldots \ldots \ldots \quad (9)$$

Nun ist aber $\dfrac{2 \, s \cdot u}{60}$ die mittlere sekundliche Kolbengeschwindigkeit c_m,
und Gleichung (9) kann also auch geschrieben werden

$$L_i = \frac{F \, p_i \cdot c_m}{75} \text{ PS} \quad \ldots \ldots \ldots \quad (9')$$

Der Name »indizierte Leistung« rührt daher, daß man ein Diagramm nach Abb. 2 oder 4 ohne weiteres an einer Kraftmaschine abnehmen
kann mittels eines Instrumentes, das »Indikator« heißt, wie es Gerippskizze Abb. 5 zeigt. Auf einer oder beiden Seiten des Zylinders führen
Indikatorhähne H_1 und H_2 nach außen, gewöhnlich nach oben. Auf sie
wird der Indikator (*Ind.*) aufgeschraubt. Dieser besteht aus einem kleinen
Zylinder mit dem Kolben K und Kolbenstange Kst, an deren Ende ein
Zeichenstift St befestigt ist, und der Feder F. Endlich aus einer Tafel T,

die meist zylindrisch, d. h. als Trommel ausgebildet ist. Die Tafel wird
von dem Gestänge der Maschine an dem Zeichenstift *St* entlang hin und
hergezogen, etwa indem eine Gabel *G* über einen am Kreuzkopfzapfen
befestigten Nagel *n* geschoben wird, deren anderes Ende um den Dreh-
punkt *m* schwingt und bei *0* eine Verbindungsstange nach Punkt *p* der
Tafel *T* trägt. Statt die Stifte unmittelbar auf die Kolbenstange aufzu-
setzen, verwendet man häufig zur Vergrößerung des Weges des Zeichen-
stiftes eine Parallelführung, ebenso statt der Stange *op* eine Schnur,
in welch letzterem Falle die Tafel oder Trommel durch Feder oder Gegen-
gewicht zurückgezogen werden muß.

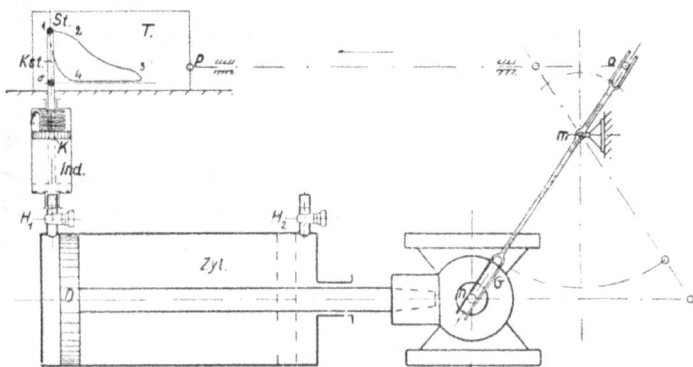

Abb. 5. Indikator.

Tritt nun Dampf auf der linken Zylinderseite ein, so wird durch den
Kolben *K* die Feder *F* zusammengedrückt und prozentual um so mehr,
je höher der Druck *p* im Zylinder ist. Gleichzeitig wird der Zylinder-
kolben *D*, somit auch der Kreuzkopfnagel *n* nach rechts und damit die
Tafel *T* nach links gedrückt. Der Stift *St* ist von *0* nach *1*, danach nach
rechts gerückt, bis nach einiger Zeit im Punkte *2* der Dampf abgesperrt
wird und expandiert. Der Druck sinkt nun allmählich, damit auch der
Stift *St*, während zugleich die Tafel weiter nach links verschoben wird.
So entsteht die Linie *2, 3*, desgleichen beim Rückgang des Kolbens die
Kurve *3, 4, 1*. Danach ermitteln wir, wieviel Atmosphären die Linie *0 1*
bedeutet, den gleichen Maßstab (etwa 1 cm = 1 Atm.) nehmen wir für
das aus dem Diagramm wie oben errechnete p_i an und können damit
ohne weiteres nach Gleichung (9) die indizierte Leistung der Maschine
bestimmen. Die wirkliche, »effektive« ist um den **mechanischen
Wirkungsgrad** η_m (s. S. 27) kleiner, also

$$L_{eff} = L_i \cdot \eta_m \quad \cdot \quad \cdot \quad \cdot \quad \cdot \quad \cdot \quad \cdot \quad \cdot \quad (10)$$

η_m liegt bei den Kraftmaschinen zwischen 0,8 und 0,9.

Soll die Leistung einer Kraftmaschine berechnet werden, die nicht
indiziert werden kann, weil sie außer Betrieb ist oder erst gebaut werden
soll, so hat man bei Dampfmaschinen aus der Füllung und dem Admissionsdruck das Diagramm in der aus Kapitel IV zu erfahrenden Weise
zu entwerfen und daraus das p_i wie oben zu ermitteln. In den Verbrennungsmotoren hängt p_i von der Kompression und dem Gasgemisch
bzw. von seinem Heizwert ab. Man kann also entweder letzteren für jede
Zylinderfüllung bestimmen und aus den in Kapitel II, III und IV
angegebenen Wirkungsgraden die nutzbare Arbeit je Arbeitshub errechnen oder einfacher, man setzt für die Normalleistung die in Tafel II
angegebenen p_i für Diesel- und Gasmotoren in Gleichung (9) ein. Sie
gilt für die zweizylindrige, doppeltwirkende Viertaktgasmaschine ohne
weiteres, für den einzylindrigen doppeltwirkenden Viertakt ist sie mit 0,5,
für den einzylindrigen doppeltwirkenden Zweitakt mit 0,8 zu multiplizieren, wie in Kapitel III noch gezeigt werden wird. Demnach weist z.B. ein
einzylindriger Zweitaktmotor von 1 m Hub 2800 cm² wirksamer Kolbenfläche (Kolbenquerschnitt minus Kolbenstangenquerschnitt) und 80 Umdr.
je Min. bei 0,85 mechanischem Wirkungsgrad eine effektive Leistung auf
von ungefähr:

$$L_{\text{eff}} = 0,85 \frac{2800 \cdot 4,6 \cdot 2 \cdot 80}{60 \cdot 75} \cdot 0,8 \cong 300 \text{ PS.}$$

Bemerkt sei endlich, daß man neuerdings für Viertaktmaschinen eine
Leistungssteigerung dadurch herbeizuführen sucht, daß man das Gemisch
nicht ansaugt, sondern mit einem gewissen Überdruck hineinpumpt
(Viertakt mit Spülung und Aufladung). Für Viertaktmotoren lieferte
die Einrichtung Ehrhardt & Sehmer, Saarbrücken. Man hat angeblich
auf diesem Wege Leistungssteigerungen bis 25% erzielt. Es mag darin
eine willkommene Möglichkeit liegen, zu schwache Maschinen zu größerer
Leistung zu bringen. Bei neuen Viertaktmaschinen ist nicht recht einzusehen, inwiefern eine solche Verwicklung und ein ständiger Energieaufwand für Kompression des Gasgemisches günstiger sein soll als etwa
eine Vergrößerung der Kolbenfläche um den gleichen Betrag.

e) Gleichzeitige Änderung von Druck und Temperatur.

Wir haben in Abschnitt A die Zustandsänderungen eines Gases
in den zwei einfachsten Fällen behandelt, wenn entweder p und v sich
verändern und T gleichbleibt, oder wenn v und T sich ändern und p
konstant ist. In den meisten Fällen werden alle drei Faktoren variabel sein.

Ein solches Beispiel, die adiabatische Zustandsänderung, haben wir
schon kennengelernt. Welche Beziehung ergibt sich dann für p, v und T?

Eine bestimmte Gewichtsmenge Gas habe bei der Temperatur T_1 den Druck p_1 und den Rauminhalt v_1. Ändern wir zunächst nur den Druck auf p_2, so ist nach Gleichung (3′)

$$V_1' = V_1 \frac{P_1}{P_2} = V_1 \frac{p_1}{p_2}.$$

Bringe ich dieses Gas nun unter gleichbleibendem Druck p_2 auf eine Temperatur von T_2, so erhalte ich nach Gleichung (2)

$$V_2 = V_1 \cdot \frac{p_1}{p_2} \frac{T_2}{T_1}$$

oder

$$\frac{V_1 p_1}{T_1} = \frac{V_2 p_2}{T_2}.$$

Ebenso würde sich für die gleiche Gewichtsmenge dieses Gases bei dem Druck p_3 bzw. p, dem Volumen V_3 bzw. V und der Temperatur T_3 bzw. T ergeben:

$$\frac{V_3 p_3}{T_3} = \frac{V p}{T}.$$

Es ist also für ein bestimmtes Gas

$$\frac{p_1 V_1}{T_1} = \frac{p_2 V_2}{T_2} = \frac{p_3 V_3}{T_3} = \ldots \frac{p V}{T} = \text{konstant} \ . \ . \ . \ (11)$$

Diesen stets gleichbleibenden Wert eines Gases nennt man die »Gas-konstante« = R. Ihr Wert für die wichtigsten Gase findet sich im »Taschenbuch der Hütte«.

Zwei Erscheinungen waren es, die in der ersten Hälfte des vorigen Jahrhunderts die Physiker und Techniker, die letzteren vor allem angeregt durch die Erfindung der Dampfmaschine, beschäftigten. Einmal die aus obigem hervorgehende Erfahrung, daß ein Gas, das man unter Aufwendung von Arbeit komprimiert, sich erwärmt, und zum anderen die folgende Tatsache:

Denken wir uns 1 kg eines Gases etwa in einem Zylinder (Abb. 6) mit Kolben von dem Querschnitt = 1 m² eingeschlossen, so müssen wir eine verschiedene Wärmemenge aufwenden, um es um 1° zu erwärmen, je nachdem wir

1. den Kolben festhalten, also bei gleichem Volumen V arbeiten, oder

2. den gewichtslos gemachten Kolben sich frei gegen die Atmosphäre bewegen lassen, also den Druck P konstant halten.

Im ersteren Falle brauchen wir z. B. je kg Luft und 1° Temperaturerhöhung 0,17, im Falle 2 dagegen 0,238 WE.

Es war der württembergische Arzt Robert Mayer, der diese Tatsache damit erklärte, daß im Falle 1 alle zugeführte Wärme sich in Temperaturerhöhung verwandle, während im Falle 2
ein Teil derselben für die Arbeit verbraucht würde,
die der Kolben gegen den Druck der Atmosphäre
leiste, indem er sie auf seinem Weg $L_2 - L_1$ zurück-
dränge. Mayer hat als Erster diese Überlegung zur
Errechnung der Beziehung zwischen Arbeit und
Wärme benützt. Er stellte die Gleichung auf:

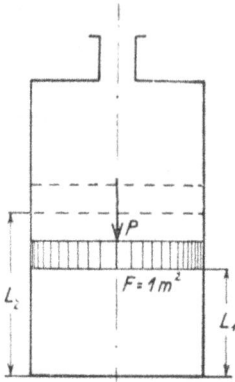

$$c_p = c_v + \frac{A}{x},$$

in der c_p die spezifische Wärme[1]) bei gleichem
Druck (Fall 2), c_v diejenige bei gleichem Volumen
(Fall 1), A die vom Kolben im Falle 2 geleistete
Arbeit in mkg und x das **mechanische Wärme-
äquivalent**, d. h. die Zahl bedeuten, die angibt,
wieviel mkg einer Kalorie entsprechen. Die obigen

Abb. 6. Versuch zur Er-
mittlung des mechanischen
Wärmeäquivalents.

Werte für c_p und c_v eingesetzt (die von Mayer benützten waren weniger
genau bestimmt) ergibt:

$$0{,}238 = 0{,}17 + \frac{A}{x} \quad . \quad . \quad . \quad . \quad . \quad . \quad . \quad (12)$$

Die Arbeit A ist wieder $=$ Kraft $\times$ Weg, also $= P \cdot (L_2 - L_1)$
(Abb. 6). P ist der Druck der Atmosphäre auf 1 m² Fläche $= 10\,333$ kg.
Der Weg $(L_2 - L_1)$ ist $\frac{L_1}{273}$, vorausgesetzt, daß der Versuch bei 0° C gemacht werde; denn um diesen Betrag erhöht sich nach Abschnitt a bei
einer Temperaturerhöhung von 1° das Volumen jedes Gases.
  L_1 bestimmt sich, da der Querschnitt $= 1$ m² und das Volumen
von 1 kg Luft $= \frac{1}{1{,}29}$ m³ ist, aus der Gleichung

$$L_1 \cdot 1 = \frac{1}{1{,}29} \text{ mit } 0{,}775 \text{ m.}$$

Somit ist der vom Kolben zurückgelegte Weg $= \frac{0{,}775}{273} = 0{,}00284$ m
und die Arbeit $A = 10\,333 \cdot 0{,}00284 = 29{,}35$ mkg.
  Gleichung (12) heißt somit

$$0{,}238 = 0{,}17 + \frac{29{,}35}{x},$$

————————

[1]) D. h. die Zahl der Wärmeeinheiten die aufgewendet werden müssen, um
bei 0° C 1 kg des Gases bei gleichem Druck bzw. Volumen um 1° zu erwärmen.

daraus

$$x = \frac{29,35}{0,238 - 0,17} \cong 430.$$

Nach neueren Messungen ist die genaue Zahl für das mechanische Wärmeäquivalent 426,7. Wir werden in diesem Buche abgerundet mit 427 rechnen.

f) Der erste Hauptsatz der Wärmelehre.

Der erste Hauptsatz der Wärmelehre sagt, daß Wärme und mechanische Arbeit, daß aber auch alle anderen Formen von Energien, so die lebendige Kraft einer sich bewegenden Masse, oder die elektrische oder chemische Energie äquivalent seien, und daß sich zwar die eine Form in eine andere verwandeln, daß aber von einer bestehenden Energie nichts verlorengehen könne, so wenig wie von der auf unserer Erde vorhandenen Materie. Wenn wir eine Kerze verbrennen lassen, so wird Sauerstoff aus der umgebenden Luft verzehrt. Fangen wir aber die bei der Verbrennung entstandenen Gase auf, so findet sich in diesen das Gewicht sowohl des verzehrten Sauerstoffs wie der verbrannten Kerze wieder. Ebenso sind genau so viel Wärmeeinheiten, wie die lebendige Kraft einer fliegenden Gewehrkugel ausmacht, wieder vorhanden, wenn sie im Holz der Scheibe eingeschlagen und zur Ruhe gekommen ist, teils in Form einer Erwärmung des Holzes und der Kugel und danach, wenn beide sich abgekühlt haben, in einer unendlich kleinen Erwärmung der Atmosphäre, die diese bei der Abkühlung jener erfährt; teils in Form von Deformationsarbeit der plattgedrückten Kugel und des durchschlagenen Holzes. Die Summe der Wärmeeinheiten, also der Energien vor und nach dem Vorgang sind einander gleich. Danach ist dem ersten Hauptsatz der Name des Gesetzes von der Erhaltung der Kraft gegeben worden.

Dieser Satz von der Erhaltung der Kraft oder, anders ausgedrückt, der Konstanz der Summe der Energien, hat nicht nur in der Technik sondern auch in der gesamten Naturwissenschaft eine ungeheure Umwälzung und vor allem Vereinfachung herbeigeführt. Die besten Taten der Forschung verwickeln nicht, sondern vereinfachen. Und es ist ein Irrtum, zu klagen, daß die Wissenschaft immer schwieriger und umfangreicher werde. Denn es darf nicht vergessen werden, daß neben dem, was oben aufgebaut wird, die Erkenntnis oft mit einem Schlag unten Mengen von Schutt und Abraum entfernt, die den Geist der Menschheit früher belastet haben, und an ihre Stelle einen einzigen kleinen und klar zu sehenden Quaderstein setzt. Eine der besten dieser Art in der Geschichte menschlicher Erfindungen war Rob. Mayers Erkenntnis von der Äquivalenz von Wärme und Arbeit, die fast zu gleicher Zeit

von dem Engländer Joule durch Versuche ermittelt und einige Jahre
später von Helmholtz in streng mathematische Form gekleidet worden ist.

Die Franzosen Séguin und Carnot, welch letzteren wir beim zweiten
Hauptsatz kennenlernen werden, hatten diese Äquivalenz qualitativ
schon früher (1839) erkannt. Carnot hat auch eine Verhältniszahl dafür
ermittelt, ist aber gestorben, ehe er diese Arbeiten vollendet hatte, die
erst lange nach seinem Tode und nach der Veröffentlichung der Schriften
Mayers bekannt geworden sind. Nach dem Brauch der Wissenschaft
kommt aber die Priorität demjenigen zu, der eine Erkenntnis als erster
publiziert hat. Und das war, zum wenigsten für die quantitative
Bestimmung des mechanischen Wärmeäquivalentes zweifellos Rob. Mayer
(1842). In eine Formel gefaßt und nach neuesten Messungen berichtigt,
lautet die von ihm gefundene Beziehung:

$$1 \text{ WE} = 427 \text{ mkg (Arbeit)} \quad . \quad . \quad . \quad . \quad . \quad (13)$$

Diese Zahl, das »mechanische Wärmeäquivalent«, muß ehern
im Gedächtnis eines jeden stehen, der mit Wärmewirtschaft zu tun hat.
Um nicht wankend zu werden, ob nicht etwa 1 mkg = 427 WE seien,
sei als mnemotechnische Hilfe empfohlen, zu bedenken, daß in der Geschichte der Menschheit die Wärme vor der Arbeit, das Feuer vor dem
Blasebalg war. Deshalb beginnen wir unsere beiden Grundformeln mit
1 WE. Es sei zum gleichen Zweck auch an eine Rechnung erinnert, die
R. Vater in seinem Büchlein über »Wärmelehre« anstellt und die ergibt, daß die Wärme eines einzigen Zündholzes, wenn wir sie ganz in
Arbeit umsetzen könnten, ein Gewicht von 1 Ztr. 2,6 m hoch zu heben
vermöchte[1]).

Gleichung (13), in das elektrische (CGS = Centimeter-Gramm-
Sekunden-System) umgerechnet und auf eine Sekunde als Zeiteinheit
bezogen, heißt

$$1 \text{ mkg/Sek.} = 9,81 \text{ Watt (Leistung)} \quad . \quad . \quad . \quad . \quad (14)$$

ferner sind bekanntlich

$$75 \text{ mkg/Sek.} = 1 \text{ Pferdestärke (PS) (Leistung)} \quad . \quad . \quad . \quad (15)$$

Auch diese erstere Beziehung, die mit mkg beginnt, als der Größe,
mit welcher Gleichung (13) geendet hat, sollte ehern im Gedächtnis
festgehalten werden.

Daß die Zahl 9,81 = der Erdbeschleunigung in ihr erscheinen muß,
wird dann klar, wenn wir bedenken, daß die mechanische Arbeit auf dem

---

[1]) Die gemeinverständlichen Schriften von Vater, erschienen in der Sammlung
»Aus Natur- und Geisteswelt« von Teubner über Wärmekraftmaschinen, Elektrische Stromerzeugungsmaschinen usf. können jedem Nichtingenieur, der mit technischen Dingen zu tun hat, warm zum Studium empfohlen werden.

Gewicht, dagegen das streng physikalisch entwickelte elektrische Maßsystem auf dem Begriff der Masse aufgebaut ist, und daß die Gewichtseinheit 9,81 mal größer als die Masseneinheit ist. Rufen wir uns weiter in Erinnerung, daß an Stelle der für die Praxis etwas kleinen Einheit für die Leistung von 1 mkg/Sek. die 75 mal größere der Pferdestärke gesetzt wird, dann haben wir in den 3 Zeilen (13), (14), (15) alles, was der Wärmewirtschaftler für die Umwandlung seiner Energieformen braucht, was er aber auch, ohne auf ein Handbuch angewiesen zu sein, als geistigen »eisernen Bestand« bei sich tragen muß.

Denn die Gleichungen (16 bis 19), die noch folgen, sagen nur aus, daß neben dem Watt die tausendfach größere Einheit des Kilowatts im Gebrauch ist, oder sie sind Umrechnungen, die sich ohne weiteres aus den drei Hauptgleichungen ergeben.

$$1 \text{ PS} \quad = 75 \cdot 9,81 = 736 \text{ Watt} = 0,736 \text{ Kilowatt (Kw) (Leistung)} \quad (16)$$

$$1 \text{ PSst} = 75 \cdot 3600 = 270\,000 \text{ mkg (Arbeit)} \quad . \quad . \quad . \quad . \quad . \quad . \quad (17)$$

$$1 \text{ Kwst} = \frac{75 \cdot 3600}{0,736} = 366\,900 \text{ mkg (Arbeit)} \quad . \quad . \quad . \quad . \quad . \quad . \quad (18)$$

$$1 \text{ PSst} = 632 \text{ WE} \quad . \quad . \quad . \quad . \quad . \quad . \quad . \quad . \quad . \quad . \quad . \quad (19)$$

Ein Wort muß noch über die Begriffe Arbeit und Leistung und die in obigen Gleichungen für sie angeführten Einheiten (mkg, PSst, Kwst für Arbeit und mkg/Sek., PS und Kw für Leistung) gesagt werden, weil auf diesem Gebiet nicht nur in der Praxis sondern auch im Schrifttum oft starke Verwirrung anzutreffen ist. Und doch ist vollständige Klarheit über die genannten elementaren Begriffe der Physik und Mechanik die unentbehrliche Voraussetzung für jede Überlegung in der Wärmewirtschaft.

Arbeit = Kraft × Weg ist Energie, entspricht also etwa einer bestimmten Wassermenge in einer bestimmten Höhe (Energie der Lage = Gewicht × Höhenlage oder Gefälle). Weder die Arbeit noch ein solches Wasserquantum sagen irgend etwas aus über die Leistung, etwa der Pumpe, die das Wasser auf die Höhe gedrückt hat. Sind es z. B. 20 000 t in einer Höhe von 20 m, so kann das eine ganz kleine Maschine leisten, wenn sie jahrelang in den betreffenden Behälter pumpt. Soll sie es dagegen in einer Stunde füllen, so wäre eine Pumpe von ganz gewaltiger Leistung erforderlich. Ein anderes Beispiel: Die Besteigung des Mt. Blanc stellt eine ganz bestimmte Arbeit (Körpergewicht mal Höhe, also ungefähr 75 · 3000 = 225 000 mkg dar. Mit Recht betrachtet man sie als eine große sportliche Leistung, wenn man sie in zwei Tagen ausführt. Würde man dagegen Zelte am Weg errichten und ließe man sich einen ganzen Sommer zu der Besteigung Zeit, so würde das auch der Schwächlichste leisten können.

Wir sehen also, daß wir ein Urteil über die Leistung erst haben, wenn wir nicht nur die Arbeit selbst, sondern auch die Zeit betrachten, in der sie ausgeführt wird. Mathematisch ausgedrückt heißt das: Leistung ist die Arbeit je Zeiteinheit

$$L = \frac{A}{Z}.$$

Es ist klar, daß, wenn wir diese Größe $\frac{A}{Z}$ mit der Zeit Z multiplizieren, wir wieder reine Arbeit haben. Die Leistung einer Pumpe bekommt man, wenn man angibt, wieviel Liter je Sekunde sie liefert. Nehmen wir an, die Brunnenpumpe vor einem Kesselhause habe eine Leistung von 10 Sekundenlitern und der Kesselmeister wisse, daß er, um seinen Hochbehälter zu füllen, diese Pumpe 2 Std. lang arbeiten lassen muß, so heißt das, daß der Behälter $2 \cdot 60 \cdot 60 \cdot 10 = 72$ m³ oder 72 t Wasser faßt. Diese Größe hat mit der Zeit also nichts mehr zu tun. Die 72 m³ könnten ebenso gut in kürzerer oder längerer Zeit gepumpt worden sein, wenn wir eine größere oder kleinere Pumpe verwendet hätten. Das interessiert uns gar nicht mehr; eine Leistung $\times$ eine Zeit stellt eben einfach eine gewisse Wassermenge dar und ist unabhängig von der Zeit.

So ist auch eine Kraftmaschine von einer Leistung von 1 PS eine Energiequelle, die je Sek. 75 mkg, eine Dynamomaschine von 1 Kw eine Quelle, die sekundlich $\frac{1000}{9,81}$ mkg zu liefern vermag. Lassen wir beide 1 Std. lang diese Energiemenge leisten, so haben wir die genannten Beträge mit 3600 zu multiplizieren, erhalten also

$$75 \cdot 3600 = 270\,000 \text{ bzw. } \frac{1000}{9,81} \cdot 3600 = 366\,900 \text{ mkg,}$$

d. i. reine Arbeit ohne Rücksicht auf Zeit.

Man kann in sonst guten Schriften lesen, daß zum Erschmelzen von 1 t Stahl im Elektroofen soundso viel Kilowatt nötig seien. Das ist nach obigem ohne Sinn. Das Schmelzen erfordert eine gewisse Wärmemenge. Diese ist äquivalent mit Arbeit, ganz unabhängig von der Zeit, also benötigt die Tonne Stahl eine gewisse Anzahl von Kilowattstunden, nicht Kilowatt. Auf der andern Seite hätte es ebensowenig Sinn, zu sagen, ein Ofen, der in 24 Std. 10000 kg Stahl zu liefern vermag, brauche soundso viel Kilowattstunden. Wir können das sagen, wenn wir eine bestimmte Zeit nennen, während welcher der Ofen in Betrieb ist, etwa 24 Std. oder einen Monat oder ein Jahr. Unabhängig von der Betriebszeit aber müssen wir dem Ofen eine Energiequelle zur Verfügung stellen, die stündlich die für $\dfrac{10000}{24}$ kg Stahl nötigen mkg liefert, also **Kilowatt**, nicht **Kilowattstunden**.

g) Zweiter Hauptsatz der Wärmelehre.

Kaum minder wichtig für die Wärmewirtschaft als der erste ist der zweite Hauptsatz der Wärmelehre. Er besagt, daß wir bei einem Kreisprozeß, bei dem Wärme in Arbeit umgewandelt wird, also bei den in unseren Kraftmaschinen sich abspielenden Vorgängen, niemals alle Wärme in Arbeit überführen können, sondern daß stets ein Teil in Form von Abwärme, und zwar von niedererer Temperatur als die der zugebrachten, abgeführt werden muß.

Diese Erkenntnis geht zurück auf die Arbeiten des schon im vorigen Abschnitt genannten französischen Forschers Carnot, der als der erste Vertreter der rein theoretischen Maschinenlehre betrachtet werden darf. Nicht der Theorie der Maschinen überhaupt. Mit ihr hat sich schon James Watt eingehend befaßt. Es ist fesselnd, zu sehen, wie diesen die gleichen Überlegungen, die heute noch die Erbauer der Dampfmaschinen vornehmlich beschäftigen, zur Erfindung der neuzeitlichen Dampfmaschine geführt, und wie sie später Carnot zu einer der wichtigsten Erkenntnisse auf dem Gebiete der Wärmelehre verholfen haben.

Watt fand die sog. »atmosphärische Maschine« vor, bestehend aus einem großen Zylinder, in den man durch eine von Hand betriebene Steuerung zuerst Niederdruckdampf einließ, dann kaltes Wasser. Durch dieses wurde der Dampf niedergeschlagen, und nun drückte die Atmosphäre den im Zylinder frei beweglichen Kolben in den luftverdünnten Raum hinein, gleichzeitig mit einer über Rollen oder Balanciers geführten Kette das Gestänge einer Wasserhaltungsmaschine in die Höhe ziehend. Watt, der den Dampfverbrauch dieser Maschinen vermindern wollte, untersuchte zunächst, ob die verbrauchte Speisewassermenge nach einer größeren Anzahl von Hüben der Dampfmenge entspräche, die sich aus der Hubzahl mal dem Zylindervolumen errechnete. Er fand zu seiner Überraschung, daß jene ein Vielfaches der letzteren ausmache. Er sagte sich mit Recht, daß dies nur daher rühren könne, daß ein großer Teil des Dampfes schon an den kalten Zylinderwänden kondensiere, ehe er Arbeit leisten könne, und kam so zu dem Schluß, daß man Kondensationsraum und Arbeitszylinder trennen müsse. Aus dieser Trennung ist dann die Wattsche Dampfmaschine entstanden. Das ist der erste wärmewirtschaftliche Versuch, von dem wir wissen.

Auch Carnot beschäftigte der hohe Kohlenverbrauch unserer Dampfmaschinen. Der Grund liegt, wie schon damals bekannt war, vor allem

darin, daß von der latenten Wärme des Dampfes nur der kleinste Teil
ausgenützt werden kann, der größte aber in den Auspuff bzw. in das
Kühlwasser des Kondensators geht. Carnot legte sich nun die Frage vor:
Würden wir, wenn wir ein anderes, geeigneteres Medium statt des Dampfes
verwenden, nun alle Wärme in Arbeit umführen können? Zum Zweck
der Beantwortung stellte er eine Art von gedanklichem Experiment an.
D. h., er dachte sich (Abb. 7) drei Körper A, B und C, alle gegeneinander
gegen Wärme isoliert (s. die schraffiert gezeichneten Wände), neben-
einandergelegt. Auf ihrer oberen Fläche, die gleichsam einen Tisch bildet,
steht ein Zylinder mit freibeweglichem, gewichtslos gedachtem Kolben.
Der Zylinder ist nach unten offen, Kolben und Mantel sind ebenfalls
wärmeundurchlässig. Körper C ist auch nach oben, gegen den Zylinder

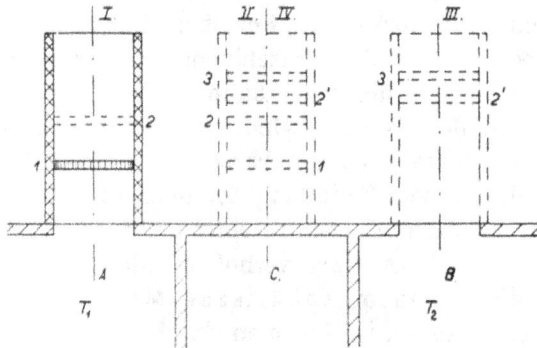

Abb. 7 Carnotsches Gedankenexperiment.

zu, wärmeisoliert, A und B dagegen an den Stellen, wo der Zylinder auf-
sitzt, wärmedurchlässig. Körper A hat die Temperatur T_1, B die um
einen unendlich kleinen Betrag niederere T_2. Beide Körper sind so groß
gedacht, daß eine Wärmeabgabe oder -aufnahme zum oder vom Zylinder
ihre Temperaturen nicht ändert. In letzterem ist Luft oder irgendein
anderes Gas eingeschlossen, das in der Stellung I (links) in Punkt 1 zunächst die Temperatur T_1 hat.

    Nun denken wir uns durch irgendeinen äußeren Anstoß den Kolben
um ein kleines Wegteilchen gehoben. Dann sinkt die Temperatur im
Zylinder, aber aus dem Körper A strömt Wärme nach und gleicht den
Temperaturabfall wieder aus. Der Vorgang setzt sich bis zum Punkte 2
fort. Der Kolben hat beim Aufsteigen von 1 bis 2 gegen die Außenluft,
wie wir wissen, Arbeit geleistet. Da der Zylinderinhalt das gleiche Gewicht,
die gleiche spezifische Wärme s und die gleiche Temperatur wie im Punkte
1 besitzt, so ist auch sein Wärmeinhalt ($W = G \cdot s \cdot T_1$) der gleiche geblieben, die geleistete Arbeit ist also ausschließlich aus der von A überge-

strömten Wärme gedeckt worden. Und zwar hat sich diese ganz in Arbeit verwandelt, sonst müßte irgendeine Temperaturerhöhung festzustellen sein. Nun denkt Carnot sich seinen Zylinder nach C verschoben. Hier ist jeder Wärmestrom vom und zum Zylinder ausgeschlossen. Expandiert das Gas weiter, bis zum Punkte 3 und der Temperatur T_2, so kann die

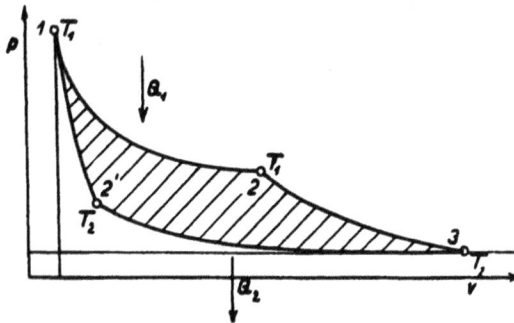

Abb. 8. Carnotscher Prozeß.

hierbei vom Kolben zu verrichtende Arbeit nur auf Kosten der Eigenwärme des Gases gehen. Wir haben in Abb. 7 und 8 adiabatische Expansion (Strecke 2 bis 3). Wiederum kann die Abnahme des Wärmeinhaltes des Gases, die mit der Temperatursenkung von T_1 auf T_2 verbunden ist, sich nur in Arbeit umgesetzt haben, da ja irgendein Entweichen von Wärme über Körper C wegen der Isolierung unmöglich ist. Carnot stellt also

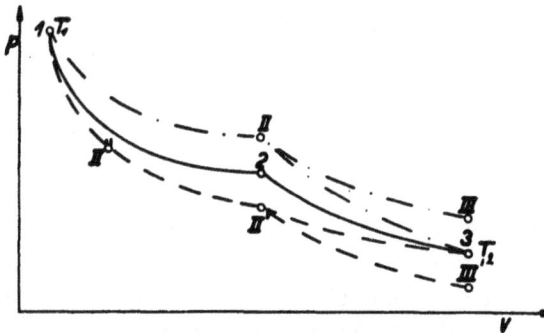

Abb. 9. Abweichungen vom Carnotprozeß.

fest: der erste Teil des Kreisprozesses ist verlustlos, wenn wir den Weg von der Temperatur T_1 zu T_2 zuerst isothermisch, danach adiabatisch zurücklegen. Jeder andere Weg würde ungünstiger sein. Würden wir z. B. von I auf II statt 2 (Abb. 9) gegangen sein, also soviel Wärme übergeführt haben, daß neben der Arbeitsleistung auch eine Temperaturerhöhung eingetreten wäre, so würden wir, wenn wir nun die eingedrungene Wärme sich adiabatisch selbst verzehren ließen, offenbar nicht bei T_2

sondern etwas höher ankommen. Um, wie vorgenommen, T_2 zu erreichen, müßten wir auf dem Wege $II, 3$ Wärme abführen. Also wäre ein Verlust an Arbeit zu verzeichnen.

Ähnlich liegen die Dinge, wenn wir die Expansion steiler als isothermisch beginnen. Wir haben dann in II' eine niederere Temperatur als T_1. Auf Körper C sich selbst überlassen, würde das Gas also in III' auch mit einer niederen Temperatur als T_2 ankommen. Wollen wir, wie vorgenommen, zu T_2 gelangen, so müßten wir die isothermische Expansion schon früher, etwa in II'' beendigen, hätten dann aber weniger Wärme als auf dem Weg $1, 2$ zuführen und in Arbeit verwandeln können. Beide Fälle sind demnach ungünstiger als der zuerst betrachtete $1, 2, 3$.

Soll der Kreisprozeß geschlossen sein, so müssen wir an seinem Ende wieder bei T_1 ankommen. Verlustlos wäre das möglich, wenn ich den Rückweg auf der gleichen Bahn zurücklegen, also zuerst bis 2 adiabatisch, dann bis 1 isothermisch komprimieren würde. Leider hätten wir aber dann keine Leistung der Maschine, sondern die negative Kompressionsarbeit wäre gleich der positiven Expansionsarbeit, ihre Summe würde zu null, das Diagramm zu einer Linie werden.

Eine solche Maschine ohne Leistung würde selbstverständlich nicht zu brauchen sein.

Wir stellen danach als allgemeinen Grundsatz für die Wärmewirtschaft (er gilt, wie wir später sehen werden, auch für die Feuerungen) fest:

Die Frage, welche Leistung eine Kraft- oder Feuerungsanlage aufweist, und die, welcher Anteil von der zugeführten Wärme in nutzbare Energie (in unserem Falle Arbeit) umgewandelt wird, mit anderen Worten, die Frage des Wirkungsgrades, sind ganz verschiedene Dinge und müssen stets getrennt behandelt werden. Und zwar ist die Frage der Leistung die primäre, die des Wirkungsgrades die sekundäre. Die schönste Wärmeausnützung in einem Kesselsystem nützt nichts, wenn ich je kg Dampf 1000 m² Heizfläche brauchen würde, und der Cowper oder Regenerator mit 99% Wärmeausnützung ist wertlos, wenn er den Wind nicht auf die Temperatur bringt, die wir zum Hochofen- oder Stahlschmelzprozeß brauchen.

Auch bei unserem Kreisprozeß müssen wir Opfer an der Wärmeausnützung bringen, damit wir der primären Sorge der Leistung gerecht werden. Carnot tut das, indem er den Kolben zuerst bis Punkt $2'$ herabdrückt (Abb. 7, III), während der Zylinder auf B steht, die Temperatursteigerung sich also ausgleicht (isothermische Kompression). Den Punkt $2'$ wählt er so, daß, wenn er nun über Körper C adiabatisch weiter komprimiert, er im Punkte 1 eben wieder auf Temperatur T_1 angelangt ist.

Überlegungen, die den bei der Expansion angestellten genau entsprechen und die darum dem Leser überlassen bleiben mögen, lehren, daß jedes Abweichen von dieser Bahn (*3, 2′, 1* in Abb. 8) einen größeren Arbeitsaufwand für die Kompression bzw. eine größere Wärmeabführung bedingen würde.

Aus obigem geht hervor, daß für die Ausnützung der Wärme für Arbeit der beschriebene Kreisprozeß: isothermische, danach adiabatische Expansion und isothermische, dann adiabatische Kompression der günstigst mögliche ist. Man hat ihn nach seinem Erfinder den »Carnotprozeß« genannt. Die Carnotschen Arbeiten sind später von Clapeyron erweitert und von dem Deutschen Clausius auf rein mathematischem Wege als richtig erwiesen worden. Ihr Hauptergebnis ist für die Wärmewirtschaft grundlegend: Es beweist, was wir oben als zweiten Hauptsatz aufgestellt haben, daß es nicht möglich ist, alle zugeführte Wärme in einem Kreisprozeß in Arbeit zu verwandeln. Denn, um isothermisch zu komprimieren (Strecke *3, 2′* in Abb. 8) haben wir ja durch den durchlässig gedachten Zylinderboden Wärme abführen müssen (Q_2). Täten wir es nicht, so würde die Kompression adiabatisch sein, wir würden, wie gezeigt, eine Linie statt einer Diagrammfläche bekommen. In Arbeit übergeführt, ist also nur die Wärme $Q_1 - Q_2$, als Anteil von Q_1 ausgedrückt $\dfrac{Q_1 - Q_2}{Q_1}$. Dies ist der thermische Wirkungsgrad des Carnotprozesses. Da die Wärmemengen prozentual den Temperaturen sind, so können wir auch schreiben:

$$\eta_{\text{Carnot}} = \frac{T_1 - T_2}{T_1} = 1 - \frac{T_2}{T_1} \quad \ldots \ldots \quad (20)$$

Wir sehen daraus (es ist die gleiche Erkenntnis wie die oben angegebene, nur in andere Worte gefaßt), daß dieser Wirkungsgrad nur dann = 1 werden könnte, wenn wir bis auf den absoluten Nullpunkt, also — 273°C expandieren lassen würden, was praktisch nicht möglich ist. In allen anderen Fällen wird er umso kleiner, je größer T_2 und je kleiner T_1 ist, oder je kleiner das Temperaturgefälle ($T_1 - T_2$) ist, das wir durchlaufen.

Wir wissen nun also, und das ist von wesentlichem Gewinn, daß bei einer Verbrennungstemperatur von 1200°C (höher zu gehen, ist mit Rücksicht auf das Material des Zylinders nicht ratsam) und bei einer Temperatur der Auspuffgase von 500°, von allen in der Maschine gelegenen Verlusten abgesehen, wegen des Kreisprozesses an sich höchstens $\dfrac{1473 - 773}{1473} \cong 0{,}475$ der zugeführten Wärme in Arbeit übergeführt werden können. Wenn wir in Wirklichkeit 25% gewinnen, so sind wir nicht etwa um 75, sondern um 22,5% von dem theoretisch zu Erreichenden entfernt. Wir nennen eine Idealmaschine, die bei den genannten Temperaturen mit 47½% Ausnützung arbeiten würde, die »verlustlose Maschine«.

Ausdrücklich bemerkt sei, daß der Anteil Q_2 nicht etwa überhaupt, sondern daß er nur für die Umwandlung in Arbeit verloren ist. Können wir ihn noch nutzbar machen, etwa zur Beheizung von Räumen oder Dampferzeugung, so ist theoretisch die Ausnützung der gesamten Wärme möglich. Aus dieser Erkenntnis heraus spielt, wie wir später sehen werden, die Verwertung der Abhitze bei Kraftanlagen wie Feuerungen in unserer Zeit eine bedeutsame Rolle. Es muß dabei besonders betont werden,

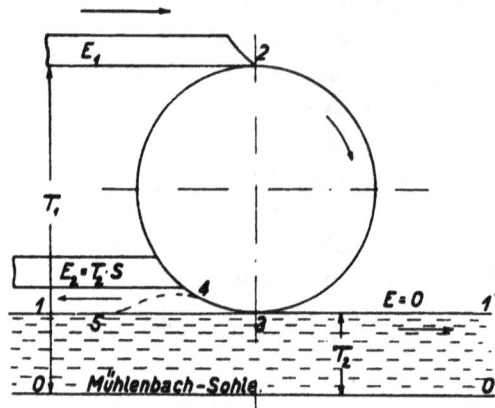

Abb. 10. Wasserrad als Vergleich mit dem Carnotprozeß.

daß die abzuführende Wärmemenge Q_2 nicht etwa an Auspuffgase gebunden ist. Der Carnotprozeß war ja mit einem geschlossenen Gasquantum gedacht. Auch die Heißluftmaschine, die keine Auspuffgase hat, bei der vielmehr immer das gleiche Luftquantum arbeitet, muß im Kühlwasser ein Q_2 abführen, damit eine Maschinenleistung überhaupt möglich ist.

Das Verständnis des zweiten Hauptsatzes ist für die Wärmewirtschaft so wichtig, daß ein Vergleich ihm noch zu Hilfe kommen soll: Denken wir uns an Stelle der Wärme wieder eine einer Maschine (Wasserrad) in einer gewissen Höhe T_1 zufließende Wassermenge. Der untere Wasserspiegel schneide mit Unterkante Wasserrad (Abb. 10) ab und habe über der Bezugslinie, etwa der Sohle des Mühlenbaches eine Höhe $= T_2$. Würde das Rad die ganze Wassermenge genau in Punkt 3 abgeben, so würde das dort wegfließende Wasser in bezug auf die Linie 1 1' die Energie $= 0$ haben, weil das Gefälle $T_2 - T_2$, d. h. die Höhe über 1 1' $= 0$

ist. Das Wasser haftet aber an dem Material des Wasserrades und in den Schaufeln und wird hinter solchen Rädern mitgenommen, wie die gestrichelte kleine Welle *3, 4, 5* zeigt.

Angenommen, wir könnten die mitgerissenen Teilchen in einer zweiten, tieferen Rinne auffangen, so würde dort eine Energie E_2 wegfließen, und nur E_1-E_2, als Anteil von E_1 ausgedrückt $= \dfrac{E_1-E_2}{E_1}$ in Arbeit umgewandelt sein. Drücken wir E_2 als Produkt aus, dessen einer Faktor T_2 ist (jede Größe x kann als Produkt mit dem Faktor y aufgefaßt werden, wenn wir den zweiten Faktor $= \dfrac{x}{y}$ setzen) und nennen wir den anderen Faktor $\dfrac{E_2}{T_2} = S$, so haben wir in S das, was die Wärmelehre Entropie nennt, d. h. die Zahl, mit der wir T_2 multiplizieren müssen, um Q_2 zu erhalten. In unserm Vergleichsbeispiel ist S abhängig von der Beschaffenheit der treibenden Flüssigkeit. Wäre diese Teer statt Wasser, so würde S und somit E_2 größer sein. So ist auch die Entropie abhängig von der Art des Gases, das wir zum Kreisprozeß verwenden.

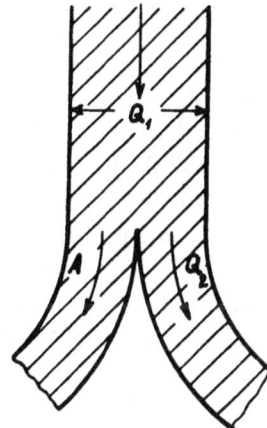

Abb. 11. Spaltung des Energiestromes.

Es sei zum Schlusse hier eine Vermutung ausgesprochen, welcher der Verfasser schon an anderer Stelle[1]) in etwas anderer Form Ausdruck gegeben hat, daß nämlich der 2. Hauptsatz nicht nur für die Wärmelehre, sondern für alle Vorgänge in der Natur, bei welchen Energien oder Strömungen irgendwelcher Art, physische oder geistige, eine Umwandlung erfahren, ein Grundgesetz darstellt. Um klarzumachen (Abb. 11), was wir meinen, wollen wir die obigen Darlegungen nochmals von einem etwas anderen Gesichtspunkte aus betrachten und uns dazu einer zeichnerischen Darstellung bedienen, die Sankey zuerst angewandt hat und die nach ihm Sankey-Diagramm genannt wird.

Wir können die Wärmemenge Q_1, die einer Kraftmaschine zufließt, als einen Strom ansehen, der sich, wie wir gesehen haben, in zwei Äste, einmal in die Arbeit A und zum anderen in die abzuführende Wärme Q_2 spaltet. Unsere Hypothese lautet nun:

---

[1]) St. u. E. 1921, S. 1326. Tafel »Das Entstehen von Spannungen bei der Wärmebehandlung«.

In der Natur, der toten und lebendigen, kann aus einer Energieform eine andere, d. h. anders wirkende nur werden[1]), wo zugleich mit der Umformung eine Spaltung zum minde- sten in zwei Äste auftritt. Mit anderen Worten: Soll eine Energie sich aus einer anderen wandeln, so ist dazu immer eine zusätzliche Energiemenge zur Deckung eines unver- meidlichen Sekundärvorganges aufzubringen.

Nennen wir ein paar Beispiele aus den verschiedensten Gebieten: wie wir für unseren Kreisprozeß zur Aufbringung der Arbeit A eine Energie $A + Q_2$ nötig haben, mit anderen Worten, wie sich von dem Wärmestrom Q_1 bei der Umwandlung ein anderer Q_2 subtrahiert, so müssen wir in eine Dynamomaschine über die Energie, welche der zu er- zeugende elektrische Strom darstellt, und über die mechanischen Wider- stände hinaus noch eine zusätzliche Energie zur Überwindung des bei der Umwandlung entstehenden Polarisationsstroms schicken. Oder: geben wir Wärme in einen festen Körper, etwa einen Metallstab, so findet sie sich vollständig in Form einer Temperaturerhöhung wieder. Verändern wir aber die Form der Energie, indem wir z. B. in Gestalt von Wärme- spannungen Energie der elastischen Kräfte erzeugen, so können wir das nur durch Spaltung erreichen, d. h. es tritt neben dieser neuen Energie- form eine Temperaturerhöhung ein. Endlich, wenn unsere Hypothese richtig ist, dann muß zur Umwandlung der Modifikation eines Metalls etwa von α- in β-Eisen neben der Energie, welche die Umwandlung an sich enthält, eine zusätzliche aufgewendet werden, die irgendeinen un- bekannten Sekundärstrom, etwa zur Bildung von molekularen Spannun- gen unterhält. Die Hysteresis der Haltepunkte macht eine solche Annahme wahrscheinlich.

Oder endlich aus dem Gebiet des Lebens: Menschliche Unzufrieden- heit ist nichts anderes als Spannung, d. h. ein Höherliegen des Niveaus der Wünsche über dem des Erreichten, wie in dem Beispiel des Wasser- rades die obere Rinne ein höheres Niveau aufweist als die untere. Würden wir in die obere ein Loch schlagen, so würde das Wasser in die untere stürzen, Energie der Lage würde zu kinetischer Energie, also nur zu einer Abart der ersteren werden, eine Wirkung ist mit dieser Wandlung nicht verbunden. Wollten wir die lebendige Kraft nutzbar machen, etwa, indem wir das Wasser auf die Schaufeln einer Turbine laufen lassen, dann würden auch die sekundären, Energie verzehrenden Vorgänge einsetzen. So ist auch der Ausbruch der Unzufriedenheit, wenn er hemmungslos,

---

[1]) Potentielle Energie (Energie der Lage) und kinetische (lebendige Kraft) sind keine verschiedenen Energieformen in obigem Sinne.

ohne Polarisationsstrom Ausgleich sucht, zur Wirkungslosigkeit verdammt. Daher sind Revolutionen und ihre Vorläufer ungeheure Energieverschwender; große Staatsmänner aber wissen die Wandlung der Energie der Spannung, d. h. den Ausgleich der Wünsche der Völker und Volksteile so zu führen (Führung ist identisch mit partiellem Widerstand), daß ein Maximum an Leistung daraus entsteht. Solche Staatsmänner sind eben wie alle wahren Künstler Ahner, Empfinder und Diener der Naturgesetze in ihren tiefsten Tiefen.

Das hier ausgesprochene Gesetz wird, wenn es einmal gelungen sein wird, seine allgemeine Gültigkeit exakt zu beweisen, auch auf die Änderungen des organischen, wirtschaftlichen und politischen Lebens Anwendung finden mit dem Erfolg einer umwälzenden Klärung und Vereinfachung für unser gesamtes Wissen, ähnlich derjenigen, die das Gesetz von der Erhaltung der Kraft für die Naturwissenschaft und Technik gebracht hat.

h) Die Verluste in den Kraftmaschinen, ihr Verhalten bei Änderung der Belastung und die verschiedenen Arten von Wirkungsgrad. Normalleistung.

Neben dem, nach dem zweiten Hauptsatz der Wärmelehre unvermeidlichen Wärmeverlust, den wir den Carnotschen nennen wollen, haben wir in unseren Kraftanlagen noch mechanische, durch die Reibung der bewegten Teile bedingte und in allen Kraft- und Feuerungsanlagen solche, die durch Wärmeübertragung von den als Medium dienenden Gasen auf die Wände der Leitungen, Zylinder- und Kolbenwandungen, Kessel- und Ofenmauern usw. verursacht werden. Wir fassen sie unter dem Namen Wandverluste zusammen.

a) Carnotscher Verlust.

Wir haben gesehen, daß er mit fallendem T_1 abnimmt. Also müssen wir suchen, die Anfangstemperatur, von der aus die Expansion erfolgt, hochzuhalten. Das geschieht bei Dampfmaschinen, wenn wir hochgespannten Dampf verwenden, und wenn wir ihn überhitzen. Bei Gas- und Verbrennungsmaschinen können wir ein hohes T_1 dadurch erzielen, daß wir Gasgemisch oder Verbrennungsluft hoch komprimieren oder ein sog. »scharfes Gasgemisch« verwenden, d. h. eines, das je Kubikmeter Gemisch von Gas und Verbrennungsluft eine möglichst große Zahl von Wärmeeinheiten enthält.

Bei den Kraftanlagen muß stets dafür gesorgt sein, daß sie sich einem wechselnden Kraftbedarf anpassen können, d. h. es muß ihre Leistung regulierbar sein. Bei Dampfmaschinen erfolgt die Regulierung dadurch, daß der Schieber oder das Einlaßventil den Dampfzutritt später

oder früher abschließen, derart, daß die Expansion zu verschiedenen Zeiten
einsetzt (s. Abb. 12). Beginnt sie später (im Punkt 3), so ergibt sich eine
größere Diagrammfläche (0, 3, 4, 5) als wenn sie schon bei 1 anfängt
(0, 1, 4, 5) und somit eine größere Leistung. Als »Normalleistung«
wollen wir diejenige bezeichnen, bei der die Maschine den günstigsten
Wärmeverbrauch je PSst hat (etwa 0, 2, 4, 5). Wir sehen, daß in den
3 Punkten 1, 2, 3 der Anfangs- oder Admissionsdruck p_e, also auch das T_1,
gleich waren. Erst bei sehr kleinen Füllungen (gestrichelte Expansionslinie) öffnet das Steuerorgan so kurze Zeit und so wenig, daß eine Drosse-
lung des zum Zylinder strömenden Dampfes, also eine Senkung der Anfangsspannung p_e und somit der Anfangstemperatur stattfindet. Die

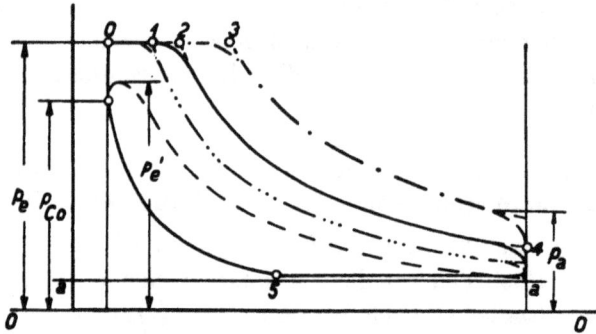

Abb. 12. Regulierung.

Dampfmaschine wird daher gegen Unterlastungen in bezug auf den Carnotschen Verlust erst bei sehr geringen Leistungen empfindlich. Bei Überlastungen (0, 3, 4, 5) nimmt die End- oder Auspuffspannung p_a und damit
T_2 sehr zu, so daß auch in diesem Falle der Carnotsche Verlust stark steigt.

Ähnlich liegen die Dinge beim Dieselmotor mit Kompressor (siehe
nächstes Kapitel), bei dem, wenigstens wie er ursprünglich gedacht
war, die Regulierung ebenfalls dadurch erfolgte, daß der Zustrom von zer-
stäubtem Treiböl früher oder später aufhörte.

Beim Dieselmotor späterer Ausführung und dem Gasmotor dagegen
wird der Wärmeträger (Treiböl oder Gas) immer während der gleichen
Zeit eingeführt, und die Regulierung der Leistung wird dadurch bewirkt,
daß einmal mehr, einmal weniger Öl oder Gas zur Explosion gebracht
wird. Natürlich sinkt im letzteren Falle auch der Explosionsdruck, somit
auch die Verbrennungstemperatur T_1. Bei Überlastung steigt, wie bei der
Dampfmaschine, p_a und damit T_2. Die Gasmotoren sind also bezüglich des
Carnotverlustes sowohl bei Unter- wie bei Überlastung empfindlich[1]).

─────────

[1]) Die Abgasverluste enthalten den Carnotschen Verlust, sind aber nicht
identisch mit ihnen. Was über sie und den Einfluß, den Temperatur, Luftüber-

b) Mechanischer Verlust. (Leerlaufsarbeit).

Zum Drehen in den Zapfen, in den Lagern, zum Bewegen des Kolbens im Zylinder ist Reibungsarbeit aufzuwenden, um welche die indizierte Arbeit einer Maschine vermindert werden muß, wenn wir die effektive, die sie leistet, erhalten wollen. In der Hauptsache ist ihre Größe bestimmt durch die Abmessungen der Maschine, sie wird also von dem Grad der Belastung nur wenig beeinflußt. Man kann deshalb die mechanischen Verluste annähernd der sog. »Leerlaufsarbeit« gleichsetzen, d. h. der Arbeit, die aufzuwenden ist, um die Maschine in unbelastetem Zustand in ihrer normalen Umdrehungszahl zu erhalten. Die Leerlaufsarbeit bewegt sich bei den Kraftmaschinen zwischen 5 und 15% bei Normalleistung und steigt prozentual mit abnehmender Belastung. Angenommen, sie betrage 10% bei Normalleistung und bleibe, wie wir gesehen, absolut genommen, ungefähr gleich, dann macht sie bei halber Leistung $\frac{10}{0,5} = 20\%$ aus. Dagegen nimmt sie nach der gleichen Überlegung bei Überlastung prozentual ab.

c) Wandverluste.

Die Wandverluste entstehen einmal dadurch, daß zuerst von den heißeren Gasen Wärme an die kälteren Zylinderwandungen übergeht und im letzten Teil der Expansion, namentlich aber beim Ausschubhub an die nun kälteren Gase oder den Dampf, bzw. in den Kondensator strömt. Zum anderen bestehen sie im Oberflächenverluste. Dazu gehört die Wärme, die von den Außenwänden der Kesselanlagen oder den Dampf- oder Gasleitungen an die Außenluft übergeht, oder vom Kühlwasser der Dampf- oder Dieselmaschinen abgeführt wird. Die erstgenannten Verluste nennt man bei Dampfmaschinen, weil sich gesättigter Dampf, wenn er mit kälteren Zylinderwänden in Berührung kommt, an ihnen unter Wasserbildung niederschlägt, auch »Kondensverluste«.

Die Wandverluste steigen mit wachsendem T_1. Denn einmal ist die Wärme, die von Gasen auf eine von ihnen berührte Wand übergeht, proportional der Temperaturdifferenz $t_g - t_w$ zwischen Gas und Wand nach folgender Formel von Fourier, die uns auch bei den Feuerungen noch beschäftigen wird:

$$Q_{wa} = z \cdot \alpha \cdot F\,(t_g - t_{wa})\,[1]) \quad . \quad . \quad . \quad . \quad . \quad . \quad (21)$$

schuß und spezifische Wärme darauf ausüben, zu sagen ist, deckt sich genau mit den Betrachtungen, die wir über die Abgase der Feuerungen anzustellen haben werden. Es sei deshalb hier nur auf sie verwiesen. (S. 197.)

[1]) Genau genommen gilt diese Formel nur in der Form $dQ = z \cdot \alpha \cdot (t_g - t_{wa})\,dF$. Vgl. auch das von Gröber Lit.-Verz. Nr. 1, S. 171 ff., über die Wärmeübergangsformel Gesagte.

Darin ist t_g die Gastemperatur zu Beginn des Hubes gleich T_1, t_{wa} die jeweilige Temperatur der Zylinderwand, F deren Fläche in Quadratmetern, z die Zahl der Stunden, während deren sich der Wärmeübergang vollzieht, und a die Wärmeübergangszahl, d. h. die Zahl der WE, die bei 1^0 Temperaturgefälle und 1 m² Fläche je 1 Std. zwischen den betreffenden Medien übergeht.

Zum anderen müssen wir, wo T_1 sehr hoch wird, wie bei Explosionsund Verbrennungsmaschinen, zur Schonung des Materials zur künstlichen Kühlung von Kolben und Zylinder, also zu einer absichtlichen Vermehrung des Wandverlustes greifen.

Dagegen heizen wir bei Dampfmaschinen umgekehrt Zylindermantel und -deckel, um den Wärmedurchgang gering zu erhalten.

Der Wandverlust ist ähnlich wie der mechanische absolut fast gleich, ob die Maschine mit voller oder geringer Belastung läuft; demnach steigt er proportional bei Unterlastung, während er bei Überlastung fällt.

Aus all dem sehen wir, daß die Dinge leider in Wirklichkeit nicht so einfach liegen, wie sie erscheinen, wenn wir nur den Carnotverlust betrachten. Aber wir können aus ihm immerhin als allgemein gültig folgende Regeln aufstellen:

Für das Verhältnis der in Arbeit umgewandelten zur insgesamt aufgewendeten Wärmemenge ist eine hohe Anfangstemperatur T_1 günstig, soweit sie nicht mit Rücksicht auf das Zylindermaterial künstlich niedergehalten werden muß. In gleichem Sinne wirkt auch immer eine hohe Kompression, während sie für die Größe der Leistung einer Maschine nachteilig ist. (Die Diagrammfläche wird kleiner.) Weiter ergeben die angestellten Betrachtungen, daß alle Verluste zunehmen, wenn wir mit der Leistung bei gegebener Maschinengröße unter die Normalleistung heruntergehen. Diese Tatsache ist für viele Betriebe von besonderer Bedeutung und wird häufig zu wenig berücksichtigt. Der Betriebsmann ist geneigt, bei der Auswahl von Kraftmaschinen, die ihm angeboten werden, nur den Wärmeverbrauch bei Normallast zugrundezulegen. Das ist noch einigermaßen berechtigt bei Betrieben mit annähernd gleichmäßigem Kraftbedarf. Eine Spinnerei z. B., wo die schwankende Inanspruchnahme der einzelnen Spindeln im ganzen sich ausgleicht, ebenso eine Dreherei mit kleinen Bänken oder eine Schraubenfabrik mit ihren Hunderten von Bearbeitungsmaschinen wird sich um die Frage des Wirkungsgrades bei Unterlastungen nur dann zu kümmern brauchen, wenn Betriebseinschränkungen in Betracht kommen. Unterteilen solche Betriebe dagegen ihre Kraftzentrale, sodaß bei Ausschaltung größerer Mengen von Arbeitsmaschinen einzelne Kraftmaschinen stillgelegt, die in Betrieb bleibenden aber mit normaler Leistung weiter betrieben werden können, brauchen sie sich um den Wärmeverbrauch bei Unterlastung nicht zu kümmern. Anders liegen dagegen die Dinge z. B. bei Preß- und Hammerwerken, bei Hütten- und insbesondere Walzwerken, bei denen die Kraftzentrale für die maximale Beanspruchung aller Maschinen oder Walzenstraßen bemessen sein muß, während meistens eine viel geringere Beanspruchung vorliegt. Es gibt z. B. Walzenzugsmaschinen, die 70% der Zeit nur mit 25% der Normalleistung, 20—25% der Zeit mit dieser und 5—10% mit 100% Überlastung laufen. Hier ist die Frage der größeren oder kleineren **Empfindlichkeit gegenüber Unter- und Überlastungen** also wichtiger als der (von den Maschinenfabriken gewöhnlich allein angegebene) **Verbrauch bei Normallast.** Wir werden deshalb dieser Frage bei Besprechung der angegebenen Motoren besondere Aufmerksamkeit zuwenden müssen.

Ehe wir zu ihnen übergehen, sei noch der Begriff des Wirkungsgrades behandelt. Den »**thermischen Wirkungsgrad**« nennt man das oben schon erwähnte Verhältnis, d. h. den Quotient, dessen Zähler die nutzbare, bei Kraftmaschinen also in Arbeit umgewandelte, dessen Nenner die gesamte aufgewandte Wärme ist.

$$\eta_{th} = \frac{Q_n}{Q_g} \quad . \quad . \quad . \quad . \quad . \quad . \quad . \quad (22)$$

Ergibt sich z. B., daß ein Stoßofen je Stunde 2,5 Mill. ($2,5 \cdot 10^6$) WE verzehrt hat, während zur Erwärmung der in der Stunde durchgesetzten Blöcke und zur Schmelzung der Schlacke 250 000 WE erforderlich waren, so ist sein thermischer Wirkungsgrad

$$\eta_{th} = \frac{250\,000}{2\,500\,000} = 0,10 \text{ oder } = 10^0/_0.$$

Bei den Kraftmaschinen muß man zwischen **effektivem und indiziertem thermischen Wirkungsgrad** (η_{eff} und η_i) unterscheiden, je nachdem wir die aus dem Diagramm errechnete oder die an der Maschinenwelle abgenommene Arbeit für Q_g zugrunde legen.

Den **mechanischen Wirkungsgrad** haben wir schon berührt. Er bedeutet das Verhältnis der indizierten Arbeit oder Leistung abzüglich der mechanischen Verluste zur indizierten, aus dem Diagramm errechneten, oder das des effektiven zum indizierten Wirkungsgrad. Beide Quotienten sind natürlich gleich.

Der **Gütegrad** η_g einer Maschine ist das Verhältnis des effektiven zum Carnotschen Wirkungsgrad, er gibt also an, wie weit sie sich der sog. verlustlosen Maschine nähert. Setzt eine Gasmaschine 25% der zugeführten Wärme in Arbeit um und würde bei den Anfangs- und Endtemperaturen, mit denen sie arbeitet, der Carnotprozeß eine mögliche Ausnützung von 50% ergeben, so ist demnach der Gütegrad $= \dfrac{0,25}{0,50} = \dfrac{1}{2}$.

Für die Beurteilung einer Kraftmaschine sind endlich und hauptsächlich maßgebend:

1. Der Kohlen- oder Dampf-, Öl- oder Gasverbrauch je indizierte und je effektive PSst. Da er natürlich abhängig ist von dem Heizwert des Öls oder Gases (der letztere ist sehr verschieden und schwankt zwischen ca. 900 WE je m³ beim Gichtgas und ca. 4000 WE beim Koksofengas), so pflegt man bei den Gas- und Verbrennungsmotoren den Verbrauch an Wärmeeinheiten je PSst anzugeben und tut das neuerdings auch bei Dampfmaschinen. Diese Ziffern wollen wir $Q_{\mathrm{PSst_i}}$ und $Q_{\mathrm{PSst_{eff}}}$ nennen.

Die letztere ist für die wichtigsten Kraftmaschinen in Tafel II am Schluß des Buches angegeben. Die Zahlen entstammen größtenteils den neuesten Angaben der Maschinenfabrik Augsburg-Nürnberg-A.-G., Werke Augsburg und Nürnberg (M.A.N.), einer Firma, die gewählt worden ist, weil sie sämtliche Maschinenarten selbst baut, also keinerlei Interesse irgend einer Bevorzugung bei ihren Angaben hat. Bemerkt sei noch, daß die Aufstellung die Verbrauchszahlen auf dem Probestand, also in völlig fehlerfreiem Zustand aller Maschinenteile angibt. Sind die Maschinen längere Zeit im Betrieb, so pflegen sich je nach der Sorgfalt des Betriebsmanns und nach Güte der Konstruktion Undichtigkeiten von Kolbenringen, Steuerungsorganen, Dichtungen usw. einzustellen, die den Verbrauch auf ein Vielfaches steigern können. Davon wird noch die Rede sein.

2. Die Kosten je PSst ($K_{\mathrm{PSst_e}}$) $= Q_{\mathrm{PSst_e}} \times K$, wobei K die Kosten einer WE bedeutet. Man nennt sie wohl auch den wirtschaftlichen Wirkungsgrad einer Maschine. Es ist nicht immer gesagt, daß diejenige Anlage die wirtschaftlichste ist, welche den geringsten Wärmeverbrauch je PSst aufweist; denn die WE im Teeröl ist oft teurer als in der Rohkohle, im Leuchtgas teurer als im Gichtgas. Wärmewirtschaft und allgemeine Wirtschaft decken sich also nicht immer. Die letztere ist entscheidend, wenn die Frage vorliegt, ob der eine oder der andere Wärmeträger gekauft bzw. die eine oder andere Kraftmaschine aufgestellt werden soll. Die Wärmewirtschaft dagegen, wenn zu entscheiden ist, ob von einer Anzahl von gegebenen Wärmeträgern der eine an diese, der andere an jene Verbrauchsstellen geleitet werden soll.

In nachstehendem seien die verschiedenen Wirkungsgrade nochmals übersichtlich zusammengestellt:

$$1) \quad \cdots \quad \eta_{\text{Carnot}} = \eta_C = \frac{T_1 - T_2}{T_1}$$

$$2) \quad \cdots \quad \eta_{\text{therm}} = \frac{\text{in Arbeit umgewandelte Wärme}}{\text{gesamte zugeführte Wärme}} = \frac{Q_n}{Q_g}$$

$$3) \quad \cdots \quad \eta_{\text{therm ind.}}, \text{ kurz } \eta_i = \frac{\text{indizierte Arbeit}}{\text{zugeführte Wärme mal } 427}$$

$$\text{oder anders ausgedrückt} = \frac{632}{Q_{\text{PSst}_i}}$$

$$4) \quad \cdots \quad \eta_{\text{therm eff}}, \text{ kurz } \eta_e = \frac{\text{effektive Arbeit}}{\text{zugeführte Wärme mal } 427}$$

$$\text{oder anders ausgedrückt} = \frac{632}{Q_{\text{PSst}_e}}$$

$$5) \quad \cdots \quad \eta_{\text{mech}} = \eta_m = \frac{\eta_e}{\eta_i}$$

$$6) \quad \cdots \quad \eta_g = \frac{\eta_e}{\eta_c}$$

$$7) \quad \cdots \quad Q_{\text{PSst}_e} = \text{Wärmeverbrauch je effektive PSst}$$

$$8) \quad \cdots \quad K_{\text{PSst}_e} = \text{Kosten je effektive PSst} = Q_{\text{PSst}_e} \times K.$$

II. Kapitel.

Dieselmotor.

Der Gedanke, da der Carnotprozeß die beste Ausnützung der Wärme ermöglicht, Maschinen einfach auf dessen Grundlage zu bauen, hat vor Diesel schon Viele beschäftigt. Aber sie sind vor der Ausführung zurückgeschreckt in der Erkenntnis, daß das Carnotsche Diagramm so wenig Fläche aufweist, so dünn ist, daß, um aus Maschinen mit erträglichen Abmessungen nennenswerte Leistungen herauszubekommen, außerordentlich hohe Drücke und somit auch Temperaturen angewandt werden müßten, die eine Gefahr für die Dichtungen und das Material von Zylinder, Zylinderdeckel (Kopf) und Kolben bilden würden. Auch für die Welt der Technik gilt in diesem Falle Hamlets Klage über »den bangen Zweifel, der zu genau bedenkt den Ausgang«. Wie Zeppelin in zähester Arbeit sein Ziel, das lenkbare Luftschiff, nur erreicht hat, weil er nicht in der Lage war, sich über die gefährlichen Wirkungen von Sturm und sonstigen Witterungseinflüssen auf dessen Riesenflächen zahlenmäßig Rechnung zu geben, so konnte der Dieselmotor, der heute unter den Kraftmaschinen in bezug auf die Aussichten für die Zukunft an führender

Stelle steht, nur erfunden werden, weil Diesel die außerordentlichen
Schwierigkeiten einer Kraftmaschine nach Carnot weniger deutlich
vorausgesehen hat, als andere Ingenieure vor ihm. So ist — zwar nicht
die Carnotsche Maschine, aber immerhin eine mit besserem thermischem
Wirkungsgrad als alle bisherigen entstanden. Ihre sonstigen Vorzüge
werden noch besprochen werden. Von dem Motor allerdings, welcher
Diesels Erfindergeist vorgeschwebt hat, in welchem Kohlenstaub ohne
Kesselanlage unmittelbar im Arbeitszylinder verbrennen und Expansion
und Kompression nach dem Carnotprozeß sich vollziehen sollten, ist
schließlich nicht viel mehr übriggeblieben als eine Ölmaschine folgender Art:

Allmähliche Zuführung und annähernd isothermische
Verbrennung des Treiböls mit so hoher Kompression der
Verbrennungsluft, daß sie sich über die Entzündungstemperatur des Brennöls erhitzt, so eine Zündvorrichtung
überflüssig machend.

Beim kompressorlosen Diesel ist dann auch noch die isothermische Verbrennung fallengelassen worden, sodaß heute der Dieselmotor
nur mehr durch die genannte hohe Kompression ohne Zündvorrichtung
gekennzeichnet ist.

Zweitakt- und Viertakt-Maschinen.

Wie bei allen Verbrennungs- und Explosionsmotoren (Kraftmaschinen, bei denen nicht, wie bei der Dampfmaschine die Verbrennung in
einer getrennten Anlage [Kessel], sondern im Arbeitszylinder selbst sich
vollzieht), unterscheidet man auch beim Dieselmotor den »Zweitakt«
und den »Viertakt«.

Abb. 13 und Abb. 14, entnommen einem Katalog der Maschinenfabrik Augsburg-Nürnberg, zeigen das Schema beider. Der Unterschied
ist, daß beim Viertakt der Arbeitszylinder, der zugleich Luftpumpe ist,
sich während des Saughubes Luft selbst ansaugt und sie dann im
Kompressionshub zusammendrückt. Während des folgenden »Ar-
beitshubes« wird beim Diesel mit Kompressor mittels Druckluft, die
eine beträchtlich über dem Kompressionsdruck liegende Spannung haben
muß, Öl eingespritzt, das sich bei dem hohen Kompressionsdruck und
der hohen Kompressionstemperatur von selbst entzündet. Die Zuführung
erfolgt so, daß die Temperatur ungefähr gleichbleibt, die Verbrennung also
isothermisch verläuft. Nach einiger Zeit wird die Ölzufuhr abgestellt,
sodaß von da ab die Expansion auf Kosten der bis hierher zugeführten
Wärme, d. h. annähernd adiabatisch vor sich geht. Im vierten, dem
»Ausschub- oder Auspuffhub« endlich schiebt der Kolben die Ver-

A. Viertakt.

1. Takt	2. Takt	3. Takt	4. Takt
Ansaugung	Kompression	Arbeitsleistung	Auspuff

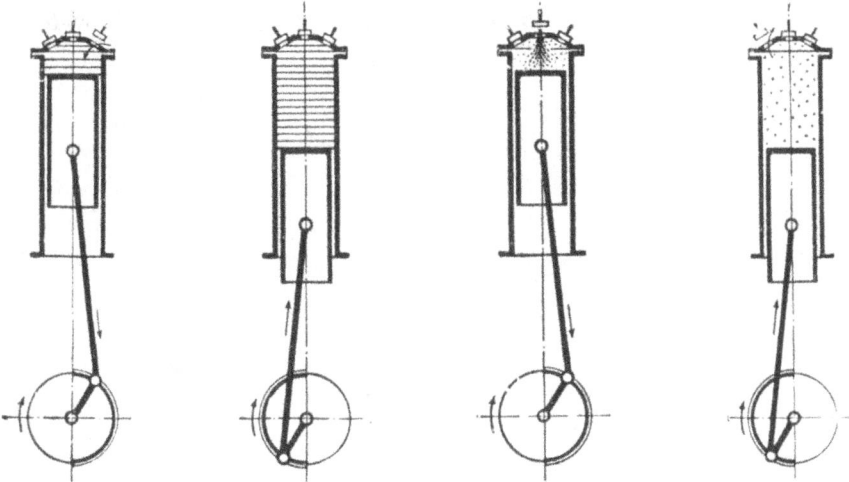

Abb. 13.

B. Zweitakt.

1 Takt		2. Takt	
Spülung	Kompression	Arbeitsleistung	Auspuff

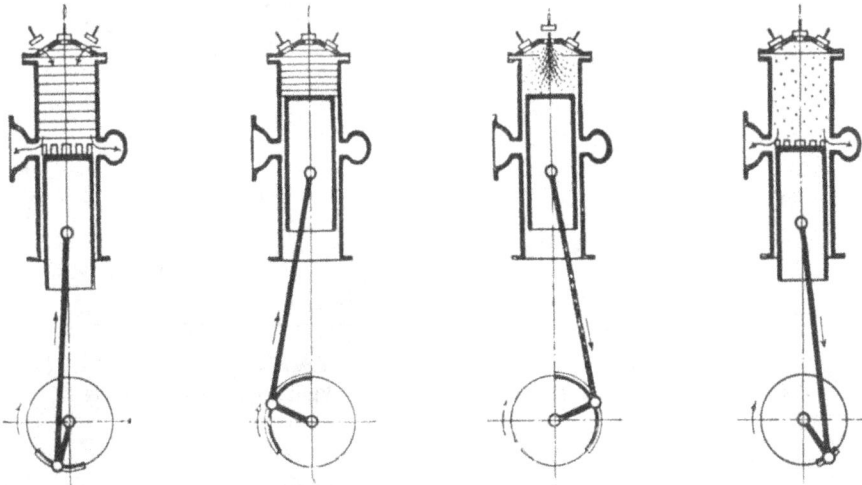

1. Einführung reiner Luft	2. Komprimierung der reinen Luft	3. Verbrennung und Expansion des eingespritzten Treiböles	4. Ausstoßung der Verbrennungsgase

Abb. 14. Arbeitsschema der einfachwirkenden M. A. N.-Dieselmotoren.

brennungsgase vor sich her durch das Auslaßventil ins Freie. Es folgt wieder Ansaugen, Komprimieren, Öleinspritzen usw.

Beim Zweitakt entweichen die Verbrennungsgase statt durch ein Auslaßventil durch Auspuffschlitze in der Mitte des Zylinders, die während

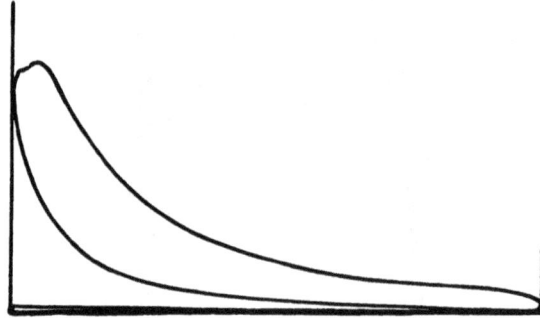

Abb. 15. Diagramm eines Viertaktdieselmotors.

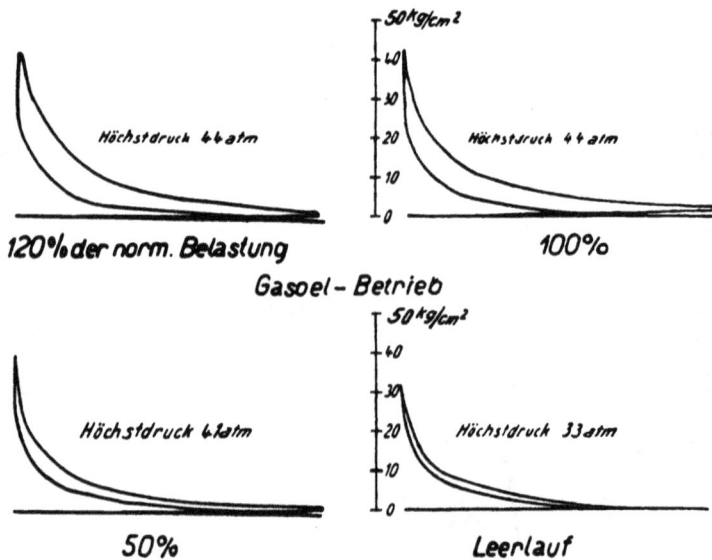

Abb. 16. Diagramme eines kompressorlosen Viertaktdiesels der Motorenfabrik Deutz.

des größten Teils des Hubes vom Kolben überdeckt, am Hubende aber freigegeben werden. Das Verdrängen der Verbrennungsgase erfolgt nicht mehr wie eben durch den Kolben, sondern sie werden durch frische Luft, die von der anderen Seite eingeblasen wird, ausgespült (Spülluft).

Saug- und Auspuffhub fallen also weg. Die betreffenden Vorgänge vollziehen sich in der kurzen Zeit von der Freigabe der Schlitze durch

den Kolben bis zu dem Augenblick, wo er sie auf seinem Rückweg abermals überdeckt. Von da ab wird die eingeblasene Frischluft, welche
die Abgase verdrängt hatte, komprimiert (Kompressionshub), und es
folgt wie beim Viertakt der zweite, der Arbeitshub.

An den Maschinen mit dem Indikator abgenommene Diagramme
zeigen beistehende Bilder, und zwar Abb. 15 das Diagramm eines Viertaktdieselmotors der Maschinenfabrik Augsburg-Nürnberg, Werk
Augsburg (M.A.N.), von 800 Kw und 420 Umdr. und Abb. 16 Diagramme
bei verschiedenen Belastungen eines kompressorlosen Viertaktdieselmotors der Motorenfabrik Deutz A.-G. von 45 Kw und 215 Umdrehungen.

Bei guten Maschinen fallen Auspuff- und Ansauglinien fast zusammen,
wie Abb. 15 und 16 zeigen. Bei dem kompressorlosen Diesel (Abb. 20
und 22) tritt an Stelle des allmählichen Einspritzens des mit Einblase-
luft gemischten Öls das Hineinpressen kurz vor dem Totpunkt mittels
einer Hochdruckpumpe. Sie wird durch einen Nocken von der Steuer-
welle aus betrieben und das von ihr auf hohen Druck (200 bis 300 Atm.)
gebrachte Öl hebt das Einlaßventil (Nadelventil, Abb. 17) selbsttätig
einfach dadurch, daß der große Überdruck, der auf einer Fläche $= F - f$
(Abb. 17) wirkt, die Nadel gegen den Druck der sie belastenden Feder
von ihrem Sitz eine Kleinigkeit abhebt, so daß ein feiner Nebelkegel von
Öl in den Zylinder spritzt, bis ein vom Regulator gesteuertes Rückstromventil dem Öl einen anderen Ausweg (Saugleitung der Ölpumpe) öffnet.
In diesem Augenblick hört der Öffnungsdruck auf das Nadelventil auf,
und es preßt sich wieder fest auf seinen Sitz. Durch diese sinnreiche
Regulierung wird die verwickelte Steuerung des Nadelventils erspart.
Außerdem wird erreicht, was vom Kompressordiesel übernommen worden
ist, daß die bei jedem Hub in den Arbeitszylinder gelangende Ölmenge
unabhängig wird von den kleinen Undichtigkeiten der Stopfbüchsen
oder Ventile der Ölpumpen, wie sie nach längerem Betrieb auftreten können. Der Gedanke beruht also darauf, daß man die Ölpumpe bei jedem
Hub einen Überschuß ansaugen und auspressen läßt (mindestens das
2½fache). Angenommen, es würden selbst 50% des angesaugten Öls
durch die genannten Undichtigkeiten verlorengehen, dann würde der
Regulator das Rückstromventil erst nach 80% des Druckhubs der Ölpumpe öffnen, und es würden $2,5 \cdot 0,8 \cdot 0,5 = 1$, also das gewollte Öl-
quantum in den Zylinder gepreßt werden. Die Anordnung ergibt den Vorteil einer einfachen Steuerung und des Fortfalls von Luftkompressor und
seiner Arbeit, denen zuliebe man auf die allmähliche Einspritzung hinter
dem Totpunkt und isothermische Verbrennung verzichtet. Die Schwierigkeiten, welche man anfänglich mit dem Dichthalten der an die Stelle des

Kompressors tretenden kleinen Ölpumpe hatte, dürfen als behoben betrachtet werden.

Bei den Diagrammen der Zweitaktmaschinen fallen nach obigem Ansauge- und Auspufflinien weg. Sie sehen ähnlich aus, wie die von Gasmotoren (Abb. 24, S. 44). Abb. 18 zeigt die Ansicht von zwei Zylindern und den Schnitt längs der Wellenachse durch einen dritten und den Kompressor (rechts) eines stehenden Viertaktdieselmotors der Maschinenfabrik Augsburg-Nürnberg, Werk Augsburg, und Abb. 19 den Schnitt senkrecht zur Welle durch den Zylinder.

Abb. 20 Ansicht eines kompressorlosen Dieselmotors V.M. mit sog. »Katzengestell« in besonders eleganter Ausführungsform der Deutzer Firma. Abb. 21 Ansicht eines sechszylindrigen Diesels der M.A.N., auf der vorn besonders deutlich der Kompressor zu sehen ist. In Abb. 20 ist vor dem linken Zylinder die kleine Ölpumpe nebst Regulator erkennbar, der Kompressor fehlt. Neuerdings wird der Diesel auch vielfach liegend gebaut (Abb. 22). Er sieht dann ähnlich dem liegenden Gasmotor aus und unterscheidet sich wie alle Diesel von diesem im wesentlichen nur durch die fehlende Zündvorrichtung, den Kompressor oder die Treibölpumpe. Die in Abb. 18 bis 21 gezeigten Ausführungen können als Typen der Kompressor- und kompressorlosen Dieselmaschinen gelten. Die letztere stammt von der Fabrik, der die Technik die Einführung des Verbrennungsmotors überhaupt verdankt (Deutz), die erstere von derjenigen, die uns die Großgasmaschine und den Dieselmotor gebracht hat, geschichtliche Verdienste, die hinter dem der Einführung der Dampfmaschine nur wenig zurückstehen.

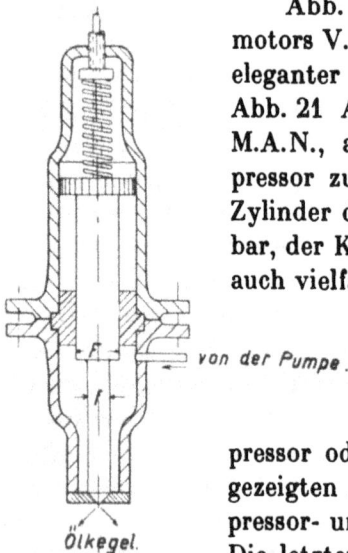

Abb. 17. Nadelventil eines kompressorlosen Dieselmotors.

Verluste im Dieselmotor.

Betrachten wir den Dieselmotor auf seine Wärmewirtschaftlichkeit, so wissen wir zunächst, daß sein Carnotscher Wirkungsgrad hoch sein muß, weil er mit hohen Kompressions- und Verbrennungsdrücken und -temperaturen arbeitet. Dagegen bringen sie meist etwas größere mechanische und insbesondere Wandverluste mit sich. Wir müssen stark kühlen, das bedingt eine große Wärmeabfuhr durch das Kühlwasser (s. die schraffierte Fläche zwischen Kurve II und III in Abb. 23, Seite 39).

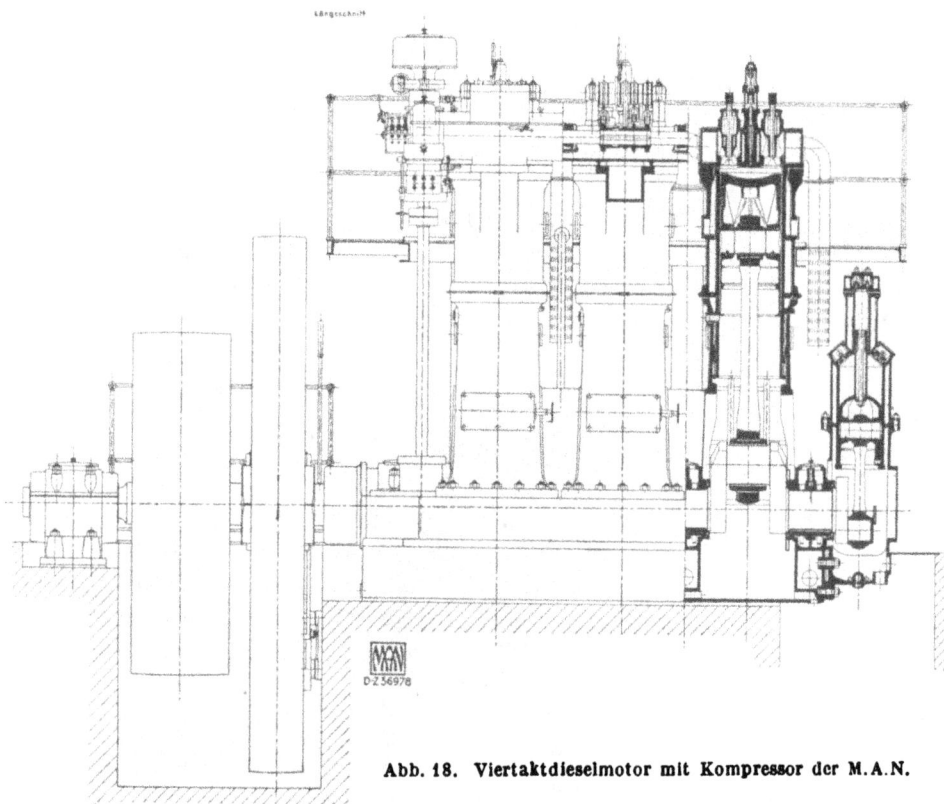

Abb. 18. Viertaktdieselmotor mit Kompressor der M.A.N.

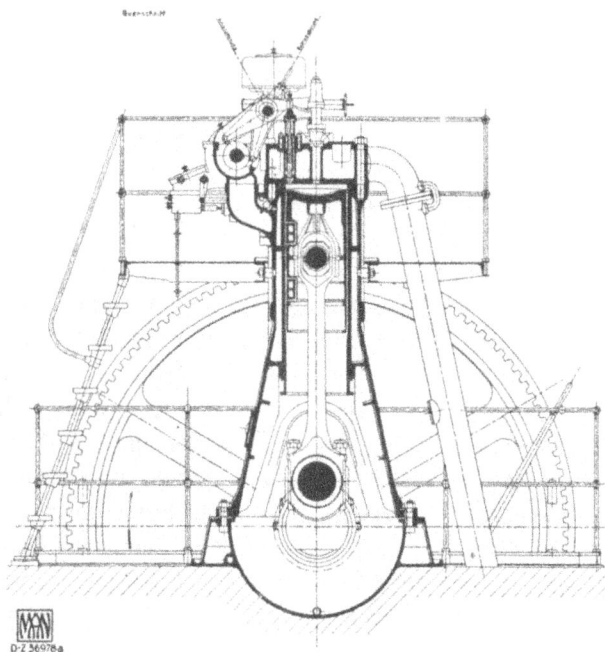

Abb. 19. Viertaktdieselmotor der M.A.N.

3*

Neuerdings ist man bemüht, die Wärmeverluste durch das Kühlwasser dadurch herabzumindern, daß man es, statt wie sonst üblich
auf ca. 60°, bis zur Verdampfungstemperatur sich erwärmen läßt. Einmal verringert man dadurch das Temperaturgefälle zwischen Kolben
bzw. Zylinderwand und Kühlwasser, so daß weniger Wärme überströmt;
zum anderen kann der gebildete Dampf zu Heiz- oder Kraftzwecken
Verwendung finden, entweder allein oder zusammen mit dem Dampf
von Abhitzekesseln hinter den Diesel-oder Gasmotoren (s. unter D a m p f -

Abb. 20. Kompressorloser Dieselmotor der Motorenfabrik Deutz A.-G. mit Katzengestell.

kessel). Man verhindert die Dampfbildung in den Kühlwasserräumen,
welche durch das Anhaften von Dampf an den Wänden und dadurch
bedingte schlechte Wärmeleitung die Kühlung gefährden würde, indem
man das Wasser unter Druck in diese Räume gibt und es beim Austritt
aus ihnen entlastet, so daß erst außerhalb die Dampfbildung erfolgen kann.
    Die Stille-Maschine verwendet den durch solche »Heißkühlung«
und die Verwertung der Abhitze gewonnenen Dampf, um auf der anderen
Kolbenseite eines einfach wirkenden Gas- oder Dieselmotors Arbeit zu
leisten. Das bedeutet nach jedem Hub ein Ausspülen des Gaszylinders
mit kühlendem Dampf, der nun seinerseits die aus den Wänden aufge-
nommene Wärme wieder in Arbeit umwandelt. Mit anderen Worten, man

Abb. 21. Sechszylinder — M. A. N. — Dieselmotor, 1500 PS.

Abb. 22. Liegender Diesel von Deutz.

läßt einen Teil der Wandverluste statt in das Kühlwasser in Arbeitsdampf gehen, und macht ihn so auf dem kürzesten Wege nutzbar. Der Gedanke ist theoretisch ausgezeichnet, praktisch sind Verwickelungen der Kraftmaschine damit verknüpft, die der Einführung in die Technik bisher hinderlich waren.

Insgesamt ist der thermische Wirkungsgrad des Dieselmotors, wie Versuche gezeigt haben, ein sehr guter. Nach Tafel II[1]) verbraucht ein guter Dieselmotor von ca. 50 PS je effektive PSst rund 1800 WE. Das entspricht einem

$$\eta_e = \frac{3600 \cdot 75}{1800 \cdot 427} \text{ oder } \frac{632}{1800} \cong 0{,}35,$$

ein effektiver thermischer Wirkungsgrad, wie ihn keine andere Kraftmaschine erreicht. Ebenso verhält sich der Diesel günstig in bezug auf die Empfindlichkeit gegenüber Unter- und Überlastungen, wie aus den Ziffern der Tafel II und dem Diagramm

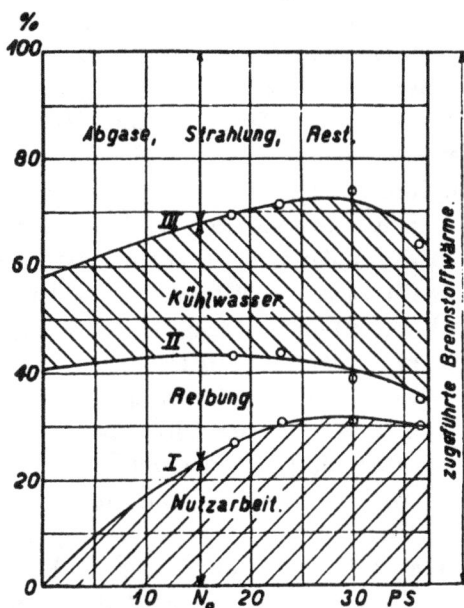

Abb. 23. Schaubild der Wärmebilanz eines Dieselmotors von Deutz bei verschiedener Belastung.

in Abb. 23 hervorgeht. In letzterem bleibt die Nutzarbeit (Kurve I) zwischen 20 und 40 PS, also 30 PS als Normalleistung angenommen, bis zu einem Drittel Unter- und Überlastung fast horizontal, mit anderen Worten, innerhalb dieser Grenzen steigt der Brennstoffverbrauch je PSst nur wenig.

Vorzüge des Dieselmotors.

Die Vorzüge, die der Dieselmotor noch aufzuweisen hat, sind:

Weder Kessel, noch Generator sind nötig, die Anlagen erfordern also wenig Raum und sind stets sofort betriebsbereit. Diese beiden Vorteile, verbunden mit der Tatsache, daß Brennöl leichter an Bord genommen (gepumpt) werden kann als Kohle, daß Ölbunker in jedem Raum, mag er noch so schmal sein, und daß je m³ Treiböl (etwa Naphtha) ungefähr 8½ Mill., gegenüber 5½—6 Mill.[2]) Wärmeeinheiten

---

[1]) Siehe Schluß des Buches.
[2]) 1 m³ Reinkohle wiegt gelagert ca. 800—850 kg, enthält also bei 7000 WE je kg 5,6 bis 6 · 10⁶ WE. 1 m³ Naphtha wiegt 850 kg und enthält je kg 10—11 000 WE, somit je m³ 8,5 bis 9,3 Mill. Dazu kommt, daß nach früher

untergebracht werden können, machen den Dieselmotor besonders geeignet als Schiffsmaschine. Ebenso hat der Wegfall von Kessel und Generator den Dieselmotoren rasch Eingang in die Betriebe (Zentralen) der Großstädte geschaffen. Endlich eignen sie sich wegen ihrer sofortigen Betriebsbereitschaft sehr gut als sog. Spitzenmaschinen. Wir werden später sehen, daß für Kesselanlagen, aber auch für Gasmotoren eine einigermaßen gleichmäßige Belastung Bedingung für einen guten Wirkungsgrad ist, weiter daß z. B. bei Hochofenanlagen jede Wärmewirtschaft damit beginnen muß, für die anfallenden Gichtgasmengen stets Verwendungsmöglichkeit zu schaffen. Haben wir sie, so müssen die betreffenden Stellen auf der anderen Seite auch mit Energie beliefert werden, wenn ein Teil der Gichtgase vorübergehend ausbleibt. In diesem Falle, wie in dem plötzlich auftretender starker Überlastungen einer Zentrale durch vermehrten Energiebedarf müssen also Kraftmaschinen in Reserve stehen, die rasch eingesetzt werden können, und die wir eben Spitzenmaschinen nennen. Auch hierfür ist der Diesel besonders geeignet, weil weder Kessel noch Generator angeheizt werden muß, um ihn in Betrieb zu bringen.

Bedenken wir endlich, daß die Gewinnung von Teer und anderen im Diesel verwendbaren Nebenprodukten bei der Vergasung unserer Brennstoffe mehr und mehr an Bedeutung gewinnt, so wird klar, daß der Dieselmotor erst am Anfang seines Siegeslaufes unter den Kraftmaschinen ist.

Ganz besonders die Hüttenindustrie mit ihren stark schwankenden Belastungen wird gut daran tun, seiner Einführung verstärktes Augenmerk zuzuwenden; ebenso die Maschinenfabriken, die sich mit der Anfertigung von Dieselmaschinen befassen, ihn an die Bedürfnisse der Hütten- und Walzwerke anzupassen.

III. Kapitel.

Gasmotor.

Die Nachteile des Dieselmotors sind einmal die hohen Drücke im Kompressor oder der Ölpumpe, die eine sehr sorgfältige Wartung bedingen. Eine solche kann namentlich bei kleinen Maschinen nicht immer erwartet werden. Zum anderen ist der Umstand mißlich, daß nur flüssige, keine gasförmigen Brennstoffe verbraucht werden können. Wollten wir

---

Gesagtem und nach Tafel II, S. 50, ein Dieselmotor je PSst nur ungefähr halb soviel WE braucht als die beste Dampfmaschine. Somit haben Schiffe mit Dieselmotoren einen um ein Mehrfaches größeren Aktionsradius.

schon vor der Kompression der Luft Gas beigeben, so würde, sobald die Temperatursteigerung durch die Kompression die Entzündungstemperatur des Gasgemisches erreicht, Explosion eintreten. Es würde schon der verschiedenen Maschinenleistungen wegen, die einmal mehr, einmal weniger Gas je Hub verlangen, unmöglich sein, den Zündpunkt immer in den Totpunkt zu verlegen, wo er zur Erzielung eines richtigen Diagramms ungefähr liegen soll. Vielmehr würde er einmal vor, einmal hinter dem Hubwechsel liegen, im ersteren Fall »Vorzündung«, also hohen Druck auf den rückgehenden Kolben und somit negative Arbeit und Überlastung des Gestänges, im letzteren Falle Arbeitsverlust verursachend. Wollten wir dagegen das Gas erst in oder kurz nach dem Totpunkt in die komprimierte Luft einblasen, so müßten, um die notwendigen Mengen in der verfügbaren kurzen Zeit in den Zylinder zu bringen, außerordentlich hohe Drücke angewendet werden. Mit anderen Worten: Voraussetzung für das Einbringen des Brennstoffes nach erfolgter Komprimierung der Luft, wie es das Wesen des Dieselmotors ausmacht, ist, daß der Brennstoff einen sehr geringen Raum einnimmt. Bei atmosphärischem Druck enthält 1 m³ Naphtha rd. 10 Mill., 1 m³ Generatorgas aber nur ca. 1300 WE. Wollten wir die gleiche Zahl von WE auf den gleichen Raum auch beim Gas bringen, so würden wir so hoch komprimieren müssen, daß, abgesehen von den praktischen Schwierigkeiten, voraussichtlich allein die bei der Kompressionsarbeit auftretenden Verluste die Maschinenleistung verzehren würden. Bislang ist jedenfalls die Verwendung gasförmiger Brennstoffe in der Dieselmaschine nicht möglich.

Viele Industrien, vor allem die Eisenhütten und Kokereien, sind aber auf diese angewiesen. Ihre natürlichen Wärmequellen sind die Hochöfen und Koksöfen. Ähnliche Verhältnisse können auch in anderen Betrieben auftreten, besonders wo brennbare Abfallstoffe anfallen, die sich zur Verwendung auf dem Rost eines Dampfkessels schlecht eignen, wie Hobel- oder Sägspäne. Oder, wo aus irgendeinem Grund die Gewinnung von Teer aus dem Brennstoff erwünscht ist, eine Möglichkeit, über die noch zu sprechen sein wird.

In allen diesen Fällen muß an die Stelle des Dieselmotors die Gasmaschine treten, obwohl sie in bezug auf die Ausnützung des Brennstoffes, wie wir sehen werden, hinter dem Dieselmotor zurücksteht.

Die hier in Frage kommenden wichtigsten Gase sind mit den hauptsächlichen Angaben auf Tafel I aufgeführt (S. 42).

Da wir wissen, daß für den Wirkungsgrad einer Kraftmaschine die Höhe der Ausgangs-, d. h. Verbrennungstemperatur maßgebend ist (für die Feuerungen wird das Gleiche noch nachgewiesen werden), so erkennen wir, daß für die Güte eines Gases nicht allein sein Heizwert sondern

Zahlentafel I a.

	1	2	3	4	5	6	7	8	9
		Stoff	H_u unterer Heizwert je kg WE[1]	H_u unterer Heizwert je m³ WE	1 m³ wiegt bei 0° 760 mm kg	Theoretische Luftmenge je kg Brennstoff kg	1 m³ Gasgemisch enthält WE	Theoret. Verbrennungstemperatur ohne Luftüberschuß und ohne Vorwärmung °C	1000 WE entstehen aus ? m³ Heizgasen m³
Bestandteile der Brennstoffe, Verbrennungsluft und Feuergase	1a	Kohlenstoff { CO₂ verbrennt zu	8 080	—	—	11,6	835	2 300	1,20
	1b	verbrennt zu } CO	2 440	—	—	5,8	505	1 350	1,98
	2	Kohlenoxyd CO	2 440	3 050	1,25	2,5	900	2 410	1,11
	3	Methan CH_4	11 900	8 580	0,72	17,3	810	2 020	1,24
	4	Äthylen C_2H_4	11 300	14 100	1,25	14,8	930	2 450	1,08
	5	Wasserstoff H_2	28 500	2 560	0,09	34,6	770	2 200	1,30
	6	Sauerstoff O_2	—	—	1,43	—	—	—	—
	7	Stickstoff N_2	—	—	1,25	—	—	—	—
	8	Luft	—	—	1,29	—	—	—	—
	9	Kohlensäure CO_2	—	—	1,97	—	—	—	—
	10	Wasserdampf bei 1 Atm. abs.	—	—	0,58 (bei 100°)	—	—	—	—
Bei technischen Feuerungen gebräuchliche Brennstoffe	11	Kohlenstaub	7 400	—	600 bis 800	10,2	790	2 300	1,27
	12	Teer	8 500 bis 9 200	—	1 100 bis 1 260	11,0	910	2 600	1,10
	13	Rohpetroleum	10 000 bis 10 500	—	800	—	—	—	—
	14	Leuchtgas	10 040	5 160	0,51	13,0	770	2 550	1,30
	15	Koksofengas	8 260	4 330	0,52	11,0	790	2 300	1,27
	16	Generatorgas	1 080	1 250	1,15	1,2	600	1 750	1,67
	17	Wassergas	4 300	2 970	0,69	4,9	820	2 400	1,22
	18	Gichtgas	740	960	1,30	0,8	550	1 550	1,82

Zahlentafel I b.

Obige Zahlen sind aus folgenden Analysen errechnet:

Nr.	Stoff	Gewichtsprozente						
		CO_2	CO	CH_4	$C_n H_m$	H_2	N_2	O_2
1	Leuchtgas	7,7	19,5	47,3	9,7	8,5	7,3	—
2	Koksofengas	8,2	15,1	39,8	5,7	8,6	22,6	—
3	Generatorgas	11,9	26,5	1,3	0,2	0,9	59,2	—
4	Wassergas	8,5	73,4	0,5	4,4	6,8	6,4	—
5	Gichtgas	14,1	29,1	—	—	0,1	56,7	—
6	Luft	—	—	—	—	—	77	23
		C	O + N	H_2	S	H_2O	Asche	
7	Teer	80—95	—	—	—	—	—	—
8	Kohlenstaub	74,3	8,1	4,7	1,3	2,1	9,5	—

[1] Unter oberem Heizwert versteht man die bei der Verbrennung freiwerdenden Wärmeeinheiten für den Fall, daß der im Brennstoff vorhandene und bei der Verbrennung entstehende Wassergehalt kondensiert, unter dem unteren, daß er in Dampfform in den Heizgasen enthalten ist. Für die Technik kommt nur der letztere in Frage.

auch eben diese Temperatur maßgebend ist. Sie hängt ab von der Menge
der Luft, welche zur Verbrennung eines Kubikmeters Gas erforderlich
ist. Beide Faktoren finden sich in der Zahl von Wärmeeinheiten, die
in 1 m³ Gasgemisch (Gas plus theoretischer Verbrennungsluft) enthalten
sind. Die Zahlen in Reihe 3 sind demnach maßgebend für den ungefähren
Verbrauch an Gas zu einem bestimmten Zweck, die in Reihe 7 für den
Wirkungsgrad, mit dem dieser Verbrauch stattfindet.

Eine früher für die verschiedenen Kohlensorten viel angewendete
Brennstoff-Güteziffer ist die sog. »Verdampfungszahl«. Sie gibt an,
wieviel kg Wasser von bestimmter Temperatur (meist legt man 0° C
zugrunde) von 1 kg des Brennstoffes in Dampf von 100° verwandelt
werden können. Man spricht von 6 oder 8facher Verdampfung einer
Kohle, wenn 1 kg derselben 6—8 kg Wasser von 0° .in Dampf von at-
mosphärischer Spannung zu verwandeln vermag. Diese Zahl ist natürlich abhängig von dem Wirkungsgrad des betreffenden Kessels, somit
auch von seiner Belastung. Wollte man diese Faktoren ausschalten,
müßte man einen Normalkessel mit Normalbelastung für die Untersuchung von Brennstoffen einführen. Man würde damit nach unserer
Ansicht eine bessere Vergleichsbasis für die Brennstoffe schaffen, als
wir sie bislang haben. Es sind das Gebiete der Technik, die noch dringend der Arbeit und Verständigung der Sachverständigen bedürfen.

a) Vorgang in dem Gasmotor.

Beim Gasmotor wird der Brennstoff nicht wie beim Dieselmotor
im Totpunkt in flüssiger Form in die hocherhitzte und komprimierte
Verbrennungsluft eingespritzt, sondern als Gas mit der Verbrennungsluft
schon vor der Kompression von der Maschine angesaugt. Beim
Zweitaktmotor geschieht dies in besonderen Zylindern, den sog. Lade-
pumpen, welche die angesaugten Gas- und Luftmengen im Totpunkt
mit geringem Überdruck an den Arbeitszylinder schieben. In diesem
werden sie beim folgenden Hub verdichtet. Beim Viertakt saugt sich
der Arbeitszylinder selbst mit Gasgemisch voll, um es im nächsten Hub
zu komprimieren. In beiden Fällen wird das Gasgemisch kurz vor dem
Ende des Kompressionshubes zur Entzündung gebracht. Als Zündvorrichtung dient zurzeit bei Großgasmaschinen fast immer die elektrische,
sog. »Abreißzündung«, bei welcher im Arbeitszylinder ein geschlossener,
durch zwei Metallstäbe gehender Stromkreis dadurch unterbrochen wird,
daß man die Stäbe voneinander entfernt, »abreißt«, wie der Maschinist
sagt. Im Augenblick der Unterbrechung bildet sich der Funke. Bei
Kleinmotoren ist neben der elektrischen auch die »Glühkopfzündung«
im Gebrauch. Bei ihr wird eine mit dem Arbeitszylinder in Verbindung

stehende Büchse von außen oder innen glühend gehalten. Sie ist beim
Eintritt des Gases in den Zylinder mit unverbrennlichen Abgasen gefüllt,
die aber mit fortschreitender Kompression zurückgedrängt werden, so
daß am Hubende das Gemisch von Gas und Luft mit der glühenden Wand
in Berührung und zur Entzündung kommt. (Neuere Ver-
wendungsart des Glühkopfes s. unten unter »Halbdiesel«.)
Infolge der Explosion steigen Druck und Temperatur
schroff an und sollen im Totpunkt ihren Höhepunkt erhalten.
Meist ist es erst etwas später der Fall, weil die Verbrennung
nicht augenblicklich vor sich geht,
sondern Zeit braucht. Beendigt ist
sie in der Regel erst lange nach dem
Totpunkt. Den Teil des Diagramms
zwischen diesem Punkt und dem

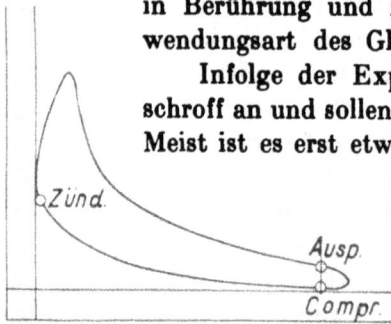

Abb. 24. Diagramm der Zweitaktgasmaschine.   der Zündung nennt man »Nachverbrennung«. Beim Zweitakt,
dessen Diagramm Abb. 24 zeigt, entweichen die Abgase, wenn der Kolben,
von rechts nach links gehend, die Auspuffschlitze überschritten hat (Punkt *1*
in Abb. 25), einesteils infolge des ihnen innewohnenden Überdruckes,
andererseits infolge ihrer lebendigen Kraft, welche auf die im Zylinder
verbleibenden Gase auch nach Erreichung des atmosphärischen Druckes

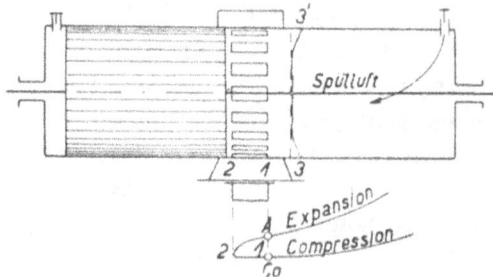

Abb. 25. Zweitakt. Unten Diagramm von Auspuff,
Spülung, Gasfüllung.

noch eine Saugwirkung ausübt. Zum Dritten werden die verbrannten
Gase durch Luft, die kurz nach Öffnen der Schlitze von der Ladepumpe
durch das Einlaßventil am Kopf des Zylinders in diesen gedrückt wird,
aus ihm verdrängt, »ausgespült«. Diese Arbeit muß beendigt sein,
wenn der Kolben die Schlitze ganz freigegeben hat (Punkt *2* in Abb. 25).
Während er nun, sie allmählich wieder überdeckend, von links nach rechts
zurückkehrt, drückt die Ladepumpe Gas in den von Verbrennungsgasen
ganz gespülten und mit Luft gefüllten Zylinder, das bis zur Linie *3 3'*,

also annähernd bis zu den Schlitzen vordringt, mit der Luft ein mehr oder minder »scharfes« Gemisch bildend. In dem Augenblick, in welchem die Kolbenkante *1* die Schlitze wieder völlig abschließt (Punkt *1*), beginnt die Kompression (Abb. 25 rechts unten). Kurz vor ihrem Ende erfolgt wieder Zündung, und das Spiel beginnt von neuem. Beim Viertaktmotor tritt an die Stelle der Spülung und Gasfüllung wie beim Dieselmotor je ein gesonderter Auspuff- und Saughub.

b) Halbdieselmotor.

Bei Verbrennungsmotoren für flüssigen Brennstoff (Benzin, Teeröl usw.), Rohölmotoren genannt, bringt man ihn neuerdings meist, wie beim Diesel, erst nach Verdichtung der Verbrennungsluft ein, und zwar ganz in den Glühkopf oder nach einem Patent von Deutz zum Teil in diesen, zum Teil in den Arbeitszylinder. Es erfolgt Zündung und allmähliche Verbrennung mit der verdichteten Luft. Wir sehen, daß diese Maschinen sich vom kompressorlosen Diesel nur mehr durch die geringere Kompression und die dadurch notwendig werdende Zündung unterscheiden. Man nennt solche Motoren deshalb vielfach »Halbdiesel«.

Für die Industrie kommen sie, da sie vornehmlich als Kleinmotoren ausgebildet sind, wenig in Betracht. Dort sind von den Verbrennungsmotoren die Diesel- und die Großgasmaschinen mit elektrischer Zündung vorherrschend, und von den ersteren haben die Zukunft nach Ansicht des Verfassers die kompressorlosen Diesel. Während die ersteren vielfach nur einfachwirkend ausgeführt werden, sind die Großmaschinen in unseren Tagen fast ausnahmslos doppeltwirkend.

c) Berechnung der Leistung der Verbrennungsmotoren.

Beim Zweitakt kommt nach obigem auf jeder Kolbenseite je Umdrehung ein Arbeitshub, d. h. im ganzen je Zylinder zwei, beim doppeltwirkenden Viertakt je Umdrehung und Zylinder einer. Die Dampfmaschine, die immer doppeltwirkend ist, hat bei einem Zylinder, wie jener, zwei Arbeitshübe. Bei gleichem mittleren Druck des Diagramms hat also ein Viertaktmotor mit zwei Zylindern dieselbe Leistung wie eine einzylindrige Dampfmaschine von gleichem Zylinderdurchmesser und Hub, nämlich nach Gleichung (9)

$$N_i = \frac{2 \cdot p_i \cdot F \cdot s \cdot n}{75 \cdot 60} \text{ PS.}$$

Das Gleiche gilt, gleichen mechanischen Wirkungsgrad vorausgesetzt, von der effektiven Leistung. Dagegen ist die letztere beim Zweitaktgasmotor kleiner als das Doppelte der Viertaktmaschine von

gleichen Abmessungen, einmal, weil die Ladepumpe einen erheblichen
Kraftbedarf (ca. 15% der indizierten Maschinenleistung) benötigt; zum
anderen, weil der Zweitaktzylinder nicht vollständig mit Gasgemisch
gefüllt werden kann. Denn das Gas wird in ihm ungleichmäßig vor-
dringen (s. Linie 3 in Abb. 25). Wenn das letzte Teilchen an der Schlitz-
kante 1 angekommen ist, würden andere schon über sie hinausgelangt
und, in den Auspuff entweichend, verlorengegangen sein. Um solchen

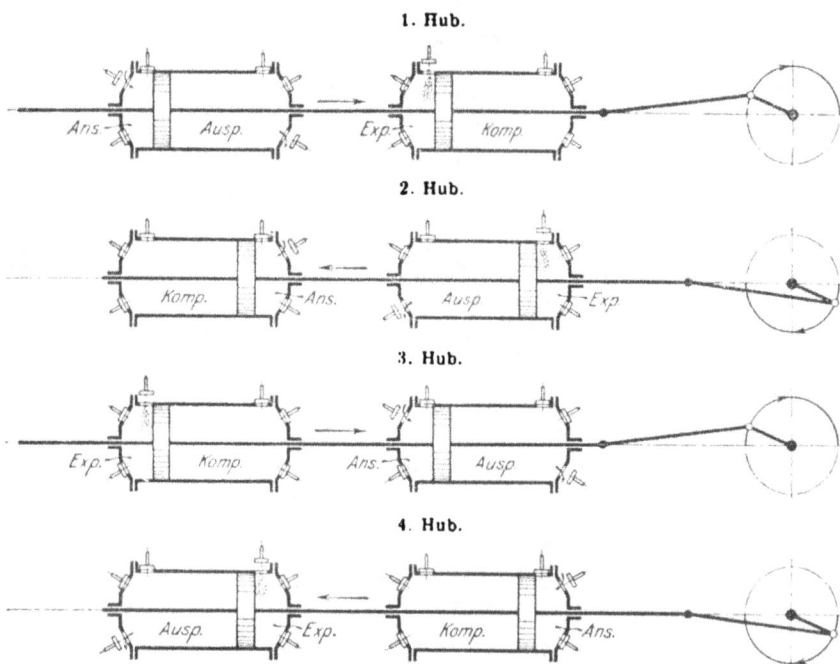

Abb. 26. Reihenfolge der Hübe in einer Doppelviertaktmaschine der M.A.N.

Verlust zu vermeiden, begnügt man sich mit einem Füllungsgrad von
ca. 75%. Das Leistungsverhältnis von Zwei- und Viertakt ist aus den
genannten Gründen nicht 2:1, sondern nur ungefähr 1,6:1.

Abb. 26 zeigt die Reihenfolge der verschiedenen Hübe in einer Doppelviertaktmaschine der M.A.N. Sie ist dem Verfasser von der Lieferfirma
zur Verfügung gestellt worden und entstammt einer Arbeit von Fr. Barth
über »Verbrennungskraftmaschinen« in der Z. d. V. d. I. 1914, S. 1242,
die auch sonst manches Wertvolle über diesen Gegenstand enthält.

Vergleicht man die Eigenschaften der beiden Maschinenarten, so
ist zu sagen:

Die Zweitaktmaschine baut sich billiger dank dem obigen Leistungsverhältnis, und weil sie weniger Ventile hat (je Zylinder zwei Einlaß-

ventile gegen zwei Einlaß- und zwei Auslaßventile beim Viertakt). Außerdem erfordern vermehrte Ventile verstärkte Wartung für das Dichthalten (Einschleifen usw.).

Dagegen hat der Viertakt nach obigem den Vorteil, daß die einzulassende Gasmenge genauer abgepaßt werden kann, und daß sie den ganzen Zylinder füllt. Ferner ist sie leichter kühl zu halten, weil auf vier Hübe nur ein Arbeitshub fällt statt zwei beim Zweitakt. Der letztere läuft leichter warm, namentlich bei großen Umdrehungszahlen. Höher als 85 je Min. sollte man bei der Zweitaktgroßgasmaschine nicht gehen. Der Kampf der Meinungen, ob Zwei- oder Viertakt, wird noch immer geführt; im allgemeinen hat sich aber die Wagschale bei den Betriebsleuten zugunsten des letzteren geneigt. Auch der Verfasser hält für die Großgasmaschine, die für die Industrie allein in Frage kommt, den Viertaktmotor für den besseren, namentlich in der jetzt beliebten sog. Tandem- oder Doppelviertaktform, bei welcher zwei Zylinder mit durchgehender Kolbenstange voreinander geschaltet sind.

d) Regelung der Gasmaschine.

Man unterscheidet zwei Arten der Regelung von Großgasmaschinen:
1. Quantitäts- oder Füllungsregelung,
2. Qualitäts- oder Gemischregelung.

Auch die Verbindung von beiden wird unter dem Namen »Kombinationsregelung« angewandt.

Bei der ersteren hat das Gasgemisch immer die gleiche Zusammensetzung. Bei großer Leistung saugt die Maschine viel davon an, bei kleiner wenig. Man kann das entweder dadurch bewirken, daß man das Einlaßventil stets ungefähr im Totpunkt hebt, aber später oder früher schließt oder, wie es neuerdings meist geschieht, indem der Gemischeintritt auf den ganzen Hub erfolgt, aber mittels einer vom Regulator verstellbaren Drosselklappe einmal weniger, einmal mehr abgedrosselt wird, so daß die Zusammensetzung des Gemisches zwar immer die gleiche, aber seine Verdünnung, d. h. sein Unterdruck, einmal geringer, einmal größer wird.

Bei der Gemischregelung gibt das, vor dem Einlaßorgan liegende sog. »Mischventil« zu der Verbrennungsluft bei großem Kraftbedarf mehr, bei kleinem weniger Gas zu. Im ersteren Falle arbeitet die Maschine mit »schärferem« Gemisch und deshalb mit höherem Explosions- und mittlerem Druck, im letzteren mit verdünntem Gemisch und mit niederen Drücken.

Die Kombinationsregelung verfährt meist in folgender Weise: Bis zu einer gewissen Leistung, d. i. bis zur Vollfüllung des Zylinders

mit Gemisch von normaler Zusammensetzung und ungefähr atmosphärischem Druck, arbeitet die Maschine mit Quantitätsregelung. Erst
wenn der Energiebedarf über dieses Maß hinausgeht, so daß er von dem
genannten Gasgemenge auch bei ganz gefülltem Zylinder nicht mehr
geleistet werden kann, gibt das Mischventil, beeinflußt von dem Regulator, mehr Gas und verschärft das Gemisch; es setzt also die Qualitätsregelung ein.

Alle diese Methoden haben gegenüber der Regulierung des Dieselmotors und insbesondere der Dampfmaschine, die nach dem folgenden
Kapitel die Leistung durch Variierung der Füllung regelt, folgenden
Nachteil: Bei der Dampfmaschine ist die Leistung einfach eine Funktion
der Füllung bis zur Vollfüllung, d. h. je mehr Dampf wir in den Zylinder
geben, um so mehr Arbeit leistet der Kolben je Hub, bis die Füllung
100% oder ein niedereres, durch die Steuerung bedingtes Maximum
erreicht. Anders bei der Gasmaschinenregelung. Dort besteht diese
einfache Abhängigkeit nur bis zu einer bestimmten Grenze, nämlich
solange das Gas noch genügend Luft vorfindet, um vollständig verbrennen
zu können. Geben wir mehr Gas, so wird die Verbrennung unvollkommen,
und die Leistung fällt, statt größer zu werden; außerdem verschmutzen
die schlecht verbrannten Auspuffgase Zylinder und Ventile, so den Betrieb gefährdend. Zwar soll nach obigem die Füllungsregelung immer ein
Gemisch derselben Zusammensetzung geben, aber es trifft das nur zu,
solange die Maschine auf gleicher Umdrehungszahl bleibt. Dann strömt
in derselben Zeit, also auch je Hub, die gleiche Gasmenge zu, und das
gleiche Luftquantum wird angesaugt. Fällt aber infolge Überlastung
die Umdrehungszahl, so braucht jeder Hub mehr Zeit, und da das unter
Überdruck stehende Gas der Maschine während gleichen Zeiten in gleichen
Mengen zuströmt, treten je Hub größere Gasmengen in den Zylinder
ein. Dadurch wird die Saugwirkung der Maschine geringer und das je
Hub angesaugte Luftquantum kleiner. Tritt auf diesem Wege unvollkommene Verbrennung ein, so verstärkt sich das Mißverhältnis zwischen
Arbeitsbedarf und Maschinenleistung, der Gang der Maschine verlangsamt sich weiter, es treten wiederum mehr Gas und weniger Luft in
den Zylinder, bis schließlich nur mehr Gas zuströmt; die Verbrennung hört auf, die Maschine »erstickt«, wie Monteur und Maschinist es
ausdrücken. Bemerken sie diesen Verlauf an stark verlangsamtem Gang
der Maschine, dann müssen sie, um ein Stehenbleiben zu verhindern, das
Gasventil nicht etwa aufreißen, sondern drosseln. Gewöhnlich ist
zu diesem Zwecke in der Zuleitung eine von Hand verstellbare Drosselklappe angeordnet, die nach erfolgter Montage auf dem Wege des Ausprobierens für die verschiedenen Umdrehungszahlen und Belastungen ein-

gestellt und mit Marken versehen wird. Nach ihnen stellt der Maschinist die Drosselklappe jeweils bei wechselnden Umdrehungszahlen ein.

e) Verluste des Gasmotors und Wirkungsgrad.

Der Gasmotor arbeitet mit geringeren Kompressions- und Explosionsdrücken und -temperaturen als der Diesel, aber mit ungefähr der gleichen Auspufftemperatur. Das Temperaturgefälle T_1-T_2 ist also kleiner und damit auch der Carnotsche Wirkungsgrad. Auf der anderen Seite werden infolge der Verringerung der genannten Druck- bzw. Temperaturdifferenz auch Wand- und mechanische Verluste etwas niederer. Man kann in runden Zahlen für den Gasmotor ohne Abhitzeverwertung den Energiestrom wie folgt angeben: je 30% der zugeführten Wärme gehen in Kühlwasser- und Auspuffwärme weg, 25% werden in nutzbare Arbeit, der Rest in mechanische Verluste verwandelt. Genauere Werte und den Gewinn durch Ausnützung der Auspuffwärme s. Sankey-Diagramm, Abb. 31, S. 61.

Insgesamt ist der Thermische Wirkungsgrad bei Normallast nach Tafel II, S. 50.

$$\eta_{th} = \frac{632}{2500} \cong 0{,}25.$$

Er sinkt aber wesentlich bei Unterlastung, ebenso bei starker Überlastung. Für Dreiviertel-, halbe und Viertellast gibt Tafel II die Wärmeverbrauchszahlen an, wie sie von der M.A.N. genannt werden. Sie verhalten sich, die Normallast = 1 gesetzt, wie 1:1,1:1,25:1,7 beim Gasmotor, gegen rd. 1:1,05:1,2:1,6 beim Diesel.

Die neuesten Zahlen der Motorenfabrik Deutz sind:

a) für eine liegende Vierzylinder-Saug- (oder Gicht-) Gasmaschine von 700 PS und 180 Umdr. je Min.:

Wärmeverbrauch je PSst$_e$ bei Normallast 2100 WE
» ¾-Last   2300 »
» ½ »   2700 »
» ¼ »   4000 » ,

was einem Ansteigen von 1:1,1:1,3:1,9 entspricht;

b) für eine liegende, kompressorlose Vierzylinder-Dieselmaschine von 400 PS, betrieben mit Gasöl von 10000 WE:

Wärmeverbrauch je PSst$_e$ bei Normallast 1850 WE
» ¾-Last   2000 »
» ½ »   2350 »
» ¼ »   3300 » ,

entsprechend einem Verhältnis von 1:1,08:1,28:1,8;

Tafel II. Die wichtigsten Verbrauchs- und Druckzahlen für Kraftmaschinen.

	Schmierölverbrauch PS.st gr.	Wärmeverbrauch WE/PS.st — bei Vollast	bei ¾-Last	bei ½-Last	bei ¼-Last	bei ⅛-Last	Mittl. Druck p_i kg/cm² Überdruck	Eintrittsspannung bzw. Höchstdruck kg/cm² Überdruck	Flächendrücke kg/cm² — Hauptlager	Kurbelzapfenlager	Kreuzkopfzapfenlager
Dieselmotor (Viertakt), einfach wirkend mit Kompressor	2	1800	1900	2200	2900	—	Viertakt 7,0 / Zweitakt 6,3	32	bis 20	bis 30	80—100
Gasmaschine (Gicht- und Koksofengas)	1—0,5 Zyl.-Öl / 0,6—0,3 Masch.-Öl	2500	2650	3000	4100	2700	4,6	22—25	20—30	50—70	95—125
Dampfmaschine — 2fache Expansion		3300 bis 3000	3600 bis 3300	4500 bis 4100	7400 bis 6750	3600 bis 3300	—	12—20	15—20	50—70	100—120
Dampfmaschine — 1fache Expansion	0,6 Zyl.-Öl / 0,4 Masch.-Öl	4100 bis 3700	—	—	—	—	—	12—20	15—20	50—70	100—120
Dampfmaschine — Gleichstrom		3400 bis 3000	3500 bis 3100	4600 bis 4100	—	3500 bis 3100	—	12—16 / 300 bis 350°	15—20	50—70	100—120
Dampfturbine	0,15—0,05	3200 bis 2600	3300 bis 2650	3350 bis 2750	—	3300 bis 2650	—	15—20 / 300—350 °C	3—5	—	—

c) für einen stehenden kompressorlosen Dieselmotor von 40—50 PS je Zylinder, 2—6 zylindrig, also bis 300 PS, und einer Drehzahl von 250—300, Brennstoff Gasöl (Destillat aus Naphta oder Braunkohlenteer.)

Brennstoffverbrauch je PSst$_e$ bei Normallast 165—170 g
» ¾-Last 170 g
» ½ » 177,5 g
» ¼ » 215 g,

entsprechend einem Ansteigen von 1:1,03:1,08:1,3.

Alle diese Zahlen sind aber nur bei den besten Großgasmaschinen mit Quantitätsregelung und in neuem Zustand zu erreichen. Messungen an älteren Betriebsmaschinen oder bei Qualitätsregelung haben ein viel stärkeres Ansteigen des Wärmeverbrauchs mit sinkender Belastung ergeben. So gibt Hoff[1]) den Wärmeverbrauch einer 1350-pferdigen Gasdynamo bei normaler, Dreiviertel- und Halblast als von 1:1,38:2,05 steigend an.

f) Vorteile und Nachteile des Gasmotors im Vergleich zum Dieselmotor und zur Dampfmaschine.

Vergleichen wir Diesel- und Gasmaschine wärmewirtschaftlich miteinander, so sehen wir aus obigen Zahlen und aus Tafel II zunächst eine starke Überlegenheit des ersteren in bezug auf den thermischen Wirkungsgrad und die geringere Empfindlichkeit gegen Unterlastung. Weniger in bezug auf Überlastung; ihr soll der Dieselmotor für längere Zeit überhaupt nicht ausgesetzt werden. Den Hauptvorteil des Gasmotors, daß er den Wärmeinhalt gasförmiger Brennstoffe unmittelbar im Zylinder in Arbeit umzuwandeln vermag, haben wir ebenfalls schon kennengelernt. Im Schmierölverbrauch stellt sich der Dieselmotor am ungünstigsten, die Dampfmaschine, insbesondere Dampfturbine am günstigsten. Sie hat den Vorzug eines kälteren und, wenn bei der Kolbenmaschine der Dampf mit fortschreitender Expansion in das Gebiet der Sättigung und Kondenswasserbildung kommt, bis zu einem gewissen Grad als Schmier- und Kühlmittel dienenden Mediums. Die Bestrebungen des Maschinenbaues, Motore zu konstruieren, die abwechselnd einen Hub als Explosions-, den nächsten als Dampfmaschine wirken, von denen schon gesprochen worden ist (Maschinen von Stille), verdienen auch darum Beachtung, weil sie neben der Verkleinerung des Wandverlustes die Verbrennungsmotoren in bezug auf den Schmiermaterialverbrauch den Dampfmaschinen näherbringen können.

---

[1]) St u. E. 1912, S. 784.

Eine Unbequemlichkeit der Gasmaschine ist, daß die Gase weitgehend vom Staub und, wo vorhanden, auch vom Teer gereinigt werden müssen, und daß in Maschine und ihren Zuleitungen brennbare Gasgemische und infolgedessen Explosionen entstehen können. Sie haben in der ersten Zeit nach Einführung der Verbrennungsmotoren zu schweren Unglücksfällen und Störungen geführt. Der vorsichtige Betriebsmann kann sie aber vermeiden. Er muß sich stets gegenwärtig halten (wir werden Ähnliches später bei den Feuerungen sehen), daß eine Explosion nur zustande kommt, wenn in irgendeinem Raum Luft zu brennbaren Gasen gelangt, und wenn danach ein Funke oder eine Flamme hinzutritt. Nach längerem Stillstand darf man deshalb die Zündung erst einschalten, wenn man annehmen kann, daß Gas- und Luftleitung vollständig von Gas bzw. Luft durchgespült, also von ev. angesammelten explosiblen Gemischen befreit sind. Riecht man ferner, daß Gasleitungen undicht sind, dann muß man bei der Untersuchung im Maschinenhaus, den Rohrkanälen usw. natürlich vorsichtig mit dem Licht umgehen, d. h. man darf kein offenes, sondern nur Gruben- oder Glühlampen verwenden. Ein Vorteil gegenüber der Dampfanlage ist dagegen bei den Verbrennungsmotoren der fehlende Kessel und die dadurch bedingte größere Betriebsbereitschaft, ferner der Wegfall der Esse und der mit ihr verbundenen Rauchbelästigung. Wo Gase nicht im Generator zu erzeugen, sondern vorhanden sind, sind Gasmaschinen immer billiger als Dampfmaschinen einschließlich Kesselanlage, namentlich wenn die Gasreinigungsanlage ohnehin vorhanden ist oder gebraucht wird, was meist der Fall ist. Denn auch für Feuerungen ist es unwirtschaftlich, ungereinigtes Gas zu verwenden und der Unterschied zwischen Grob- und Feinreinigung ist in bezug auf Anlagekosten gering. Der Kühlwasserverbrauch des Verbrennungsmotors ist niederer als der für den Kondensator einer Dampfanlage.

Die Hauptvorzüge der Dampfanlagen gegenüber den Verbrennungsmotoren sind, wie in dem folgenden Kapitel gezeigt werden wird, außerdem:

1. Größere Einheiten (bei Dampfturbinen zurzeit bis zu 50000 PS, bei Kolbengasmaschinen höchstens 10000 PS). Wo so große Aggregate in Frage stehen, verschieben sich in bezug auf Anlagekosten die Dinge trotz Dampfkessel zugunsten der Dampfanlage.

2. der Wärmeverbrauch steigt, wie Tafel II zeigt, bei der Dampfmaschine, insbesondere der Dampfturbine bei Unterlastung langsamer als beim Gasmotor. Das ist wesentlich einmal für Maschinen, deren Leistung selten die Vollast erreicht, sondern sich meist in Gebieten tief unter ihr bewegt, wie dies schon beim Dieselmotor besprochen wurde. Der genannte Vorzug ist aber auch für gleichmäßig belastete Ma-

schinen insofern von Bedeutung, als man sie ohne Schaden bei der Aufstellung größer wählen kann, als dem augenblicklichen Kraftbedarf entspricht, so daß man dadurch eine wohlfeile Reserve für später ev. auftretenden verstärkten Kraftbedarf zu schaffen vermag. Es ist wesentlich billiger, z. B. eine Maschine von 1400 PS aufzustellen, als zuerst eine solche von 1000 und später eine zweite von 400 PS. Zudem ist im letzteren Falle eine Übergangszeit mit ungünstigen Belastungsverhältnissen, entweder Überlastung der 1000-PS- oder Unterlastung der 400-PS-Maschine unvermeidlich. Die Dampfmaschine ist bisher unübertroffen, was die Freiheit in der Größenwahl ohne Schaden für den Wärmeverbrauch angeht.

3. Unter dem Dampfkessel können wir jeden noch so minderwertigen Brennstoff, Müll, Lignitkohle u. a. m. verschüren, während solche Stoffe, namentlich wenn sie in ungleicher Beschaffenheit anfallen, zur Vergasung wenig geeignet sind.

4. Die Dampfmaschine ist betriebssicherer. Sie läuft stets ohne Schwierigkeit an, die Fehlerquelle der Zündvorrichtung besteht nicht, und die Reparaturen und Reinigungen der Maschine fallen weg, die beim Verbrennungsmotor durch das Absetzen von Kesselstein in den Leitungen und Kühlwasserräumen, durch Verschmutzung infolge unvollkommener Verbrennung und durch die höheren Temperaturen in Verbindung mit der größeren Schwierigkeit der Schmierung veranlaßt werden.

An Stelle der Reinigung der Gasmaschine tritt bei der Dampfanlage allerdings die des Kessels, die bei sehr hartem Wasser unter Umständen langwieriger und mühevoller ist, aber durch Einführung der Wasserreinigung auf ein sehr geringes Maß beschränkt, außerdem durch Reservekessel für die eigentliche Maschinenanlage unwirksam gemacht werden kann.

5. Ein Hauptvorteil der Kolbendampfmaschine (die Turbine teilt ihn nicht) gegenüber den Verbrennungsmotoren ist das günstige »Anfahrmoment«. Ist jene in der Ruhe, so drückt der Dampf mit seiner vollen Admissionsspannung (p_a) auf die wirksame Kolbenfläche (F), so daß bei einem Kurbelradius $= r$ in der günstigsten Kurbelstellung ein Dreh- oder Anfahrmoment von ungefähr $p_a \cdot F \cdot r$ entsteht. Anders bei der Gasmaschine. Dort würden im Ruhezustand große Stoßverluste entstehen. Die Explosion im starr abgeschlossenen Raum würde übrigens eine Gefahr für die Maschine bedeuten. Sie darf gar nicht herbeigeführt werden, ehe die Maschine annähernd normale Drehzahl erreicht hat. Vielmehr muß bei größeren Maschinen mit komprimierter Luft angefahren werden. Das aber ist wieder, wenn man nicht sehr große Behälter und hohen Luftverbrauch haben will, nur in unbelastetem Zustand möglich. Somit bedarf der Antrieb durch einen Verbren-

nungsmotor entweder einer Leerriemenscheibe oder bei großen Über-
tragungen besser einer Reibungskuppelung, die bei der Kolbendampfmaschine überflüssig ist. Breite Riemen sind schwer auf Leerscheiben zu
leiten und ausrückbare Kupplungen sind teuer und haben großen Verschleiß; so wiegt dieser Nachteil schwerer, als man auf den ersten Blick annehmen möchte, und gibt häufig für die Wahl der Motorart den Ausschlag.

6. Dampfkessel, namentlich solche mit großem Wasserraum, sind
zugleich Wärmespeicher (s. diese).

7. Die Dampfmaschine kann leichter umsteuerbar gemacht werden
als die Verbrennungsmotoren, von denen bis jetzt nur der Diesel reversier-
bar geliefert wird.

g) Gasturbinen.

In der Gaskolbenmaschine kann die Expansion nicht wohl auf ein
T_e wesentlich unter 500° getrieben werden, wenn die Abmessungen der
Zylinder nicht unwirtschaftlich groß werden sollen. Dieser Mangel
und der oben angegebene, daß Kolbengasmaschinen keine so großen
Einheiten zulassen als Dampfturbinen, lassen die Technik schon lange
an dem Problem der Gasturbine arbeiten, ohne daß die Lösung bisher
in befriedigender Weise gelungen ist. Man kann in der Hauptsache
drei Systeme unterscheiden:

Bei dem ersten drückt ein Kompressor Druckluft zu einer Turbine.
Auf dem Wege zu ihr, vor der Düse, wird ein kontinuierlicher Gasstrom
zugeleitet, der, z. B. an einem glühenden Platindraht entzündet, in dem
Luftstrom verbrennt, ihn so erwärmend und auf eine höhere Spannung
bringend; diese wird darauf in der Düse in Geschwindigkeit, also kinetische Energie und in den Schaufeln der Turbine in Arbeit umgewandelt.
Eine Turbine dieser Art ist die der Brüder Armengaud, ausgeführt von
der Société anonyme des Turbomoteurs in Paris. Die Schwierigkeit ist, daß in dem kontinuierlichen Strom von Verbrennungsgasen die
Turbinenschaufeln zum Glühen kommen, wenn nicht zur Herabdrückung
der Temperatur (etwa 550° C vor den Düsen) mit starker Luftverdünnung
gearbeitet wird. Die Temperatur am Austritt der Turbine ist ungefähr
400° C; der Carnotsche Wirkungsgrad also nur $\frac{150}{823} \backsim 0{,}18$, der thermische
Wirkungsgrad kann infolgedessen nur sehr gering sein. Der Wärme-
verbrauch je PSst beträgt zurzeit noch annähernd das Dreifache eines guten
Dieselmotors. Trotzdem findet das Prinzip vielleicht noch nützliche
Anwendung bei Preßluftanlagen für Bergwerke, Schmieden und ähnliche
Betriebe, in denen zur Verhinderung des Einfrierens der Preßluftzylinder
und Auspuffleitungen (die expandierende Luft kühlt sich sonst unter
den Gefrierpunkt ab) ohnehin eine Vorwärmung erforderlich ist.

Bei der zweiten Anordnung, der Holzwartschen, von der Maschinenfabrik Thyssen & Co. in Mülheim a. Ruhr in Arbeit genommenen Turbine, werden rings um das Leitrad angeordnete, mit gesteuerten Ventilen versehene Explosionskammern abwechselnd mit Gasgemisch gefüllt. Danach folgt Zündung, und die Explosionsgase werden auf die Schaufeln der Turbine geleitet. Hierauf werden die Kammern durch Frischluft gespült und gleichzeitig die Schaufeln gekühlt. Die Schwierigkeiten liegen wohl auch hier in den, den letzteren gefährlichen hohen Temperaturen, dann in den wechselnden Druckdifferenzen zwischen Explosionskammer und Laufrad, die zu Spalt- und Stoßverlusten führen müssen.

Ein drittes System benützt nach Art der Humphrey-Pumpe als Medium Wasser, auf welches ein explodierendes Gasgemisch drückt, es einmal auf die eine, dann auf die andere Seite des Turbinenlaufrades schleudernd. Solche Gasturbinen haben Dunlop, Maag und Stauber entworfen. Das letztere System bearbeitet die AEG in Berlin. Während die ersten beiden große Explosionskammern und symmetrische Schaufelform verwenden, die entweder mit Stoßverlusten beim Wassereintritt oder mit Energieverlusten beim Austritt verbunden sind, verwendet Stauber kleine Explosionszellen rings um das Leitrad und unsymmetrische, Stoßverluste vermeidende Schaufeln. Die Stauberturbine ist theoretisch einwandfrei, die praktischen Schwierigkeiten liegen in der Dichtung gegenüber den Druckdifferenzen zwischen Explosionszelle und Laufrad und vielleicht in der Gefahr, daß infolge des Hin- und Herschleuderns in Verbindung mit den in Lösung gehenden Verbrennungsprodukten das Wasser sich mit der Zeit in Schaum verwandelt und als Absperrflüssigkeit versagt[1].

Hierzu kommen mancherlei andere Vorschläge, so die Kompression der Verbrennungsluft durch die Auspuffgase zu bewirken, oder einfach durch die Zentrifugalkraft eines Laufrades, in dessen Inneres das Gasgemisch einströmt (Vorschlag Nernst), Gedanken, die wegen hier nicht zu erörternden Schwierigkeiten bisher nicht praktisch geworden sind.

Zubehör des Gasmotors.

a) Generator.

Die Generatoren oder Gaserzeuger, in denen durch Verbrennung der Brennstoffe zu Kohlenoxydgas unter gleichzeitiger Bildung von Wasserstoff und meist etwas Kohlensäure das Gas für die Gasmaschine

---

[1]) Siehe auch das in dem Werk von Stodola »Dampf- und Gasturbinen« über die Staubergasturbine Gesagte.

(Kraftgas) hergestellt wird, werden bei den Feuerungen noch behandelt werden. Hier sei nur das erwähnt, was ausschließlich für das Kraftgas Gültigkeit hat. Wie gezeigt, muß es von dem anhaftenden Staub und Teer gereinigt werden. Da es nicht heiß zur Gasmaschine gelangen darf,

Abb. 27. Drehrost-Generator für Kraftbetrieb.

die sich sonst zu stark erwärmen und eine zu kleine Füllung bekommen würde, so reinigt man Kraftgas stets in einem sog. »Naßreiniger« oder »Skrubber«, d. h. einem Kessel, der mit lockerem Material, meist Koks, gefüllt ist und durch den von oben Wasser rieselt, während er von unten von Gas durchströmt wird. Da sich bei diesem Waschen das Gas abkühlt, seine »fühlbare Wärme« also verloren geht, so empfiehlt es sich nicht, die Generatoren für Kraftgas heiß zu treiben. Man bläst deshalb

mit der Verbrennungsluft immer auch Dampf ein und verwendet vielfach
zu seiner Erzeugung eben die fühlbare Gaswärme und die von den Wänden
des Generators ausströmende Leitungs- und Strahlungswärme, indem man
diese und ev. den ersten Teil der Gasleitung mit Wasserräumen (»Ver-

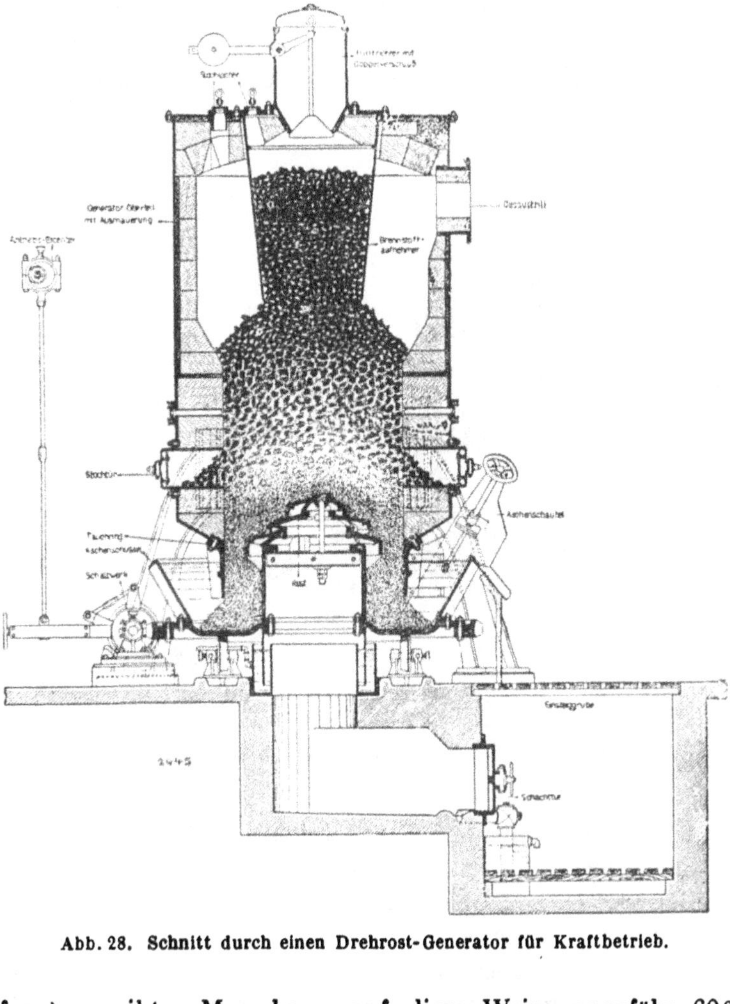

Abb. 28. Schnitt durch einen Drehrost-Generator für Kraftbetrieb.

dampfer«) umgibt. Man kann auf diese Weise ungefähr 60% der
fühlbaren Wärme nutzbar machen. Einen solchen Generator mit
Drehrost der »Motorenfabrik Deutz« für Koks- und Braunkohle
zeigt Abb. 27 in der Ansicht. In dieser ist der, den eisernen Schacht
wie ein Mantel umhüllende Verdampfer deutlich zu erkennen. Abb. 28,
ebenso Abb. 29 zeigen eine Generatoranlage ohne Verdampfer der gleichen
Firma für Holz, Rohbraunkohlen, Torf und ähnliche, stark wasser-

und teerhaltige Brennstoffe. Diese geben meist ohnehin infolge des zu verdampfenden hohen Wassergehaltes kalte und wasserstoffreiche Gase, so daß
ein Verdampfer sich erübrigt. Dagegen ist zwischen den Gaserzeuger und
Naßreiniger ein aus einem senkrecht in einen Klärsumpf abfallenden,
innen mit Wasserbrause versehenen Rohr bestehender Vorreiniger
(»Staubabscheider«) und ein durch Riemen angetriebener »Teerab-
scheider« eingeschaltet, welch letzterer sowohl die restlichen Wasser-
wie die Teerdämpfe kondensiert und mehr oder minder vollkommen

Abb. 29. Generator mit Gasreiniger und Teerausscheider.

aus dem Gas herausschleudert. Das Übrigbleibende beseitigt der Skrubber, der in diesem Fall statt mit Koks mit einem hölzernen Gitterwerk,
sog. »Horden« gefüllt ist. Dahinter ist noch ein »Nachreiniger« angeordnet
für Holzvergasung zur Absorbierung von den Gasen ev. beigemengter
Essigsäure. Über die Teergewinnung s. Feuerungen (S. 217). Bei Vergasung unter Druck muß zwischen die Generatoranlage (»Gaserei«)
und die Gasmotoren ein Druckregler oder Gasbehälter eingeschaltet
werden, weil die erstere annähernd gleichmäßig Gas erzeugt, während der
Bedarf der Maschinen je nach Kraftentnahme ein verschiedener ist.
Damit sich die Gasproduktion dem Bedarf selbsttätig anpasse, hat man
die sog. »Sauggasanlagen« gebaut, ein vom Rost des Gaserzeugers
bis zum Auspuffrohr des Motors geschlossenes System, durch das der

Saughub des Arbeitszylinders jeweils ein Luftquantum hindurchsaugt. Eine vom Regulator betätigte Drosselklappe regelt es und paßt damit die entstehende Gasmenge dem jeweiligen Kraftbedarf an. Außer dem Vorzug, keinen Gasbehälter zu benötigen, haben die Sauggasanlagen den, daß in dem ganzen System Unterdruck gegenüber der Außenluft besteht, so daß bei Undichtigkeiten nicht das giftige Gas in diese, sondern Luft in das Innere der Anlage tritt. Das verschlechtert zwar den Wirkungsgrad, bedeutet aber keine Gefahr, wenn sich die Undichtigkeiten in mäßigen Grenzen halten.

b) Abhitzekessel.

Wir haben gesehen, daß die Auspuffgase im Dieselmotor ungefähr 25, im Gasmotor rd. 30% der den Maschinen zuströmenden Wärme abführen. Kann man sie nutzbar machen, so wird der thermische Wirkungsgrad natürlich um ein Beträchtliches verbessert. Deshalb geht man neuerdings überall dazu über, hinter Großgasmaschinen und in jüngster Zeit auch hinter Dieselmotoren Dampfkessel anzuordnen, in denen ein Teil dieser Abwärme in Dampf, also Spannungsenergie umgewandelt wird. Das hierbei verfügbare Wärmegefälle ist wesentlich kleiner als bei gestochten Kesseln. Die letzteren weisen über dem Rost Verbrennungstemperaturen von 1200 bis 1500° und beim Austritt zur Esse solche von 200 bis 300°, insgesamt also ein Gefälle von 1000 bis 1200° auf. Aus Kesseln hinter Diesel- und Gasmotoren entweichen die Abgase zwar ebenfalls mit 200, aber die Auspuffgase weisen nur 500 bzw. 600° auf, so daß sich ein Gefälle von nur 300—400° ergibt. Nach Gleichung (21), S. 25, ist die von einem Medium auf das andere übergehende Wärmemenge proportional dem Temperaturgefälle; es würde also bei sonst gleichen Verhältnissen die je Zeiteinheit an die Kesselwand aus den Heizgasen übergehende Wärmemenge im zweiten Falle nur ungefähr ein Drittel des ersten betragen. Man müßte demnach beim Abhitzekessel eine dreimal größere Heizfläche vorsehen als beim Stochkessel. Solch große Kessel haben aber entsprechend höhere Wandverluste, die einen großen Teil der Abwärme aufzehren würden. Man hat deshalb erst Erfolg gehabt, als man bei den Abhitzekesseln hinter Verbrennungsmotoren von den bei Stochkesseln üblichen weiten Heizkanälen abging und den Strom der Auspuffgase unter Verleihung großer Geschwindigkeiten durch das Rohrbündel eines sog. »Rauchrohr-« oder »Lokomotivkessels« in viele kleine Ströme teilte. Beides, Unterteilung des Stroms und Erhöhung der Durchgangsgeschwindigkeit vergrößert, wie wir später noch sehen werden, die je Grad Temperaturgefälle in die Kesselwandung übergehende Wärmemenge. Der höhere Druck im Auspuffrohr, welcher die Erzeugung

größerer Geschwindigkeit erfordert, beeinflußt bei den hohen Anfangs-
drücken der Verbrennungsmotoren deren Wärmeverbrauch kaum. Während man in den Heizkanälen gewöhnlicher Kesselfeuerungen sich mit
Geschwindigkeiten von 5—10 m/Sek. begnügt, häufig mit noch weniger,
gibt man den Auspuffgasen in den Rauchrohren Geschwindigkeiten von
25 m und mehr.

Hinter den Kessel wird meist ein Speisewasservorwärmer, davor häufig
ein Dampfüberhitzer geschaltet, beide, wie der eigentliche Kessel im Innern mit einem Röhrenbündel ausgestattet, durch oder um welches die
Heizgase streichen. Einen Abhitzeverwerter dieser Art, wie ihn die mehr-

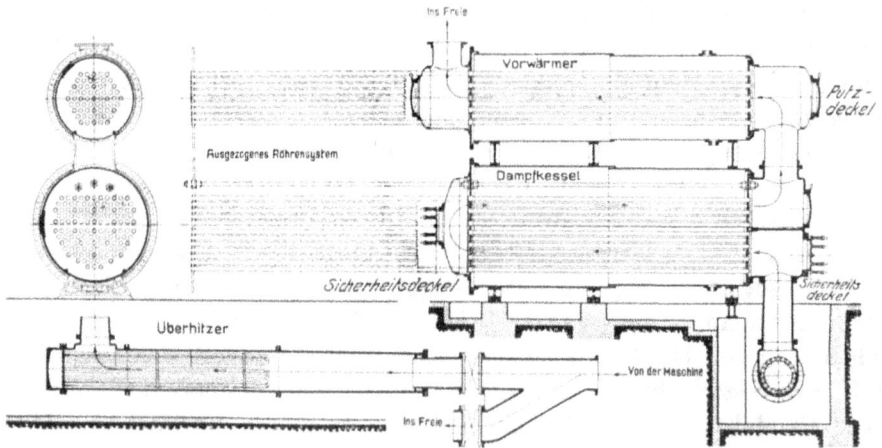

Abb. 30. Abhitzekessel mit Vorwärmer und Üerhitzer für Verbrennungsmotoren der M.A.N.

fach genannte Maschinenfabrik Augsburg-Nürnberg, Werk Nürnberg,
liefert, zeigt Abb. 30. Sie ist nach obigem ohne weiteres verständlich.

Wesentlich ist bei dem geringen Temperaturgefälle eine gute Wärmeisolierung des Kessels nach außen. Unter dieser Voraussetzung kann
man ohne Speisewasservorwärmung 40 bis 45% der Abhitze in Form von
Dampf gewinnen. Dabei sind die Abgase noch so heiß, daß sie das Speisewasser für den eigentlichen Kessel auf 100° vorzuwärmen vermögen. Ohne
solche Vorwärmung hätte der Kessel je kg erzeugten Dampfes rd. 600 WE
nutzbar gemacht. In jedes kg auf 100° vorgewärmtes Wasser geben wir
100 WE, also $\frac{100}{600}$ von obigen 40 bis 45 Hundertteilen = rd. 7%. Insgesamt können ungefähr 50% der Abhitze in Form von Dampf wiedergewonnen werden. Bei Heißkühlung kann ein Teil des Kühlwassers
als Speisewasser verwendet werden.

Abb. 31 zeigt das Sankeydiagramm eines Gasmotors mit Abhitzekessel und Speisewasservorwärmung, entnommen den »Wärmestrombildern aus dem Eisenhüttenwesen« der Wärmestelle Düsseldorf des
Vereins deutscher Eisenhüttenleute.

Ausführlicheres über Dampfkessel bringt das folgende Kapitel.

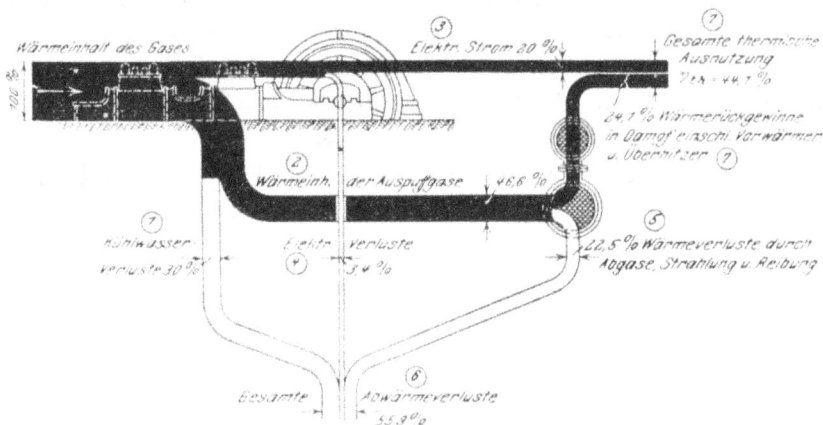

IV. Kapitel.

Dampfmaschinen.

A. Die Motoren.

1. Anordnung, einfache und mehrfache Expansion, Expansionsgrad, Füllung.

Die Anordnung der einzylindrigen Dampfmaschine, wie sie schon
James Watt im wesentlichen der Welt überlassen hat, darf als bekannt
vorausgesetzt werden. Ein und ein halbes Jahrhundert haben nicht viel
mehr daran geändert, als die Steuerungen. Deren Behandlung fällt
nicht in den Rahmen eines Buches über Wärmewirtschaft. Soweit sie von
Einfluß auf den Energieverbrauch sind, wird es in den folgenden Abschnitten kurz berührt werden. Weniger allgemein bekannt, namentlich in
bezug auf die Wärmewirtschaft sind dagegen die Mehrzylinder-
maschinen.

Hat eine Maschine, wie z. B. die meisten Lokomotiven zwei gleich-
große Zylinder, durch welche der Dampf in parallelem Strom fließt,
so nennt man sie »Zwilling« (Abb. 32), bei drei Zylindern »Drilling«.
Sie verhalten sich wie gewöhnliche Einzylindermaschinen, haben aber den

Vorzug der »versetzten Kurbeln«. Steht beim Zwilling die eine im
Totpunkt, so die andere senkrecht dazu. Beim Drilling beträgt die Ver-
setzung 120⁰. In beiden Fällen laufen die Maschinen, da niemals mehr als
eine Kurbel im Totpunkt stehen kann, in jeder Stellung an, was bei
Lokomotiven, wie bei allen reversierbaren Maschinen ein Erfordernis ist.
Diese dürfen kein Schwungrad haben, weil es das Stillsetzen und Umsteuern verzögern würde. Auch das ist nur bei versetzten Kurbeln möglich, weil die einfache ohne Schwungmoment den Totpunkt nicht zu
überwinden vermag. Wärmewirtschaftlich unterscheiden sich diese
Formen nicht von der Einzylindermaschine.

Anders, wo zwei oder mehrere Zylinder hintereinander, d. h.
so geschaltet sind, daß der Dampf, nachdem er den ersten durchströmt

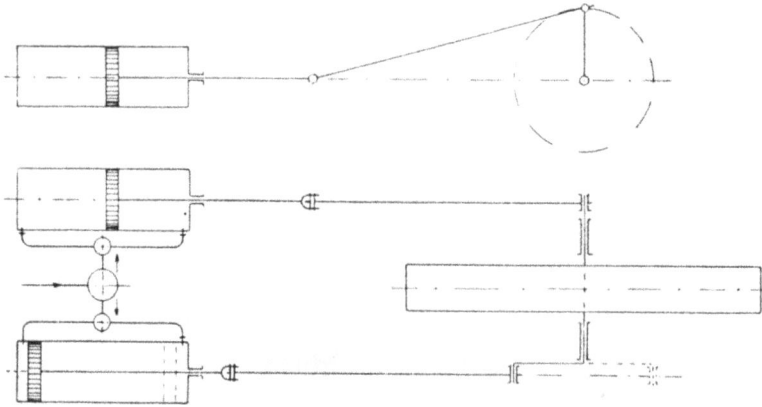

Abb. 32. Gerippskizze einer Zwillingsmaschine.

und in ihm Arbeit geleistet hat, durch den zweiten geht usw., wo also
die Expansion in mehrere Stufen unterteilt wird. Solche »Verbund«-
oder »Mehrfachexpansionsmaschinen« (Abb. 33) haben von der ersten
bis zur letzten Stufe zunehmendes Zylindervolumen, meist gleichen
Hub, aber wachsenden Durchmesser. Man spricht bei zweifacher Expansion von »Hoch- und Niederdruck-« und bei dreifacher außerdem von
Mitteldruckzylinder. Mehr als drei Stufen kommen für Schiffs-
maschinen, nicht aber für die Industrie in Frage. Zwischen den einzelnen
Zylindern liegt fast immer ein Dampfbehälter, »Aufnehmer« oder
»Receiver« (auch die mehrstufige Maschine ist von England gekommen)
genannt. Die Zylinder können entweder auf getrennte Kurbeln (Abb. 32)
wie der Zwilling arbeiten oder durch gemeinsame Kolbenstange und Gestänge auf die gleiche. Im letzteren Fall spricht man von »Tandem-
anordnung«. (Abb. 33.)

Solche mehrstufigen Maschinen bedeuten nun wärmewirtschaftlich eine Änderung. Um das klarzumachen, sei daran erinnert, daß der Wirkungsgrad des idealen Kreisprozesses in der Kraftmaschine mit dem Temperaturgefälle $T_1 - T_2$ steigt. Bei gegebener Anfangstemperatur, d. h. bei gegebener Anfangsspannung (man nennt sie in der Dampfmaschine »Admissionsspannung«) ist der Wirkungsgrad also um so besser, je niederer T_2 und damit die Auspuffspannung liegt. Das bedeutet, daß wir die in Form von Dampf der Maschine zugeführte Wärmemenge Q_1 um so besser ausnützen, je weiter wir seine Expansion treiben. Diese Forderung: hoher Expansionsgrad, d. h. niedere Endspannung ist wichtigster Grundsatz für alle Wärmewirt-

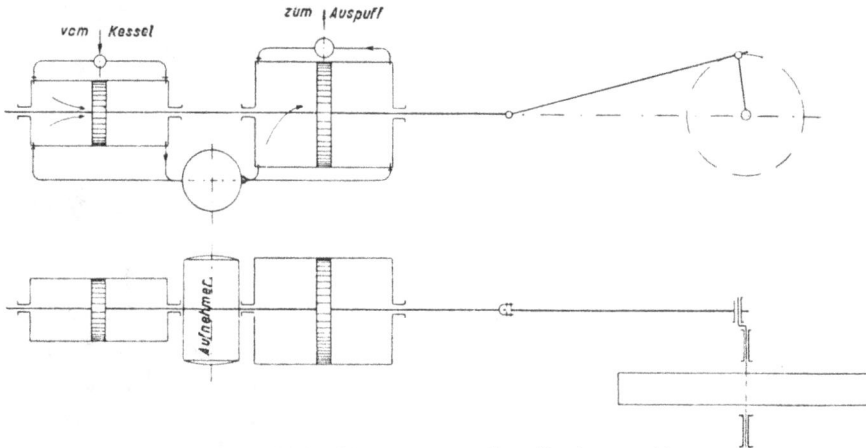

Abb. 33. Gerippskizze einer 2 stufigen Tandemmaschine.

schaft der Dampfmaschinen. Es ist notwendig, ihn besonders hervorzuheben, obwohl er sich, wie wir wissen, aus den elementarsten Prinzipien der Wärmelehre ergibt, weil fort und fort in den Betrieben dagegen verstoßen wird. Wo durch Auspuffrohre über den Dächern unserer Fabriken, vom kleinsten Sägewerk bis zu unseren gewaltigen Eisenhüttenanlagen, starke Dampfwolken mit Spannung, oft mit mächtigem Heulen zum Himmel puffen, da braucht es nicht erst des Studiums von Wärmebureaus und Wärmeingenieuren, da kann jeder Sachverständige schon auf 5 km Entfernung das Urteil fällen: hier herrscht Wärmemißwirtschaft schlimmster Art!

Auf der anderen Seite wollen wir neben niederem T_2 auch ein hohes T_1 und somit auch hohe Admissions- und Kesselspannung haben. Bei den Dampfkesseln geht man heutzutage kaum mehr unter 15 Atm. Überdruck, oft aber viel höher, wie wir noch sehen werden. Die Endspannung können wir, wo wir den Auspuffdampf im Kondensator niederschlagen, auf rund 0,1 Atm. absolut, entsprechend 46° C (s. Tafeln für gesättigten Wasserdampf, Hütte), herunterbringen. Nehmen wir einen für die Praxis schon reichlich großen Hub von 150 cm an, einen schädlichen Raum von 6%, zusammen also ein Zylindervolumen von $F \cdot 159$ ($F =$ wirksame Kolbenfläche) und setzen wir isothermische Expansion, wie sie für gesättigten Dampf ungefähr zutrifft, voraus, so haben wir nach Gleichung (3), S. 4, $v_1 : v_2 = p_2 : p_1$ und daraus $v_1 = v_2 \dfrac{p_2}{p_1} = F \times$ dem Kolbenweg s_1, bei welchem die Expansion beginnt. Diesen Weg, in Prozenten vom gesamten Hub ausgedrückt, nennt man die »Füllung« der Maschine.

Die obigen Zahlen in die Gleichung eingesetzt, ergeben

$$s_1 F = 159 \cdot F \frac{0,1}{16} \text{ (15 Atm. Überdruck = 16 Atm. absolut)},$$

daraus $s_1 \cong 1$ cm

und somit eine Füllung von $\dfrac{1}{150} \times 100 =$ ungefähr 0,7%.

Derartig kleine Füllungen sind ungünstig. Schieber und Ventile haben kaum aufgemacht, so schließen sie schon wieder. Ihre Öffnung kann in dieser Zeit nur klein sein und zudem mit Rücksicht auf die Beschleunigungskraft nur langsam vor sich gehen, sie ist »schleichend«, wie man sagt, d. h. sie drosselt den in den Zylinder eintretenden Dampf stark ab, so p_1 und T_1 erniedrigend. Bei Ausklinkventilsteuerungen kommen zudem die Klinken nur einen Augenblick auf ganz kurze Strecken zum Aufsitzen. Dadurch werden die spezifischen Flächendrücke sehr hoch, und selbst das beste Material nützt sich rasch ab. Die Folge ist ein Anfressen der Klinkenkanten und damit ein ungleichmäßiges Abgleiten, ein sog. »Knabbern« der Klinken.

Diese Vorgänge gestalten sich nun günstiger, wenn wir die Expansion in zwei oder mehreren Zylindern vor sich gehen lassen, etwa in folgender Weise:

Wir lassen im Hochdruckzylinder (H. D. in Abb. 34) zunächst auf p_1' etwa $= \dfrac{p_1}{2}$ expandieren (auch irgendein anderes Verhältnis kann gewählt werden) und danach den Dampf mit diesem Druck in den Aufnehmer entweichen. Von dort läßt man ihn in den Niederdruckzylinder (N. D.) eintreten, den wir uns vorläufig mit gleichem Durchmesser, aber um die Strecke *II, III* vergrößertem Hub, also gleichsam als Verlängerung des H. D. denken. Der vom H. D. kommende Abdampf füllt den N. D. natürlich wieder bis Punkt *II*; von dort ab setzt sich die Expansion von p_1' bis p_2 fort. Zunächst ist erreicht, was wir angestrebt haben: während die Füllung, wenn wir nur einen Zylinder (N. D.) verwendet hätten, wie oben errechnet 0,007 des Hubs ausgemacht hätte, beträgt sie nun, auf den viel kleineren Hub *I*, *II* gerechnet, ein Vielfaches davon.

Die zwei Diagrammteile fallen in Wirklichkeit etwas kleiner aus, als die in Abb. 34 erhaltenen, vor allem, weil beim Übergang zum Aufnehmer und von diesem in den N. D. gewisse Widerstände zu überwinden

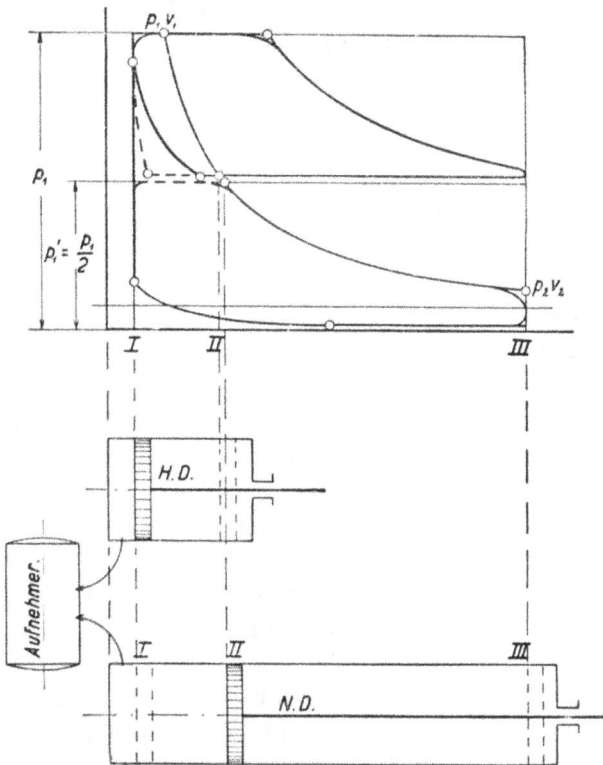

Abb. 34. Teilung des Diagramms bei zweistufiger Expansion.

sind, was einen Druckabfall zwischen H. D. und N. D. bedingt. Er ist mit anderen, gewisse Abrundungen verursachenden kleinen Widerständen und mit der Kompression im H. D. aus Abb. 34 zu ersehen. Auch bedingt die endliche Größe des Aufnehmers in der Auspufflinie des H. D. und entsprechend in der Admissionslinie des N. D. Abweichungen von der Horizontalen, die aber der Einfachheit halber im Diagramm unberücksichtigt geblieben sind, da sie den Flächeninhalt nicht beeinflussen. Das Verhältnis der Flächeninhalte dieser verkleinerten zu den ursprünglichen Diagrammen nennt man »Völligkeitsgrad«. Er beträgt je nach Größe

der Kompression im Hoch- und Mitteldruckzylinder und der schädlichen
Räume 60—70%.

Wie oben schon erwähnt, zieht man, statt nach Abb. 34 gleiche
Zylinderdurchmesser und verschiedene Hübe zu wählen, gleiche Hübe
und verschiedene Durchmesser vor. Damit können natürlich dieselben
Volumina v_1 und v_2 erzielt werden, und da wir unserer Rechnung nur diese
zugrunde gelegt haben, müssen sich auch die gleichen Wirkungen ergeben.
Nur schiebt sich dann das N. D.-Diagramm von *I, III* auf *I, II* zusammen,
oder (wir können den Längenmaßstab der Diagramme wählen, wie wir
wollen müssen sie nur auf g l e i c h e B a s i s bringen), das H. D.-Diagramm
muß in allen Längenabmessungen um das Verhältnis $\dfrac{\text{Strecke } I, III}{\text{Strecke } I, II}$
gestreckt werden. Dadurch ergibt sich das in der Abbildung ausgezogene
große H. D.-Diagramm, das nun dem sich in Wahrheit in diesem Zylinder
sich ergebenden, vom Indikator angezeigten, entspricht.

Wir fassen zusammen: d e r H a u p t v o r t e i l d e r M e h r f a c h -
e x p a n s i o n s m a s c h i n e i s t , d a ß m a n b e i g l e i c h e m E x p a n s i o n s -
g r a d g r ö ß e r e F ü l l u n g e n , o d e r b e i g l e i c h e n F ü l l u n g e n h ö h e r e
E x p a n s i o n s g r a d e , a l s o g e r i n g e r e E n d d r u c k e e r h ä l t .

Ein weiterer Vorteil ist, daß wir geringere, in unserem Falle nur
halbe Anfangsdrücke erhalten, was einmal ein leichteres Gestänge (man
spricht von »besserer Gestängeausnützung«), also Kolbenstange,
Kreuzkopf, Pleuelstange, Kurbel und Kurbellager sowie Welle zuläßt, zum
anderen wegen der geringeren Verschiedenheit von mittlerem und Admissionsdruck ein geringeres Schwungradgewicht. All diese Faktoren bewirken, daß trotz der vermehrten Zylinder, Stopfbüchsen und Ventile
die mechanischen Verluste bei der Verbundmaschine nicht größer zu
sein pflegen als bei der Einzylindermaschine gleicher Leistung. Dagegen
baut sie sich natürlich, besonders wegen der Verdoppelung der Ventile,
teurer und erfordert mehr Reparaturen und Erneuerung als diese.

Der weitere große Vorzug der Mehrfachexpansion, die Verringerung
der Wandverluste, wird weiter unten behandelt werden.

2. Berechnung der Leistung von Einzylinderdampf-maschinen.

Wie aus dem von einem Indikator abgenommenen Diagramm die
Leistung einer Einzylindermaschine errechnet werden kann, haben wir
S. 6 gesehen. Das dort Gesagte gilt natürlich ebenso für ein- wie mehr-
stufige Expansion. Will man dagegen aus einer s t i l l i e g e n d e n oder einer
g e p l a n t e n Dampfmaschine nach ihren Abmessungen die voraussichtliche
Leistung bestimmen, so muß man zwischen den beiden Arten unter-

scheiden. Das voraussichtliche Diagramm der Einfachexpansionsmaschine erhält man ohne weiteres, sobald man sich über ihre Füllung klar ist. Bei einer stilliegenden mag man als mittlere zunächst einmal die Hälfte der maximalen annehmen. Die letztere kann man feststellen, indem man die Maschine bei tiefstehendem Regulator solange dreht, bis das Einlaßventil eben ganz geschlossen hat. Dann bestimmt man, wieviel Prozent des Gesamthubs der Kolben vom Totpunkt bis zum Ventilschluß zurückgelegt hat, was etwa an Gleitbahn und Kreuzkopf leicht festzustellen ist und hat damit die Maximalfüllung. Zweckmäßiger ist es, nicht von der Füllung, sondern vom Enddruck auszugehen, den man erreichen möchte, ein Verfahren, das jedenfalls als Ergänzung des ersteren ratsam ist.

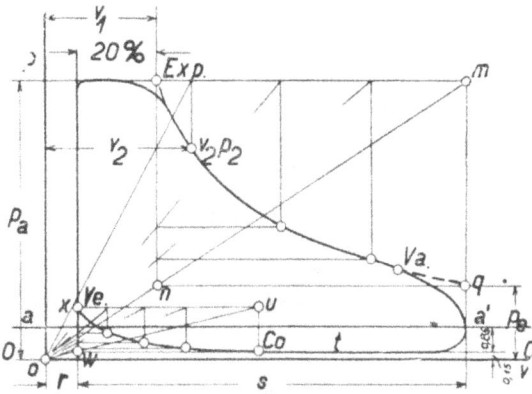

Abb. 35. Entwerfen des Diagramms aus der Füllung.

Man legt (Abb. 35) zunächst den Maßstab für die Diagramme fest, etwa 1 cm = 1 Atm. für die Ordinaten und 1 cm = 10 cm Weg für die Abszissen. Sodann bestimmt man den Admissionsdruck p_a gleich dem mittleren Kesseldruck minus dem Spannungsabfall in der Dampfleitung. Diesen kann man roh mit 0,15 Atm. je 10 m Leitungslänge annehmen (genauere Werte s. Hütte, Formel von Gutermuth, ferner Brabbée, »Rohrnetzberechnungen in der Heiz- und Lüftungstechnik«.) Als mittleren Kesseldruck wählt man zweckmäßig, wenn er nicht einer Statistik des Kesselhauses zu entnehmen ist, die Mitte zwischen dem durch das Sicherheitsventil gegebenen Kesselhöchstdruck und dem niedrigsten, unter den man nicht sinken will. Ersterer sei 12, letzterer 6 Atm., die Leitung 40 m, so ist $p_a = \dfrac{12 + 6}{2} - 0{,}6 = 8{,}4$ Atm., die Ordinate im Totpunkt also = 8,4 cm. Der Hub der Maschine sei 900, die Diagrammlänge demnach = 9 cm. Die wie oben gefundene mittlere Füllung sei 20% = 18 mm. In

5*

dieser Stellung, Expansionspunkt (Exp.) genannt, schließt das Einlaßventil. Von da ab expandiert der Dampf. Wären die Wände völlig
wärmeundurchlässig und der Dampf hochüberhitzt, in welchem Falle er
sich wie ein vollkommenes Gas verhält, so müßte die Expansion adiabatisch, also nach der Gleichung $p \cdot v^k =$ konstant [Gleichung (5)]
verlaufen. Bei gesättigtem Dampf und einigermaßen wärmedurch-
lässigen Zylinderwänden verläuft sie wie die Isotherme, d. h. nach einer
Hyperbel gemäß der Formel $p \cdot v =$ konstant. Der Grund ist, daß die
mit fallender Temperatur sich bildenden Kondenswässer an den wärmeren
Zylinderwänden bei weiter sinkendem Druck wieder verdampfen (man
nennt den Vorgang »Nachverdampfung«) und so die Druckkurve heben.
Wo eine mäßige Überhitzung vorliegt, wie sie sich für industrielle Kraftmaschinen aus Gründen der Betriebssicherheit und des Schmierölver-
brauchs empfiehlt, wo also die Expansionskurve bald in das Gebiet des
gesättigten Dampfes herabsinkt, ist der Fehler keinesfalls groß, wenn wir
einen hyperbolischen Verlauf für sie annehmen. Wir können ihn entweder
rechnerisch oder graphisch ermitteln. Für beide Verfahren ist nötig,
den schon erwähnten »schädlichen Raum« der Maschine zu kennen. Wo
eine Zeichnung von ihr vorliegt, kann man ihn errechnen. Er setzt sich
zusammen aus dem Raum zwischen dem Zylinderdeckel und dem Kolben
im Totpunkt und dem Dampfkanal, der vom Einlaßventil oder dem Schieber zu der betreffenden Zylinderseite führt. Einfacher ist es, ihn zu schätzen. Er beträgt

bei Ventil- und Hahnsteuerungen ca. 7% des Hubvolumens,

» Flachschiebern   7—10 »   »   »

» Kolbenschiebern   10—15 »   »   »

Somit ist r, eine Ventilmaschine vorausgesetzt, in unserem Falle
ungefähr $= \dfrac{90 \times 7}{100} = 6{,}3$ mm.

Nun kann die Hyperbel gezeichnet werden, indem wir, wie früher
gezeigt, für die Abszisse v_2 das zugehörige p_2 als $p_1 \cdot \dfrac{v_1}{v_2}$ ermitteln, wobei
$v_1 =$ der Füllung, in unserem Falle $= 18$, $p_1 = p_a$, in unserem Falle
$= 8{,}4$ und $v_2 =$ einer beliebig gewählten Abszisse ist, zu welcher die zugehörige Ordinate p_2 gesucht werden soll. Oder aber kann man graphisch die Hyperbel nach der bekannten Strahlenkonstruktion finden;
zu dem Zweck zieht man (Abb. 35) die durch den Punkt Exp. gehende
Ordinate, dann die Diagonale $o\,m$ und zieht vom Schnittpunkt beider (n)
die Horizontale bis zum Punkt q. Dieser würde die Endspannung p_e
ergeben, wenn das Auslaßventil erst im Totpunkt öffnen würde. Man läßt

es aber, um dem Dampf Zeit zu lassen, bis zum Totpunkt oder kurz danach aus dem Zylinder zu entweichen, etwas früher aufmachen und nennt den betreffenden Teil des Hubs, ebenso den Punkt der Öffnung selbst »Vorausströmung« (V_a). Sie wird um so größer gewählt, je rascher die Maschinen laufen, und kann mit 5—10% bei Auspuff-, mit 10—15% bei Kondensationsmaschinen angenommen werden. Von der V_a ab nimmt man die Druckkurve am einfachsten durch Abrundungen gemäß Abb. 35 und 36 an. So geht die Expansionslinie in die Auspuff- oder Ausschublinie t Co über. Sie liegt bei Auspuffmaschinen ein wenig über der atmosphärischen Linie (a, a' in Abb. 35 und 36), bei Kondensations- maschinen 0,15—0,25 Atm. über der Nullinie (Abb. 35), d. h. etwas

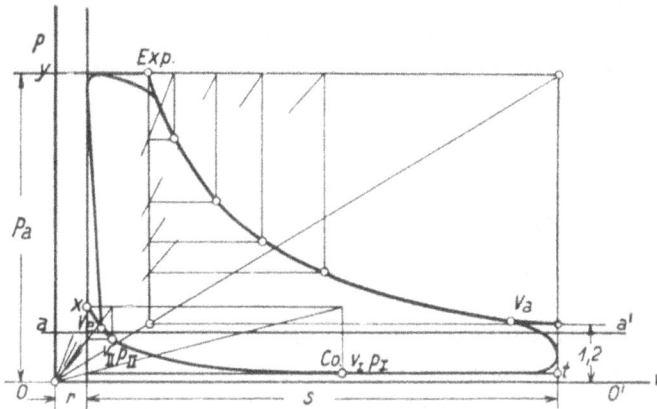

Abb. 36. Entwerfen des Diagramms aus dem Enddruck.

höher als die Kondensatorspannung. Bei schlechten Maschinen mit zu engen Ausgangsquerschnitten oder Kondensatorleitungen kann sie bei einem Vakuum von 85% im Kondensator bis zu einer halben Atmosphäre ansteigen. Die Kompression (Punkt Co), also der Punkt, in welchem das Auslaßventil schließt, soll so liegen, daß die Endspannung (bei V_e) keinen- falls den niedersten Admissionsdruck, in unserem Falle also 5,4 Atm., übersteigt. Ganz sicher wird das bei Kondensationsmaschinen erreicht, wenn man das Auslaßorgan bei 50% des Hubes schließen läßt. Die Kom- pressionslinie wird genau wie die der Expansion entweder rechnerisch aus

$$p_{II} = p_I \cdot \frac{v_1}{v_2}$$ gefunden oder graphisch (Abb. 35), indem wir die Auspuff-

linie t Co bis zum Punkt w (Schnittpunkt mit der Ordinate im Totpunkt) verlängern, dann durch o und w den Strahl o w u ziehen und von dessen Schnittpunkt u mit der in Co errichteten Ordinate die Horizontale u x. Der Schnittpunkt x mit der Totpunktordinate gibt an, wie hoch die Kompression steigt, wenn das Einlaßventil erst im Totpunkt öffnet. Meist läßt man es etwas früher (in V_e »Voreinströmung« in Abbildung 36) aufmachen, damit der Dampf beim Hubwechsel sicher schon den Höchstdruck p_a erreicht. Dann verläuft der letzte Teil des Diagramms nach Abb. 36 über Co, V_e nach y. Aus naheliegenden Gründen pflegen die Stellen bei den Punkten y und Exp. nicht scharf, sondern abgerundet zu sein. Außerdem verläuft die Strecke zwischen beiden nie ganz wagrecht, sondern je nach den engeren oder weiteren Ventil-, Schieber- und Dampfkanalquerschnitten, durch welche der Dampf in den Zylinder strömt, mehr oder weniger geneigt (s. Abb. 36). Alle diese Arbeitsverluste sind aber nur gering, so daß man sie vernachlässigen oder abschätzen kann. Der Fehler, den wir dabei begehen, liegt jedenfalls weit niederer als die Grenzen, innerhalb derer der Regulator die Leistung regelt.

Sind für eine Maschine derart die Diagramme entworfen, so ermittelt man aus ihnen, wie auf S. 6 gezeigt, die mittleren Drucke p_i und durch Einsetzung in die Gleichung (9) die Leistung.

3. Ermittlung der Leistung von Mehrstufenmaschinen.

Sie ist weniger bekannt als die oben gezeigten Verfahren zur Feststellung der Leistung von Einzylindermaschinen, die jeder Techniker und mancher gute Maschinenmeister beherrscht. Aber auch sie macht keine Schwierigkeiten, wenn man an die Ausführungen des vorigen Abschnittes denkt. Nach ihnen ist es gleichgültig für die Leistung einer mehrstufigen Maschine, ob ich eine bestimmte Dampfmenge hintereinander in zwei oder drei Zylindern von verschiedenem Hub, oder auf einmal im Niederdruckzylinder Arbeit leisten lasse. Der Unterschied ist nur, daß im letzteren Falle die Füllung um das Verhältnis: wirksame Kolbenfläche des Hochdruck- durch die des Niederdruckzylinders kleiner wird. Würde es etwa 1:2 betragen, so würde eine Dampfmenge, die den Hochdruckzylinder nach einem Kolbenweg von 20% = 18 cm in obigem Beispiel füllt, vom Niederdruckzylinder bei gleicher Dampfspannung schon aufgenommen werden, wenn der Kolben 9 cm = 10% des Hubs zurückgelegt hat. Daß es im übrigen für die Leistung gleichgültig sein muß, ob man eine bestimmte Dampfmenge auf einmal oder in mehreren Stufen Arbeit leisten läßt, ist schon durch das Prinzip von der Erhaltung der Kraft bedingt. Durch die Unterteilung der Arbeit kann Energie weder gewonnen noch verloren werden.

Als Zahlenbeispiel sei ein Verhältnis von Hoch- und Niederdruckzylinder $= 1 : 3$ angenommen. Wirksame Kolbenfläche des letzteren $= 5000$ cm², Hub $= 1000$ mm, Umdrehungszahl $= 70$ je Min., Admis-

sionsspannung = 14 Atm. Überdruck, mittlere Füllung des Hochdruckzylinders = 21%, schädlicher Raum = 6%, Kompression = 50%,
Auspuffdruck 0,2 Atm. absol. Daraus ergibt sich mittels der Strahlenkonstruktion das in Abb. 37 gezeichnete Arbeitsdiagramm. Aus ihm
errechnen wir nach S. 6 die mittlere Höhe der schraffierten Diagrammfläche, die sich mit 26,5 mm = 5,3 Atm. absol. ergeben möge (Höhen-
maßstab ist 5 mm = 1 Atm.). Wie wir gesehen haben, wird der Inhalt
der Einzeldiagramme von Hoch- und Niederdruckzylinder etwas kleiner
als das gezeichnete Gesamtdiagramm, und zwar um den sog. »Völligkeitsgrad«. Er betrage 70%; somit haben wir 5,3 mit 0,7 zu multiplizieren

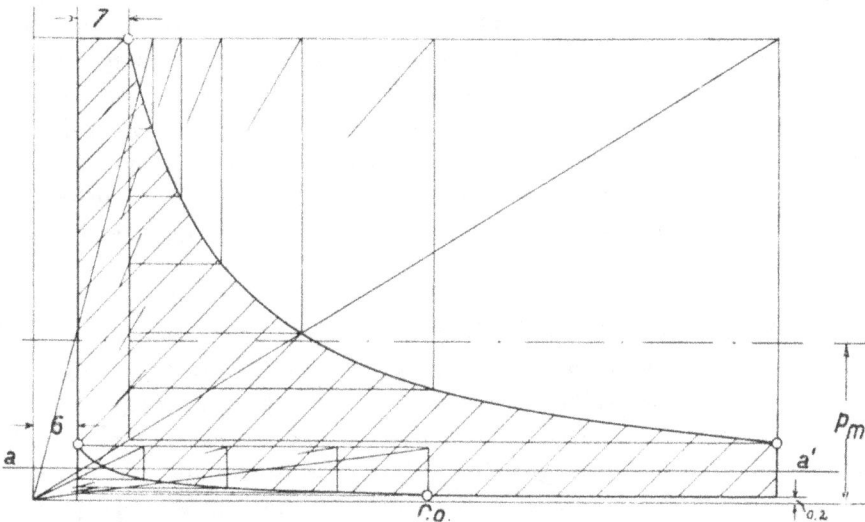

Abb. 37. Leistung der mehrstufigen Maschine gleich Leistung des Niederdruckzylinders.

und erhalten daraus einen reduzierten mittleren Druck von 3,7 Atm.
Nach Gleichung (9) ergibt sich dann die indizierte Leistung dieser Verbundmaschine mit

$$L_i = \frac{5000 \cdot 3,7 \cdot 2 \cdot 1 \cdot 70}{60 \cdot 75} \cong 570 \text{ PS}_i$$

und bei einem mechanischen Wirkungsgrad von 0,85 die effektive Leistung,
die wir an der Maschinenwelle oder mittels Riemen oder Seilen am Schwungrad abzunehmen vermögen

$$L_e \cong 0,85 \cdot 570 \cong 500 \text{ PS}_e$$

Auf gleiche Weise können wir die minimale und maximale Leistung ermitteln, sobald wir über die kleinsten und größten Füllungen im
klaren sind, die wir zulassen wollen.

Wir sehen aus obigem, daß die einer Dampfmaschine von gegebener
Abmessung in der Zeiteinheit zu entnehmende Arbeit lediglich abhängt
von der Drehzahl, der Admissionsspannung und der Füllung. Aus den
letzteren ergibt sich automatisch der mittlere Kolbendruck p_i und aus
diesem, der Kolbenfläche, dem Hub und der Drehzahl die Leistung. Es
ist also nicht angängig, wie wir es bei den Verbrennungsmotoren getan
haben, auch bei der Dampfmaschine einfach (Tafel II) einen mittleren
Kolbendruck zu entnehmen und danach zu rechnen. Denn er kann bei
der letzteren nicht nur unter- sondern bei großen Füllungen auch
stark überschritten werden. Bei den ersteren war ein solches Verfahren
angängig, weil wir dort die Steuerung und das Mischventil bzw. die Drosselklappe so einstellen können und müssen, daß Explosions- und mittlerer
Druck sich nicht wesentlich über diejenigen der Normalleistung erheben.
Täten sie es für längere Zeit, so wären unvollkommene Verbrennung,
Verschmutzung und Überlastung des Gestänges die Folge. Bei der Dampfmaschine und einigermaßen beim Diesel können wir aber ohne Erhöhung
der Anfangs- oder Explosionsspannung den mittleren Druck größer erhalten, bei der Gasmaschine und dem Halbdiesel dagegen nicht.

4. Regelung der Kolbendampfmaschine.

Während James Watt die Dampfzuführung durch eine vom Regulator beeinflußte Drosselklappe dem Kraftbedarf anpaßte, erfolgt, wie
schon auf S. 48 ausgeführt, heute die Regulierung durch Veränderung
der Füllung. Bei einer guten Steuerung (bei Einstellung zu prüfen!)
öffnet zwar das Einlaßorgan bei jeder Regulatorstellung ungefähr an
der gleichen Stelle des Hubs, nämlich im Punkte V_e (je nach
Drehzahl 0,5 bis 1,5% vor dem Totpunkt), es schließt aber später oder
früher, je nachdem die Maschine größere oder geringere Leistung abzugeben hat. Im ersteren Falle verlangsamt sich zunächst die Drehzahl,
der Regulator sinkt und wirkt nun auf die Steuerung im Sinne eines
späteren Abschlusses der Dampfeinströmung. Bei Schiebersteuerungen
geschieht das entweder durch Veränderung der Schieberexzentrizität.
Ist sie klein, so gibt der Schieber den Dampfkanal gar nicht oder nur eben
einen Augenblick, ist sie groß, so gibt er ihn längere Zeit frei. Oder aber
ordnet man über einem immer gleich sich bewegenden, sog. »Grund-
schieber« einen zweiten, »Expansionsschieber« genannt (Abb. 38),
an, dessen Lappen L der Regulator derart verstellt, daß sie den Kanal
m und damit zugleich den Weg zum Zylinder n einmal später, einmal
früher abschließen. Bei Hahn- und Ventilsteuerungen läßt man entweder
zwangsläufig oder durch Ausklinken Hahn oder Ventil später oder
früher schließen bzw. auf ihren Sitz zurücksinken.

5. Wärmeverbrauch und thermischer Wirkungsgrad der Dampfmaschine.

Bei der Dampfmaschine ist aus der Zeit, da sie die einzige für die Industrie in Frage kommende Kraftmaschine war, noch üblich, den Wärmeverbrauch nicht in WE, sondern in kg Dampf oder Kohle anzugeben. In runden Zahlen kann man für beste Kondensationsmaschinen von 200 PS an sagen, daß sie für 1 PSst 7—8 kg Dampf brauchen, d. h. bei 7—8facher Verdampfung rd. 1 kg Kohle von 7000 WE. Für beste Kolbenmaschinen und Dampfturbinen, etwa von 2000 PS an, gelten die gleichen Zahlen für 1 Kwst. Es sind das nur rohe Standardzahlen, die der Wärmewirtschaftler aber, ebenso wie die Wärmeverbrauchszahlen

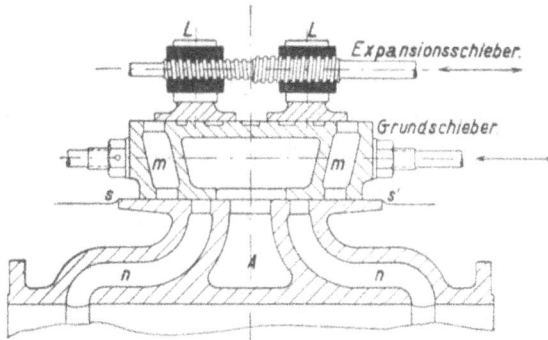

Abb. 38. Grund- und Expansionsschieber ss' Schieberspiegel A Auspuffrohr, n Dampfkanäle. L vom Regulator verstellter Lappen des Expansionsschiebers.

der Verbrennungsmotoren, gut tut, als Vergleichsmaßstab im Gedächtnis zu behalten. Welchen thermischen Wirkungsgrad bedeuten sie?

Aus der Kohle errechnet, also einschließlich Kesselverlust:

a) Bei 1 kg Kohle für 1 PSst $\eta_{th} = \dfrac{632}{7000} \cong 0{,}09$

b) » 1 » » » 1 Kwst $\eta_{th} = \dfrac{632}{0{,}736 \cdot 7000} \cong 0{,}12$.

Aus dem Dampfverbrauch von 8 kg errechnet (Dampf von 1 Atm. absolut angenommen), also ausschließlich Kesselverlust:

a) $\eta_{th} = \dfrac{632}{8 \cdot 640} \cong 0{,}12$

daraus: b) $= \dfrac{0{,}12}{0{,}736} \cong 0{,}17$.

Bei den ersteren Zahlen a und b sind die Verluste von Kessel und Dampfleitungen inbegriffen, bei den letzteren nur die in der Maschine selbst. Wollen wir also einen Vergleich zwischen Verbrennungsmotoren und Dampfmaschine anstellen, so dürfen wir entweder nur die Zahlen 0,12 und 0,17 heranziehen, oder wir müssen beim Gasmotor den Wirkungsgrad noch um den des Gaserzeugers verkleinern, der 65—85% ähnlich dem Dampfkessel beträgt.

Immerhin sehen wir, daß auch die allerbesten und größten Dampfmaschinen die thermischen Wirkungsgrade der Gasmaschinen nur annähernd, die der Dieselmotoren bei weitem nicht erreichen. Ein ähnliches Bild ergibt sich, wenn man die Wärmeverbrauchszahlen der Tafel II zugrunde legt, was dem Leser überlassen bleiben möge[1]).

6. Verluste in der Dampfmaschine und die Wege zu ihrer Vermeidung.

Die Anfangstemperatur T_1 ist bei der Dampfmaschine weit niederer als bei den Verbrennungsmotoren, aber auch die Endtemperatur T_2. Arbeiten wir z. B. mit 15 Atm. Überdruck, so entspricht das nach der Tafel für gesättigte Dämpfe in der Hütte einer Temperatur von 473° absolut, zu der wir ohne Gefahr für die Betriebssicherheit etwa 100° Überhitzung im Zylinder hinzufügen können. T_1 ist somit = 573°. T_2 ist die Kondensatortemperatur, wie früher angegeben $\cong$ 46° C $\cong$ 320° absol. Somit ist der Carnotsche Wirkungsgrad

$$\eta_{Carn} = \frac{573 - 320}{573} \cong 0,44$$

und die Carnotschen Verluste 100—44 = 56%, gegen etwa 52,5% beim Verbrennungsmotor mit seiner höheren Anfangstemperatur.

Man kann sich die Unmöglichkeit, die Wärme in der Dampfmaschine weitgehend auszunützen, auch auf anderem Wege klarmachen: um 1 kg Wasser von 0° in Dampf von 100° zu verwandeln, müssen laut der oft angeführten Dampftabelle der Hütte in runden Zahlen folgende Wärmemengen aufgewendet werden:

---

[1]) Erwähnt sei bei dieser Gelegenheit, daß Wärmewirtschaft und Wärmelehre, wie im Grunde alle Technik, niemals durch das Lesen oder Hören, sondern nur mit Hilfe des unermüdlich gebrauchten Rechenstiftes verstanden werden können, ähnlich wie wir eine Sprache niemals aus der Grammatik, sondern nur durch das Sprechen beherrschen lernen. Auch die in diesem Buch angeführten Zahlen, die absichtlich zur Vermeidung von Verwirrung auf die elementaren und einfachsten beschränkt werden, gehen, so primitiv sie aussehen, nur dem in Fleisch und Blut über, der sie in eigener Rechnung immer und immer wieder gebraucht.

1. 100 WE zur Erwärmung des Wassers auf 100° Flüssigkeitswärme,
2. 500 » zur Verwandlung des flüssigen in den dampfförmigen
   Aggregatzustand (innere Dampfwärme),
3. 40 » für die sog. äußere Verdampfungswärme oder
   Raumverdrängungsenergie, d. h. für die Arbeit,
   die der Dampf bei seiner Bildung gegen den Druck der
   zus. 640 WE. Atmosphäre geleistet hat, um sich Raum zu schaffen.

Bei Dampf von 16 Atm. Überdruck, d. s. 200° C, sind die betreffenden
Zahlen 204, 420 und 48, zusammen 672 WE. Die innere Dampfwärme
hat abgenommen, weil zu der Umwandlung aus dem 200° warmen Wasser
in Dampfform weniger Energie aufzuwenden ist als für Wasser von 100°.
Die beiden anderen Zahlen müssen natürlich größer sein als bei 1 Atm.
Bei Dampf von 45° (Kondensatortemperatur) lauten die entsprechenden
Ziffern 46, 535 und 35, zusammen 616 WE. Von obigen 672 WE verwan-
deln wir in Arbeit:

1. Bei der Expansion von 16 Atm. abs. auf die Kondensatorspannung (0,1 Atm. abs.) den Unterschied der Flüssigkeits- und inneren Ver-
dampfungswärmen, d. s. $(204 + 420) - (46 + 535) =$ nur 43 WE.

2. Bei der Kondensation des Dampfes die Raumverdrängungsarbeit. Genauer: den Unterschied dieser Energie vor und
nach der Kondensation. Vorher haben wir nach obigem je kg Dampf
48 WE, nachher 35 WE an Raumverdrängungsarbeit. Aber wir haben
nach erfolgter Niederschlagung nicht mehr 1 kg Dampf von Kondensatorspannung (etwa 0,1 Atm.) je kg Auspuffdampf (etwa 1 Atm.), sondern
der Hauptanteil des letzteren hat sich in Wasser verwandelt und über
ihm füllen den Raum nur noch Nebel von 0,1 Atm. Spannung. Deren
Gewicht hat sich in gleichem Maße verringert, wie das spezifische Gewicht
des Dampfes von 0,1 Atm. kleiner ist als von 1 Atm. Nach der Zahlentafel
der Dämpfe in der Hütte sind die betreffenden Ziffern 0,58 und 0,067.
Somit nützen wir im Kondensator aus:

$$48 - \frac{0,067}{0,58} \cdot 35 = 44 \text{ WE}.$$

3. Endlich kommen hinzu die Wärmeeinheiten, die dem Dampf durch
die Überhitzung mitgeteilt worden sind. Da die spezifische Wärme des
Dampfes ungefähr 0,5 ist, so haben wir bei 100° Überhitzung je kg Dampf
50 WE.

1., 2. und 3. zusammengezählt, ergibt, daß wir von $672 + 50 = 722$ WE
insgesamt höchstens ausnützen können $43 + 44 + 50 = 137$ WE, in

Hundertteilen $\frac{137}{722} \cdot 100 \cong 19\%$, von denen noch die Wand- und mechanischen Verluste und die Arbeitsverluste in den Pumpen der Kondensation
abgehen. Über 81%, d. h. den größten Teil der Flüssigkeits- und der inneren Verdampfungswärme müssen wir in Gestalt von Kühlwasser des
Kondensators abführen. Wir erkennen diesen Teil der Wärme an den
heißen Abwässern, die vom Kondensator kommen, oder an den mächtigen,
von unseren Gradierwerken abziehenden Dampfwolken. Dieser Verlust
ist nicht zu vermeiden, er liegt im Wesen des als Energieträger
verwendeten Dampfes. Alles, was der Wärmewirtschaftler tun kann,
um in der Dampfmaschine einen möglichst großen Teil der Dampfwärme in
Arbeit umzuwandeln, ist geschehen, wenn er dieses Medium mit einer so
hohen Temperatur in den Zylinder eintreten läßt, daß sie eben die Betriebssicherheit nicht gefährdet und nach geleisteter Arbeit völlig spannungslos,
also mit der niederst möglichen Temperatur, in den Kondensator schickt.

Ungleich günstiger liegen die Dinge für die Dampfanlage, wenn wir
den Abdampf, statt ihn zu kondensieren, für Heizzwecke verwenden
können. Nehmen wir für diese einen Wirkungsgrad von 75% an, dann
machen wir von den eben errechneten 81%, welche sonst in Gestalt der latenten Dampfwärme im Auspuff oder Kondensator verlorengehen, rund 61%
in der Heizung nutzbar. In der Maschine gewinnen wir nach dem früher
Gesagten 10—15% in Form von Arbeit, zusammen 70—75%, also weit
mehr, als in der besten Gasmotor- oder Dieselanlage. In diesem Falle,
— es ist das insbesondere wichtig für chemische, Papier- und ähnliche
Industrien —, marschiert, was Wärmeausnützung betrifft, die Dampfmaschine in weitem Abstand an der Spitze aller Kraftanlagen, weil sie
weder Kühlwasser- noch Abwärmeverluste aufweist. Wir sehen aber
zugleich, wie ungeheuerlich es von wärmewirtschaftlichem Standpunkt
aus ist, wenn wir, wie man es wohl noch finden kann, etwa mit direktem
Dampf heizen und den Abdampf der Kraftmaschine in den Auspuff
oder Kondensator schicken. Es gibt hier nur ein Richtiges: erst den
Dampf arbeiten, dann ihn heizen lassen!

Was die Wandverluste betrifft, so faßt man sie bei Dampfanlagen
meist unter dem Namen »Kondensverluste« zusammen, weil vor der
Einführung der Überhitzung die Abkühlung des gesättigten Dampfes an
den Wänden der Leitungen und Zylinder stets mit der Bildung von Nieder-
schlagswasser verbunden war. Wir haben uns mit ihnen schon bei den
Arbeiten von Carnot beschäftigt und festgestellt, daß dem Studium
dieser Kondensverluste im Grunde die Erfindung der Dampfmaschine zu
verdanken ist. Sie hat die Dampfmaschinenbauer von James Watt
an bis zu unseren Tagen beschäftigt.

Die Mittel, die bislang der Technik zu dem Zweck zur Verfügung stehen, sind

1. Überhitzung des Dampfes,
2. Isolierung von Dampfleitungen, Zylinder- und Kesselwandungen gegen Wärmeabgabe und Heizung der Zylinderwandung,
3. mehrfach Expansions- oder Gleichstrommaschinen.

Betrachten wir sie uns einzeln! Man begegnet der Meinung, daß, da bei genügend überhitztem Dampf in den Leitungen, in dem Ventil- oder Schieberkasten, den Dampfkanälen usw. sich keine Kondenswässer mehr bilden, auch die Wandverluste beseitigt seien. Das ist natürlich ein Irrtum. Nach Gleichung (21) gibt der Dampf an die ihn einschließenden Wände und diese an die Außenluft umso mehr Wärme ab, je größer das Temperaturgefälle ist. Bei sonst gleichen Verhältnissen würde also der Wärmedurchgang an die Außenluft mit der Überhitzung zunehmen. Zwei Faktoren wirken dem aber entgegen. Einmal ist die Wärmeübergangszahl in der genannten Formel zwischen überhitztem Dampf und trockenem Eisen wesentlich kleiner als zwischen gesättigtem, feuchtem und den durch die ausscheidenden Kondenswässer naß erhaltenen Leitungs- und Zylinderwänden. Zum anderen hat überhitzter Dampf die Eigenschaft, bei dem Durchströmen durch Rohre, Ventile usw. geringeren Widerstand zu erfahren als gesättigter, den die beigemengten Wasserteilchen gleichsam schwerfälliger machen. Mit anderen Worten: bei gleichem Widerstand, also Spannungsverlust kann man überhitztem Dampf eine wesentlich (um ca. 50%) größere Durchströmungsgeschwindigkeit erteilen als gesättigtem. Das ergibt entsprechend kleinere Rohrquerschnitte und Oberflächen. Somit wird in Formel (9) das F niederer und damit abermals die Wandverluste. Die Dinge liegen daher folgendermaßen: dem größeren Wärmegefälle stehen gegenüber geringere Wärmeübergangszahl und Oberfläche. Beide zusammen überwiegen unbedingt die Wirkung des größeren Gefälles. Fällt dagegen der Faktor der kleineren Fläche weg, d. h. verwenden wir nach Einführung der Überhitzung weiter die alten Dampfleitungen, und lassen wir nach wie vor die gleichen Dampfmengen durch sie strömen, so können die Wirkungen von größerem Temperaturgefälle und kleinerer Wärmeübergangszahl sich gegenseitig aufheben.

Selbstverständlich bleibt dann immer noch der Vorteil des höheren T_1 und dadurch bedingten geringeren Carnotverlustes oder, nach S. 75 ausgedrückt, des größeren Wärmeinhaltes des Dampfes. Es wird sich also die Überhitzung bei gut instandgehaltenen Anlagen immer bezahlt machen, umso mehr, wenn, wie meist der Fall, irgendwelche Abwärme

für sie verwendet werden kann. Dieser Vorbehalt der guten Instandhaltung muß gemacht werden, weil eine unvollkommene Isolierung von
Leitungen und Zylinder gegen die Außenluft sich bei dem höheren Temperaturgefälle stärker bemerkbar macht, desgleichen jede Undichtigkeit
von Ventilen, Schiebern, Kolbenringen, Stopfbüchsen usw. Denn auch
durch diese zwängt sich der überhitzte Dampf leichter als der mit Wasser
beschwerte gesättigte.

Damit sind wir beim zweiten Mittel, der Wärmeisolierung,
angelangt. Man kann ihr nicht genug Sorgfalt zuwenden. Mit schlecht
isolierten Dampfleitungen oder -zylindern heizt man Sommer und Winter
die Fabrikräume oder Gottes freie Natur! Vielfach werden nur die Rohre,
nicht aber die Flanschen isoliert mit Rücksicht auf die Zugänglichkeit
der Dichtungen. Besser ist, auch diese gegen Wärmedurchgang durch
leicht abnehmbare Hüllen, etwa mit Kork gefütterte, zweiteilige Blech-
mäntel, zu schützen. Für die Rohre selbst wird meist eine mit einem
Bindemittel angerührte Kieselgurmasse verwendet, die nach Festwerden
mit Leinenbändern umwickelt oder mit Blech umhüllt wird. In beiden
Fällen empfiehlt es sich, die Isolierung außen mit einem glänzenden
Überzug, z. B. Ölfarbe zu versehen, weil dieser weniger Wärme ausstrahlt
als eine matte Oberfläche.

Wenig entwickelt ist noch der Schutz der Kesselwände gegen Wärmedurchgang. Es wird bei den Dampfkesseln noch davon die Rede sein.

Zu Punkt 3., mehrstufige Expansion — und Gleichstrommaschine, sei kurz folgendes gesagt:

Innerhalb der gewöhnlichen Einzylinderkondensationsmaschine wird
der Wärmeaustausch zwischen dem zuströmenden heißen Dampf und den
Zylinderwänden einerseits und diesen und dem Kondensator andererseits dadurch begünstigt, daß der zuströmende Heißdampf beim Arbeitshub durch die gleichen Dampfkanäle geht, wie der abgekühlte beim
Auspuffhub. Die Wände dieser Kanäle, kalt geworden durch die Einwirkung des Kondensators, saugen also gierig die Wärme des Frischdampfes
in sich auf, um sie beim Auspuffhub infolge ihrer hohen Temperatur
ebenso willig an den kälteren auspuffenden Dampf und den Kondensator
wieder abzugeben. Auch in bezug auf den Wandverlust wirkt also ein
großer schädlicher Raum nachteilig. Ähnlich, wenn auch abgeschwächt,
liegen die Dinge bei den Innenwänden des Arbeitszylinders. Beim Arbeitshub ziehen sie gierig Wärme in sich hinein, um sie beim Auspuffhub
an den Abdampf und in den Kondensator wieder ausströmen zu lassen.
Alle derart ausgetauschte Wärme ist zu vergleichen dem Wasser, das
durch ein Loch der oberen Rinne unseres früher betrachteten Mühlen-

rades, ohne dieses selbst zu erreichen, in die untere stürzt: sie leistet keine Arbeit.

Haben wir nun statt eines, zwei hintereinander geschaltete Zylinder, so vergrößern wir zwar die dem Abdampf bzw. Kondensator zugewendete Oberfläche, aber wir verringern das Temperaturgefälle, und zwar in unserem Beispiel (Abb. 34, S. 65), wo wir durch die zweistufige Expansion den Admissionsdruck halbiert hatten, auf die Hälfte. Dagegen wird die Oberfläche in dem Maße weniger als um das Doppelte vermehrt, als der Durchmesser des Hochdruckzylinders kleiner ist als der des Niederdruckzylinders. Auch hier möge ein Vergleich der Vorstellung zu Hilfe kommen:

Das Betriebsbureau gehe unmittelbar ins Freie und habe nur eine Tür. An kalten Tagen sei die Außentemperatur —20°, die im Innern der Schreibstube +20° C. Dann wird bei jedem Öffnen der Tür infolge des großen Temperaturgefälles von 40° eine beträchtliche Wärmemenge ins Freie entweichen; die kalten Füße der in dem betreffenden Raum Sitzenden pflegen ein empfindliches Thermometer dafür zu sein. Bringt man nun eine zweite Tür an, so wird die Temperatur zwischen dieser und der ersten etwa 0° betragen, die Temperaturdifferenz ist also nur mehr halb so groß und demgemäß die bei jedem Öffnen der Türen entweichenden Wärmemengen. Eine solche, den Hochdruckzylinder vor der unmittelbaren Einwirkung des kalten Kondensators schützende Vortür ist der vorgeschaltete Niederdruckzylinder.

Diese Verminderung des Temperaturgefälles zwischen Arbeits- und Auspuffhub in jedem Zylinder gegenüber der Einzylindermaschine ist der Hauptvorteil der mehrstufigen Expansion und der Grund, weswegen sie stets einen günstigeren Wärmeverbrauch aufweist als jene. Andere Vorzüge, vor allem die weitergehende Expansion ohne allzu kleine Füllungen sind früher besprochen worden. Als letzter sei endlich erwähnt, daß man in den Aufnehmer Heizschlangen anordnen und so den Zwischendampf nach seiner Arbeit im H. D. noch einmal überhitzen kann. Dadurch läßt sich verhindern, ohne mit der Überhitzung im Dampfkessel auf ein die Betriebssicherheit gefährdendes Maß zu gehen, daß die Temperaturen im lezten Teil der Expansion in das Gebiet des gesättigten Dampfes und der Kondensation heruntersinken.

Als Nachteile sind zu nennen die höheren Kosten für die Vervielfachung der Zylinder und Ventile und eine langsamere Einwirkung der Steuerung. Denn im N. D. arbeitet immer noch einen Hub lang das volle Dampfquantum, wenn auch bei sinkender Leistung der Regulator schon die Dampfzuführungen des H. D. verkleinert hat.

Gleichstrommaschine.

Wir haben soeben gesehen, daß die hohen Wandverluste der gewöhnlichen Einzylindermaschine daher rühren, daß der heiße einströmende
Dampf in unmittelbare Berührung mit den gleichen Kanal- und Zylinderwänden kommt wie der kalte abziehende. Auf anderem Wege als dem der
mehrstufigen Expansion kann dieser Mangel dadurch behoben werden, daß
man zu- und abströmenden Dampf verschiedene Wege gehen läßt. Das
geschieht in der Stumpfschen Gleichstrommaschine. Sie weist,
wie der Zweitaktgasmotor einen langen, sog. Verdrängerkolben und in
der Mitte des Zylinders Auspuffschlitze auf (Abb. 39). In dem Punkt
»Vorausströmung« gibt der Kolben sie frei, und der Dampf muß aus dem

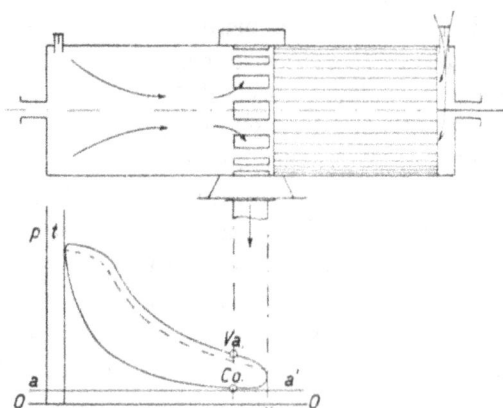

Abb. 39. Zylinder der Gleichstrommaschine mit
Auspuffschlitzen. Pfeile = Dampfwege. Gestrichelte
Linie = Wandtemperatur.

Zylinder ausgepufft sein, bis die Schlitze beim Rückweg des Kolbens wieder
überdeckt sind. Die Pfeile zeigen die Dampfwege an, die in einer Richtung
(»gleichströmend«) derart verlaufen, daß der heiße Dampf nunmehr in
den heißesten Zylinderteil eintritt, der Weg zum Kondensator dagegen
sich im kältesten öffnet. So nehmen allmählich die Zylinderwandungen
einen Temperaturverlauf (s. gestrichelte Linie in dem Diagramm in Abb. 39)
an, welcher dem des vorbeiströmenden Dampfes genau entspricht. (Die
Ordinaten des Diagramms sollen hier sowohl Druck wie Temperatur darstellen.) Das Temperaturgefälle ist überall auf ein Mindestmaß herabgedrückt, somit auch die Wandverluste. Tatsächlich weist eine einzylindrige Gleichstrommaschine bei Normallast ungefähr einen ebenso
günstigen Dampfverbrauch auf, wie eine zweistufige Verbundmaschine
von gleicher Leistung (s. Tafel II). Bei Unterlastung ist sie der letzteren
sogar beträchtlich überlegen. Aber die erstere besitzt nicht den Vorteil

der verkleinerten Füllung, dagegen den Nachteil, daß dem Dampf zum
Entweichen aus dem Zylinder nur die kurze Zeit zur Verfügung steht,
während welcher der Kolben die Auspuffschlitze freigibt und wieder
überdeckt (*V. A.* bis *Co*). Die Kompression beginnt infolgedessen sehr früh
und erreicht bis Hubende eine unerwünscht große Höhe, was viel Gegendruckarbeit hervorruft. Das Diagramm ist dünn wie das eines
Dieselmotors. Zwar hat Stumpf dadurch Abhilfe gesucht, daß er ähnlich
den Gebläsemaschinen zusätzliche schädliche Räume angeordnet hat
(in der Gleichstrommaschine am einfachsten im Innern des Verdränger-
kolbens), in welche nach Überdeckung des Schlitzes die vom zurückgehen-
den Kolben komprimierten Dampfreste gleichsam ausweichen können,

Abb. 40. Gleichstrommaschine der M.A.N.

oder indem er dem zu hoch komprimierten Dampf durch den Kolben
hindurch mittels eines gesteuerten Ventiles den Übergang auf die andere
Zylinderseite ermöglichte. Aber durch solche Vorrichtungen verliert die
Gleichstrommaschine wieder den Vorzug der Einfachheit vor der Verbundmaschine.

Alles in allem ist die mehrstufige Expansionsmaschine der Gleichstrommaschine für Fälle gleichmäßiger Leistung überlegen, weil sie großen
Expansionsgrad bei nicht zu kleiner Füllung, gute Gestängeausnützung
und kleinen Wandverlust miteinander verbindet. Die Gleichstrommaschine wird dagegen dort in Frage kommen, wo der Platz für zwei Zylinder fehlt, oder wo die Leistung sich überwiegend in kleinen Belastungen
bewegt. Denn für diese ist der Wärmeverbrauch günstiger als bei der
Verbundmaschine und die Anpassung an die Leistungsschwankungen
durch den Regulator rascher. Für die seltenen Zeiten der Vollbelastung

fallen die sich daraus ergebenden zu hohen Enddrücke wenig ins Gewicht.

Abb. 40 zeigt die Ansicht einer Gleichstrommaschine der Maschinenfabrik Augsburg-Nürnberg, Werk Nürnberg.

Mechanische Verluste der Kolbenmaschine.

Es sind bisher der Carnotsche und die Wandverluste, aber nicht die mechanischen der Kolbendampfmaschine besprochen worden. Sie betragen wie bei der Großgasmaschine ungefähr 15%. Diese sog. »Leerlaufarbeit« beeinflußt in etwas den Expansionsgrad, von welchem, wie hier wiederholt sei, der Wärmeverbrauch der Dampfmaschine in allererster Linie abhängt. Denn es ist zwecklos, die Expansion so weit zu treiben, daß sie unter die Leerlauflinie im Diagramm herabsinkt, weil sonst dieser letztere Teil des Hubs mehr Arbeit verzehrt als bringt. Ein Beispiel mag das verständlich machen. In dem Diagramm Abb. 41 betrage die Leistung, die etwa in der früher gezeigten Weise ermittelt worden sei, 200 PS,

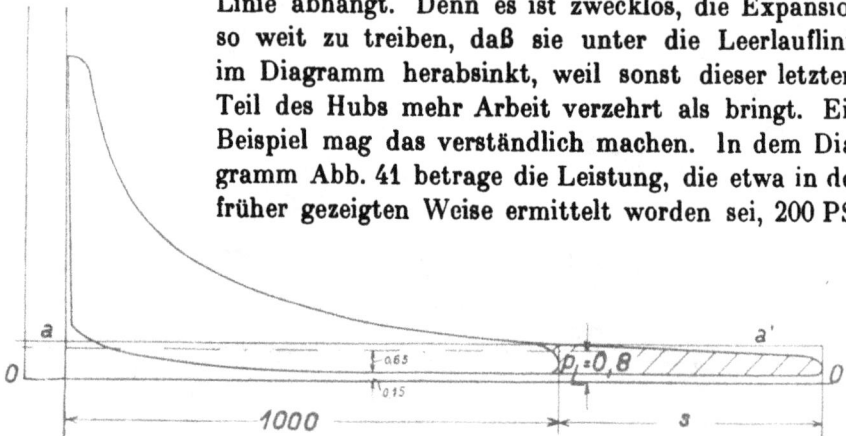

Abb. 41. Expansion sinkt unter Leerlaufsarbeit.

der Hub sei 1000, die wirksame Kolbenfläche 1800 cm², die Drehzahl 75 je Min. Die Leerlaufarbeit schätzen wir mit höchstens 20% = 40 PS. Diese entsprechen einem Kolbendruck p_L, den wir aus der Leistungsgleichung (Nr. 9, S. 6) wie folgt ermitteln:

$$40 = \frac{1800 \cdot p_L \cdot 2 \cdot 1 \cdot 75}{75 \cdot 60};$$

daraus

$$p_L = \frac{40 \cdot 75 \cdot 60}{1800 \cdot 2 \cdot 75} \cong 0,65$$

über die Kondensatorspannung. Diese mit 0,15 angenommen, ergibt einen Leerlaufdruck von 0,8 Atm. abs., und die Leerlauflinie im Diagramm (gestrichelte Linie in Abb. 41) liegt, einen Maßstab von 1 cm = 2 Atm. vorausgesetzt, 4 mm über der Nullinie. Würden wir mit der Expansion unter diese Spannung gehen, indem wir etwa einen größeren Hub wählten, so würde damit die schraffierte Fläche an Arbeit gewonnen, aber die größere $s \cdot p_L$ für Leerlauf verzehrt sein. Dazu kommen durch den längeren Hub vermehrte Oberflächenverluste usw.; das Stück s verbessert also die Maschine nicht, sondern verschlechtert sie. Die Grenze der Expansion ist hier 0,8 Atm. abs. Zweckmäßigerweise wird man etwas höher gehen, wie in der Abbildung geschehen.

Geringe mechanische Verluste sind daher für die Dampfmaschine ein doppelter Gewinn: einmal ein unmittelbarer an Energie und dann ein mittelbarer durch Verbesserung des thermischen Wirkungsgrades, wie er mit einer weitgetriebenen Expansion verbunden ist.

Dampfturbine.

Die Dampfmaschine der Neuzeit, die beinahe alle bisher besprochenen Vorzüge in sich vereinigt, ist die Dampfturbine. Sie hat keine hin- und hergehenden, sondern nur rotierende Teile, darum niederen Leerlauf, kann also mit weitergehender Expansion arbeiten, als die Kolbenmaschine. Das Temperaturgefälle zwischen Dampf und Maschinenwänden ist klein, weil jener die Turbine auf seinem ganzen Weg im Gleichstrom durchzieht. Wir können bei Hintereinanderschaltung einer genügenden Anzahl von Laufrädern von hohen Drücken, also hohem T_1, das wir noch weitgehend durch Überhitzung steigern können, herunterarbeiten und haben damit einen günstigen Carnotschen Wirkungsgrad. Dazu kommt, daß der Kondensator (s. nächsten Abschnitt) bei der Turbine leichter die zu ertötende Wärme vernichten kann, weil sie ihm kontinuierlich, nicht stoßweise, wie bei der Kolbenmaschine zuströmt. So würde die Dampfturbine, deren günstigen Wärmeverbrauch Tafel II zeigt, längst alle Kolbenmaschinen aus dem Felde geschlagen haben, wenn sie nicht zwei Nachteile, den der hohen Drehzahlen und des geringen Anfahrmomentes aufweisen würde. Für elektrische Maschinen, Ventilatoren, rotierende Pumpen und Gebläse sind hohe Umdrehungszahlen erwünscht, für fast alle anderen Zwecke aber nicht. Die Hauptenergieverbrauchsstellen, unsere Transmissionen läßt man zweckmäßig nur mit 150, höchstens 300 Umdrehungen laufen, um Lagerreibung und -verschleiß und Ölverbrauch nicht zu groß werden zu lassen. Wollte man sie mit Dampfturbinen mit ihren weit höheren Drehzahlen antreiben, so müßte man Rädervorgelege mit großer Übersetzung dazwischen schalten, die viel Energie und Ölverbrauch und Radverschleiß mit sich bringen und auch wegen ihres Geräusches nicht beliebt sind.

Außerdem würde die Turbine die belastete Transmission aus dem Ruhestand nicht in Bewegung bringen. Denn es entstehen bei stillstehenden Schaufeln große Stoßverluste, die Schaufelform wird

unstimmig, kurz, die Turbine erhält ihre Leistung erst, wenn sie annähernd ihre normale Drehzahl erreicht hat. Sie verhält sich also ähnlich,
wie nach früheren Ausführungen der Verbrennungsmotor und bedarf
für den Antrieb von Maschinen, für die ein großes Anfahrmoment nötig
ist, einer besonderen Ausrückvorrichtung.

Es kann nicht die Aufgabe dieses Buches sein, die verschiedenen
Konstruktionsarten der Dampfturbinen auseinanderzusetzen. Wer sich
nur über das Notwendigste, in gemeinverständlicher Form dargestellt,
unterrichten will, sei auf das klar geschriebene Büchlein von R. Vater
»Neuere Fortschritte auf dem Gebiete der Wärmekraftmaschinen«, wer sich wissenschaftlich in den Gegenstand vertiefen
will, auf das schon genannte klassische Werk von Stodola »Dampfund Gasturbinen« verwiesen. Hier sei zur Aufklärung für den Betriebsmann nur gesagt, daß man »Geschwindigkeits-«, »Druck-« oder
»Gleichdruck-« und »Überdruckturbinen« oder -stufen unterscheidet. In den ersteren, zu denen die Lavalturbine zählt, lassen wir den
Dampf in Düsen oder dem sog. Leitrad frei expandieren, so daß sich seine
Spannung in Geschwindigkeit verwandelt. Diese wird dann zwischen den
Schaufeln von einem oder mehreren »Geschwindigkeitsrädern« allmählich aufgezehrt und auf die, auf der Maschinenwelle sitzenden Laufräder übertragen. Bei der reinen Geschwindigkeitsturbine sinkt also
schon in der Düse die Kesselspannung auf die des Kondensators, und in
der Turbine wird nur mehr Energie in Form von lebendiger Kraft des
Dampfes wirksam. Bei der Gleichdruckturbine läßt man in jedem
Leitrad nur einen Teil der Spannung sich in Geschwindigkeit verwandeln,
diese setzt sich im Laufrad in Arbeit um, der Dampf tritt mit gleicher
Spannung, aber geringerer Geschwindigkeit, als er in das Laufrad eingetreten ist, in ein zweites Leitrad. Dort wird von neuem ein Teil der
Spannung dazu benützt, die gesunkene Geschwindigkeit zu erhöhen,
die in einem zweiten Laufrad wieder in Energie umgewandelt wird usw.
Vor den Laufrädern, ausgenommen das letzte, herrscht also nicht, wie
bei der reinen Geschwindigkeitsturbine, Spannungslosigkeit, sondern
Druck. Aber diese ist beim Eintritt und Austritt jedes Laufrades, oft
auch einer Gruppe von Laufrädern, gleich groß, so daß der Dampf kein
Bestreben hat, durch den kleinen Zwischenraum zwischen Leit- und Laufrad durchzublasen (man nennt die so ohne Arbeitsleistung entweichenden
Energiemengen »Spaltverluste«). Die Druckabnahme vollzieht sich
nur innerhalb der Leiträder, die mit dem Gehäuse fest verbunden und durch
Scheidewände von den benachbarten Kammern mit höherem oder niedererem Druck getrennt sind. So braucht nur die Welle beim Durchgang
durch das Gehäuse und die genannten Wände in seinem Inneren mittels

Stopfbüchsen gedichtet zu werden, was bei rotierenden Teilen leichter möglich ist als bei den hin- und hergehenden der Kolbenmaschine.

Bei der Überdruckturbine (auch Reaktionsturbine genannt) endlich verwandeln wir im Leitrad wie vorhin Druck in Geschwindigkeit. Aber dieser Vorgang setzt sich im Laufrad fort. In diesem wird also einmal die Geschwindigkeit, welche dem Dampf durch das Expandieren im Leitrad erteilt worden ist, in Arbeit umgesetzt, zum anderen bewirkt der Dampf infolge seiner zunehmenden Geschwindigkeit einen Gegen- oder besser Rückdruck, eine Reaktion auf die Turbinenschaufeln, wie sie die aus dem Gewehrlauf sausende Kugel während ihres ganzen Wegs auf den Flintenkolben und die Schulter des Schießenden ausübt. Die Gegendruckturbine hat somit verschiedenen Druck vor und hinter jedem Laufrad, der Unterschied wird aber durch Anordnung vieler Lauf- räder klein gehalten, so daß die Spaltverluste trotzdem unbedeutend sind.

Große neuzeitliche Turbinen sind meist Verbindungen mehrerer der genannten Arten. Gewöhnlich sind ein oder einige Geschwindigkeits- räder vorgeschaltet, um rasch die Eintrittsspannung des Dampfes und damit die wegen des Verziehens des Gehäuses gefährlichen Temperatur- unterschiede herunterzubringen, danach folgen eine Reihe von Gleich- oder Überdruckstufen oder beide.

Wie wir wissen, ist der Hauptvorteil der Dampfturbine die Möglich- keit einer sehr weit getriebenen Expansion. Darum haben wir am Ende der Turbine sehr niedere Spannungen und somit riesige Volumina des durchströmenden Dampfes. Damit sie ohne zu großen Widerstand heraus- kommen können, müssen ihnen in diesem Teil der Turbine und auf dem Weg zum Kondensator sehr weite Durchgangsquerschnitte geboten wer- den. Bedenkt man das und weiter, daß bei den meisten Turbinen infolge des Drucks auf die Schaufeln der Lauf räder die Welle einen Seitenschub erfährt, der durch Kammlager oder mittels Dampfdrucks ausbalanzierte Scheiben ausgeglichen werden muß, so ist das Wesentliche gesagt, was der Betriebsmann bei Bestellung und Wartung seiner Dampfturbinen zu beachten hat.

Die Regulierung der Dampfturbinen kann dadurch erfolgen, daß man sie verschieden »beaufschlagt«, d. h. daß man von den Düsen oder Leitradzellen, welche den Dampf auf das erste Laufrad leiten, mehr oder weniger einschaltet. Oder man kann den Admissionsdampf drosseln oder endlich ihn stoßweise auf die Turbine führen, indem ein Eintrittsventil periodisch auf und abgeht, bei großem Energiebedarf mehr, bei kleinem weniger öffnend. Der letztere Weg hat den Vorzug, daß das vom Regulator beeinflußte Ventil, auch wenn die Leistung lange die gleiche bleibt, sich nicht in der Stopfbüchse oder anderen beweglichen Teilen festfressen und so die sichere Regelung gefährden kann.

Stellen wir zum Schlusse die Vorteile und Nachteile der Dampfturbine, verglichen mit den Kolbenmaschinen, einander gegenüber, so ist zunächst auf beiden Seiten die hohe Drehzahl der Turbine anzuführen, je nachdem wir langsam- oder raschlaufende Maschinen antreiben. Sodann ist zu sagen, daß zwar die Dampfturbine, wie unten ausgeführt ist, wenig Störungen aufweist. Wenn sie aber solche erfährt, so sind sie meist gefährlicher als bei der Kolbenmaschine mit ihrer geringeren Drehzahl. Das Schlimmste, was sich ereignen kann, ist immer, daß die Schaufeln des Laufrades durch ungleiche Ausdehnung zwischen ihm und dem Gehäuse oder zwischen Lauf- und Leitrad oder aber durch ungenügende Aufnahme des Seitenschubs der Welle den wegen des Spaltverlustes gering zu bemessenden Zwischenraum nicht einhalten und zum Anstreifen kommen. Die Folge ist bei den hohen Drehzahlen meist, daß der ganze Schaufelkranz mit einem Schlag abgeschert wird, was in der Zeit der Kinderkrankheiten, wo das öfters vorkam, den bezeichnenden Namen des »Schaufelsalates« erhalten hat.

Solchen Nachteilen steht eine große Reihe von Vorzügen der Turbine entgegen:

Bei der Kolbenmaschine reiben vom Dampf berührte Teile, Kolben bzw. Kolbenringe auf dem Zylinderinnern, aufeinander, müssen also geschmiert werden, und zwar ist eine starke Schmierung notwendig, weil das Öl sonst zum Eintrocknen kommt, außerdem Teile davon in den Kondensator oder Auspuff mitgerissen werden. In der Dampfturbine berühren sich Leit- und Laufrad nicht, es ist also an diesen vom Dampf bespülten Teile keine Schmierung erforderlich, sondern nur an den wenigen Lagern, in welche der Dampf nicht eindringen kann. Dadurch erklärt sich der viel niedrigere Ölverbrauch der Dampfturbine (s. Tafel II[1]); es bringt aber auch den weiteren Vorteil, daß der aus der Maschine abgehende Dampf und damit sein Kondensat fast frei von Öl sind, so daß letzteres ohne weiteres wieder zum Speisen der Kessel verwendet werden kann, während das Kondensat von Kolbenmaschinen vorher einer umständlichen Reinigung unterzogen werden muß, die zudem meist nur unvollständig gelingt.

Wie der Ölverbrauch, so ist auch (beides ist meist verhältnisgleich) der Bedarf an Wartung gering. Im wesentlichen ist nur darauf zu achten, daß kein Lager warm läuft. Ebenso sind Verschleiß gering und Störungen selten; die Montage ist sehr einfach und in viel kürzerer Zeit

---

[1]) Siehe Schluß des Buches.

zu bewerkstelligen als bei einer Kolbenmaschine der gleichen Leistung. Endlich hat die nur rotierende Turbine von hoher Drehzahl den Vorteil geringen Raumbedarfes — er beträgt nur ein Viertel bis Drittel gegenüber der Kolbenmaschine —, weiter in Verbindung mit dem Wegfall des Schwungrades und dem ruhigen, gleichförmigen Gang den Vorzug eines wesentlich leichteren Fundamentes.

Zu diesen betriebstechnischen Vorteilen kommen wärmetechnisch noch folgende:

Daß wegen des Fehlens von Öl im Dampfraum eine höhere Überhitzung, also höheres T_1 und damit ein besserer Carnotscher Wirkungsgrad möglich ist, daß ferner auch die Wand- und mechanischen Verluste gering sind, wurde schon eingangs erwähnt. Weiter ist die Turbine der Kolbenmaschine in bezug auf Unempfindlichkeit gegenüber Unter- und Überlastungen überlegen, wie aus Tafel II ersichtlich.

Es ist nach obigem selbstverständlich, daß der günstige Wärmeverbrauch der Dampfturbine nur eintritt, wenn seine hauptsächlichsten Ursachen, die Möglichkeit einer höheren Überhitzung und die weitergehende Expansion, also ein niederes Vakuum im Kondensator, oder wenigstens eine von beiden ausgenützt werden. Über den Einfluß eines schlechten Vakuums auf den thermischen Wirkungsgrad der Turbine s. nächsten Abschnitt über den Kondensator.

Abdampfturbine.

Der Gedanke liegt nahe, wo die hohe Drehzahl der Turbine unerwünscht ist, deren Hauptvorzug der weitgehenden Expansion und leichteren Erreichung eines guten Vakuums dadurch nutzbar zu machen, daß man in zwei Stufen expandieren läßt, die erste in der Kolbenmaschine, die zweite in der Turbine. Zwischen beide muß man ebenso wie zwischen Hochdruck- und Niederdruckzylinder einen Ausgleichsbehälter anordnen, der meist als Wärmespeicher (s. den übernächsten Abschnitt) ausgebildet wird. Derart nachgeschaltete Turbinen nennt man »Abdampfturbine«. Man betreibt sie meist mit ganz niederem Druck, 3 bis herunter zu 1 Atm. abs., im letzteren Falle wird die Turbine also zur reinen Kondensationsmaschine, die nur mehr die Raumverdrängungsarbeit des Dampfes ausnützt. Die Kolbenmaschine kann dann etwa zum Antrieb der Fabriktransmission, die Abdampfturbine zur Erzeugung des Lichtes Verwendung finden. Unbequem ist dabei immer, daß die Turbine nicht genau so viel Dampf verbrauchen wird, als die Kolbenmaschine abgibt. Bei beiden sind ja die Leistungen, also die durchgehenden Dampfmengen wechselnd. Man kann dadurch helfen, daß man bei größerem Bedarf der Turbine neben dem Abdampf noch Frischdampf zuführt. Dann fällt dieser aber auf die Spannung des Abdampfes herunter, man nützt sein hohes T_1 also schlecht aus und verliert so wieder, was man durch das bessere Vakuum gewonnen hat. Darum haben sich Abdampfturbinen nur dort eingebürgert, wo man Kondensationen schlecht verwenden kann, wie bei Dampfhämmern, dampfhydraulischen Pressen und ähnlichen Maschinen, welche den Dampf in stark wechselnden Mengen, stoßweise abgeben, und die nicht so straff gedichtet gehalten werden können, wie die Kondensation es fordert. Gerade über solchen Schmieden sehen wir oft gewaltige Dampfwolken zum Himmel stoßen, die bei den heutigen Kohlenwerten jährlich eine Verschwendung von Millionen bedeuten. Hier bringt die Abdampfturbinenanlage, welche den Auspuffdampf der Hämmer und Pressen in einem Wärmespeicher sammelt und danach in einer Abdampfturbine mit Kondensation ausnützt, derartigen Nutzen, daß der schlechtere Wirkungsgrad, mit dem ev. zum Ausgleich nötig werdender Frischdampf ausgenützt wird, keinerlei Rolle spielt.

Bemerkt sei bei der Gelegenheit, daß manche Werke, so Gerlafingen in der Schweiz und Witkowitz in Mähren, zur Vermeidung der bisher in den Schmieden geübten ungeheuerlichen Energieverschwendung einen anderen Weg gegangen sind. Sie verwenden als Medium statt Dampf komprimierte Luft. Dadurch fallen die Verluste durch die latente Dampfwärme fort; allerdings müssen dafür die beträchtlichen für die Erzeugung der Preßluft in Kauf genommen werden. Von einzelnen Werken wird aber angegeben, daß sie als verbleibend doch noch mehr als 50% Ersparnisse gehabt haben. Und diese Angaben sind glaubhaft, wenn man an die auf S. 75 mitgeteilten Zahlen und Rechnungen denkt.

Abzapfturbine.

Ein bisher noch nicht erwähnter Vorzug der Turbine ist auch, daß man an einer beliebigen Stelle des Expansionsverlaufes Dampf abziehen (»abzapfen«) kann. Bei der Kolbenmaschine kann das nur zwischen den einzelnen Expansionsstufen, also aus dem Aufnehmer geschehen, und wegen des stoßweisen Auspuffs auch da nur mit Schwierigkeiten. Die Turbine läßt dank dieser Möglichkeit manche Lösung zu, welche bei der Kolbenmaschine nicht zu erreichen ist. Ein Beispiel wird das besser zeigen als allgemeine Erörterungen.

Eine chemische Fabrik möge zum Antrieb ihrer Pumpen und Transmissionen sowie zur Erzeugung des elektrischen Lichtes bei Tag 200 PS benötigen, ferner 1500 kg Dampf je Stunde für Heizzwecke (Verdampfer). Für die Kraftlieferung sei eine Gleichstrommaschine vorhanden.

Bei Nacht sollen nur 30 PS benötigt werden und im Sommer 400 kg, im Winter 1000 kg Heizdampf. Das Nächstliegende würde sein, den

Abdampf der Maschine für die Heizung zu verwerten. Die Rechnung stellt sich dann folgendermaßen:

Nr.	1	2 PS	Kraftanlage		5 Heizdampf nötig kg/st	6 an Abdampf übrig kg/st
			3 kg Dampf je PSst	4 kg Dampf je st		
1.	Tag . . . Nacht:	200	15	3 000	1 500	1 500
2.	Sommer .	30	30	900	400	500
3.	Winter .	30	30	900	1 000	100 fehlen

Man sieht, Abdampf (Reihe 4) und Heizdampf (Reihe 5) stimmen nie überein; in den Fällen 1 und 2 haben wir für die Heizzwecke zu viel, im Falle 3 zu wenig Abdampf. Könnten wir den Überschuß in den Kondensator schicken, so wäre die Sache zur Zufriedenheit gelöst; im Falle 1 würde von 1500 kg Abdampf die ganze, von 1500 wenigstens die Raumverdrängungsenergie nutzbar gemacht. Dieser Weg ist aber bei der Kolbenmaschine nicht möglich. Man kann dort nur entweder den gesamten oder keinen Abdampf in den Kondensator schicken. Eine Rechnung ähnlich der auf S. 75 angestellten mit Benützung der Dampftafel in der Hütte, die dem Leser überlassen bleiben mag, wird zeigen, ob es besser ist, in den Fällen 1 und 2 allen Dampf durch den Kondensator zu schicken und für die 1500 kg für Heizung Frischdampf aus dem Kessel zu beziehen oder die letzteren dem Abdampf zu entnehmen und 1500 kg Auspuffdampf ganz zu verlieren. Trotz dieses erheblichen Verlustes wird sich die letztere Lösung als die günstigere ergeben. Im Falle 3 wird man zweckmäßig die fehlenden 100 kg unmittelbar aus dem Kessel nehmen.

Würden wir statt der Gleichstrommaschine eine Turbine aufgestellt haben, die etwa eine Dynamo antreibt, mit deren Strom Pumpen und Transmissionen elektrisch angetrieben werden, so hätten wir zwar ca. 5% Verluste in der elektrischen Leitung und zusammen ca. 10% in der Primär- und Sekundärmaschine. Dafür ist aber jede Möglichkeit offen: Wir können in der Turbine eine Anzahl Hoch- und einige Niederdruckstufen und zwischen ihnen einen Mitteldruckraum mit Abzapfstutzen vorsehen. Aus ihm ziehen wir im Falle 1 1500 kg Dampf für die Heizung und lassen die restlichen 1500 durch die Niederdruckstufe in den Kondensator gehen. Ebenso verfahren wir im Falle 2. Dadurch, daß der abgezapfte Dampf die Niederdruckstufe nicht passiert, muß in der Hochdruckstufe entsprechend mehr Arbeit geleistet, also Dampf aufgewendet werden. Es läßt sich unschwer aus dem Wärmeinhalt des abgezapften und des Frischdampfes feststellen, in welcher Weise sich dadurch die Ziffern in der Zahlentafel in Spalte 4 verschieben. Sie nehmen etwas zu. Im Falle 3 ist uns das willkommen, denn dadurch können wir die fehlenden 100 kg decken.

Man sieht, daß auf diese Weise aller Dampf zunächst, ehe er zu Heizzwecken Verwendung findet, **Arbeit leistet, so daß also seine Spannungsenergie voll ausgenützt wird**, soweit die Verluste in der Turbine hier nicht Grenzen setzen. Ebenso geht nie Abdampf unter Entführung der Raumverdrängungsarbeit ins Freie, sondern wir schicken, was nicht in die Heizung geht, durch die Niederdruckstufe in den Kondensator. Das Bild wird durch die obengenannten elektrischen Verluste und dadurch ein wenig ungünstiger, daß die wechselnden Belastungen der Niederdruckstufen mit einer Verschlechterung des Wirkungsgrades verknüpft sind. Jedenfalls aber läßt uns die Turbine mehr wärmewirtschaftliche Wege und damit mehr Möglichkeiten zur besten Ausnützung der Energien offen als die Kolbenmaschine. Darum wird sie besonders dort mit in den Bereich der Überlegungen zu ziehen sein, wo viel Dampf zu Heizzwecken erforderlich ist, wie in chemischen, Papier- und manchen Textilindustrien.

B. Kondensation und Untersuchungen bei abnormalem Dampfverbrauch.

Die Kondensation muß in einem möglichst luftdicht abgeschlossenen Raum erfolgen, in welchen entweder das Vakuum sich von außen Kühlwasser hereinsaugt, oder der außen von Kühlwasser überrieselt, umspült oder ruhend umgeben wird. Im ersteren Falle spricht man von »Einspritz-«, im letzteren von »Oberflächenkondensation«. Die Vorzüge jener sind, daß die Wirkung des Kühlwassers infolge der unmittelbaren Berührung mit dem Dampf eine bessere ist, als wenn sie durch die Wände des Kondensators geht, daß man also mit geringeren Kühlwassermengen auskommt. Ferner ist die Einspritzkondensation einfacher, nimmt weniger Raum ein und kann infolgedessen leichter dicht gehalten werden. Ihre Nachteile dagegen sind, daß durch die unmittelbare Mischung von Dampf und Kühlwasser das aus dem Kondensator gepumpte Wasser Kesselsteinbildner und Öl enthält, also schlecht zum Speisen der Kessel oder zu anderen technischen Zwecken verwendbar ist. Ferner, daß nicht nur das Kondensat sondern auch das Kühlwasser, also, wie wir weiter unten sehen werden, ungefähr das 26fache, aus dem Kondensator gegen die Außenluft, d. h. gegen ungefähr 1 Atm., entsprechend einer Höhe von ca. 10 m gedrückt werden muß. Dadurch wird der Kraftbedarf höher. Er beträgt ungefähr $3\frac{1}{2}\%$ der Maschinenleistung bei Einspritz- und ca. $2\frac{1}{2}\%$ bei Oberflächenkondensation, in beiden Fällen einschließlich der Umlaufpumpe für das Gradierwerk. Nach den Rechnungen auf S. 75 nützen wir im Kondensator bei 16 Atm. abs. Kesseldruck und 100° Überhitzung theoretisch ungefähr 44 von 137 WE = 32% aus. Nehmen wir Strahlungsverluste usw. im Betrag von 20% an, so erhalten wir rund 26%, von denen rd. 3 für Arbeitsbedarf der Pumpen abgehen. Somit gewinnen wir durch Kondensation 20—25% an Leistung und Wärmeausnützung. Nach Angaben von Dr.-Ing. H. Meyer[1]) steigt der Verbrauch an Wärmeeinheiten bzw. Dampf oder Kohle mit jedem Hundertteil, um welches das Vakuum sinkt,

bei Kolbenmaschinen um ¼—½%
» Frischdampfturbinen » 1½ »
» Abdampfturbinen » 3 »

Als normal kann ein Vakuum angenommen werden, wenn es aufweist

bei Kolbenmaschinen 80—85% des jeweiligen Atmosphärendruckes
» Frischdampfturbinen 90—95 »
» Abdampfturbinen 95 »

Man sieht aus den obigen Zahlen, wie wichtig für den Betriebsmann die Instandhaltung der Kondensationsanlagen und ihre Beaufsichtigung ist, und erkennt weiter, daß eine Kondensation mit sehr schlechtem Vakuum mehr Schaden als Nutzen bringt. Bei einer Frischdampfturbine z. B. wird der Nutzen von 25% aufgezehrt, wenn das Vakuum um $\frac{25 \cdot}{1,5}$ ≅ 17%, also auf 73% fällt.

Zum Zweck einer leichteren Ausfindigmachung von Fehlern (das Suchen danach spielt in großen Betrieben eine gewisse Rolle) tut man gut daran, nicht zu große Zentralkondensationen zu machen. Am leichtesten findet man natürlich Fehler, wie z. B. Undichtigkeiten, wenn jede Dampfmaschine ihren eigenen Kondensator hat. Doch werden dann Kraftbedarf und Anlagekosten höher. Man nimmt bei Turbinen Einzelkondensation, bei Kolbenmaschinen am besten 3—4 Maschinen zu einer Zentralanlage zusammen. Jede muß natürlich mit einem Vakuummeter versehen sein, der von Zeit zu Zeit (mindestens alle drei Monate) mit einem Quecksilbervakuummeter oder ständig durch das Thermometer kontrolliert werden muß. Außerdem empfiehlt es sich, bei Oberflächenkondensationen das Kondensat laufend zu messen oder mindestens seinen Auslauf, etwa in die Ölfilteranlage, sichtbar anzuordnen. Man sieht dann mit bloßem Auge, wie er sich verstärkt, sobald aus irgendeinem Grund der Dampf-

---

[1]) Dr.-Dissert. T. H. Breslau, »Die Wärmewirtschaft der oberschlesischen Eisenwerke«, 1920.

verbrauch der Maschinen zunimmt. Die Schuld kann an den Stellen liegen, wo die Kraft verbraucht wird (Transmissionen, Papier- oder Walzenzugsmaschinen, Spindeln einer Spinnerei usw.). Das stellt man am besten durch Indizieren der Maschinen fest oder roh durch Beobachtung der Regulatorstellung. Besonders häufig wird ein hoher Dampfverbrauch von schlecht im Wasser liegenden Transmissionswellen, verschlissenen Lagerschalen und schlechtem Schmiermaterial verursacht. Ersteres stellt man mit Wasserwage und Schnur fest. Eine alte Probe ist auch, die Riemen abzuwerfen, worauf die Transmissionen sich leicht von Hand drehen lassen sollen. Schlechte Lagerschalen machen sich immer durch erhöhte Temperatur bemerkbar. Ständiges Abfühlen aller Lager ist Aufgabe nicht nur der Maschinenwärter und -meister sondern auch des Betriebsingenieurs. Es ist wie beim Arzt das Zungenzeigen oder Pulsfühlen bei den Patienten! Lager mit mäßig erhöhter Temperatur sind beim nächsten Stillstand, mit stark erhöhter sofort zu öffnen und schlechte Lagerschalen zu ersetzen. Bei den Schmierölen empfiehlt sich eine ständige Untersuchung der angelieferten Mengen auf Schmierfähigkeit, Viskosität und Säurefreiheit, bei Zylinderölen außerdem auf Siede- und Entzündungstemperatur. Wo solche nicht angestellt werden, empfiehlt es sich, wo Anhaltspunkte für zu großen Kraftbedarf in Lagern vorliegen, die Maschine bei Verwendung des verdächtigen Schmiermittels zu indizieren, dann alle Transmissionslager mit Petroleum auszuspülen und mit einem als gut bekannten Öl zu schmieren und wieder zu indizieren. Man kann unter Umständen finden, daß sich die Kraftbedarfszahlen in beiden Fällen wie 3:1 verhalten!

Findet sich auf diesen Wegen nichts abnormales, so muß die Schuld an den Kondensatoren oder den Dampfmaschinen selbst liegen. Die ersteren kommen nur in Betracht, wenn zugleich mit dem hohen Kondensatabfluß ein schlechtes Vakuum festzustellen war. Nicht aber gilt umgekehrt der Schluß, daß bei schlechter Luftleere der Fehler nur beim Kondensator liegen kann. Denn alle Mängel der Maschine wirken auch auf den letzteren ein, ganz besonders undichte Steuerorgane. Ein schlecht sitzendes Einlaß- und Auslaßventil einer 1000-PS-Maschine z. B. lassen leicht so viel Dampf durchblasen, wie durch ein halbzölliges Rohr zu strömen vermag. Die Undichtigkeit wirkt somit ebenso, als wenn wir ein solches Rohr unmittelbar vom Kessel zum Kondensator ziehen und den Dampf mit Volldruck in diesen einströmen ließen. Man kann sich vorstellen, daß die Pumpen und das Kühlwasser mit diesen ununterbrochen zum Kondensator strömenden Wärmemengen nicht mehr fertig werden. Um zu entscheiden, ob Maschinen oder Kondensationen schuld sind, um also den Bereich der Fehlermöglichkeit weiter zu begrenzen, sperrt man die

Ventile zwischen Maschinen und Kondensàtionen ab oder schaltet, wenn auch das Dichthalten dieser Ventile fraglich ist, Blindflanschen.dazwischen. Das Suchen nach Fehlern in den Betrieben soll nie planlos, sondern immer so stattfinden, daß der Kreis, innerhalb dessen der Fehler liegen kann, enger und enger gezogen wird.

Die abgeschaltete Kondensation pumpt man nun zunächst leer. Ist ein Vakuum gleich dem normalen (s. S. 91) zu erzielen, so fehlt es nicht an den Pumpen; wenn nicht, dann sind in der Regel deren Steuerorgane oder die Kolbendichtungen schlecht. Erreichen wir die gewünschte Luftleere, so stellen wir die Pumpen ab und beobachten, wie sich die Luftleere hält. Bei einem gut dichten Kondensator darf der Zeiger des Vakuummeters nur ungefähr mit der Geschwindigkeit des Minutenzeigers fallen, d. h. das Zurückgehen darf dem Auge nicht erkennbar sein. Bei Kolbenmaschinen sind starke Undichtheiten in der Regel auch im Betrieb an einem leichten Zittern des Zeigers am Vakuummeter zu erkennen, daher rührend, daß die Pumpen zwar die durch die Undichtheit strömende Luft wegbringen, solange nicht gleichzeitig Dampf in den Kondensator auspufft, nicht aber in den Zeiten, in denen es der Fall ist. Sind Undichtheiten festgestellt, so müssen alle Flanschen an dem Kondensator und zwischen ihm und den Maschinen abgehorcht oder bei lärmendem Betrieb abgeleuchtet werden. Undichte Stellen sind dadurch erkennbar, daß die Flamme der Kerze in das Innere der Leitung oder Kondensation gesaugt wird. Endlich kann der Fehler auch an zu warmem oder zu wenig Kühlwasser liegen (über die nötigen Mengen s. unten). Es ist ratsam, fortlaufend die Kühlwassertemperaturen durch in die Kühlwasserleitung gesteckte Thermometer zu kontrollieren; die Kühlwassermenge untersucht man, indem man, ev. durch Unterbrechung der Leitung, an irgendeiner Stelle mit Kübeln das zu- oder abfließende Kühlwasser mißt. Sind die Mengen zu klein, so fehlt es entweder an der Pumpe, oder die Leitungen sind versetzt und müssen demontiert und gereinigt werden.

Ist die Kondensation völlig in Ordnung, so kann der Fehler nur mehr an den Maschinen selbst liegen. Um die schuldige zu ermitteln, schaltet man die Maschinen der Reihe nach vom Kondensator ab und stellt fest, bei welcher das Vakuum merklich besser wird. Diese indiziert man, um ev. Fehler in der Dampfverteilung (über Voreinströmung, Vorausströmung, Kompression s. S. 69) festzustellen, und prüft die Ventile und Schieber auf Dichtheit[1]).

---

[1]) Näheres darüber s. Z. d. V. d. Ing., 1923, W. Tafel, »Wärmewirtschaft im Stahl- und Walzwerk«.

Wir sehen aus allem, daß die Kondensation nicht nur unmittelbar Wärmeeinheiten einspart, sondern auch **mittelbar dadurch, daß sie ein ausgezeichneter Indikator für Mängel aller Art in der gesamten Dampfanlage ist.**

Wir hatten vorhin von der notwendigen Kühlwassermenge gesprochen. Sehen wir zu, was bei unmittelbarer Mischung von Dampf und Kühlwasser erforderlich ist?

Damit zu- und abströmende Wärmemengen im Kondensator einander gleich sind und eine Kondensatortemperatur von 46°, entsprechend einem Vakuum von 90% und einem Druck von 0,1 Atm. vorhanden sei, muß offenbar für die Kühlwassermenge x, die je kg zu kondensierenden Dampfes erforderlich ist, bei 25° Kühlwassertemperatur folgende Beziehung bestehen:

$$640 \quad + \quad X \cdot 25 \quad = \quad (X + 1) \cdot 46 + 0,1 \cdot 616^{1)}$$

Wärme je 1 kg Dampf, der zum Kondensator strömt	Wärme des zuströmenden Kühlwassers	Wärme des abströmenden Kühlwassers und Kondensates	Wärme des Dampfes (Nebel) im Kondensator

daraus $640 - 61,6 - 46 = X (46 - 25)$

$$X = \frac{532,4}{21} \cong 25 \text{ kg}.$$

Es muß demnach das 25 fache des zu kondensierenden Dampfes als Kühlwasser bei »Einspritz-« oder »Mischkondensationen« und ungefähr 15% mehr (für Leitungs- und Strahlungsverluste usw.) bei »Oberflächenkondensationen« zugeführt werden.

Das sind bei großen Dampfanlagen erhebliche Wassermengen. Wo keine Seen oder Flüsse in der Nähe sind, pflegt man darum kein Frischwasser zu verwenden, sondern das gleiche immer wieder rückzukühlen. Es geschieht das entweder in Behältern oder künstlichen Seen mit großer Oberfläche, oder man schafft die letztere künstlich, indem man das warme Kühlwasser über das Latten- oder Gitterwerk eines Gradierwerks oder sog. »Kaminkühlers« laufen läßt, wie wir sie überall in den Fabriken stehen sehen.

Zur Frage der Wahl zwischen Einspritz- und Oberflächenkondensator sei außer dem eingangs Gesagten noch bemerkt, daß die Oberflächenkondensation teurer ist als die Mischkondensation und mehr Sorgfalt für das Dichthalten erfordert, sofern man nicht, wie es zweckmäßiger Weise geschieht, den ganzen Kondensator unter Wasser setzt. Auf der anderen Seite hat die erstere geringeren Kraftbedarf und somit besseren

---

[1] Die gesamte, dem Kondensator zuströmende und die aus ihm abgehende Wärme müssen, wenn Gleichgewicht herrschen soll, gleich groß sein.

Wirkungsgrad und zudem den großen Vorteil, daß das aus ihr kommende Kondensat reines destilliertes Wasser, also ausgezeichnetes Kesselspeisewasser ist. Bei Kolbenmaschinen muß es allerdings, wie erwähnt, zuvor vom Öl gereinigt werden, weil dieses sich sonst leicht im Kessel festbrennen und als schlechter Wärmeleiter zum Ausglühen der Kesselplatten führen kann. Es geschieht am besten zuerst durch sog. »Ölabscheider«, eiserne Behälter in den Rohrleitungen mit Zwischenwänden oder Schleudervorrichtung, dann in Kies-, Sand- oder Aschefiltern, endlich, wo man absolut reines Wasser haben will, in einem »Reisertschen« oder ähnlichen Wasserreiniger, dessen Sodazusatz die letzten Spuren von Ölemulsion verseift und abfiltriert. In letzterem können gleichzeitig die geringen Mengen Zusatzwasser, die wegen der Stopfbüchsen- und ähnlichen Verluste auch bei Oberflächenkondensation nötig sind, von Kesselsteinbildnern befreit werden.

Bei Dampfturbinen hat man unmittelbar in dem Kondensat ein denkbar reines, vorgewärmtes Speisewasser.

C. Dampfkessel.

a) Die wichtigsten Kesselsysteme und die Hauptgesichtspunkte für ihre Beurteilung.

Für die Wärmewirtschaft ist die Feuerung der Kessel wichtiger als die verschiedenen Arten der Anordnung der Heizfläche, gewöhnlich »Kesselsysteme« genannt. Trotzdem seien sie wenigstens in den Haupttypen hier aufgeführt. Denn ein Kessel, der schwer zu reinigen oder häufig Reparaturen ausgesetzt ist, ist auch wärmewirtschaftlich schlecht, ersterer, weil bei unvollkommen gereinigten Kesseln die Wärmeübertragung leidet, letzterer, weil das Ablassen eines Kessels zu Reparaturzwecken beträchtliche Verluste an Wärmeeinheiten bedeutet, sei es, daß sie im Kesselinhalt, sei es, daß sie im Mauerwerk latent enthalten sind.

Man kann fünf Haupttypen unterscheiden, welche die Technik zu Hunderten von verschiedenen Systemen kombiniert hat, die aber immer wieder zum Durchbruch kommen. Die für ihre Beurteilung wichtigsten Zahlen, welche weiter unten einzeln besprochen werden sollen, sind in beistehender Zahlentafel zusammengestellt.

Die Hauptsysteme sind:

1. Der einfache Walzenkessel, bestehend aus zylindrischen, rohrförmigen, aus Kesselblech genieteten oder geschweißten Kesselstößen, vorn und hinten mit gewölbten sog. »Böden«, meist zu einem übereinander liegenden Paar verbunden und diese oft seitlich wieder mit anderen Paaren zu einem sog. »Batterie-Kessel« gruppiert (Abb. 42). Diese Anordnung

Zahlentafel für Dampfkessel (Stochkessel).

	Mittlere Verdampfung kg/m² u. Std.	Heizfläche dividiert durch Mauerfläche über Flur	Verwendung
Walzen- (Batterie-) Kessel	15÷20	0,6 bis 0,7	bei schlechtem Wasser
Flammrohr- (Cornwall-) Kessel	15÷20	0,7 bis 0,8	bei mäßigem Wasser
Rauchrohrkessel	15÷20	1,3 bis 1,4	bei weichem oder gereinigtem Wasser
Kammer- (Steinmüller-) Kessel	25	2,5 bis 3	nur bei ganz weichem oder gereinigtem Wasser
Steilrohr- (Garbe-) Kessel.	30	1,5 bis 2	nur bei ganz weichem oder gereinigtem Wasser

Maximale Leistungen + 50 %; Abhitzekessel — 50 %.

findet sich noch in manchen Gegenden, namentlich mit schlechtem Speisewasser, obwohl die Leistung je m² Heizfläche gering ist. Sie beträgt ungefähr 15 kg Dampf je std. und m² Heizfläche. Diese Zahlen für die Heizflächenleistung, wie wir sie auch für andere Kesselsysteme noch kennenlernen werden, beziehen sich stets auf Dampf von 1 Atm. Überdruck, sind also für eine Kesselspannung von z. B. 15 Atm. Überdruck im Verhältnis der Wärmeinhalte, d. h. in unserem Beispiel von $\frac{640}{671}$ zu erniedrigen.

Batteriekessel werden meist nach dem sog. Kammersystem eingebaut (Abb. 43), in welchem Zungen z abwechselnd einmal auf der Sohle aufsitzen und oben

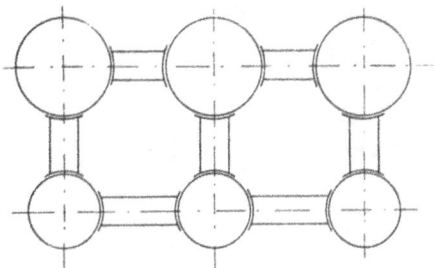

Abb. 42. Batterie- (Walzen-) Kessel.

Durchlaß gewähren, dann oben abschließen und unten auf einem Gewölbebogen ruhen, welcher den Heizgasen den Durchgang offen läßt. Der Vorteil gegenüber Längszügen (Abb. 44) ist, daß Ober- und Unterkessel sich gleichmäßig erwärmen und ausdehnen, und daß die Heizgase die Kesselwandungen senkrecht treffen, was erfahrungsgemäß eine bessere Wärmeübertragung mit sich bringt. Im übrigen sind

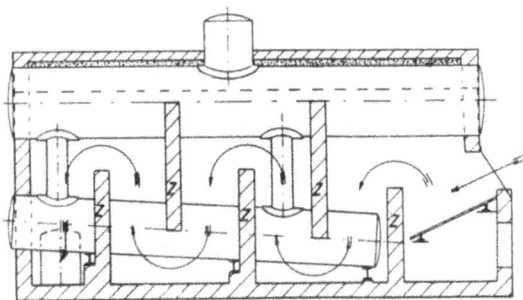

Abb. 43. Batteriekessel mit Kammereinmauerung.

Batteriekessel leicht zugänglich und bequem zu reinigen. Unbequem sind die vielen Verbindungsstutzen.

2. **Flammrohr- oder »Cornwall«-Kessel.** Ein Walzenkessel mit einem oder mehreren Flammrohren, die entweder wie dieser aus Kesselplatten, oder zur Erleichterung der Längsausdehnung und Vergrößerung der Heizfläche aus Wellblech zusammengenietet oder geschweißt werden. Dieses System hat gemäß Abb. 44 Längszüge. Erster Zug (Flammrohr) und zweiter (Außenseite des Oberkessels) nehmen also verschiedene

Temperaturen an, die Böden erfahren dadurch starke Beanspruchungen, die unter Umständen zum Leckwerden der Nieten führen können. Die Reinigung ist durch das Flammrohr erschwert. Vorteile sind: Einfachheit, weniger Mauerwerk und Ausstrahlungsfläche als beim Batteriekessel (s. auch Zahlentafel S. 96). Eignet sich gut als Abhitzekessel hinter Öfen, weil das Flammrohr einen einfachen Anschluß an den Fuchs ermöglicht. Verdampfung 15 bis 20 kg je m²/st. Häufig kombiniert man dieses System mit einem Unter- oder einem zweiten Flammrohrkessel.

3. Rauchrohrkessel haben wir schon als Abhitzekessel für Gasmotoren (Abb. 30, S. 60) kennengelernt. Er besteht aus einem Walzen-

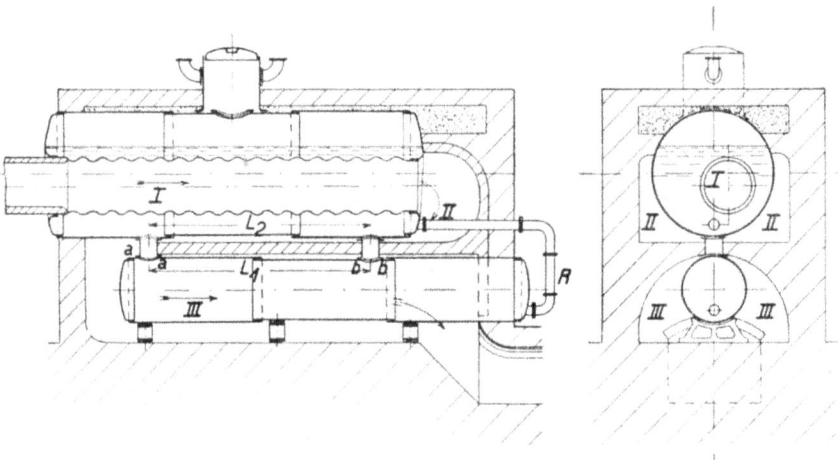

Abb. 44. Flammrohr- (Cornwall-) Kessel mit Unterkessel und Längszügen. Starke Spannungen bei *a* und *b*, wenn $L_2 > L_1$ wird.

kessel mit einem in die Böden eingesetzten Bündel von Rauchrohren, durch welche wie bei den Flammrohren die Heizgase streichen. Vorteil: Geringe lichte Weiten der Rauchrohre, meist 50—100 mm, darum keine toten »Kerne« in der Rauchgassäule, große Geschwindigkeiten, darum etwas größere Wärmeübergangszahl, aber Schwierigkeit, bei großen Anfangstemperaturen geringe Endtemperaturen der Heizgase zu erreichen. Geringe Einmauerungskosten. Bei nicht ortsfesten Kesseln bildet man die Feuerbüchse aus Kupfer oder Eisen, die Rauchkammer aus Eisen, so daß alle Einmauerung wegfällt (Lokomobile und Lokomotive). Nachteil: Die Rohrbündel sind schwer zu reinigen. Es empfiehlt sich, sie ausziehbar zu machen. Aber auch dann noch ist schwer an die inneren Rohre heranzukommen. Deshalb bei hartem Wasser chemische Reinigung notwendig. Heizflächenleistung 15—20 kg je m²/st.

4. **Wasserrohr- oder Siederohrkessel** (Abb. 45). Während durch die Rauchrohrkessel die Heizgase streichen, sind die Siederohre mit Wasser gefüllt, und die Heizgase umspülen sie außen. Meist sind sie in geschweißte, sog. »Kammern« eingewalzt, die Kessel werden deshalb auch »Kammerkessel« genannt. Oberhalb von Kammern und Siederohren liegt in der Regel ein Großwasserraumkessel (Walzenkessel) als Wärmespeicher (s. diese), wie Abb. 45 es zeigt, darüber, quer zu jenem, ein sog. »Dampfsammler«. Vorteil der Siederohrkessel: schräge Lage der Rohre, darum leichtes Ablösen der Dampfblasen und hohe Heizflächen-

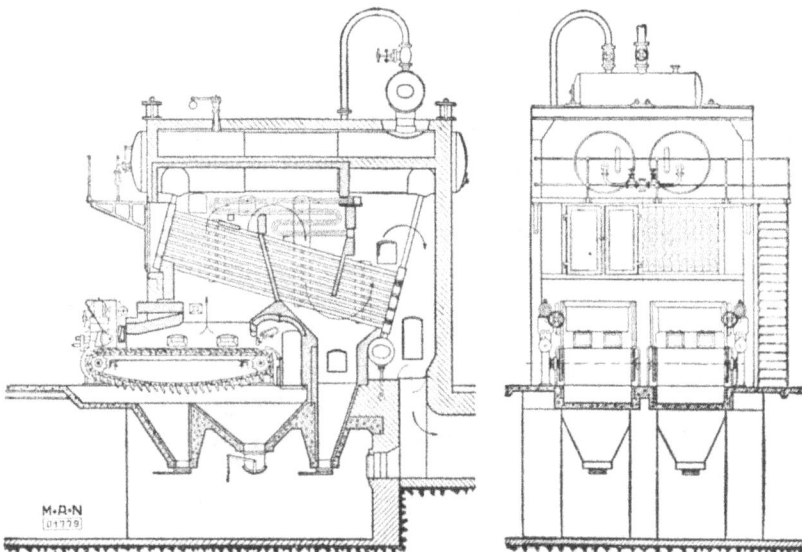

Abb. 45. Kammerkessel der M.A.N.

leistung (20—25 kg je m²/st. normal und 30 und darüber bei höchster Beanspruchung). Leichte Zugänglichkeit des Rohrinneren durch Löcher in der äußeren Kammerwand, darum bequeme Beseitigung von Schlamm und leichtes Auswechseln der Rohre, ohne daß man Kesselinneres oder die Heizkanäle befahren muß. Nachteil: Leichtes Festbrennen von Kesselstein im Inneren der Siederohre und Schwierigkeit, ihn zu beseitigen (Verwendung von Rohrbürsten und Bohrern), darum nicht bei hartem, ungereinigtem Wasser zu verwenden. Ablagerung von Flugasche auf der oberen Außenseite der Rohre, deshalb tägliches Abblasen mit Dampf erforderlich. Eignet sich, weil gut zugänglich und Reparaturen bzw. Rohrauswechselung einfach, gut als Abhitzekessel hinter Öfen.

In vereinzelten Fällen fehlt der Oberkessel, um die Wirkung einer Explosion abzuschwächen (Sicherheitskessel).

5. **Steilrohrkessel** (Abb. 46). Siederohrkessel mit senkrecht oder fast senkrecht stehenden Rohrbündeln. Vorteil: Dampfblasen lösen sich mit größter Leichtigkeit ab und steigen nach oben wie in einem Reagenzglas über der Bunsenflamme. Daher sehr hohe Heizflächenleistung (25—30 kg je m²/st. normal, 40 und darüber bei scharfer Beanspruchung). Nachteile: Die Rohre sind in den Walzenkessel eingewalzt. Zur Auswechselung muß man die Feuerzüge und das Kesselinnere befahren. Man muß also so lange warten, bis beide ausgekühlt sind. Steilrohrkessel sind deshalb nur zu empfehlen, wo bei vorkommender Reparatur und Rohrauswechseln ein Reservekessel in Betrieb genommen werden kann; nicht zu empfehlen als Abhitzekessel. Auch dann muß man damit rechnen, daß die Reparaturen bei der schlechten Zugänglichkeit unvollkommen ausgeführt werden und das Leckwerden von Rohren bald zur Regel wird. Unbequem ist auch die große Höhe der Kessel, derzufolge die Wasserstandsgläser, Manometer, Probierhähne und Sicherheitsventile hoch über Hüttenflur liegen.

Kesselsysteme unterliegen stark der Mode, weil die Betriebsleute sich über die Wirkung der verschiedenen Konstruktionen häufig wenig im klaren sind. Zur Zeit, da dieses Buch geschrieben wird, sind die Steilrohrkessel besonders beliebt; sie werden aber nach Ansicht des Verfassers trotz der hohen Heizflächenleistung mit der Zeit wieder aus der Mode kommen. Denn die hohe Verdampfung hat im Grunde nur den Vorteil, daß für eine bestimmte Dampferzeugung eine geringere Heizfläche notwendig ist. Nehmen wir z. B. einen Kammerkessel mit einer um 10 bis 20% größeren Heizfläche, so erreichen wir das Gleiche und brauchen die oben erwähnten Übelstände des Steilrohrkessels nicht in den Kauf zu nehmen. Man sollte nie an den Anlagekosten sparen, wenn man dadurch Nachteile im Betrieb in Kauf nehmen muß. Denn die ersteren belasten uns einmal, die letzteren aber dauernd.

Ganz allgemein lassen sich für die Beurteilung der Kessel folgende Hauptgrundsätze aufstellen:

1. Wo die Teile eines Kessels von verschieden heißen Heizgasen umspült sind, muß Vorsorge getroffen sein, daß die verschiedene Ausdehnung ohne zu hohe Spannungen erfolgen kann. Das Leckwerden von Nieten ist fast immer die Folge eines Verstoßes gegen diesen Grundsatz. Wenn z. B. der Mantel eines Flammrohrkessels im zweiten, der Unterkessel im dritten Zug liegen und beide durch starre, kurze Stutzen verbunden sind, dann müssen in die Nieten, welche Kessel und Stutzen verbinden, Spannungen kommen, denen keine Vernietung gewachsen ist (Abb. 44, S. 98). Statt andauernd den Stemmer an den

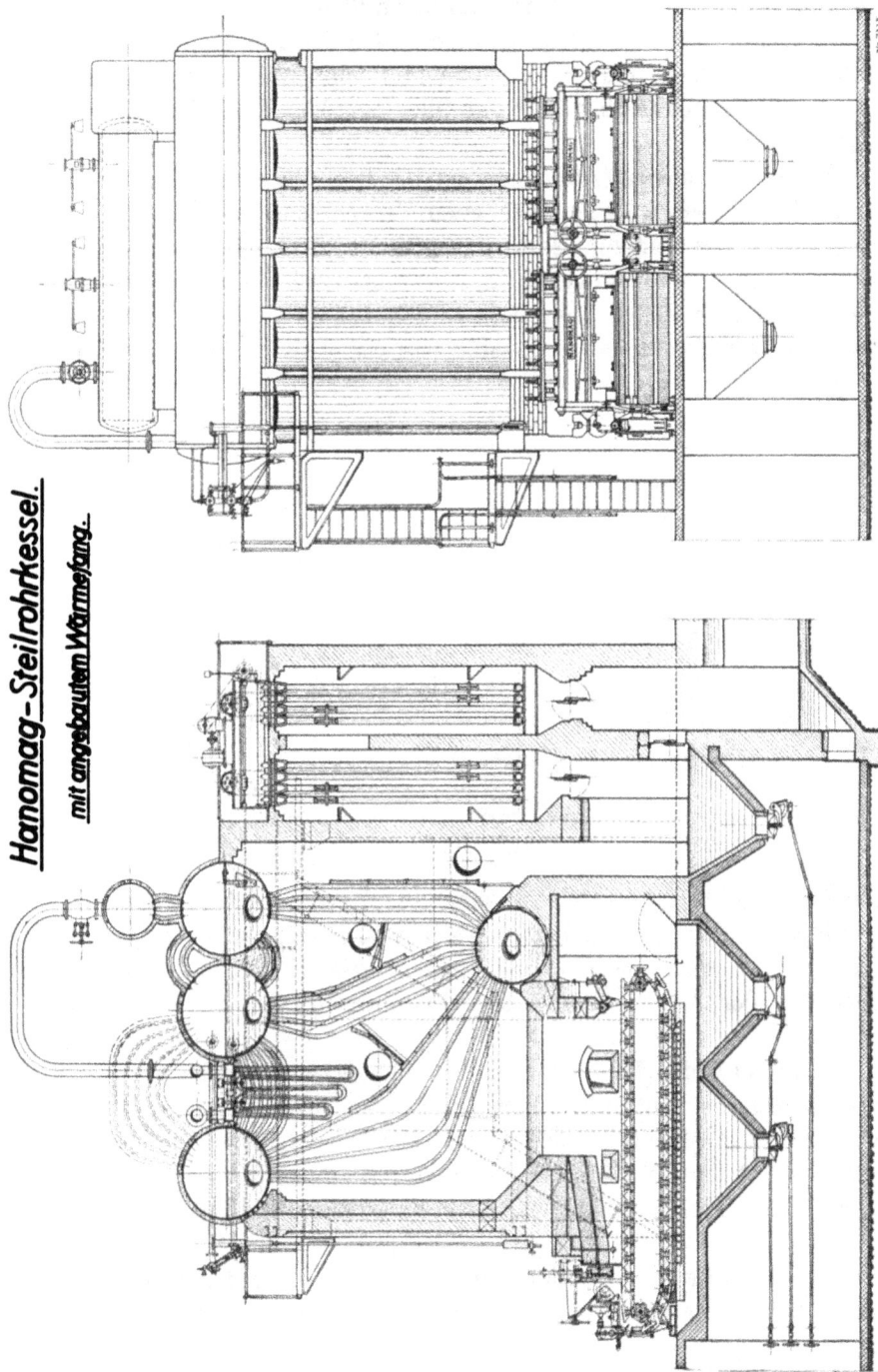

Hanomag-Steilrohrkessel.

mit angebautem Wärmefang.

Abb. 46. Hanomag Steilrohr- (Garbe-) Kessel.

Stellen a und b zu haben, sollte man einen Stutzen beseitigen und durch
ein elastisches Rohr R ersetzen oder die beiden Stutzen länger und dadurch
elastischer machen. Oder kann man statt der Längszüge Kammereinmauerung vorsehen (Abb. 43), so daß Ober- und Unterkessel in den gleichen
Zügen liegen.

Noch schlimmer ist (Abb. 47), wenn der Mantel des gleichen Kessels mit
der Hälfte im ersten Feuer, also einer Temperatur von 1300 bis 1500°
liegt, mit seiner anderen Seite dagegen am Ende des zweiten Zuges,
also in Heizgasen von etwa 400°. Die Folge sind natürlich Spannungen
in der Nietreihe x, die zum Leckwerden führen müssen. An solchen
Stellen geht unter Umständen selbst ein Schweiß zu Bruch. Auch hier

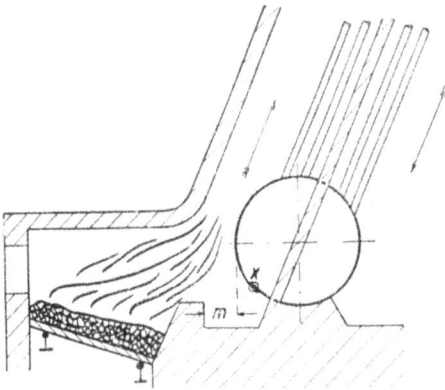

Abb. 47. Unterkessel liegt in zwei Zügen.
Spannungen bei x.

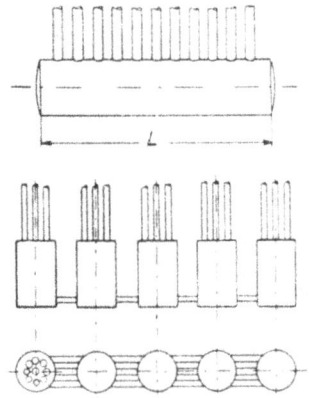

Abb. 48. Unterteilung des Quer-
kessels L.

muß man den Zug verlegen, nicht die Kesselschmiede andauernd in
Bewegung setzen. In England unterteilt man neuerdings solche Quer-
kessel in einzelne Töpfe (Abb. 48), eine zweifellos berechtigte Änderung
angesichts der Verminderung der Spannungen, die mit der Länge L
wachsen.

2. Es muß den Dampfblasen die Möglichkeit gegeben werden, sich
leicht abzulösen und nach oben zu steigen. Das ist umso wichtiger,
je tiefer die betreffenden Stellen unter dem Wasserspiegel liegen, also vor
allem bei Rohrbündeln oder Unterkesseln, die unterhalb von Oberkesseln
liegen. Die ersteren sollen deshalb stets geneigt, nie horizontal liegen.
Wenn auf der einen Seite so gesorgt ist, daß der Dampf und das heißere
Wasser zur Höhe steigen, muß auf der anderen darauf gesehen werden,
daß kälteres Ersatzwasser nachströmen kann. Beide Richtungen sollen
sich nicht begegnen. Diese Forderung nach einem guten Wasserum-
lauf ist berechtigt, doch wird ihr vielfach ein übertriebenes Gewicht

beigelegt. Ist sie nicht erfüllt, so haften an den Kesselplatten oder Siederohren die Dampfblasen, was den Wärmedurchgang verzögert und bei starker Dampfstauung zu Überhitzungen des Materials führen kann.

3. Besonders wichtig ist gute Zugänglichkeit von außen und innen wegen der Reinigung und Reparaturen.

4. Bei hartem Wasser macht sich die chemische Reinigung stets bezahlt. Hauptsächliche Reagenzien: Ätzkalk, Kalkwasser, zur Umwandlung von doppelkohlensaurem in kohlensauren Kalk, der ausfällt; und Soda zur Umsetzung mit Gips (schwefelsaurem Kalk in kohlensauren Kalk und leicht lösliches schwefelsaures Natron); Gips ist als Kesselstein gefürchteter als Kalk, weil er leichter festbrennt. Die Wasserreinigung erspart teuere Löhne für das Abklopfen des Kesselsteins, verbessert den Wärmedurchgang und schont die Kessel. Es empfiehlt sich, nur so weit zu reinigen, daß Spuren von Kesselsteinbildnern verbleiben, weil sonst die Nietreihen schwer dicht zu halten sind. Das Vollkommenste ist immer Verwendung des Kondensats aus der Oberflächenkondensation nach Reinigung vom Öl (s. Kondensation).

5. In jüngster Zeit ist man auch dazu übergegangen, das Speisewasser vor der Verwendung zu entgasen, weil die an den Kesselplatten haftenden Gasblasen den Wärmedurchgang hemmen und das Blech unter Umständen angreifen. Man hat bei entgastem Speisewasser einen wesentlichen Rückgang der Anrostungen (Korrosionen) festgestellt. Die Entgasung erfolgt dadurch, daß man das Wasser in einen kondensatorartigen Vakuumapparat einsaugt, wobei es fein zerstäubt wird und alle Gasbläschen abgibt. Dann wird es in einem Behälter unter einem Dampf- oder Stickstoffpolster, das eine neuerliche Aufnahme von Gasen verhindert, aufbewahrt, bis die Speisepumpe es in den Kessel drückt.

Geschwindigkeit der Heizgase.

Oben war die Rede von der Geschwindigkeit der Heizgase. Sie werden zweckmäßig gewählt:

bei Heizgasen unter Druck (Abgase von Gasmotoren) mit sekundlich 25 m und darüber;

bei Saugzuganlagen mit 10—15 m und bei Essenzug mit 6—10 m in Rauchrohrkesseln und 3—6 m bei großen Feuerzügen, alles bezogen auf warme Gase.

Es ist die Forderung möglichst großer Geschwindigkeiten aufgestellt worden, weil nach Untersuchungen von Schinz und von Nusselt[1]

---

[1] Nach Nusselt wächst die Wärmeübergangszahl α bei verschiedenen Geschwindigkeiten v_1 und v_2 im Verhältnis von $\left(\frac{v_1}{v_2}\right)^{0,786}$.

und anderen der Wärmeübergang mit wachsender Geschwindigkeit
zunimmt. Man gelangt aber zu Irrtümern, wenn man sich einseitig
von dieser Beziehung leiten läßt (Näheres s. Kapitel V, 4 »Wärmeübertragung«). Man muß vor allem beachten, daß es nicht nur darauf ankommt, aus Heizgasen in der Zeiteinheit möglichst große Wärmemengen
auf die zu beheizende Oberfläche überströmen zu lassen, sondern auch
darauf, daß wir in der Zeiteinheit jedem Kilogramm Heizgas möglichst
viel Wärme entziehen. Diese Zahl nimmt aber, wie wir gleich sehen
werden, mit wachsender Geschwindigkeit ab. Weiter darauf, ob die
hinter der Oberfläche liegenden Schichten die auf sie übergehenden
Wärmeeinheiten in der fraglichen Zeit auch abtransportieren und in unserem Falle auf das Wasser übertragen können. Da die Wärmeleitung

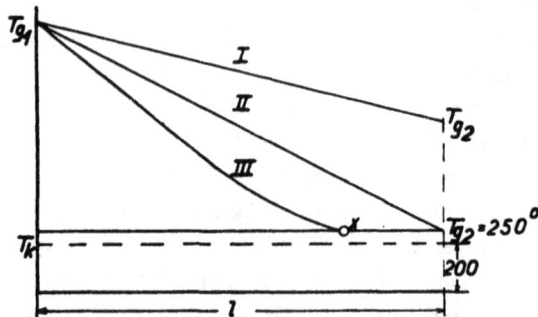

Abb. 49. Wärmeleistungsdiagramm.
I zu hohes *v*, *II* richtiges *v*, *III* zu niederes *v*.

dieser Schichten von der Geschwindigkeit der vorbeistreichenden Gase
natürlich unabhängig ist, so ist uns mit ihr eine Grenze gesetzt, über die
hinaus die Steigerung der Geschwindigkeit zwecklos sein würde. Im
übrigen gibt es für eine bestimmte Kessel- oder Ofen- oder irgendwelche
andere Anlage, in welcher Wärme von Heizgasen auf ein festes Medium
übertragen werden soll, eine ganz bestimmte günstigste Geschwindigkeit, die wir ohne Nachteil weder über- noch unterschreiten können.
Am besten ersehen wir das, wenn wir in einem Schaubild, das wir »Leistungsdiagramm« nennen wollen (Abb. 49), als Abszisse den Weg
der Heizgase, also die Länge der Feuerzüge und als Ordinaten die
Temperaturen des wärmeaufnehmenden Mediums (gestrichelte Linie)
und der wärmeabgebenden Gase (ausgezogene Linien) auftragen. Die
Kesseltemperatur bleibt immer gleich und betrage 200°. Dann können
die Heizgase sich nur auf eine Temperatur abkühlen, die etwas höher
liegt, sagen wir auf 250°, weil sonst der Wärmeübergang zum Stillstand
kommt. Die Geschwindigkeit ist nur dann richtig gewählt, wenn die Heizgase am Ende ihres Weges sich eben auf 250° abgekühlt haben. Würden

wir v niederer (Linie III) wählen, so würde zwar je m² und Zeiteinheit weniger Wärme in den Kessel übergehen, und zwar wie oben gezeigt, nach Nusselt im Verhältnis von $\left(\dfrac{v_2}{v_1}\right)^{0,786}$. Aber es würden auch weniger Gase in der gleichen Zeit durchströmen, und zwar im Verhältnis von $\dfrac{v_2}{v_1}$. Somit nimmt die Gasmenge stärker ab als die von ihnen abgegebene Wärme. Das besagt, daß sie sich rascher abkühlen müssen als bei der Geschwindigkeit v_1 und früher — in dem Diagramm in Punkt x — auf 250° anlangen. Von da ab findet kein Wärmeübergang mehr statt; wohl aber weist dieser letzte Teil der Heizzüge noch Verluste durch Ausstrahlung usw. (Wandverluste) auf. Wir haben demnach bei der verringerten Geschwindigkeit

1. weniger Wärme auf den Kessel übertragen,
2. prozentual mehr Verluste.

Gehen wir mit der Geschwindigkeit v_3 höher als v_1, so übertragen wir in der Zeiteinheit zwar mehr Wärme auf den Kessel, und zwar wieder im Verhältnis von $\left(\dfrac{v_3}{v_1}\right)^{0,786}$, zugleich gehen nun aber auch um $\dfrac{v_3}{v_1}$ mehr Gase durch die Züge. Diese letztere Änderung ist wiederum größer als die des Wärmeübergangs; also muß die Temperatur der Abgase langsamer fallen als im Falle II und die Gase gehen nach Zurücklegung des Weges l mit einer Temperatur größer 250° aus dem Kessel in die Esse. Also haben wir zwar etwas mehr mit dem Kessel geleistet, die Heizgase aber schlechter ausgenützt, mit anderen Worten mit schlechterem Wirkungsgrad gearbeitet.

Wir sehen, die Dinge liegen beim Dampfkessel und, wie wir gleich vorausschicken wollen, auch bei jeder Feuerung genau wie bei der Kraftmaschine: jede solche Anlage hat eine Normalleistung, die wir zwar überschreiten (beim Kessel, indem wir etwa den Rauchschieber mehr öffnen oder mehr Wind unter den Rost blasen und so mehr Kohle auf ihm verbrennen, mehr Heizgase erzeugen und sie schneller durch die Feuerzüge ziehen), und die wir auch beliebig unterschreiten können, beides aber nur auf Kosten des Wirkungsgrades.

Anders liegen die Dinge, wenn wir unsere Überlegungen nicht auf einen bestehenden, sondern neu zu bauenden Kessel anwenden und die Geschwindigkeit nicht durch Änderung der Zugstärke, sondern der Rauchkanalquerschnitte variieren. Nehmen wir an, wir verkleinern diese, indem wir die gleiche Kohlenmenge wie vorhin verbrennen. Dann würde der gleichen Gasmenge durch die vergrößerte Wärmeübergangszahl mehr

Wärme entzogen, ihre Temperatur würde also rascher fallen und schon nach dem Wege l' die 250° erreichen. (Abb. 50). Somit könnten wir den Kessel auf dieses Maß verkürzen und dadurch die Oberflächenverluste prozentual entsprechend verringern. Immer aber bleiben wir, und das gilt besonders für die Regeneratoren und ähnliche Wärmespeicher unserer Hüttenindustrie, mit der Geschwindigkeit auf das Maß beschränkt, in welchem das feste Medium die Wärme weiterzuleiten vermag.

Betrachten wir den thermischen Wirkungsgrad unserer Kessel, so finden wir ihn wie immer als das Verhältnis nutzbar gemachter zu aufgewandter Arbeit. Die erstere ist die in dem erzeugten Dampf, die letztere die in dem Heizwert des verbrauchten Brennstoffs enthaltene Wärme. Aus zahlreichen Versuchen an Dampfkesseln (»Verdampfungs- versuchen«) wissen wir, daß wir mit 1 kg guter Steinkohle von etwa

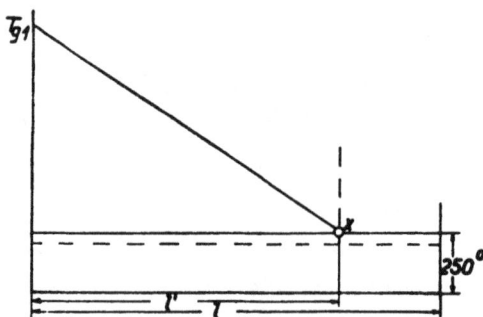

Abb. 50. Leistung bei kleineren Zugquerschnitten. Tg_1 x in Annäherung als Gerade angenommen.

7000 WE Heizwert 6—8 kg, im Mittel also 7 kg Dampf erzeugen können. Man sagt, die »Verdampfungsziffer« sei 7 oder »die Kohle hat eine siebenfache Verdampfung«[1]).

η_{th} ergibt sich dann mit $\dfrac{7 \cdot 640}{7000} \cong 0{,}65$, bei achtfacher Verdampfung würde sich 0,73 errechnen. Die besten Wirkungsgrade einschließlich Speisewasservorwärmung sind bis jetzt mit rd. 0,8 gefunden worden, doch darf man damit nur bei neuen Kesseln ganz ohne Kesselstein und nicht im Dauerbetrieb rechnen.

Zu beachten ist bei Verdampfungsversuchen, daß der Dampf trocken sein muß. Wird viel Wasser mitgerissen (und es kommt das selbst bei Überhitzung vor), so rechnet man dafür je kg 640 statt 100 WE und be- kommt einen sehr hohen Wirkungsgrad, während in Wahrheit solche Kessel sehr schlecht sind. Eine Kontrolle kann dadurch in einer für

---

[1]) Diese Verdampfungsziffern beziehen sich, wie schon erwähnt, stets auf 1 Atm. abs.

Betriebszwecke genügenden Weise angestellt werden, daß man durch ein Rohr oder einen Schlauch den fraglichen Dampf in ein Gefäß mit kaltem Wasser leitet, das man vor und nach dem Versuch abwiegt. War das Gewicht vorher a kg und die Temperatur t_1, das Gewicht und die Temperatur nachher b bzw. t_2, so muß bei trockenem Dampf ungefähr die Gleichung bestehen (die Wärmeverluste während des Versuches bedingen kleine Abweichungen)

$$a\, t_1 + (b - a) \cdot 640 = b \cdot t_2.$$

Bei nassem Dampf ergibt sich die linke Seite kleiner als die rechte, weil der Wärmeinhalt kleiner als 640 WE ist.

Die Verluste im Kessel betragen nach obigem 20 bis 35%. In abgerundeten Zahlen kann man annehmen, daß von 100 unter dem Rost freiwerdenden WE gehen

in nutzbare Energie (Dampf) 70%
» die Abgase 15%
» Wandverluste (Strahlung usw.) 15%

zus. 100%

Genaue Wärmebilanzen finden sich in großer Zahl in der Zeitschrift d. V. d. I. und denjenigen unserer Kesselrevisionsvereinen.

Über die Mittel zur Beeinflussung des thermischen Wirkungsgrades und die Meßverfahren, mit denen wir uns laufend über sie im Bild halten können, siehe das Kapitel »Feuerungen, Allgemeines«.

D. Überhitzer und Speisewasservorwärmer.

Zur Überhitzung des Dampfes brauchen wir, wie schon erwähnt, je Grad etwa 0,5 WE. Man verwendet jetzt allgemein schmiedeiserne Rohre, die so bemessen werden, daß je m² Heizfläche und 1° Temperaturdifferenz je std. 20—25 WE durch die Wandungen gehen. Die Rohrschlangen dürfen, da der überhitzte Dampf, wie wir wissen, die Wärme schlechter aufnimmt als Wasser oder nasser Dampf, nicht in zu scharfem Feuer liegen, wenn sie nicht Schaden nehmen sollen. Die Außentemperatur soll 600 bis 700° nicht überschreiten. Man ordnet den Überhitzer deshalb am besten im zweiten Zug an.

Hinter dem letzten liegt häufig der Speisewasser-Vorwärmer. Meist in der Ausführung, wie sie der Engländer Green zuerst gebaut hat, die noch heute unter dem Namen »Greenscher Economiser« geht. Er besteht aus einem Bündel gußeiserner Rohre, deren Inneres vom Speisewasser durchströmt wird. Auf jedem Rohr sitzt aufgeklemmt ein Schaber oder »Kratzer«. Das ganze System von Schabern wird durch eine Winde

langsam in die Höhe gezogen. Am oberen Ende der Rohre angekommen,
klinkt die Winde aus, und das System, beschwert von Gewichten, gleitet
wieder bis zum Fuß der Rohre hinab, so die Rohre abkratzend und von
dem Ruß, der sich an den kalten Rohren niederschlägt, befreiend. Dadurch ist eine gute Wärmeübertragung trotz der niederen Temperatur
der Heizgase am Ausgang des Kessels (ca. 250°) gesichert.

Die Wärmeübertragung je m² Heizfläche und 1° Temperaturdifferenz
ist ungefähr die gleiche wie beim Überhitzer.

Der Gedanke des Vorwärmers beruht auf einer Art von Verbund-
wirkung. Auf Dampf von 200° kann ich Wärme nur so lange übertragen,
als die Heizgase noch mindestens 250° aufweisen. Darum verlege ich die
Wärmeabgabe von da ab in eine zweite Stufe, in welcher das aufnehmende
Medium kälter ist, und entziehe ihnen dort den Rest der ausnutzbaren
Wärme. Somit muß der Vorwärmer so bemessen sein, daß sich in ihm
kein Dampf bildet, und das Speisewasser darf höchstens auf eine Temperatur, wie sie dem niederst vorkommenden Kesseldruck entspricht, vorgewärmt werden.

Untersuchen wir überschlägig, was wir durch den Vorwärmer gewinnen! Der Kesseldruck soll 16 Atm. abs. sein, jedes Kilogramm Dampf
also 671 WE enthalten. Bringen wir das Speisewasser auf 100°, so gewinnen wir in der zweiten Stufe 100 WE, das sind $\frac{100}{671} \cdot 100 = 15\%$. Die Frage
ist, ob Abgase mit 250° soviel Wärme abzugeben vermögen. Angenom-
men, sie werden durch einen Saugzug abgesaugt, dann können wir sie
auf 150° abkühlen. Die Verbrennungstemperatur über dem Rost sei
1250°, das Gefälle in der ersten Stufe (Kessel) also 1250—250 = 1000°,
in der zweiten (Vorwärmer) 250—150 = 100°. Gleiche spezifische Wärmen
vorausgesetzt, annähernd können wir sie so annehmen, ergibt sich also,
daß aus den Abgasen noch 10% der im Kessel ausgenutzten Wärmeeinheiten im Vorwärmer zu gewinnen sind, gegenüber den oben als notwendig errechneten 15%. Somit müssen wir uns entweder mit einer Vorwärmung auf $100 \cdot \frac{10}{15} = 65°$ begnügen oder aber die Abgase etwas heißer
aus dem Kessel gehen lassen, und zwar mit $250 \cdot \frac{15}{10} \cong 350°$.

E. Wärmespeicher.

Schon bei der Gegenüberstellung der Vorzüge der Dampf- und
Gasanlagen war die Fähigkeit der ersteren, als Wärmespeicher oder
Energiepufferung zu dienen, erwähnt. Man hat nun Kessel gebaut,
welche diesem Zwecke besonders gut oder ausschließlich dienen. Das
erstere ist bei den sog. Großwasserraumkesseln der Fall, die man dort an-

wendet, wo starke Kraftstöße von der Kesselanlage ausgeglichen werden müssen. Kessel der letzteren Art wurden nach Kenntnis des Verfassers zum erstenmal bei den sog. »feuerlosen Lokomotiven« verwendet, Zugmaschinen mit großen, gegen Wärme gut isolierten Kesseln, die ungefähr zu drei Vierteln mit Wasser gefüllt, dann mittels eines Schlauches mit einer ortsfesten Kesselanlage verbunden und so lange aus ihr mit hochgespanntem Dampf gespeist werden, bis die Spannung und damit auch die Temperatur in beiden ungefähr gleich sind. Dann kuppelt man ab und entnimmt den zum Fahren nötigen Dampf dem Kessel. Dadurch sinken Druck und Temperatur in ihm, in gleichem Maße verwandelt sich aber das entlastete Wasser in Dampf. Das wird fortgesetzt, bis die Spannung in der Lokomotive so weit gesunken ist, daß der Betrieb unmöglich wird. Danach wird die Maschine wieder geladen usf. Man kann je nach Inanspruchnahme und Größe von Kessel und Arbeitszylindern mit solchen, meist im Rangierdienst verwendeten Maschinen 4 bis 6, mitunter auch 10 st ohne neue Füllung fahren. Über die zahlenmäßige Erfassung der Vorgänge findet sich näheres am Ende des Abschnittes. Neuerdings verwendet man derartige Wärmespeicher auch für ortsfeste Anlagen zur Aufnahme des Abdampfes von Kolbenmaschinen, oder besonders von Dampfhämmern und dampfhydraulischen Pressen, in allerjüngster Zeit auch von Anzapfturbinen. Die bekanntesten Ausführungen sind die von Rateau und Dr. Ruths. Auf die Einzelheiten soll hier nicht eingegangen werden. Es kommt in der Hauptsache auf dreierlei an: gute Isolierung und geringe Oberfläche nach außen, dagegen große Oberfläche zwischen Wasser und Dampf zum Zweck der leichteren Kondensierung bei der Energieaufnahme bzw. Dampfentwicklung bei der Abgabe. Oberhalb der Rohrmündungen endlich, durch welche der Dampf in das Wasser eingeführt wird, soll die Wasserhöhe gering sein, weil das ebenfalls die Dampfabgabe bei fallendem Druck fördert. Auf welchem Wege diesen Bedingungen genügt wird, ist unwichtig.

Wo die Wärmespeicher hinter stoßweise arbeitenden Kraftmaschinen, wie Dampfhämmer, reversierbare Walzenzugsmaschinen u. a. m., angeordnet sind, speisen sie meist Abdampfturbinen.

Die Einschaltung eines Wärmespeichers zwischen die zwei Stufen einer Ausgleichsturbine, wie sie in der Zentrale des Eisenwerks Lauchhammer gebaut worden ist, zeigt Abb. 51. Die Turbine soll der letzteren die Spitzenbelastungen abnehmen. Sie ist zu dem Zwecke in Hoch- und Niederdruckstufe geteilt; zwischen ihnen liegt ein Mitteldruckraum mit Anzapfstutzen, der zum Ruthschen Wärmespeicher führt. Sind Dampferzeugung und Kraftbedarf normal und im Gleichgewicht, so schaltet man den Wärmespeicher ab, indem man Ventil V schließt und den Dampf

nacheinander durch Hochdruck- und Niederdruckstufe zum Kondensator
strömen läßt. Ist der Kraftbedarf gering, so schließt man Ventil *C* und
öffnet *V*, die Niederdruckstufe ist ausgeschaltet, der Dampf strömt aus
dem Mitteldruckraum in den Wärmespeicher, diesen aufladend. Nimmt
umgekehrt die Zentrale aus den Kesseln mehr Dampf als sie erzeugen,
so daß der Dampfdruck zu sinken beginnt, dann schließt man Ventil *K*
und öffnet *V* und *C*. Danach entnimmt die Pendelmaschine keinen
Dampf mehr aus den Kesseln, leistet aber trotzdem unter Entlastung
dieser und der Zentrale Arbeit, weil nunmehr der im Speicher ange-
sammelte Dampf der Niederdruckstufe zuströmt. Man sieht, daß am
Wärmespeicher für Ab- und Zuführung des Dampfes eine Leitung genügt. Die Aufladung, ebenso die Entladung, sind natürlich begrenzt,

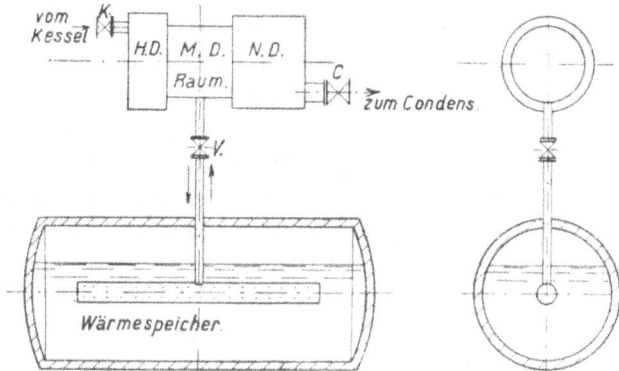

Abb. 51. Gerippskizze der Speicherung nach Ruths aus bzw. in Dampfturbine.

erstere durch den höchsten Auspuffdruck der Hochdruck-, letztere durch
den niedersten Admissionsdruck der Niederdruckstufe. Werden sie erreicht, so muß von da ab die Kesselanlage regulierend eingreifen. Die
kleineren Tagesschwankungen, etwa beim Schichtwechsel oder um die
Mittagszeit, vermag aber eine Anlage wie die vorliegende wohl auszugleichen. Man kann also, und das ist der Wert der geschilderten Vorrichtung, die meiste Zeit Kessel und Zentrale mit gleichmäßiger
Belastung gehen lassen, wobei sie, wie früher ausgeführt, den
günstigsten Wirkungsgrad aufweisen. Ob allerdings die Verbesserung
desselben Zins und Abschreibung sowie die Betriebskosten (das Mehr
an Löhnen, Öl, Reparaturen usw., das jede Unterteilung der Zentrale verursacht) einer solchen Anlage aufwiegt, muß füglich bezweifelt werden.
Es kommt hinzu, daß die Pendelturbine, die einmal mit Hochdruck,
dann mit Niederdruck, dann mit beiden und mit stark schwankenden
Spannungen im Mitteldruckraum arbeitet, im Durchschnitt einen un-

vollkommenen Wirkungsgrad aufweisen wird. Wenn er bei den Dampfturbinen etwas besser ist als bei Kolbendampfmaschinen, so liegt das,
wie wir wissen, vor allem in einer vollkommeneren Ausnützung der Raumverdrängungsarbeit, also in den Niederdruckstufen. Lassen wir
diese weg, so ist der thermische Wirkungsgrad der Turbine nicht besser,
sondern schlechter, als bei Kolbenmaschinen,[1]) ein Zustand, der nach
obigem während ungefähr der Hälfte der Zeit bei unserer Speicheranlage
besteht (Aufladeperiode) und einen Teil des Gewinnes durch gleichmäßige
Kesselbelastung wieder verzehrt. Zudem ist zu befürchten, daß der Wärmespeicher der Turbine nassen Dampf zuführt, welcher die Turbinenschaufeln
rasch abnützt. Endlich würde mittels eines Speiseraumspeichers, der unten
behandelt ist, der Zweck der gleichmäßigen Belastung der Kessel sehr viel
billiger in bezug auf Anlage wie auf Betrieb erreicht worden sein.

Von ungleich größerer Bedeutung als in dem geschilderten Falle
sind Wärmespeicher dort, wo bedeutende Energiemengen zeitenweise
ungenützt wegfließen. Beispiele sind die Eisenhüttenwerke, wo die
Gichtgaserzeugung während der Abstichzeiten ganz oder fast ganz aufhört. Andererseits ist sie Tag und Nacht gleich groß, während der Kraftbedarf wegen der Tagesbetriebe tagsüber wesentlich größer zu sein pflegt.
Als anderes Beispiel, und zwar eines kleinen Betriebes, sei eine Molkerei
genannt, die zweimal täglich, früh und abends, zum Abkochen der
frischgemolkenen Milch größere Dampfmengen benötigt, dagegen für die
Dampferzeugung eine ständige Wärmequelle (etwa die Abgase eines
durchlaufenden Diesel- oder Gasmotors) zur Verfügung hat. Im ersteren
Falle handelt es sich um ganz gewaltige zu speichernde Energiemengen.
Ein Hochofen von nur 300 t Tageserzeugung (es gibt solche von doppelter
Leistungsfähigkeit) braucht ca. 350 t Koks in 24 st, welcher je kg 4 bis
$4\frac{1}{2}$ m³ Gichtgas erzeugt. Die Gichtgase entsenden also, da 1 m³ zirka
900 WE enthält, stündlich etwa

$$\frac{350\,000 \cdot 4{,}25 \cdot 900}{24} = 56\,000\,000 \text{ WE.}$$

aus der Gicht, die in der Mittagspause ganz, bei Nacht zum Teil aufge-
speichert, beim Abstich ersetzt werden müssen.

Im Falle der Molkerei dagegen sind zwar die Energiemengen nur gering, dafür ist die Zeit der Aufspeicherung gegenüber der Entnahme sehr
lang. Für die ersteren Verhältnisse sind die bisher besprochenen Wärmespeicher gar nicht, für die letzteren nur bei sehr großen, zur übrigen
Anlage in Mißverhältnis stehenden Abmessungen ausreichend. Man ist
deshalb bemüht, vollkommenere Formen einzuführen. Während dieses

---

[1]) Über Verbesserung dieses Mangels bei der »Brünner Turbine« s. Teil III,
»Chemische Industrie«.

Buch entstand, ist der Gedanke zu einem solchen, ebenso bemerkens-
wert in bezug auf das praktische Bedürfnis wie auf die Art der Lösung,
von Dr.-Ing. Kießelbach in Bonn ausgegangen und ihm patentamtlich
geschützt worden. Kießelbach geht, wie er selbst in seiner Veröffentlichung[1]) sagt, von einem Verfahren aus, das, seitdem es Dampfkessel
gibt, von den Heizern geübt wird. Bei sinkendem Dampfdruck stellen
sie das Speisen ein, bei steigendem, wenn Gefahr besteht, daß die Sicherheitsventile zum Abblasen kommen, speisen sie so hoch als es irgend
zulässig ist. Im ersteren Falle zehren sie von der im überhitzten Wasser
aufgespeicherten Wärme; im letzteren werfen sie die von den Heizgasen
durch die Kesselwand gehende Wärme statt auf neue Dampfbildung

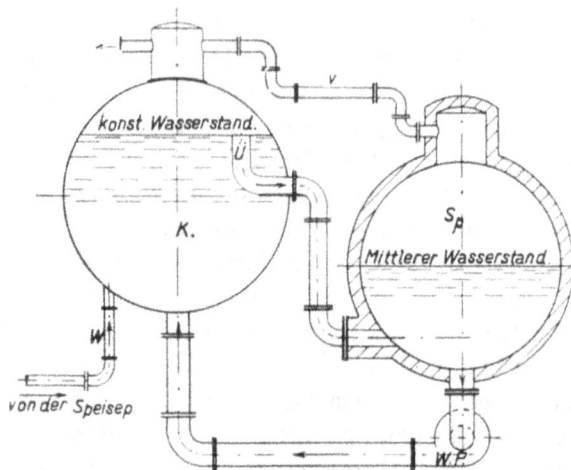

Abb. 52. Speiseraumspeicher nach Kießelbach.

und Spannungssteigerung auf die Überhitzung des frischen Speisewassers bis zur Temperatur der Dampfspannung. Leider ist die Be-
wegungsfreiheit auch bei Kesseln von großem Wasserraum gering, da nur
bis 5 cm über und 5 cm unter normalem Wasserstand gespeist werden
darf. Sie zu vergrößern, ist das Wesen der Kießelbachschen Erfindung.
Sie beläßt im Kessel konstanten Wasserstand und für gewöhnlich auch
konstanten Druck, ändert dagegen in einem zweiten, wärmeisolierten
Speiseraumkessel, der nicht von hocherhitzten Feuergasen umspült ist, also
leer laufen darf, den Wasserstand von 0 bis zu 100% des Inhaltes. Abb. 52
zeigt Gerippskizze einer solchen Anlage, soweit sie nach den veröffentlichten und dem Verfasser von Dr. Kießelbach zur Verfügung gestellten
Schilderungen angenommen werden muß. Eine Wälzpumpe (WP) fördert

---

[1]) St. u. E. 1923, S. 265.

aus dem wärmeisolierten Speiseraumspeicher ständig eine gleichmäßige
Wassermenge in den Kessel K. Durch das Rohr W drückt die Speisepumpe ein weiteres, von 0 bis zu einem Maximum variables Wasserquantum in den Kessel. Was die Pumpen ihm mehr an Wasser zuführen,
als er verdampft, fließt über den Überlauf U nach dem Wärmespeicher
zurück, nachdem es Temperatur und Druck des Kesselwassers angenommen
hat. Man kann natürlich auf diese Weise beträchtlich länger im Überschuß
speisen oder die Speisepumpe stillegen als bei der gewöhnlichen Kesselanlage; der Spielraum ist nun auf den gesamten Inhalt des Speiseraum-
behälters (Sp) erhöht.

Bei der Speicherung liefert die Speisepumpe im Überschuß, die
Heizgase haben also zu leisten

   1. den benötigten Dampf,
   2. die Überhitzung des Wasserüberschusses bis zur Dampf-
      temperatur.

Soll dagegen Energie entnommen werden, so liefert die Speisepumpe weniger als verdampft wird, eventuell gar nichts; der Wasser-
ersatz wird dem Speiseraum entnommen; die Heizgase haben nicht mehr
von der Temperatur des Speisewassers, sondern von der höheren des
Speicherraums aus zu verdampfen, sind also entlastet und können eine
entsprechend größere Dampfmenge leisten. Genügt diese Entlastung nicht,
um das Gleichgewicht zwischen Energieentnahme und -erzeugung herzustellen, so werden zunächst Dampfdruck und Dampftemperatur im Kessel
sinken. Im gleichen Augenblick beginnt aber, wie in einer Flasche kohlensauren Wassers, von der man den Pfropfen nimmt, in Kessel und Speisewasserraum (beide sind durch eine Dampfleitung V verbunden) eine
starke Nachverdampfung, bis die Speisewassertemperatur wieder der ge-
sunkenen des darüber stehenden Dampfes entspricht. Auf der anderen
Seite ist klar, daß eine genügend große Speisepumpe soviel Wasser in den
Kessel drücken kann, daß die ganze, von den Heizgasen in den Kessel
strömende Wärme zu seiner Überhitzung aufgebraucht, die Dampferzeugung also null wird. Weiter leuchtet ein, daß die Speisepumpe entweder
durch Veränderung der Umdrehungszahl oder durch ein regelbares Rück-
laufventil auf jede beliebige zwischen 0 und etwa der maximalen Dampf-·
leistung (Speisepumpenleistung = null) eingestellt werden kann. Kießelbach gibt an, daß er durch Abstellung der Speisepumpe die Verdampfung
um 40% steigern könne. Wir wollen diese Ziffer an der Hand eines
Zahlenbeispiels nachprüfen und gleichzeitig untersuchen, wie groß eine
Speicheranlage nach System Kießelbach sein müßte, um 8 st lang die
Hälfte der oben angegebenen, in den Gichtgasen eines Hochofens enthaltenen Wärmemengen speichern zu können.

Die Kesseleinheit (Kammerkessel) habe 200 m² Heizfläche, der Oberkessel 7 m Länge und 2 m Durchm. Der Wärmespeicher sei von doppeltem Inhalt und für gewöhnlich zur Hälfte gefüllt. Der mittlere Kesseldruck sei 16, der niederste 5 Atm. abs. Die Temperatur des Speisewassers 20°, die stündliche Verdampfung je m² Heizfläche 25 kg. Die Wälzpumpe soll doppelt so viel liefern, als normaliter verdampft wird, also stündlich 10000 kg, die Speisepumpe soviel, daß bei voller Leistung die Verdampfung gleich null wird. Untersucht sei zunächst, wie groß zu diesem Zweck ihre Leistungsfähigkeit sein muß, und welche Speicherungen bei den verschiedenen Stellungen möglich sind?

Die normale Verdampfung unseres Kessels ist 200 · 25 = 5000 kg je st. Die Gesamtwärme des Dampfes von 16 Atm. abs. (Dampftabelle der Hütte) ist 671, die des Speisewassers 20 WE. Bei einem Kesselwirkungsgrad von 0,75 muß also die Feuerung stündlich aufbringen

$$\frac{5000 \cdot 651}{0,75} = 4\,350\,000 \text{ WE.}$$

Wenn wir diese ganze Wärmemenge auf das Speisewasser übertragen, so wird die Temperatur im Kessel niederer, das Temperaturgefälle zwischen ihm und den Heizgasen höher, der Kesselwirkungsgrad also größer werden. Wir wollen ihn, um ganz sicher zu sein, mit 0,85 annehmen. x kg sei die gesuchte Speisewassermenge, welche die ganze, von den Feuergasen in den Kessel wandernde Wärmemenge zu verzehren vermag. Die Speisewassertemperatur ist 20°, die Flüssigkeitswärme des Dampfes von 16 Atm. abs. 204 WE; somit muß sein:

4 350 000 · 0,85 = x · 184 und die Leistung der Speisepumpe je st. x = 20 000 kg.

Ist dagegen die Speisepumpe abgestellt, so liefert die Wälzpumpe den Ersatz des verdampfenden Wassers, und zwar mit einem Wärmeinhalt von 204 minus einem kleinen Temperaturabfall zwischen Speiseraum und Kessel, den wir mit 14°, entsprechend ebensoviel WE schätzen wollen. Die Verdampfung steigt demnach auf

$$\frac{4\,350\,000 \cdot 0,75}{671 - 190} = 6750 \text{ kg/st.}$$

Wie lange kann diese Verdampfungszahl aufrechterhalten werden? Wenn man vom mittleren Wasserstand des Wärmespeichers ausgeht $\frac{2 \cdot 7 \cdot 2^2 \pi}{2 \cdot 4 \cdot 6,75}$ (halber Speicherinhalt durch 6,75 m³) = 3¼ st; und vom vollen Speicher ausgehend, 6½ st lang. Die Steigerung von 5000 auf 6750 kg ist eine solche um 35%. Wollen wir 40%, wie von Kießelbach angegeben, so muß demnach der Kessel bei den obigen Spannungen und Pumpenleistungen um $\frac{40}{35}$ größer sein, d. i. gleich 2,3 mal dem Kesselinhalt, eine Größe, deren Unterbringung bei den meisten Anlagen Schwierigkeiten bereiten wird.

Fragen wir uns, wieviel Wärme in einem Speicher gleich der Kesselgröße angesammelt werden kann, wenn das ganze System bei Beginn der Speicherung auf 5 Atm. abs. steht und der Speicher selbst eben leer, nach erfolgter Ladung aber voll und auf 16 Atm. abs gespannt ist. Der Oberkessel hat einen Inhalt von $\frac{7 \cdot 2^2 \pi}{4}$ = 22 m³. Davon sind ungefähr ³/₄ mit Wasser, ¹/₄ mit Dampf gefüllt. Sein Wärmeinhalt bei 5 Atm. abs. = 153° ist demnach (s. Dampftabelle der Hütte):

16,5 m³ Wasser = 16 500 kg zu 153 WE = ... 2 500 000 WE

5,5 m³ Dampf zu 2,6 kg = 14.3 kg zu 658 WE = . .   9 500 »

Bei leerem Speicher und 5 Atm. also zusammen   2 509 500 WE.

Bei vollem Speicher und 16 Atm. abs. ist der Dampf- und Wasser- bzw. Wärmeinhalt:

a) im Kessel:

16,5 m³ Wasser = 16 500 kg zu 204 WE = ... 3 370 000 WE

5,5 m³ Dampf zu 7,8 kg = 43,0 kg zu 671 WE = .   29 000 »

b) im Speicher:

22 m³ = 22 000 kg zu (200 — 14) = 186° ≅ 190 WE = 4 200 000 »

zusammen: 7 599 000 WE.

Davon ab die bei Beginn der Speicherung enthaltenen ∿ 2 509 000 »

Es sind also gespeichert worden . . . . 5 090 000 WE.

Obengenannter Hochofen soll 8 st lang die Hälfte seiner Gichtgaswärme, soweit sie im Kessel ($\eta = 0,7$ für Gaskessel angenommen) ausgenützt werden kann, speichern, das sind 8×28 Mill $\times 0,7$ WE = 157 Mill. WE. Wir brauchen somit $\frac{157}{5,09} \cong$ 31 Kessel obengenannter Art mit 31 ebenso großen Speichern, eine Kesselanlage, die ungefähr 4mal so groß ist, als sie ohnehin für einen derartigen Hochofen zur Ausnutzung seiner Gichtgase erforderlich sein würde.

Kleinere Anlagen würden zu erreichen sein, wenn man die Maximaldrücke größer wählte, was, wie wir wissen, durchaus zulässig ist. Die obige Rechnung zeigt jedenfalls, daß der Kießelbachsche Speiseraumspeicher Aufgaben gerecht zu werden vermag, die bisher technisch nicht lösbar waren. Es kommen manche Vorzüge hinzu, von denen die Erhaltung eines konstanten Wasserstandes im Kessel bei gewöhnlichem Betrieb schon genannt worden ist. Die Feuerung kann stets auf die gleiche, d. h. den günstigsten Wirkungsgrad eingestellt bleiben, was, wie mehrfach erwähnt, ihren Wirkungsgrad erhöht. Endlich kann man, namentlich wenn die Regelung der Speisepumpenleistung selbsttätig nach der Dampfspannung erfolgt, daran denken, bei länger andauernden Änderungen des Energiebedarfes sie auf variable Spannungen einstellen zu lassen derart, daß nicht die Füllungen der Dampfmaschinen, sondern der Admissionsdruck den Ausgleich erwirken. Auf diese Weise würde vermieden, daß bei Nacht oder bei Pausen oder in Zeiten abnormal hoher Energieentnahme Dampfmaschinen stundenlang mit ungünstig niederen bzw. hohen Füllungen laufen. Namentlich die Vermeidung der letzteren und damit der hohen Auspuffspannungen ist geeignet, den Dampfverbrauch wesentlich herabzumindern. Allerdings sind solche Aussichten nur bei Neuanlagen gegeben und nur dann, wenn sie vorher genau durchgerechnet sind.

Ein Kießelbachscher Speiseraumspeicher würde den Ausgleich in dem Eisenwerk Lauchhammer leicht und ohne die kostspielige Pendelturbine bewirken können. Er wirkt auch ohne Senkung der Kesselspannung, während das bei den Wasserraumspeichern von Rateau, Ruths usw. nicht der Fall ist. Dagegen tritt die Wirkung der letzteren sofort ein, während der Speiseraum, solange die Dampfspannung konstant bleibt, nur allmählich, in dem Maße, als die Wälzpumpe überhitztes Wasser zum Kessel fördert, Energie abgibt. Es ist wegen dieser ganz verschiedenen Verhältnisse kaum möglich, die beiden Speichersysteme miteinander zu vergleichen. Kießelbach gibt in den schon genannten Veröffentlichungen an, daß die Speicherfähigkeit des reinen Dampfspeichers (ohne Wasserraum) zu der des Wasserraumspeichers zu der des Speiseraums sich verhalten wie 1:15 bis 16:68 bis 153 (bei Speisewasser von 120 bis 10° C), ohne mitzuteilen, welche Vergleichsbasis dabei zugrunde gelegt ist. Unserer Ansicht nach muß man sich in jedem einzelnen Fall klar werden, welche der beiden Arten,

1. Speicherung bei konstantem Wasserstand, aber schwankender Spannung oder

2. bei konstanter Spannung, aber schwankendem Speisewasserraum

einem wertvoller ist, und daraufhin die Entscheidung treffen. Bei der Energie der Gichtgase z. B. ist 2. so wertvoll wie 1., bei dem Abdampf aus Dampfhämmern oder Reversiermaschinen kommt in der Hauptsache 1. in Frage.

F. Andere Arten der Energiespeicherung.

Neben der Wärme können wir auch fast alle anderen Formen der Energie speichern. Die elektrischen Akkumulatoren sind bekannt. An sich das eleganteste Mittel, verbietet sich seine Anwendung für die großen Energiemengen der Industrie durch seine hohen Gestehungskosten. Sie können hier nicht behandelt werden. Für Gichtgase kommt neben dem Wärmespeicher hauptsächlich der Gasbehälter in Frage. Man baut ihn heute bis 50000 m³ Inhalt, meist nicht mehr in Form des alten Gasometers, bei dem eine Blechglocke in einen ebenso tiefen Wasserbehälter tauchte, sondern als »Trockenbehälter«. Die Maschinenfabrik Augsburg-Nürnberg führt ihn so aus, daß ein flacher oder gewölbter Deckel sich in einem Blechbehälter auf und ab bewegt. Beide sind durch eine Filzdichtung und eine darüber stehende Teerschicht abgedichtet. Die geringen Teermengen, die durchrieseln, laufen innerhalb des Behälters zusammen und werden von einer kleinen, elektrisch betriebenen Pumpe wieder in die Rinne über der Dichtung gepumpt. Bei einem Heizwert von 900 WE der Gichtgase und 0,1 Atm. Überdruck können wir bei 30000 m³ Behälterinhalt $1,1 \cdot 900 \cdot 30000 \cong 33$ Mill. WE speichern. Bei Koksgas ungefähr 150 Millionen. Ein Vorteil des Gasbehälters ist auch die Möglichkeit einwandfreier und einfacher Gasverbrauchsmessungen.

Es folgt die Druckwasserspeicherung. Viel verwendet wird der hydraulische Akkumulator für Druckwasserpressen. In gebirgigen

Gegenden treten an seine Stelle wohl auch Hochbehälter, in welche Pumpen bei Kraftüberschuß Wasser fördern, während bei Kraftmangel Druckwasser von 20 und mehr Atm. auf Turbinen läuft. Die Anlagen sind teuer, haben aber, richtig bemessen, einen guten Wirkungsgrad.

In großem Maßstab findet dieses Prinzip Verwendung bei den Staubecken.

Endlich ist eine einfache, aber wenig bekannte Energiespeicherung, die in Form von bearbeiteten Materialien, von stofflicher Energie wie man sagen kann. Man schaltet je nach Kraftüberschuß oder Kraftmangel Betriebe ein oder aus. Die Sache ist einfach bei selbsttätigen Maschinenanlagen, die keine Arbeiter erfordern, etwa bei Schlacken- oder anderen Mühlen. Werden Arbeitskräfte benötigt, so muß man eine Alternativbeschäftigung nicht dringlicher Art für sie haben, etwa Erd- oder Hofarbeiten. Oder man kann so verfahren, daß jeder Arbeiter alternativ zwei Maschinen, eine mit sehr großem, eine mit geringem Kraftbedarf bedient, etwa Pressen oder Fallhämmer oder Holzschleifen großer oder kleiner Abmessung. Man kann dann außer einem Minimum und einem Maximum beliebige Zwischenstufen einstellen, je nachdem die verfügbare Kraft in der Zentrale es bedingt. Bei guter Überlegung finden sich solche natürliche Ausgleichsmöglichkeiten fast in jedem größeren Betriebe.

II. Teil. — Feuerungsanlagen.

V. Kapitel.

Allgemeines über Feuerungen.

Wir haben gesehen, daß das Bestreben nach einer guten Wärmewirtschaft in den Kraftanlagen so alt ist wie diese selbst. Unermüdlich
haben die Maschinenbauer daran gearbeitet, sie zu verbessern, namentlich wo die Arbeitsstätten sich fernab von der Kohle befanden. Wenn
eine schlechte Wärmewirtschaft der Kraftanlagen vorlag, war sie meist
weniger in den Maschinen als in ungeeigneter Anwendung oder schlechter
Instandhaltung begründet, sei es, daß neben Dampfkraftanlagen Heiz-
kessel betrieben wurden, sei es, daß man die Motoren aus falscher Sparsamkeit zu klein gewählt oder allmählich, mit fortschreitender Entwicklung
des Unternehmens, überlastet hat, sei es, daß man Steuerorgane oder
Absperrschieber undicht werden oder durch vernachlässigte Kondensationsanlagen den Vorteil des Vakuums sich ins Gegenteil verkehren
oder endlich die Heizfläche von Dampfkesseln durch Kesselsteinablage-
rungen unwirksam werden ließ. Hier war also nicht so sehr dem Erbauer
der Maschinen, als denen, die sie verwendet und betrieben haben,
ein Vorwurf zu machen.

Anders bei den Feuerungsanlagen. Wenn diese im allgemeinen
wärmewirtschaftlich weit unvollkommener sind als die Kraftmaschinen,
so liegt der Fehler nicht nur bei den Betriebsleuten, sondern häufig auch
bei dem Erbauer. Wirklich rechnerisch, also ingenieurmäßig, sind nur
wenige Ofenfirmen verfahren. Vielfach sind die metallurgischen Feuerungen von den Betrieben selbst hergestellt und durch jahrzehntelanges
Probieren allmählich verbessert oder von anderen Betrieben übernommen
worden. In den meisten Fällen haben sich da und dort empirische Formeln
etwa für die Bemessung der Kammern von Gasöfen oder für die Gewölbehöhe über dem Herd oder ähnliches ausgebildet, die oft ängstlich geheim
gehalten wurden. Über das Wesen der Sache, die inneren Gründe,
warum der eine Ofen gut ging, der andere nicht, waren und
sind sich heute noch die wenigsten klar. Mit diesen Gründen fehlt auch

die Voraussetzung für zuverlässige Zahlen, ein Mangel, unter dem die Feuerungstechnik in weit stärkerem Maße leidet als die des Maschinenbaus, obwohl jene einfacher ist als diese. Daß der ins Auge fallende Unterschied nicht etwa der größeren Bedeutung der Kraftanlagen zuzuschreiben ist, geht daraus hervor, daß weit mehr Brennstoffe in Feuerungen für Heizung und metallurgische Vorgänge verbraucht werden als in Kraftanlagen. In Deutschland ist dieses Verhältnis einschließlich des Hausbrandes ungefähr 7:1. Die fragliche Erscheinung ist vielmehr einfach eine Folge der Tatsache, daß die beiden Gebiete bisher in der Hauptsache von verschiedenen Ingenieuren bearbeitet worden sind, und daß die Maschinenbauer lange Zeit bessere Rechner waren als die Hüttenleute, denen in der Hauptsache Bau und Betrieb der Feuerungsanlagen oblag. Die starke Entwicklung der Hüttenindustrie und der bessere Verdienst, den sie vorerst gegenüber der Maschinenindustrie gehabt, hat diese Erscheinung noch verstärkt. In den kommenden Zeiten härtesten Konkurrenzkampfes, welche der ganzen Welt, vor allem aber Deutschland bevorstehen, in den Zeiten, in denen schon deshalb mit den Brennstoffen sparsamer wird umgegangen werden müssen, weil sich nicht genügend Menschen finden werden, die sie aus dem Boden holen, werden wesentliche Fortschritte nur von Ingenieuren gebracht werden können, die das ganze Wissensgebiet wenigstens theoretisch umspannen, nach Art der drei Brüder Siemens etwa, die in gleichem Maße die Stark- wie die Schwachstromtechnik, die Feuerungskunde, wie die Metallurgie, wie andere technologische Prozesse beherrscht und umwälzend beeinflußt haben. Daß die uns hier berührenden beiden Gebiete der Kraft- und Feuerungsanlagen keine grundsätzlichen Unterschiede aufweisen, daß vielmehr genau die gleichen physikalisch-thermischen und technischen Gesetze und Bedingungen für sie Gültigkeit haben, ist da und dort schon angedeutet worden und wird aus nachfolgendem noch deutlicher werden.

1. Verbrennung. Feuerungsarten. Dissoziation. Pyrometrischer Wirkungsgrad. Wirkung des Dampfblasens.

Zunächst haben wir uns nicht mit der Feuerung selbst, sondern dem Vorgang, welchem sie dient, zu befassen, der Verbrennung. Man versteht darunter die chemische Verbindung irgendeines Stoffes mit Sauerstoff unter Wärmeentwicklung und Feuererscheinung. Der für die Technik wichtigste Brennstoff ist der Kohlenstoff. Er kann sich in zwei Stufen mit Sauerstoff verbinden:

1. Bei der unvollständigen Verbrennung entstehen aus einem Raumteil (24 Gewichtsteile) Kohlenstoff in gasförmigem Zustand

gedacht mit einem Raumteil (32 G.-T.) Sauerstoff, zwei Raumteile (56 G. T.) Kohlenoxyd, nach der Formel

$$1\,C_2 + 1\,O_2 = 2\,CO.^1)$$

2. Bei der vollständigen Verbrennung treten zu einem Raumteil Kohlenstoff (24 G. T.) zwei Raumteile Sauerstoff (64 G.-T.),
und es entstehen zwei Raumteile Kohlensäure (88 G.-T.) nach
der Formel:

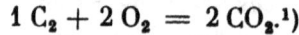

$$1\,C_2 + 2\,O_2 = 2\,CO_2.^1)$$

Stufe 1 können wir nachträglich zur vollständigen Verbrennung
bringen, indem wir zu zwei Raumteilen Kohlenoxydgas (56 G.-T.) einen
Raumteil Sauerstoff (32 G.-T.) geben nach der Gleichung (2)

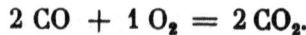

$$2\,CO + 1\,O_2 = 2\,CO_2.$$

Das Ergebnis sind wieder, wie bei der vollständigen Verbrennung, zwei
Raumteile Kohlensäure (88 G.-T.).

Je nachdem nun einer dieser Vorgänge einzeln, oder zwei nebeneinander auftreten, legen wir den Feuerungen verschiedene Namen bei,
wie folgt:

1. $1\,C_2 + 2\,O_2 = 2\,CO_2$ direkte oder einfache Rostfeuerung . . . . (23)

2. $1\,C_2 + 1\,O_2 = 2\,CO$ Gaserzeuger, Generator . . (24)

3. $2\,CO + 1\,O_2 = 2\,CO_2$ Gasofen . . . . (25)

      2. und 3. zusammen heißen Gas- oder indirekte Feuerung.

4. $\left.\begin{array}{l} 1\,C_2 + 2\,O_2 = 2\,CO_2 \\ 1\,C_2 + 1\,O_2 = 2\,CO \\ 2\,CO + 1\,O_2 = 2\,CO_2 \end{array}\right\}$ sämtliche Vorgänge nebeneinander
heißen:
Halbgasfeuerung.

Neben obigen Hauptprozessen spielen sich in technischen Feuerungen
immer noch Nebenvorgänge ab, von denen die wichtigsten sind:

a) Verbrennung von Wasserstoff zu Wasser:

$$2\,H_2 + 1\,O_2 = 2\,H_2O \quad . . . . (26)$$

und b) von Kohlenwasserstoffen zu Kohlensäure und Wasser:

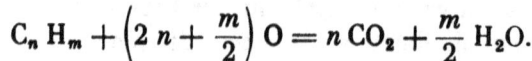

$$C_n\,H_m + \left(2\,n + \frac{m}{2}\right)O = n\,CO_2 + \frac{m}{2}\,H_2O.$$

Vorgang a) in Verbindung mit Vorgang 3. heißt Wassergas-
feuerung.

Man rechnet sie zum Unterschied von den reinen Kohlenstoffeuerun-
gen unter 1. mit 4. zu den Spezialfeuerungen. Zu ihnen gehören ferner:

---

¹) O_2 deutet ein 2 atomiges Gas an, während C_2 2 G. T. Kohlenstoff bedeuten soll.

Feuerungen mit Gicht-, Koksofen oder Naturgas;

Feuerungen mit flüssigem Brennstoff (Teer- oder Naphtha-
feuerung)

die Kohlenstaubfeuerung.

Der Verbrennungsvorgang spielt sich nun folgendermaßen ab:

Zunächst muß er durch Wärmezufuhr von außen eingeleitet werden,
weil keine der fraglichen Verbindungen bei den Temperaturen unserer
Atmosphäre vor sich geht. Brennstoff oder Verbrennungsluft oder beide
müssen so hoch erhitzt werden, daß das Gemisch die sog. Zündtemperatur erreicht. Sie liegt nach Holm, Constam und Schläpfer je nach
Güte der Mischung (s. Taschenbuch der Eisenhüttenleute 2. Aufl., S. 222)

für Koks bei ungefähr 700°,

Steinkohle von 7000 WE ungefähr 400 bis 500°,

Braunkohle bei 250 bis 450°,

Holz bei ca. 300°,

Steinkohlenteer 500 bis 630°,

Wasserstoff 560 bis 650°,

Kohlenoxyd 650°,

Methan 650 bis 750°.

Soll die Verbrennung von selbst weitergehen, so muß durch sie
mehr Wärme frei werden, als dem Verbrennungsraum durch die Umgebung (Atmosphäre, Wärmgut, frisch aufgegebene kalte Brennstoffe)
entzogen wird. Die Wärmeentziehung durch die Außenluft kann vermindert werden, indem man die Verbrennung in einen geschlossenen
Raum verlegt (Kochgraben, gemauerte Feuerung). In ihm erzeugen
sich alle technisch bekannten Brennstoffe, auch Koks, der in freier Luft
wieder zum Verlöschen kommt, fortlaufend die Zündtemperatur selbst.
Gibt man in der Folge frischen Brennstoff auf, so vollziehen sich, gleichgültig ob es sich um unvollständige oder vollständige Verbrennung handelt,
bei den festen Brennstoffen der Reihe nach folgende Vorgänge:

1. Das im Brennstoff enthaltene hygroskopische Wasser verdampft;

2. es setzt die trockene Destillation des Brennstoffes, auch
»Schwelung« genannt, ein, d. h. es gehen das im Brennstoff
gebundene Wasser, die Kohlenwasserstoffe und bei höheren
Temperaturen der Wasserstoff des Brennstoffs weg.

3. a) C verbrennt zu CO,
   b) CO und H_2 verbrennen zu CO_2 und H_2O.

Vorgang 1. und 2. nennen wir die Entgasung, 3a die Vergasung
(s. auch Generator), 3b die eigentliche Verbrennung. Der letzteren

geht, wie ausdrücklich hervorgehoben sei, bei den natürlich vorkommenden festen Brennstoffen in der direkten wie indirekten Feuerung stets die Entgasung voraus.

Es ist ferner wahrscheinlich, daß der Verbrennung solcher Stoffe in der Technik immer auch die Vergasung vorangeht, mit anderen Worten, daß sich nicht:

$$\text{aus } 1 \, C_2 + 2 \, O_2 = 2 \, CO_2$$

bildet, sondern innerhalb der Brennstoffschicht zuerst aus $C_2 + O_2 = 2CO$ und danach erst, wenn kein Kohlenstoff im Überschuß mehr vorhanden ist, also außerhalb der Brennstoffschicht, aus $2 \, CO + O_2 = 2CO_2$. Es ist das eine vielumstrittene Frage, die bisher durch den allein entscheidenden Versuch nicht eindeutig hat gelöst werden können. Da aber nach obigem (S. 121) die Zündtemperatur von Steinkohle bei 400 bis 500, von Braunkohle im Mittel bei 350° liegt und Kohlensäure in Gegenwart von Kohlenstoff schon bei 400° anfängt, reduziert zu werden, also zu zerfallen, so ist nicht einzusehen, wie bei 1100 bis 1300° C, die wir auf den Rosten unserer direkten Feuerungen erzielen, sich in der Brennstoffschicht noch CO_2 bilden soll. Die zahlreichen Gasanalysen, die in der Verbrennungszone der Generatoren und dem Gestell der Hochöfen CO_2 nachgewiesen haben, sind nicht beweiskräftig, weil es kaum möglich ist, wo CO neben O in hohen Temperaturen besteht, beim Absaugen die nachträgliche Verbrennung zu verhindern. Wir haben dann wohl in der Gasflasche CO_2, aber es besteht keinerlei Gewißheit, daß sie schon vor den Düsen des Hochofens oder über dem Rost des Generators vorhanden war.

Abb. 53 und 54 zeigen die Mengen von CO_2, die nach Versuchen von Naumann und Ernst in Gegenwart von Kohlenstoff noch neben CO bei zunehmender Temperatur bestehen. Wir sehen auch hier, daß der Zerfall der Kohlensäure von 400° an zunimmt und bei 1000° ganz vollzogen ist (Abb. 53 und 54 sind Ferd. Fischers Technologie der Brennstoffe S. 201 entnommen.)

Danach muß die Berechtigung der Behauptung, die man im neuzeitlichen Schrifttum findet, daß die Frage der Dissoziation der Verbrennungsgase im Temperaturbereiche unserer metallurgischen Öfen keine Rolle spiele, zum mindesten für die Rostfeuerung bestritten werden. Sie trifft aber vermutlich auch für den Gasofen nicht zu, wo die Verbrennung außerhalb der Brennstoffschichten erfolgt, weil auch dort meist Kohlenstoff in Form von Ruß der leuchtenden Flamme, wie er bei dem Zerfall der Kohlenwasserstoffe entsteht, vorhanden ist, oder aber andere, die Dissoziation befördernde, reduzierende oder als Katalysatoren wirkende Körper.

Dafür, daß gerade in unseren wichtigsten metallurgischen Feuerungen die Dissoziation wirksam ist, spricht unter anderem die Tatsache, daß wir z. B. im Martinofen unabhängig von der Höhe der theoretischen Verbrennungstemperatur (über sie handelt der übernächste Abschnitt C) und der Vorwärmung von Gas und Luft über eine Temperatur von 1800 bis 1900° C nicht hinauskommen[1]). Die Erklärung, die vielfach ver-

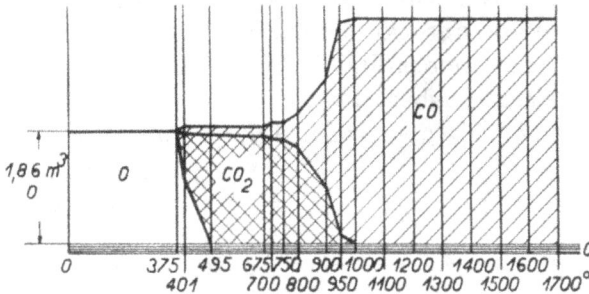

Abb. 53. Versuche von Naumann und Ernst bezogen auf Gewichtsteile.

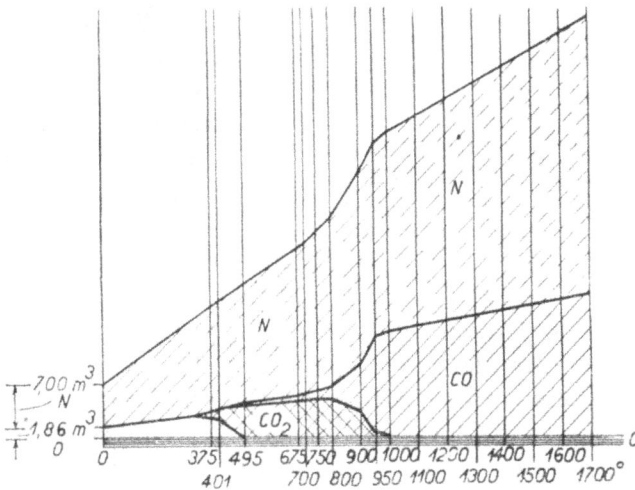

Abb. 54. Versuche von Naumann und Ernst bezogen auf Raumteile.

[1]) Die Richtigkeit der zahlreichen Messungen bis zum heutigen Tag wird neuerdings angezweifelt und geltend gemacht, daß sie meist die Temperatur der kälteren Ofenwände, nicht der Flammen wiedergeben. Siehe z. B. Bansen, »Die Berechnung des Wärmebedarfs der Siemens-Martinöfen«. St. u. E. 1923, S. 1031. Das bedingt aber nur insofern eine Änderung, als die Grenze, welche durch die Dissoziation bedingt ist, um 100 oder 200° höher gerückt wird. Daß eine solche Grenze tatsächlich vorhanden sei, über die hinaus z. B. eine vermehrte Vorwärmung von Gas und Luft auf die Herdtemperatur nicht mehr einwirkt, hat schon der Erfinder des Regenerativofens, Friedrich Siemens, erkannt und diese Beobachtung, so scheint es dem Verfasser, drängt sich jedem Betriebsmann immer von neuem wieder auf (vgl. auch Kap. VII »Gasofen« dieses Buches!).

sucht worden ist, es handle sich hier um Verluste, etwa wie sie auftreten, wenn wir Wärme in Arbeit verwandeln, und man müsse deshalb die theoretisch errechnete Verbrennungstemperatur mit einem sog. »pyrometrischen Wirkungsgrad« multiplizieren, ist wenig einleuchtend. Von einem solchen Wirkungsgrad kann doch nur gesprochen werden, wenn von irgendwelchen Größen in ungefähr gleichem Verhältnis Verluste abzuziehen sind. Wenn also z. B. eine Pumpe in einen erhöhten Behälter Wasser drückt und durch Undichtigkeiten etwa 10% des Wassers entweichen, so werden diese Verluste ungefähr in gleichem Verhältnis zu der Pumpenleistung stehen, und wir können von einem Wirkungs- oder Völligkeitsgrad von 90% des ganzen Systems sprechen. Speist aber die Pumpe mehr Wasser in den Behälter, als dieser aufnehmen kann, sodaß der Überschuß über seinen Rand wegfließt, so ist es offenbar unzulässig, auch diesen Verlust noch in den Wirkungsgrad mit einzubeziehen. Es liegt dann eben einfach ein Maximum vor, das die Pumpenleistung nicht überschreiten kann, ebenso wie die ca. 1900° im Gasofen ein Maximum bedeuten, dessen Übersteigen die Dissoziation verhindert.

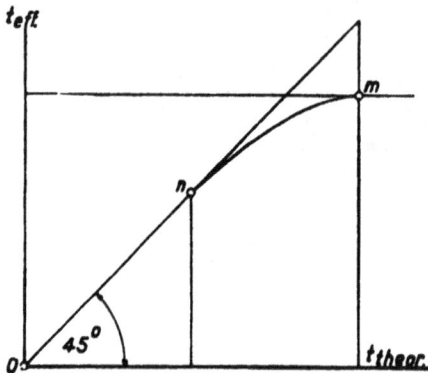

Abb. 55. Wahrscheinlicher Verlauf der Kurve der wirklichen Verbrennungstemperaturen.

Für richtiger als die Ausrechnung pyrometrischer Wirkungsgrade würde der Verfasser halten, durch Versuche für jeden festen, flüssigen und gasförmigen Brennstoff die Maximaltemperatur festzustellen, die wir durch Vorwärmung und alle sonst zur Verfügung stehenden Mittel in oder ohne Gegenwart von Kohlenstoff erreichen können (Punkt m in Abb. 55), desgleichen den Punkt (n), bei dem wirkliche und theoretische Verbrennungstemperatur noch übereinstimmen. Vom Punkt o bis n wird der Verlauf voraussichtlich linear sein, zwischen n und m wird man mit genügender Annäherung einen Kreisbogen zugrunde legen dürfen, der in n die Linie on, in m die Horizontale tangiert. Denn nur bei einer tangierenden Kurve ist der allmähliche Übergang in den beiden Punkten gegeben, der als wahrscheinlich anzunehmen ist. Die Abweichung des Kreisbogens aber von der tatsächlichen Kurve, die vermutlich eine Parabel ist, ist aller Wahrscheinlichkeit nach gering.

Neben den oben aufgeführten Verbrennungsvorgängen spielt sich in den Feuerungen in mehr oder minder starkem Maße fast immer ein sekundärer chemischer Prozeß ab, die Zerlegung von Wasserdampf. Er stammt entweder aus dem Wasser des Brennstoffes oder wird von außen in die Feuerung eingeblasen. Der Grund der Einführung ist in der Regel, das Schmelzen der Schlacke und die damit verbundene Bildung von Ansätzen an den Wänden der Feuerung zu verhindern. Über andere Zwecke dieser Maßregel wird später gesprochen werden. Der Vorgang, der endothermisch ist, d. h. Wärme verbraucht, spielt sich nach der Gleichung ab:

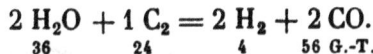

$$2\,H_2O + 1\,C_2 = 2\,H_2 + 2\,CO.$$
$$36 24 4 56\ \text{G.-T.}$$

Die gebundene Wärme muß nach dem Gesetz von der Erhaltung der Kraft die gleiche sein, wie sie bei der Verbindung von Wasserstoff mit Sauerstoff frei wird, also nach der Zahlentafel II 28500 WE je kg Wasserstoff; oder

$$\frac{4}{36} \cdot 28500 \cong 3200 \ \text{WE je kg}$$

gebildeten bzw. zerlegten Wassers. Auf der anderen Seite wird durch die Entstehung von Kohlenoxyd Wärme frei, und zwar nach der gleichen Zahlentafel je kg C 2440 WE, also je kg H_2O

$$\frac{24}{36} \cdot 2440 \cong 1600 \ \text{WE,}$$

so daß noch 1600 WE auf andere Weise gedeckt werden müssen, z. B. durch Verbrennung von C mit Luft zu CO_2.

Verbrennen wir das gewonnene Wasserstoff- und Kohlenoxydgas wieder, nach der Formel

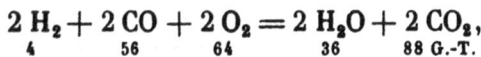

$$2\,H_2 + 2\,CO + 2\,O_2 = 2\,H_2O + 2\,CO_2,$$
$$4 56 64 36 88\ \text{G.-T.}$$

so gewinnen wir je kg H_2O nach der mehrfach genannten Tabelle

$$\text{Durch Verbrennung von } H_2 \ \frac{4}{36} \cdot 28500 \cong 3200 \ \text{WE.}$$

$$\text{Durch Verbrennung von CO } \frac{56}{36} \cdot \ 2440 = \underline{3800 \ \text{»}}$$

$$\text{zus. } \mathbf{7000 \ WE.}$$

Diese Wärmemenge stellt dar:

1. Die vorhin von außenher gedeckten . . . 1600 WE
2. Die aus der Verbrennung von C zu CO_2 je kg

$$H_2O \text{ freiwerdende Wärme} = \frac{24}{36} \cdot 8080 = \underline{5400 \ \text{»}}$$

$$\mathbf{7000 \ WE.}$$

Wie zu erwarten war, ergibt die Rechnung, daß bei dem Einblasen von Dampf theoretisch weder ein Gewinn noch ein Verlust an Energie erzielt wird. Vielmehr erhalten wir einfach die Wärme zurück, die wir zu dem Auseinanderreißen von H_2O aufwenden mußten, und dazu die gleiche Wärmemenge, die frei werden würde, wenn wir den zur Reduktion der Kohlensäure verwendeten Kohlenstoff im Sauerstoff der Luft verbrannt hätten. Daß aber praktisch tatsächlich ein Verlust entsteht, weil immer auch unzersetztes Wasser in die Heizgase übergeht, welches die Verbrennung verlangsamt, die Verbrennungstemperatur erniedrigt und den Essenverlust erhöht, davon später ausführlicher (s. Ziff. 3).

Bemerkt sei schließlich noch, daß die Zersetzung von Dampf durch Einblasen in die Generatoren ein manchmal erwünschtes Mittel ist, die Wärmeentwicklung im Generator zugunsten des eigentlichen Ofens nieder zu halten, weil auf diesem Wege der sog. »Abhitzerest« im Regenerativofen verkleinert werden kann. (Näheres s. S. 224 bis 228.)

2. Brennstoffe.

Die Eigenschaften der wichtigsten gasförmigen und flüssigen brennbaren Materialien sind in der mehrfach angezogenen Zahlentafel II am Schluß dieses Buches angegeben. Als fester Brennstoff kommt für die praktische Wärmewirtschaft allein der Kohlenstoff in Frage, der Hauptbestandteil unserer Stein- und Braunkohlen. Ihre ungefähre Zusammensetzung mögen die Kohlenanalysen deutscher und böhmischer Marken zeigen, wie sie im »Taschenbuch für Eisenhüttenleute«, 2. Auflage, S. 210 und S. 213, veröffentlicht sind. Danach enthalten in runden Zahlen im Mittel:

	Heizwert in WE je kg	Asche %	Wasser %	Brennbare Substanz %	Kohlen-stoff %	Wasser-stoff %
gute Steinkohlen	7000—8000	2—5	1—8	88—98	80—90	5—6
» Braunkohlen	4000—6000	3—8	10—30	65—85	60—75	4—6

Aber weder die Analyse, noch der Heizwert, noch die je m^3 Gemisch enthaltenen Wärmeeinheiten, von denen als Gütemaßstab bei den Brennstoffen der Gasmotoren schon die Rede war, noch die Verbrennungstemperatur sind für die Beurteilung der Brennstoffe allein maßgebend. Was sonst dafür in Frage kommt, ist abhängig von dem besonderen Verwendungszweck. Hier können nur die wichtigsten Gesichtspunkte und Eigenschaften genannt werden.

Während wir für die Verbrennungsmotoren nach Gasen suchen, die frei von Kohlenwasserstoffen sind, sind uns diese für unsere Feuerungen besonders willkommen. Der Grund ist in beiden Fällen der gleiche: Die Kohlenwasserstoffe spalten bei den hohen Temperaturen im Verbrennungsraum Kohlenstoff (Ruß) ab. Dieser führt in der Kraft-

maschine zu schädlichen Verschmutzungen von Ventilen und Arbeitszylinder. Bei der Feuerung dagegen macht er die Flamme leuchtend.
Der Schmelzer, Schweißer, Brenner oder wer sonst den Ofen bedient,
schätzt das, weil er die leuchtende Flamme besser beurteilen, also auch
regulieren kann.

Es kommt hinzu, daß leuchtende, mit festen Kohlenstoffteilchen
durchmengte Flammen ein größeres Strahlungsvermögen haben als
nicht leuchtende. Neuere Forschungen[1]) von K. Rummel und A. Schack
haben ergeben, daß der weitaus größte Teil (es wurden in einzelnen
Fällen 80 bis 90% errechnet) des Wärmeaustausches zwischen Heizgasen
und festen Körpern auf dem Wege der Strahlung erfolgt. Es ist deshalb einleuchtend, daß jeder Umstand, der jene vermehrt, auch den
Wärmeaustausch verbessert. Praktische Versuche nach dieser Richtung
sind schon vor den obengenannten Veröffentlichungen von einem oberschlesischen Werk gemacht worden, und zwar in der Weise, daß der
gleiche Ofen einmal mit klarer, dann mit leuchtender Flamme auf der
gleichen Temperatur von ca. 1850° gehalten und danach die Badtemperatur gemessen wurde. Sie ergab sich bei der nicht leuchtenden Flamme
jedesmal niederer als bei der leuchtenden. Damit ist auch experimentell
erwiesen, daß die Vorliebe der Schmelzer für die letztere nicht, wie man
vielfach angenommen hat, einfach auf Vorurteil und Gewohnheit beruht,
sondern gute Gründe hat.

Es sei bei dieser Gelegenheit ein Gebiet gestreift, das wie für alle
industriellen und gewerblichen, so auch besonders für die Fragen der
Wärmewirtschaft von Bedeutung ist, das persönliche Verhältnis des Betriebsingenieurs und -leiters zu Arbeitern und Meistern. Unter ihnen,
ganz besonders unter den letzteren, sind bedeutende Fähigkeiten des
Willens und des Geistes, vor allem der Beobachtung latent, einfach weil
sie sich aus den Besten eines geistig unverbrauchten Standes rekrutieren.
Der Betriebsmann, der sich dessen nicht bewußt ist, der kein Vertrauens-
verhältnis zu seinen Meistern und Vorarbeitern hat, dessen Tätigkeit
allein im Befehlen und Verlangen und nicht auch darin liegt, den Untergebenen die Wege zu ebnen, wird so wenig in seinen Werkstätten etwas
Gutes zu leisten vermögen wie der Offizier im Feld, der dieses Verhältnis
nicht zu seinen Unteroffizieren herzustellen weiß. Es gibt zwei falsche
Wege, die der Betriebsingenieur gehen kann: entweder er richtet sein Urteil
kritiklos nach dem seiner Untergebenen, verteidigt, was sie verfechten,
und verwirft, was sie verwerfen. Oder er stellt sich mit seinen Überlegungen
ganz abseits von den ihrigen, nimmt von vornherein an, daß ihre Meinung

[1]) Mitt. 51 und 55 der Wärmestelle des Ver. D. Eisenhüttenleute.

der Abneigung gegen alles Neue oder irgendeinem anderen Vorurteil
entspringe. Der erstere Weg wird uns nie von der Stelle bringen, der
letztere mindestens sehr viel langsamer als der allein richtige Mittelweg, welcher ist: der Akademiker im Betriebe soll die Beobachtungen seiner Untergebenen anhören; er soll suchen, sie zur Deckung zu bringen mit den
Beobachtungen, Versuchen und Rechnungen, die er selbst oder andere
machen. Solange jene nicht gegeben ist, soll er den Urteilen seiner Leute
mit der Skepsis begegnen, welche das vornehmste Kennzeichen des wirklich wissenschaftlich Gebildeten ist. Aber er muß wissen, daß die größere
Wahrscheinlichkeit auf der Seite der Richtigkeit der Beobachtung liegt,
wenn sie von Leuten ausgeht, die Jahre oder Jahrzehnte lang an dem
gleichen Posten gestanden, in den gleichen Ofen geblickt, die gleiche Maschine montiert oder bedient haben. Und daß es deshalb das Gegenteil
solcher Skepsis ist, wenn man sie von vorneherein verwirft, nur weil
sie mit irgend etwas, was in irgendeinem Buche oder Hörsaal vertreten
worden ist, nicht übereinstimmt. Die Beobachtungen der Arbeiter und
Meister in einem Betriebe, wenn sie, wie oben angegeben, gesichtet sind,
stellen eine Art von großem Versuchsmaterial dar, wie es in diesem Umfang kein Forschungsinstitut zu schaffen vermag. Sache des Akademikers
ist es, die richtigen Schlüsse aus ihm zu ziehen. Läßt er es unbeachtet,
so handelt er wie ein Forscher, der, nur in eigenen Versuchen und Speku-
lationen wühlend, unberücksichtigt läßt, was Andere vor ihm gesehen. Zugleich aber begeht er die Todsünde des Betriebsmannes, er ist ungerecht
und unsachlich. Man staunt oft, und zwar nicht zum wenigsten auf dem
Gebiet der Wärmewirtschaft, wie sich Falsches durch Jahrzehnte in manchen Betrieben halten kann. Die Schuld daran liegt nicht nur in einer
gewissen Trägheit der Praxis gegenüber der Wissenschaft, sondern oft
auch in dem geistigen Hochmut von Menschen, die sich für Wissenschaftler
halten, es aber im tiefsten Grunde nicht sind. Denn Kastengeist und
Überhebung widersprechen wie alles, was an das Persönliche streift,
schroff dem Wesen wahrer Wissenschaft.

Wir kehren zur Sache zurück! Die gas- und vor allem kohlenwasser-
stoffreiche Kohle ist neben den eben behandelten Gründen auch deshalb
für die meisten Verwendungszwecke beliebt, weil sie langflammig ist.
Über die Wirkung kurzer und langer Flamme s. Kap. V. Für viele Zwecke
ist ferner der Schwefelgehalt des Brennstoffes von Bedeutung, so beim
Koks unserer Hochöfen, von dem er auf das Roheisen übergeht, dessen
Qualität verderbend, beim Brennen feiner Porzellane, denen er gefährlich ist, bei Dampfkesseln oder Kochern, wo das entstehende Schwefel-
dioxyd die Wände angreift, namentlich wenn an kälteren Stellen sich
Wasser aus den Rauchgasen niedergeschlagen hat. ($SO_2 + H_2O =$

H_2SO_3 schweflige Säure; diese geht mit überschüssigem Sauerstoff der Heizgase allmählich in H_2SO_4, Schwefelsäure, über, durch welche bei den vorliegenden Temperaturen Eisen angegriffen wird.)

Weiter sind Körnung und physikalische Eigenschaften oft wichtig. So muß der Koks für den Hochofenbetrieb fest sein, damit er unter der Last der mehrere 20 m hohen Gichten nicht zerdrückt oder beim Transport und Abstürzen nicht allzusehr zerrieben wird. Für automatische Dampfkesselfeuerungen sind nur gleichmäßige, kleine Körnungen (gesiebte Nußkohlen) verwendbar. Wo die Beschickung nicht automatisch ist, zieht man größere Sortimente (Würfelkohle), und wo mit langer Lagerung im Freien gerechnet werden muß, ganz große (Stückkohle) vor, weil sie am wenigsten unter der Witterung leiden.

Endlich ist eine wichtige Eigenschaft das »Backen«, zusammenbacken der Kohle. Backende Kohlen sind solche mit hohem Teergehalt; sie gehen in einen teigförmigen Zustand über, ehe sie auf Entzündungstemperatur kommen, und bilden dadurch über den brennenden Schichten eine Hülle, die den Heizgasen den Durchtritt erschwert oder ganz unmöglich macht. Sie muß von Zeit zu Zeit mit Stocheisen durchstoßen oder mit Brechstangen »aufgebrochen« werden, eine beschwerliche und zeitraubende Arbeit. Backende Kohle hat zudem häufig auch leichtflüssige Asche, sie bildet dann an den Wänden des Generators oder der Feuerung Ansätze, welche wiederum das Rosten außerordentlich erschweren und aufhalten. Daher kommt es, daß nicht backende und nicht schlackende Kohlen auf dem Roste oder im Generator oft bis zu 30% mehr Leistung ergeben als backende.

Die letzteren sind in der Regel gute Kokskohlen; eine Frage, auf die hier nicht eingegangen werden kann.

3. Verbrennungsluft, Luftvielfaches, Verbrennungstemperatur Zahlen für rohe Rechnungen. Vorwärmung von Luft und Gas.

Die Luftmenge, welche theoretisch für die Verbrennung eines Materials erforderlich ist, errechnet man am einfachsten, indem man aus seiner Analyse den Kohlen- und Wasserstoff (einschließlich der im Wasser und den Kohlenwasserstoffen enthaltenen Mengen) ermittelt.

Aus den Gleichungen

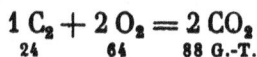

$$1\,C_2 + 2\,O_2 = 2\,CO_2$$
$$24 \qquad 64 \qquad 88\ \text{G.-T.}$$

und

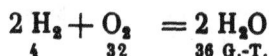

$$2\,H_2 + O_2 = 2\,H_2O$$
$$4 \qquad 32 \qquad 36\ \text{G.-T.}$$

ergibt sich, daß

$$1 \text{ kg C } \frac{64}{24} = 2,67 \text{ kg}$$

und

$$1 \text{ kg H } \frac{32}{4} = 8 \text{ kg Sauerstoff}$$

benötigen. Haben wir den Gesamtkohlenstoffgehalt aus der Analyse mit k, den Wasserstoffgehalt mit w gefunden, so benötigen wir an Sauerstoff demnach $2,67\,k + 8\,w$.

Hiervon ist abzuziehen der Sauerstoffgehalt des Brennstoffs, und zwar wieder des freien wie des an H_2O oder andere Stoffe gebundenen, der sich gleich s ergeben möge. Dann ist der theoretische Luftbedarf[1])

$$\frac{100}{23} (2,67\,k + 8\,w - s) \quad . \quad . \quad . \quad . \quad . \quad . \quad (27)$$

Beispiele der Berechnung gibt das Taschenbuch für Eisenhüttenleute.

In den meisten Feuerungen würde die Verbrennung unvollkommen sein, wenn man sich auf die theoretische Luftmenge beschränken wollte. Es muß deshalb ein gewisser Luftüberschuß eingeführt werden, und zwar um so mehr, je ungünstiger die Verhältnisse für eine gute Mischung (direkte Feuerung), um so weniger, je günstiger sie liegen (Gas-, Kohlenstaub-, Teerfeuerung). Diesen Prozentsatz + 1 nennt man das »Luftvielfache«. Es ist also bei 20% Überschuß = 1,2. Wählt man es für eine Feuerung zu nieder, so wird die Verbrennung unvollständig, wählt man es zu hoch, so drückt man die Verbrennungstemperatur und erhöht den Abgasverlust. Als richtiges, normales Luftvielfaches, das für jede Feuerung auf dem Wege des Ausprobierens, etwa ausgehend von 1, ermittelt wird, wollen wir dasjenige bezeichnen, das die höchste Verbrennungstemperatur ergibt, ähnlich wie wir als Normalleistung einer Maschine diejenige angenommen haben, welche den höchsten thermischen Wirkungsgrad hat. Über die Wirkung eines zu großen Luftüberschusses wird in Kap. VI (über die Gesichtspunkte zur Beurteilung und über Messungen und Einstellung von Feuerungen) noch gesprochen werden.

Für rohe feuerungstechnische Rechnungen seien noch einige Zahlen angeführt teils eigener Berechnung, teils dem Taschen-

---

[1]) Die Zusammensetzung der Luft ist in runden Zahlen:

	Gew.-Teile	Raumteile
Sauerstoff	23	21
Stickstoff	77	79
	100	100

Dazu kommen geringe Mengen von Kohlensäure, Argon und der Feuchtigkeitsgehalt, die hier außer Rücksicht gelassen sind.

buch für Eisenhüttenleute, teils anderem Schrifttum entnommen: für
1 kg guter Steinkohle von 7000 bis 8000 WE benötigen wir zur Vergasung 4 kg Luft und erhalten daraus 5 kg Gas. Diese wiederum verbrennen mit 5 bis 6 kg Luft zu 10 bis 11 kg Abgasen je nach Luftüberschuß
und Gaszusammensetzung. Das erzeugte Generator- oder Luftgas hat
ca. 1300 WE je m³.

Braunkohlenbriketts von 5000 WE brauchen je kg 1½ kg Luft,
um 2½ kg Gas zu geben, das mit 4½ kg Luft zu 7 kg Abgasen verbrennt.

Gute Rohbraunkohle von 6000 WE verbrennt mit 9 kg Luft
zu 10 kg Heizgasen,

schlechte Rohbraunkohle von 2000 WE mit 3 kg Luft zu
4 kg Heizgasen.

An dieser Stelle sei bemerkt, daß der Verfasser zum Unterschied
von anderen Autoren die Wärmerechnungen mit Gewichts-, nicht mit
Raumeinheiten durchzuführen pflegt. Raumeinheiten werden in
diesem Buch nur verwendet, wo Geschwindigkeiten zu ermitteln sind,
im übrigen die Raumteile der Analysen auf Gewichtsteile umgerechnet.
Es geschieht das, weil nach einem alten Grundsatz keine Rechnung
verlässig ist, die nicht durch eine zweite bestätigt wird. Eine solche
Deckung ergibt sich aber von selbst bei der Gewichtsrechnung, bei
welcher jeweils die Mengen vor und nach der Verbrennung gleich groß
sein müssen (siehe die rechte und linke Seite der oben angegebenen Ver-
brennungsgleichungen). Wir erhalten sie dagegen nicht bei der Rechnung
mit Raumeinheiten. Das bedingt Mangel an Kontrolle und Fehlerquelle zugleich!

Die theoretische Verbrennungstemperatur t_{th} finden wir aus
der Überlegung, daß, abgesehen von den Wandverlusten, die gesamte,
zu einem Verbrennungsraum getragene und in ihm frei werdende Wärme
sich in den Heizgasen wiederfinden muß, nach der Gleichung:

$$W_L + W_g + W_v = G_a \cdot c_a \cdot t_{th} \quad \ldots \quad \ldots \quad (28)$$

(W_L durch die Verbrennungsluft, W_g durch das Gas zugetragene,
W_v durch die Verbrennung frei werdende Wärme, G_a = Gewicht, c_a =
spezifische Wärme der Abgase bei der Verbrennungstemperatur t_{th}.)

Beziehen wir das Ganze auf 0° C und nehmen wir die Temperaturen
von Gas und Luft = 0 an, so werden W_L und W_g = 0. Auch bei den
Temperatur der Atmosphäre liegen sie so wenig über 0, daß sie vernachlässigt werden können. Die Verbrennungstemperatur bei Verbindung
von Kohlenstoff mit dem Sauerstoff der Luft ohne Vorwärmung berechnet
sich somit wie folgt:

Nach Tafel 1 ist der Heizwert von C bei Verbrennung zu CO = 2440 WE. 1 kg C verbrennt nach den Tabellen des Taschenb. f. Hüttenleute, Aufl. II, S. 223, mit 5,7 kg Luft zu 6,7 kg (CO + N)[1].

Die spezifischen Wärmen, bezogen auf 1 kg bei konstantem Druck, für die verschiedenen Temperaturen der Gase nach B. Neumann (St. u. E. 1919, S. 746) sind für die wichtigsten Punkte unserer Feuerungen in nachfolgender Zahlentafel wiedergegeben (abgerundet auf 2 Dezimalen):

Wahre und mittlere spez. Wärmen von Gasen bezogen auf 1 kg (nach Neumann).

°C Temperatur	Kohlensäure		Wasserdampf		Sauerstoff		Stickstoff u. Kohlenoxyd		Luft		Wasserstoff	
	wahre	mittl.	wahre	mittl.	wahre	mittl.	wahre	mittl.	wahre	mittl.	wahre	mittl.
Atmosphäre 0° . .	0,20	0,20	0,46	0,46	0,22	0,22	0,25	0,25	0,24	0,24	3,44	3,44
Essentemperatur 200°	0,23	0,22	0,47	0,47	0,22	0,22	0,26	0,25	0,25	0,24	3,53	3,49
Austritt aus den Kammern d. Regenerativöfen 650°	0,28	0,25	0,50	0,48	0,24	0,23	0,27	0,26	0,26	0,25	3,73	3,59
Direkte Feuerung 1300°	0,31	0,27	0,62	0,51	0,25	0,24	0,29	0,27	0,28	0,26	4,03	3,73
Regenerativgasfeuerung 1800° . . .	0,32	0,28	0,75	0,55	0,27	0,24	0,31	0,28	0,30	0,27	4,25	3,85
2000° . . .	0,32	0,28	0,81	0,58	0,27	0,25	0,32	0,28	0,30	0,27	4,34	3,89

Die wahren spezifischen Wärmen geben die WE an, die bei der betreffenden Temperatur zur Erwärmung um 1° C aufgewendet werden müssen, die mittleren das Mittel der spezifischen Wärme zwischen ihr und 0°. Die letzteren sind dann anzuwenden, wenn ein Gas allmählich von 0° erwärmt oder auf diese Temperatur abgekühlt wird, ein Fall, welcher in der Regel bei unseren Rechnungen vorliegt.

Das entstehende Gasgemisch besteht aus Stickstoff und Kohlenoxyd und hat laut Zahlentafel bei der zu erwartenden Temperatur von 600 bis 1300° eine spezifische Wärme von 0,26 bis 0,27. Wir setzen 0,27 ein. Unsere Gleichung lautet demnach

$$2440 = 6,7 \cdot 0,27 \cdot t_{th}.$$

Daraus

$$t_{th} = \frac{2440}{6,7 \cdot 0,27} = 1350°.$$

---

[1] Oben (S. 131) war angegeben, daß 1 kg Kohle mit 4 kg Luft zu 5 kg Generatorgas verbrennt. Da sie etwa 80% Kohlenstoff enthält, so vermindern sich die Zahlen 5,7 und 6,7 auf 4,5 und 5,4 oder bei Berücksichtigung der Aschen- und Generatorverluste auf rd. 4 und 5 wie oben.

In ähnlicher Weise sollen nun die theoretischen Verbrennungstemperaturen einer Gasfeuerung, und zwar im Generator und im eigentlichen Verbrennungsraum (Ofen) nebst allen damit zusammenhängenden Faktoren für 3 Fälle untersucht werden:

   I. Bei Erzeugung von reinem Luftgas, d. i. ein Gemisch von Kohlenoxyd und Stickstoff nebst geringen Mengen von Kohlensäure und Wasserstoff, die in keinem Generatorgas ganz fehlen.

  II. Bei Erzeugung von Mischgas, das wir dann erhalten, wenn wir in die Brennstoffschichten des Generators Dampf (H_2O) einblasen. Es entsteht ein Gemisch wie unter I, aber mit größerem Gehalt an Wasserstoff und mit unzersetztem Wasser.

 III. Bei Erzeugung von Luftgas, bei welchem ein Teil des Kohlenoxyds (angenommen sind 3,5 Gewichtsteile von 100) durch Kohlenwasserstoffe (der Einfachheit halber wird angenommen nur durch Methan) ersetzt sind.

Diese Rechnungen sollen durchgeführt werden, einmal, weil sie uns zu wichtigen Erkenntnissen über den Einfluß des Dampfes und der Kohlenwasserstoffe auf die Feuerung führen werden, zum anderen, um den in stöchiometrischen Rechnungen nicht Bewanderten eine gewisse Übung darin zu verschaffen. Sie ist für die Berechnung nicht nur, sondern auch für das Verständnis der Feuerungen unentbehrlich.

In allen drei Fällen sollen das Gas auf 1200, die Verbrennungsluft auf 1400° vorgewärmt werden. Die Gasanalyse ergebe im Falle I 0,5 Raumteile CO_2, 33 R.T. CO, 2 R.T. H_2, 64,5 N_2. Laut Hütte oder Tafel II ist das Gewicht von 1 m³ bei 0° und 760 HgS für $CO_2 = 2$, $CO = 1,25$, $H_2 = 0,089$ und $N_2 = 1,25$ kg. Folglich erhalten wir:

Analyse der Generatorgase im Falle I.

	Vol. %.	Gewicht von 1 m³	Gewicht	Gewicht %.	spez. Wärme bei 1300°	Wärmeinhalt je 1°
CO_2	0,5 · 2	= 1,00 kg	=	0,8	0,27	0,22
CO	33 · 1,25	= 41,25 »	=	33,5	0,27	9,00
H	2 · 0,089	= 0,18 »	=	0,14	3,73	0,52
N	64,5 · 1,25	= 80,6 »	=	65,56	0,27	17,70
	100,0		123,03 kg	100,00		27,44

Es ergibt sich (s. äußerste Reihe rechts) eine spezifische Wärme des Gases von $0,2744 \cong 0,27$.

Nun verbrennen 28 G.-T. Kohlenoxyd mit 16 G.-T. Sauerstoff zu 44 G.-T. Kohlensäure, also 33,5 kg Kohlenoxyd mit $\dfrac{33,5 \cdot 16}{28}$ O zu

$$\frac{33,5 \cdot 44}{28} \cong 53 \text{ kg } CO_2;$$

Ferner 2 G.-T. Wasserstoff mit 16 G.-T. Sauerstoff zu 18 G.-T. Wasser, also 0,1 kg mit 0,8 kg O zu 0,9 kg H_2O.

Die $\frac{33,5 \cdot 16}{28} = 19 + 0\,8 \cong 20$ kg Sauerstoff entsprechen $\frac{77}{23} \cdot 20 = 67$ kg Stickstoff.

Nach der Verbrennung müssen daher auf 100 kg Generatorgas vorhanden sein:

Analyse der Abgase. Fall I.

			vH
Kohlensäure aus dem Gas . . . 0,8 kg			28,5
aus der Verbrennung 53,0 »	53,8 kg		
Stickstoff aus dem Gas . . . . 65,6 kg			
» aus der für die Gasverbren-			
nung erforderl. Verbr.-Luft 67,0 »	132 6 »	(+ 17,5 s. unten)	71,0
Wasser aus der Verbrennung	0,9 »		0,5
Somit entstehen aus 100 kg Generatorgasen	187.3 kg	(+ 22,7 kg s. unten)	100,00

Abgase.

Nach S. 131 verbrennt 1 kg Steinkohle zu ungefähr 5 kg Generatorgas. Daraus würden $5 \cdot 1,873 \cong 9,3$ kg Abgase entstehen, wenn wir mit der theoretischen Luftmenge verbrennen würden. Wir haben auf S. 131 angenommen, daß 5 kg Gas mit 5 bis 6, im Mittel 5½ kg Luft zu 10,5 kg Abgasen verbrennen. Der Unterschied zwischen 9,3 und 10,5 kommt auf Rechnung der Luft.

Er errechnet sich wie folgt:

5 kg Gas verbrennen mit 5,5 kg Luft zu 10,5 kg Abgas.

1 kg Gas verbrennt mit 1,1 kg Luft zu 2,1 kg Abgas.

Nach obiger Rechnung verbrennt:

1 kg Gas mit 0,873 kg Luft zu 1,873 kg Abgas.

Also: Luftvielfaches $= \frac{1,1}{0,873} = 1,26$.

Zu den obigen 187,3 kg Abgas kommt das aus dem Stickstoffgehalt zu errechnende Mehr an Luft hinzu, das sind

$(1.26 - 1) \cdot 67 \cdot \frac{100}{77} = 22,7$ kg Luft (17,5 kg N und 5,2 kg O). So erhalten wir insgesamt an Abgasen $187,3 + 22,7 = 210$ kg auf 100 kg Generatorgas (5 kg Gas ergeben 10,5 kg Abgas, wie oben).

Zur Berechnung der Verbrennungstemperatur benötigen wir noch das Gewicht der Verbrennungsluft $= \frac{100}{77}(67 + 17,5) = 110$ kg. Die gleiche Zahl erhalten wir (was als Beispiel für die ständigen Kontrollen mittels der Gewichtsrechnung dienen mag), wenn wir von dem Gewicht der Abgase des Generatorgases abziehen (210 — 100 = 110).

Nun haben wir, was wir zur Bestimmung der theoretischen Verbrennungstemperatur benötigen:

Wärmeaufstellung im Falle I.

100 kg auf 1200° vorgewärmtes Generatorgas bringen zum Ofen		
$100 \cdot 1200 \cdot 0,27$		32 400
110 kg auf 1400° vorgewärmte Luft bringen mit: $110 \cdot 1400 \cdot 0,26$		40 000
Bei der Verbrennung von 33,5 kg CO werden frei $33,5 \cdot 2440 =$	81 750	
Bei der Verbrennung von 0,1 H_2 $0,1 \cdot 28500$	2 850	84 600

zus. WE 157 000

Somit muß sein: $157\,000 = 210 \cdot t_{th} \cdot c_a$.

Diese Gleichung enthält zwei Unbekannte, die gesuchte theoretische Verbrennungstemperatur und die von ihr abhängige spezifische Wärme der Verbrennungsgase c_a. Da die letztere bei den in Frage stehenden Temperaturen nicht stark abweicht, können wir ohne nennenswerten Fehler die Temperatur zunächst schätzen und danach c_a einsetzen. Wir nehmen 1800° an und erhalten nach der Zahlentafel auf S. 132: für die oben berechneten Gewichtsteile:

Gewichtsteil	Gasart	Spez. Wärme	Wärmeinhalt je 1° C
53,8	CO_2	0,28	15 WE
150,1	N_2	0,28	42 »
5,2	O_2	0,24	1,25 »
0,9	H_2O	0,55	0,5 »
210,0			58,75 WE.

$$c_a = \frac{58,75}{210} = 0,28$$

$$t_{th} = \frac{157\,000}{210 \cdot 0,28} = 2660° \text{ (Fall I)}$$

ohne Vorwärmung wäre die Zahl

$$t_{th}' = \frac{84\,600}{210 \cdot 0,28} = 1440° \text{ (Fall I)}.$$

Annähernd hätten wir auch rechnen können: Verbrauchte Temperatur ohne Vorwärmung = 1440°, die Vorwärmung auf 1200 bzw. 1400° für Gas und Luft, die je ungefähr die Hälfte der Abgase ausmachen, ergeben für diese

$$\frac{1200 + 1400}{2} = 1300°,$$

somit insgesamt bei Vorwärmung 1440 + 1300 = 2740° theor. Verbrennungstemperatur. Diese letztere Rechnung stimmt nur bei geringem Wassergehalt der Abgase, weil nur dann deren spezifische Wärme derjenigen von Luft- und Generatorgas ungefähr gleich ist.

Die niedere Temperatur von 1440°, die infolge von Wandverlusten, von Nachverbrennung und anderen Ursachen in Wahrheit noch einige 100° geringer ausfallen wird, läßt erkennen, daß Generatorgase ohne Vorwärmung (zum mindesten der Verbrennungsluft) eine sehr matte Verbrennung ergeben, die nicht zu empfehlen ist.

Wir wissen, daß wir auf eine Temperatur von 2660°, wie wir sie oben errechnet haben, schon der Dissoziation wegen nicht kommen können. Außerdem, daß durch die Wandverluste eine Minderung der theoretischen Verbrennungstemperatur eintritt. So haben solche Rechnungen nur relativen Wert, indem man sagen kann, ein Gas mit höherer theoretischer Verbrennungstemperatur wird auf die praktisch erreichbare zuverlässiger kommen und außerdem, es wird sich die effektive Höchsttemperatur auf eine größere Herdlänge zu halten vermögen. Denn die Dissoziation kann CO bzw. H und O natürlich nur solange auseinander halten, als die Dissoziationstemperatur bestehen bleibt. Sobald sie infolge der Abkühlung durch Wärmegut und Wandverluste sinkt, setzt der Verbrennungsvorgang wieder ein, bis aller Brennstoff sich mit Sauerstoff verbunden hat. Das macht, daß wir bei Vorwärmung Herdlängen von 10 und 12 m gleichmäßig unter einer Temperatur von

1850° halten können, und daß oft noch der obere Teil der Kammern unter ihr steht, während wir bei direkten Feuerungen, deren Verbrennungstemperatur etwa bei 1300 bis 1400 liegt, Mühe haben, auf dem dritten Teil der genannten Herdlänge gleiche Hitze zu haben. Bei ihnen hat sich eben der Verbrennungsprozeß, kaum gehemmt von der Wirkung der Dissoziation, im wesentlichen schon im Feuerkasten und über der Feuerbrücke vollzogen. Von da ab setzen die genannten Verluste ein, ohne daß ihnen eine Nachverbrennung als Quelle für den Ersatz gegenübersteht.

Wir haben in obiger Rechnung vollständig trockenes Gas angenommen. Meist wird wegen der leichteren Aschenentfernung und aus den früher angedeuteten Gründen Dampf in den Generator geblasen in ganz verschiedenen Verhältnissen von 20 bis 100% des vergasten Kohlengewichtes. Die Zersetzung zu Wasser- und Sauerstoff vollzieht sich nur unvollkommen; erfahrungsgemäß ungefähr 50% des eingeblasenen Dampfes gelangen unzersetzt in den Ofen. Es wurde schon erwähnt, daß solcher Ballast von Dampf in den Gasen die Verbrennungstemperatur herabsetzt.

Nehmen wir zum Zweck der rechnerischen Untersuchung an, es würden 30% des Kohlengewichtes eingeblasen, davon 15 in $2 H_2$ und O_2 zerlegt. Dann haben wir je kg Kohle zunächst 0,15 kg H_2O in den Gasen. Die restlichen H_2O werden durch C in H_2 und CO zerlegt, und zwar gibt 1 kg H_2O $\frac{1}{9}$ kg H_2 und $\frac{28}{18}$ kg CO. Diese verbrennen mit $\frac{8}{9}$ kg O_2 zu 1 kg H_2O und mit $\frac{16}{28} \cdot \frac{28}{18} =$ ebenfalls $\frac{8}{9}$ kg O_2 zu $\frac{44}{28} \cdot \frac{28}{18} = \frac{44}{18}$ CO_2 nach den Formeln:

$$2 H_2 + O_2 = 2 H_2O \quad \text{und} \quad 2 CO + O_2 = 2 CO_2$$

Somit ändert sich die Analyse des Generatorgases in obigem Beispiel wie folgt: Da 1 kg Kohle 5 kg Generatorgas entspricht, machen 15% der Kohle 3% des Gases aus.

Analyse des nassen Generatorgases. Fall II.

	kg	in %	spez. Wärme bei 1300°	Wärmeinhalt je 1°
H_2O unzersetzt	3	2,78	0,51	1,42
H_2 aus der Zersetzung $\frac{3}{9}$	0,33			
Aus erster Analyse (S. 133)	0,14	0,47	0,44	3,73	1,64
CO aus der Zersetzung des H_2O $= 3 \cdot \frac{28}{18}$	$= 4,67$			
Aus erster Analyse $= 33,5$	38,17	35,3	0,27	9,54
CO_2 aus erster Analyse	0,8	0,74	»	0,20
N_2 » » »	65,56	60,74	»	16,4
	108,00	100,00		29,20

Somit spez. Wärme des nassen Gen.-Gases $\cong$ 0,29.

Die Analyse der Abgase, die aus diesen 108 kg nasser Generatorgase entstehen, errechnet sich folgendermaßen:

Unverändert bleiben aus der ersten Analyse (S. 134) 53,8 kg CO_2 (132,6 + 17,5) N_2 (die 17,5 aus dem Luftüberschuß) 0,9 H_2O und 5,2 O_2 (aus dem Luftüberschuß). Dagegen kommen hinzu: 3 kg unzersetztes Wasser und ferner aus den Zersetzungsprodukten:

3 kg Wasser ergaben $3 \cdot \frac{2}{18} = 0,33$ H_2, die zu $9 \cdot 0,33 = 3$ kg H_2O und $3 \cdot \frac{28}{18}$ CO, die zu $3 \cdot \frac{28}{18} \cdot \frac{44}{28}$ $CO_2 = 7,3$ kg CO_2 verbrennen. An Sauerstoff war erforderlich nach den Gleichungen:

$$H_2O + C = H_2 + CO$$

und

$$H_2 + CO + O_2 = H_2O + CO_2$$

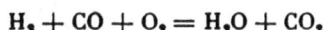

für 1 kg H_2O $\frac{32}{18}$ kg, also für 3 kg zersetzten Wassers $3 \cdot \frac{32}{18}$ kg Sauerstoff $= 5,33$ kg. Diese entsprechen $\frac{77}{23} \cdot 5,33 \cong 18$ kg Stickstoff, mit 26% Luftüberschuß rund 6,7 kg O_2 und 22,5 kg $N_2 \cong 29$ kg Luft, zu denen für die ursprüngliche Analyse 110 kg Luft hinzukommen, zusammen 139 kg Luft. Sie ergeben mit 100 kg Gas, 6 kg Wasserdampf und 2 kg Kohlenstoff, die zur Zersetzung des Wassers aufzuwenden waren, 139 + 100 + 6 + 2 = 247 kg Abgase (s. die nachfolgende Analyse).

Wir erhalten also:

Abgasanalyse im Falle II.

aus Fall I	nach obigem kommen hinzu	zusammen kg	Gewicht %	Spez. Wärme bei 1800°	Wärmeinhalt bei 1°
CO_2 53,8 +	7,3	61,1	24,7	0,28	6,92
H_2O 0,9 +	3 +3	6,9	2,8	0,55	1,54
O_2 5,2 +	6,7 — 5,33*	6,6	2,7	0,24	0,65
N_2 150,1 +	22,5	172,6	69,8	0,28	19,50
		247,2	100,0		28,61

* 5,33 kg werden nach Obigem für die Verbrennung von H_2 und CO verbraucht, sind also in den ersten beiden Posten der Analyse enthalten.

Die mittlere spezifische Wärme des Abgases ist demnach = 0,286.

An Wärme strömen je 100 kg verbranntem Gas dem Verbrennungsraum zu:

Wärmeaufstellung im Falle II

durch das vorgewärmte Gas . . . . $100 \times 0,29 \times 1200 = 34\,800$ WE

» die » Luft . . . . $139 \times 0,26 \times 1400 = 50\,600$ »

durch die Verbrennung von 0,44 kg H_2 je 28000 WE $= 12\,300$

35,3 » CO » 2440 » $= 86\,100$ 98 400

183 800 WE.

Daraus mit Vorwärmung: $t_{theor} = \dfrac{183800}{247,2 \cdot 0,286} \cong 2600°$

» ohne » $t_{theor} = \dfrac{98400}{247,2 \cdot 0,286} \cong 1390°$

gegen 2660 und 1440° im Falle I.

Wir sehen, daß in bezug auf die Verbrennungstemperatur der Ballast an unzersetztem Wasser verdorben hat, was der größere, aus der Zersetzung hervorgehende Wasserstoffgehalt gewinnen läßt. Die theoretischen Verbrennungstemperaturen sind ungefähr gleich geblieben. Näheres darüber weiter unten.

Wesentlich für Verbrennungstemperatur und Leistung von Gasen ist deren Gehalt an Kohlenwasserstoffen. Die Zahlentafel I[1]) zeigt in Reihe 7 (Wärmeeinheiten in einem Kubikmeter Gasgemisch bei theoretischer Luftmenge) für Äthylen 930 WE, für Methan 810 gegenüber 900 bei Kohlenoxyd und 770 bei Wasserstoff. Dabei ist aber zu berücksichtigen, daß bei der Destillation der Kohlenwasserstoffe aus der Kohle kein Ballast von Stickstoff oder Wasserdampf entsteht, wie es bei der Bildung von Kohlenoxyd oder Wasserstoff im Generator der Fall ist. Dessen Einfluß drückt sich in den Zahlen für Generatorgas aus, für welches Spalte 8 nur 600 WE und Spalte 9 eine theoretische Verbrennungstemperatur von nur 1750⁰ gegen 2250 bis 2450⁰ der Kohlenwasserstoffe aufweisen. Aus dem hohen Wärmeinhalt von einem Kubikmeter Gasgemisch läßt sich schließen, daß die Verbrennungstemperatur eines Gases mit seinem Gehalt an Kohlenwasserstoffen, namentlich von der Zusammensetzung C_nH_{2n} steigt. Zum Studium dieses Einflusses wollen wir obige Rechnung nochmals durchführen, aber in der Annahme, daß aus der Kohle 3,5 kg Methan abdestillieren und daß dafür das gleiche Gewicht weniger an Kohlenoxyd im Gas enthalten sei. Wir wählen Methan als Vertreter der Kohlenwasserstoffe, obwohl es erst bei höherer Temperatur zerfällt als die schweren Kohlenwasserstoffe[2]) (und auf dieses Zerfallen kommt es, wie noch gezeigt wird, an), weil wir sicher nicht zu günstig rechnen wollen, und weil die leichter zersetzlichen Kohlenwasserstoffe bei ihrem Zerfall teilweise Methan bilden. Sie wirken also in gleichem, nur verstärktem Sinne.

Mit dem Gehalt an Kohlenoxyd sinkt natürlich auch der Stickstoffgehalt, und zwar um $3,5 \frac{16}{28} \cdot \frac{77}{23} = 6,7$ kg.

Alles andere bleibt wie im Falle I (S. 133).

Somit ist für unseren Fall (III) die Gasanalyse:

CO_2	= 0,8 kg	=	0,85 %
CO 33,5 −3,5	= 30,0 »	=	32,2 »
H_2	= 0,14 »	=	0,15 »
N_2 65,56 −6,7	= 58,86 »	=	63,05 »
CH_4	= 3,5 »	=	3,75 »
	93,30 kg	=	100,00 %

Die spezifische Wärme wird durch die kleine Änderung nicht merklich beeinflußt, wir können sie wie im Fall I ≅ 0,27 setzen.

Aus 100 kg obiger Gase entstehen bei der Verbrennung die nachfolgenden Abgase:

[1]) S. Schluß des Buches.
[2]) Nach Hollings und Cobb (St. u. E. 1915, S. 810) zersetzen sich bei 800⁰, also der Temperatur in den oberen Brennstoffschichten eines Steinkohlengenerators: Methan zu 12%, Äthan zu 80%, Äthylen zu 57%. Bei 1100⁰ zersetzt sich auch Methan zu 57%.

Analyse der Abgase. Fall III.

	kg	kg	%	c_p	Wärmeinhalt je 1° C
1. CO_2: im Generatorgas enthalten . . .	0,8				
aus der Verbrennung von 32,2 CO:					
$32,2 \frac{44}{28}$ . . . . =	51,0				
aus der Verbrennung von 3,75 CH_4:					
$3,75 \frac{44}{16}$ . . . . =	10,5	62,3	21,6	0,28	6,1
2. H_2O: aus der Verbrennung von H_2 (s. Fall I) . . . . =	0,9				
aus der Verbrennung von CH_4:					
$3,75 \frac{36}{16}$ . . . . =	8,4	9,3	3,3	0,55	1,8
3. N: aus dem Gas	63,05				
aus der Verbrennungsluft von					
CO zu $CO_2 \frac{32,2 \cdot 16}{28} \cdot \frac{77}{23}$. =	61,5				
H_2 zu H_2O $0,15 \cdot 8 \frac{77}{23}$ . . =	4,0				
CH_4 zu CO_2 und 2 H_2O:					
$3,75 \cdot \frac{64}{16} \cdot \frac{77}{23}$ . . . . . =	50,0				
für 26% Luftüberschuß . . =	30,0 145,5	208,6	72,1	0,28	20,19
O_2 zu 30 N $= \frac{23}{77} \cdot 30$ =		9	3,0	0,24	0,72
		289.2	100,0		28,81

Die spezifische Wärme ergibt sich aus der letzten Reihe mit rund 0,29.
Dem Verbrennungsraum werden im Falle III zugeführt:

Wärmeaufstellung Fall III.

Durch das vorgewärmte Gas: $100 \cdot 1200 \cdot 0,27$ = 32400 WE
» die » Luft: $(289,2 - 100) \cdot 1400 \cdot 0,26$ = 69000 »
Durch die Verbrennung:
von 32,2 CO je 2440 WE . . . . = 78600
» 0,15 H_2 je 28500 » . . . . = 4300
» 3,75 CH_4 je 12000 » . . . . = 45000 | 127900 »
| 229300 WE.

$$t_{theor} \text{ mit Vorwärmung } \frac{229300}{289.2 \cdot 0,29} \cong 2670°$$

$$\text{» ohne » } \frac{127900}{289,2 \cdot 0,29} = 1520°.$$

Um die Vorgänge in den drei Fällen überblicken zu können, müssen wir endlich noch die im Generator bei der Bildung des Gases entstehenden Wärmemengen und Temperaturen errechnen, und zwar wieder für je 100 kg Generatorgas:

Fall I (trockenes Gas ohne CH_4):

$$100 \text{ kg Gas enthalten } 0,8 \text{ kg } CO_2 = 0,8 \frac{12}{44} = 0,22 \text{ C}$$

$$33,5 \text{ » } CO = 33.5 \frac{12}{28} = 14,3 \text{ »}$$
$$\overline{14,52 \text{ C.}}$$

Bei der Verbrennung dieser C-Mengen sind frei geworden:

$$0,22 \cdot 8080 = 1\,800 \text{ WE}$$
$$14,3 \quad \cdot 2440 = \underline{34\,900} \text{ »}$$
$$36\,700 \text{ WE.}$$

$$t_{th\,\text{Generator}} = \frac{36\,700}{100 \cdot 0,275} = 1335^0.$$

Fall II (mit Dampf erzeugtes Gas):

100 kg Gas enthalten 0,74 kg $CO_2 \cong$ 　　　　　　　0,20 C

$$35,3 \quad \text{»} \quad CO = 35,3 \frac{12}{28} = \underline{15,10} \text{ »}$$
$$15,30 \text{ C. } \cdot$$

Bei der Verbrennung werden frei:

$$0,20 \cdot 8080 = 1\,600 \text{ WE wie oben}$$
$$15,1 \quad \cdot 2440 = \underline{36\,800} \text{ »} \quad 38\,400 \text{ WE.}$$

Dagegen werden für die Zersetzung von 3 kg H_2O verbraucht:

$$3 \text{ kg } H_2O = \frac{3}{9} = 0,33 \; H_2 \cdot 28\,500 = \underline{9400} \text{ »}$$

so daß insgesamt frei werden . . . . 29 000 WE.

Somit

$$t_{th\,\text{Generator}} = \frac{29\,000}{0,286 \cdot 100} = 1010^0.$$

Fall III (Gas mit CH₄):

100 kg Gas enthalten 0,85 kg $CO_2 = 0,85 \frac{12}{44} = 0,23 \text{ kg C}$

$$32,2 \quad \text{»} \quad CO = 32,2 \frac{12}{28} = \underline{13,8} \text{ » »}$$
$$14,03 \text{ kg C.}$$

Bei der Verbrennung werden frei:

$$0,23 \cdot 8080 = 1\,860 \text{ WE}$$
$$13,8 \quad \cdot 2440 = \underline{33\,700} \text{ »}$$
$$35\,560 \text{ WE.}$$

$$t_{th\,\text{Generator}} = \frac{35\,560}{100 \cdot 0,275} = 1290^0.$$

Nicht berücksichtigt sind in obigen Berechnungen der Generatortemperaturen die Wärmeeinheiten, welche zur Destillation des CH_4 und der Entstehung des H_2 nötig waren. Sie sind bei den kleinen Mengen beider Bestandteile so gering, daß wir sie vernachlässigen dürfen.

Zu bemerken ist ferner, daß sämtliche Zahlen, die wir errechnet haben, auf 100 kg Gas bezogen sind. Wollen wir die Wirtschaftlichkeit vergleichen, so müssen wir die Basis anders wählen und sie auf den gleichen Kohlenstoffverbrauch, d. h. Kohlenstoffgehalt der Gase beziehen. Er ergibt sich nach den letzten drei Rechnungen mit 14,52, 15,30 und 14,03. Diese Kohlenstoffbasis angenommen, müssen wir also Fall II mit $\frac{14,52}{15,30} = 0,95$ und Fall III mit $\frac{14,52}{14,03} = 1,035$ multiplizieren. Das ist in den Reihen IIb und IIIb der folgenden Zahlentafel geschehen.

Diese an der Hand beliebig gewählter praktischer Beispiele aufgestellte Zahlentafel gibt uns in den fettgedruckten Ziffern wertvolle allgemeine Aufschlüsse über die drei wichtigsten Vorgänge bei der Verbrennung,

Fall Nr.	Art des Gases	Freiwerdende WE insgesamt, davon:		3 durch Verbrennung	4 Durch die Vorwärmung dem Ofen zugeführt	5 Freiwerdende Wärme in Ofen und Generator Reihe 1+3	6 t_{th} Generator	7 t_{th} Ofen mit Vorwärmung	8 t_{th} Ofen ohne Vorwärmung	9 Aus der Abhitze für die Vorwärmung zu bestreiten Reihe 4—1	10 Wärme ohne Abhitze Reihe 5—9.
		1 Im Generator	2 Im Ofen								
I	trocken ohne CH$_4$	26 700	157 000	84 600	72 400	121 300	1 335	2 660	1 440	85 700	85 800
II a	mit Einblasen von Dampf ohne CH$_4$	29 000	183 800	98 400	85 400	127 400	1 010	2 600	1 890	56 400	71 000
II b	wie II a, aber auf gleiche Basis wie I gestellt mit 0,95 multipliziert .	27 600	174 000	98 500	81 100	121 000	1 010	2 600	1 890	53 500	67 500
III a	trocken, aber mit CH$_4$	35 560	229 300	127 900	101 400	163 460	1 290	2 670	1 520	65 840	97 620
III b	wie III a, aber auf gleiche C Basis gestellt (mit 1,035 multipliziert) .	36 800	237 000	132 500	105 000	169 300	1 290	2 670	1 520	68 200	101 000

nämlich die Kohlenoxydbildung, die Wasserzersetzung und die
Bildung von gasförmigen Kohlenwasserstoffen. Würden wir andere
Beispiele wählen, so würden die obigen Zahlen wohl, absolut genommen,
sich verschieben, die Richtung des Einflusses der genannten Vorgänge
aber würde die gleiche bleiben. Im wesentlichen kann sie in Verbindung
mit früher Gesagtem folgendermaßen zusammengefaßt werden:

Die Zerlegung des eingeblasenen Dampfes und Verbrennung des sich
bildenden Wasserstoffs vergrößert zwar die im Ofen sich entwickelnde
Wärme (s. Reihe 3, Zeile IIb, gegen die gleiche Reihe Zeile I der Zahlentafel S. 141), dafür ist im Generator aber weniger Wärme frei geworden.
Im ganzen ist in beiden Fällen die Wärme je verbrauchten kg Kohlenstoff die gleiche (Reihe 5).

Was die theoretische Verbrennungstemperatur betrifft, so hat der
Ballast an unzersetztem Wasser und an Stickstoff mehr als ausgeglichen,
was die hohe Verbrennungstemperatur des Wasserstoffs nützt; mit Vorwärmung hat sie sich von 2660 auf 2600 nicht ermäßigt. Der durch Einblasen von Dampf kalt gehende Generator und der Ballast an unzersetztem
Dampf hat aber noch Folgen die in der, unserer Zahlentafel zugrunde
liegenden Rechnung nicht zum Ausdruck kommen. Einmal, daß, wie
früher erwähnt, neben CO mehr CO_2 im Gas entsteht, und zum andern,
daß die Abgase mehr Wärme aus dem Ofen in die Esse tragen, weil
die hohe spezifische Wärme des Wasserdampfes ihren Wärmeinhalt erhöht. Das macht, daß in Summa das Dampfblasen, wo bei einem Brennstoff die Kohlenwasserstoffe keine bedeutende Rolle spielen, den thermischen Wirkungsgrad einer Feuerung verschlechtert.

Zeile IIIb zeigt, daß schon ein Gehalt von 3,5% Methan (andere
Kohlenwasserstoffe des Generatorgases, Äthylen (C_2H_4), Benzol (C_6H_6),
Äthan (C_2H_6) verhalten sich ähnlich, meist noch beträchtlich günstiger),
die gesamte, bei der Vergasung und Verbrennung entwickelte Wärme
(Reihe 5) heraufsetzt (in unserem Falle von rd. 121 300 auf rd. 169 000 WE).
Desgleichen steigt die theoretische Verbrennungstemperatur im Ofen
(2670 gegen 2600 bzw. 2660°, und im Generator, wenigstens gegenüber
dem Betrieb mit Dampf (1290 gegen 1010°). Wir werden also obendrein
wenig CO_2 im Gase und geringen Stickstoffballast in den Abgasen, also
kleinen Essenverlust haben. Aus all dem ersehen wir, daß ein Kohlen-
wasserstoffgehalt im Gas in einem dem Gehalt an unzerlegtem
Wasser entgegengesetztem Sinne, wirkt. Diese beiden
Gehalte stehen aber insofern in Zusammenhang, als heißer
Gang der Vergasung entstehende Kohlenwasserstoffe zerstört,
sie verbrennen oder werden zersetzt. Kalter Gang, wie er durch das
Dampfblasen erzielt wird (s. Reihe 6), erhöht im Gegenteil den Kohlen-

wasserstoffgehalt. In dieser Wechselwirkung liegt die Erfahrung begründet, welche man mit sehr guter, gasreicher Kohle macht, daß es für die Wirkung der Feuerung gleichgültig ist, ob man die Vergasung (in direktem wie indirektem Verbrennungsvorgang) heiß oder kalt, nur mit Luft oder mit Dampf und Luft betreibt. Die Dinge regeln sich innerhalb der Brennstoffschichten gleichsam automatisch. Selbst der Heizwert der entstehenden Gase bleibt manchmal bei kältestem und heißestem Gang annähernd der gleiche. Stets aber steht auf der Passivseite des Betriebes mit Dampf der höhere Essenverlust infolge der größeren spezifischen Wärme des den Essengasen beigemengten Dampfes.

Von Bedeutung sind auch die Zahlen in Reihe 9 und 10. Erstere, durch Subtraktion von Reihe 1 von 4 erhalten, zeigen, daß sowohl bei der Zersetzung von Wasserdampf wie bei der Entstehung von Kohlenwasserstoffen durch die Vorwärmung von Gas und Luft mehr Wärme zum Ofen zurückgetragen werden kann als im Falle I. Der Grund liegt in der größeren oder geringeren Menge der für das Gas erforderlichen Verbrennungsluft. Diese Tatsache ist dort von Wichtigkeit, wo die Abhitze nicht unter Kesseln verwertet wird, wo also verloren ist, was wir nicht durch die Vorwärmung zum Ofen zurückführen. Näheres darüber später (s. Gasofen).

Dagegen ist Reihe 10 (die Werte von 9 abgezogen von denen in Reihe 5) für die Beurteilung maßgebend, wo die Abhitze, etwa unter Kesseln, verwertet wird. Derjenige Vorgang ist dann offenbar der günstigste, bei dem ohne Zuhilfenahme der Abhitze die größte Wärmemenge (in Ofen und Generator) frei wird, bei dem also die Zahlen der Reihe 10 am größten sind. Denn wir dürfen in diesem Falle die Abhitze, die ja in anderer Weise hätte nutzbar gemacht werden können, dem Vorgang nicht mehr zugute rechnen, sondern nur mehr die ohne Zuhilfenahme der Abhitze entstehenden Wärmemengen. Wir sehen, daß hier in weitem Abstand der schlechteste Vorgang der Fall II (Betrieb mit Dampf) ist, der beste der mit viel Kohlenwasserstoffen, während Generatorgas ohne Dampf und Kohlenwasserstoffe in der Mitte steht.

Nach obigem drängt sich die Frage auf, ob es nicht möglich ist, in guter Gaskohle die Kohlenwasserstoffe zu schonen, ohne die Mängel der unvollkommenen Dampfzersetzung, kohlensäurereiches Gas und hoher Essenverlust, in Kauf zu nehmen, mit anderen Worten, ob man nicht in der sog. »Entgasungszone« in einem Generator oder einer direkten Feuerung niedere, dagegen in der Vergasungszone, d. h. den unteren Brennstoffschichten sehr hohe Temperaturen erzeugen kann. Das wird dann der Fall sein, wenn wir über dem Rost den Brennstoff intensiv verbrennen (Unterwind mit hohem Druck, gute, wenig wasserhaltige Kohle), danach aber die entstehenden Gase möglichst rasch abkühlen. Zu dem letzteren Zweck verwenden wir die über der Verbrennungszone liegenden Brennstoffschichten, die wie das Gitterwerk eines Wärmespeichers wirken. Wir werden später bei der Behandlung der Regeneratoren sehen, daß wir mit den gleichen Gitterwerksmassen dieselbe Abkühlung erreichen, wenn wir ihnen eine große Höhe aber kleinen Querschnitt geben, als wenn wir das Umgekehrte tun, daß aber die Temperaturkurve im letzteren Falle steiler abfällt. Das heißt, je Höheneinheit des Gitterwerks (hier der Brennstoffschichten) fällt die Temperatur der durchstreichenden Gase rascher. Das aber ist, was wir wollen: damit wenig Kohlensäure entsteht, sollen die Gase heiß erzeugt, dann aber auf möglichst kurzem Weg auf Temperaturen gebracht werden, bei denen sie den Kohlenwasserstoffen der über der Verbrennungszone liegenden Kohle nicht mehr gefährlich sind. So gelangen wir zu den amerikanischen Generatoren mit weiten Schächten (verwandte Überlegungen spielen auch beim Hochofen mit, wie im 3. Teil ausgeführt werden wird). Solche Gaserzeuger sind nach obigem wärmewirtschaftlich richtig, haben nur den Nachteil, daß sie ungleichmäßiges Gas geben, wenn die Beschickung oder die Körnung oder Qualität des Brennstoffes ungleichmäßig sind. Daher die mechanischen Rührwerke, die bei großen Schachtdurchmessern eingeführt worden sind.

Man könnte noch daran denken, den Dampf erst in der Entgasungszone einzublasen. Man würde damit wohl die gleiche Wirkung wie mit großen Durchmessern (kalten Entgasungsraum) erzielen, aber gleichzeitig würde der Anteil an zersetztem Dampf sehr zurückgehen, die Verbrennungstemperatur im Ofen würde, durch den mitgeführten unzersetzten Dampf, sinken und den Essenverlust steigern. Eher könnte man mit einer künstlichen Kühlung von außen (durch Kühlmäntel) und durch Kühlschlangen den fraglichen Zweck erreichen. Auch die sog. Schwelrohre beruhen auf ähnlicher Wirkung (s. Generatoren des Gasofens).

Zusammenfassung.

Die oben gewonnenen Ergebnisse sind grundlegend für den Verbrennungsvorgang, weshalb sie nochmals kurz zusammengefaßt und kritisch betrachtet werden sollen:

1. Das Einblasen von Wasserdampf verringert an sich den Wirkungsgrad einer Feuerung, weil es die Verbrennungstemperatur erniedrigt und die Abgasverluste erhöht. Es ist deshalb nur anzuwenden, wo

    a) Betriebsrücksichten (leichtes Rosten oder Entfernen der Schlacke,
       Vermeidung von Schlackenansätzen am Mauerwerk) es erfordern,

b) wo der Gehalt des Gases an Kohlenwasserstoffen dadurch zunimmt,

c) wo andere Gründe, die wir später kennen lernen werden, für eine Verlegung der Wärmeentwicklung aus dem Generator nach dem Verbrennungsraum des Ofens sprechen (Verringerung des Abhitzerestes).

2. Wo Dampf eingeblasen wird, soll es so geschehen, daß möglichst wenig davon unzersetzt an die Gase geht. Man soll deshalb nicht in die kälteren, sondern in die heißen Brennstoffschichten blasen und nicht nassen, sondern **überhitzten Dampf**.

Es verbessern schon verhältnismäßig geringe Gehalte an Kohlenwasserstoffen Verbrennungstemperatur und Leistung einer Feuerung unter Umständen stärker, als beträchtliche Mengen eingeblasenen Dampfes sie verschlechtern. (In unseren Beispielen erhöhen 3,5% Kohlenwasserstoffe die theoretische Verbrennungstemperatur (Spalte 7) um 10^0, das Einblasen von 30% Dampf auf 100 kg Kohle erniedrigt sie um 60^0. Die betr. Zahlen für die Wärmeentwicklung (Spalte 5) sind 169200 und 121000 WE.)

4. Das **normale Luftvielfache** nennen wir in diesem Buch das, bei welchem die **höchste effektive Verbrennungstemperatur** erzielt wird. Es übersteigt die Zahl 1 um so mehr, je geringer die Vorwärmung und je schlechter die Mischung von Gas und Luft ist. Gasfeuerungen ganz ohne Vorwärmung geben für technische Zwecke zu niedere Verbrennungstemperaturen, wodurch Wirkungsgrad und Leistung schlecht werden.

5. Der Wirkungsgrad einer Feuerung ist um so besser, je höher die Verbrennungstemperatur und damit die Temperaturdifferenz zwischen Heizgasen und Wärmegut und je größer darum die Wärmeübertragung in der Zeiteinheit ist.

Über den letzteren Punkt Ausführlicheres im nächsten Abschnitt!

4. Wärmeübertragung und Wärmeleitung.

a) Regeneratoren und Rekuperatoren. Wärmeübergangs-, Wärmeleit- und Wärmedurchgangszahl.

Wir haben im vorigen Abschnitt die Wärmeentwicklung betrachtet. Während in den Kraftmaschinen die erzeugten Wärmeeinheiten in Arbeit umgewandelt werden, übertragen wir sie in unseren Feuerungsanlagen auf irgendein »Wärmegut«, wie das Wasser oder den Dampf eines Kessels oder das Glasbad oder die Stahlblöcke von Glas- bzw. Stoßöfen. In anderen Fällen wird auch die in Heizgasen enthaltene Wärme auf Luft oder Generatorgase übergeführt. Das geschieht entweder in sog. »Rekuperatoren«, d. s. Rohrsysteme aus feuerfestem Steinmaterial oder Metall, auf deren einer Seite die heizenden, auf deren anderer die vorzuwärmenden Gase strömen. Oder in »Regeneratoren«, »Wärmespeichern« (bei Hochöfen »Winderhitzer« oder »Cowper« genannt), Kammern mit einem Gitterwerk von feuerfestem Material, an welche abwechselnd einmal Heizgase ihre Wärme abgeben (Aufheiz- oder Heizperiode-»Gasen«), während sie in der nächsten Periode (Gas- bzw. Windperiode) von dem vorzuwärmenden Gas oder Wind aufgenommen wird. Bei den Rekuperatoren haben wir einen Wärmedurchgang, wie wir ihn vom Dampfkessel her kennen, bei den Regeneratoren ein Ansaugen und nachher wieder Ausstoßen von Wärme durch Wände, wie wir es im Arbeitszylinder der Dampfmaschine kennen gelernt haben.

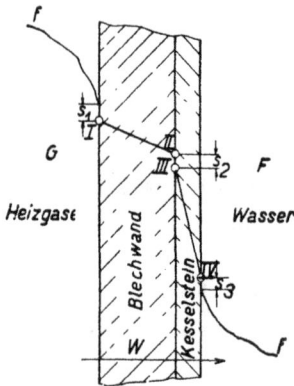

Abb. 56. Wärmedurchgang durch Kesselwand mit Kesselsteinschicht.

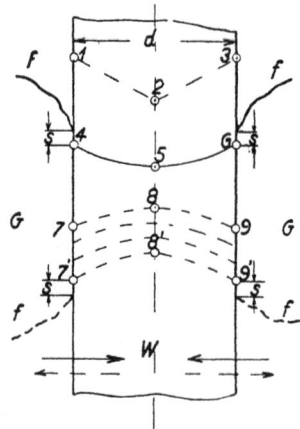

Abb. 57. Gitterstein (ausgezogene u gestichelte
Linie) od. Block (neu ausgezogene Linie.)

Machen wir uns zunächst diese Vorgänge, so wie sie nach den heutigen Anschauungen von Physik und Technik sich darstellen, an der Hand von Schaubildern klar und geben uns Rechnung über die sie bestimmenden Naturgesetze!

Abb. 56 zeigt den Wärmedurchgang etwa durch das Kesselblech eines Dampfkessels mit kleiner Auflage von Kesselstein. Links befinden sich Heizgase, rechts das Kesselwasser.

Abb. 57 stellt dagegen den Gitterstein (W) eines Regenerators dar, welcher von beiden Seiten von gasförmigen Medien (G) umspült ist, die ihn entweder mit Wärme auf- oder in der folgenden Periode entladen.

Innerhalb der festen Körper (W in beiden Abbildungen) strömt die Wärme nach dem Wärmeleitungsgesetz, welches durch die Formel ausgedrückt wird:

$$Q = F \frac{\lambda}{\delta} (t_1 - t_2)\, z \; . \; . \; . \; . \; . \; . \; . \quad (29)$$

d. h. die von einer Wand von dem Querschnitt F und der Dicke δ weitergeleitete Wärmemenge ist proportional dem ersteren, der Wärmeleitzahl
λ (s. unten) und der Differenz der Temperaturen zu Beginn und am
Ende des Wärmestromes (Temperaturgefälle); dagegen umgekehrt proportional der Wandstärke δ. Die »Wärmeleitzahl« λ nennen wir
hierbei die Zahl der Wärmeeinheiten, welche bei einem bestimmten
Körper von 1 m² Querschnitt und 1 m Länge bei einem Temperaturgefälle von 1° je Stunde in der Längsrichtung hindurchströmen. Die
Werte von λ für die verschiedenen Materialien finden sich in der »Hütte«;
in Hausbrand, »Verdampfen, Kondensieren und Kühlen« und
anderen Handbüchern. Die aus obiger Formel (29) ersichtliche Proportionalität zwischen Q und δ bedeutet, daß bei einem Strömen der Wärme
in der gleichen Richtung (Abb. 56 von links nach rechts) die Wärme-
stromkurve in den festen Körpern, konstante Wärmeleitzahlen vorausgesetzt[1]), linear verlaufen muß. Die Linien I, II und III, IV sind ganz
oder annähernd Gerade. Wo dagegen die Wärme von zwei Seiten in
eine Wand einströmt (Abb. 57), ist ein solcher linearer Verlauf (Linie
1, 2, 3) schon deshalb unwahrscheinlich, weil wir in diesem Falle in der
Mitte eine Spitze (2) erhalten würden. Solch plötzliche, scharfe Übergänge finden aber in der Natur kaum statt. H. Gugler[2]) hat rechnerisch
nachgewiesen, daß im Falle der Abb. 57 die Wärmekurve eine Parabel
sein müsse (Linie 4, 5, 6). Angenommen, es werde, wenn diese Linie
eben erreicht ist, plötzlich umgesteuert, so daß nun Wärme aus dem
Inneren des Steines nach außen fließt (gestrichelte Pfeile), so werden
die Punkte 4 und 6, welche den abkühlenden Gasen unmittelbar ausgesetzt sind, rascher ihre Wärme verlieren, als der Punkt 5 im Inneren
des Steines, und nach einiger Zeit wird sich wieder eine Parabel eingestellt haben (7, 8, 9), die aber umgekehrt wie die vorige liegt. Kühlen
wir weiter ab, so wird die Parabel parallel nach unten sich verschieben
(7', 8', 9').

Über den Verlauf der Wärmeströmung innerhalb der gasförmigen und flüssigen Medien G und F ist zu sagen, daß er
sich aus einem, von der praktischen Technik wohl nie zu erfassendem
Nebeneinander von Strahlung, Leitung, Berührung und Mischung
(die letzteren beiden nennt man auch »Konvektion«) zusammensetzt.

---

[1]) Bei den feuerfesten Steinen steigt die Wärmeleitzahl mit der Temperatur,
so daß die Temperaturkurve etwas von der Geraden abweicht.
[2]) St. u. E. 1911, S. 62.

Wo Gase mit geringer Geschwindigkeit durch Rohre strömen (Abb. 58), hat man parabelförmige Temperaturkurven (*1*, *2*, *3*) festgestellt; ähnlichen Verlauf haben in solchen Rohrleitungen die Geschwindigkeitskurven[1]), eine Tatsache, die vielfach zur Annahme einer Abhängigkeit der Wärmeübergangszahl von der Geschwindigkeit geführt hat. Wo diese aber größer (etwa > 2 m/Sek.) wird, begannen nach Versuchen von Nusselt die Gas- oder Flüssigkeitsteilchen durcheinanderzuwirbeln, man spricht von »turbulenten« oder »Wirbelströmen«, die rechnerisch zu erfassen, wenn nicht unmöglich, so jedenfalls für technische Bedürfnisse zu verwickelt sein würde.

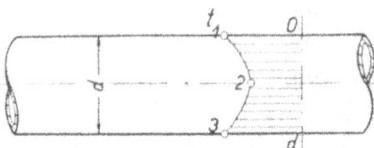

Abb. 58. Temperaturebene.

Endlich haben wir den Übergang an den Berührungsflächen zwischen zwei festen oder einem festen und einem gasförmigen bzw. flüssigen Körper zu betrachten. Neben anderen Forschern haben Holborn und Dittenberger[2]) an der Hand von Versuchen mit heißem Öl, Wasser und Metallwänden diese Vorgänge durchforscht und dabei an den Berührungsflächen sog. Temperatursprünge (in den Abbildungen mit *s* bezeichnet) festgestellt. Sie können auf verschiedene Weise erklärt werden. Entweder durch die Annahme, daß in den untersuchten Fällen der Wärmeaustausch zwischen Gasen und Flüssigkeiten in der Hauptsache auf dem Wege der Bewegung, der Berührung und Durcheinandermischung der Massenteilchen (der sog. »Konvektion«) erfolgte, und daß, wie dies tatsächlich Versuche häufig ergeben haben, die Bewegung an den Wänden der Rohrleitungen = 0 war, mit anderen Worten, daß an ihnen stagnierende Massenteilchen haften blieben, die isolierende Schichten bildeten. Eine gleiche Wirkung würde vorliegen, wenn zwischen zwei festen Wänden (Abb. 56) eine Luftschicht liegt, die außerordentlich dünn, aber eben deshalb auch fast ganz bewegungslos ist. Oder aber kann man in dem Temperatursprung eine Art von »Überspannung« sehen, die überwunden werden muß, ehe der Wärmestrom von einem flüssigen in ein festes Medium einsetzt oder umgekehrt, ähnlich der Überspannung, die wir überwinden müssen, bevor der elektrische Strom in einem Elektrolyten zum Fließen kommt[3]). Wie dem

---

[1]) Sowohl Temperatur- wie Geschwindigkeitskurven müssen aufgefaßt werden als Schnitte von Temperatur- bzw. Geschwindigkeitsflächen mit der Zeichenebene.

[2]) Z. d. V. d. I. 1900, S. 1724.

[3]) Auch diese Erscheinung ist auf ähnliche Gründe (Anhaften ausgeschiedener Gasteilchen) zurückzuführen. (S. Julian Tafel, Zeitschrift für Physikalische Chemie 1905, S. 752.)

auch sei, jedenfalls müssen wir uns darüber klar sein, daß die Grenzfläche einer Wand gegen irgendein Medium von anderem Material nicht
unbegrenzte Wärmemengen durchströmen läßt, sondern daß die letzteren in einer gegebenen Zeit bei einer gegebenen Temperaturdifferenz
begrenzt sind. Und eben die Zahl der Wärmemengen, die durch eine
solche Grenzfläche bei einer Temperaturdifferenz von 1^0 in einer Stunde
durchströmen würden, wenn die Wand unbegrenzte Mengen ab-, das
andere Medium sie zuführen würden, nennen wir die »eigentliche
Wärmeübergangszahl« α. Wir erhalten, wenn wir Proportionalität
zwischen den durchströmenden Wärmemengen und der Flächengröße
einerseits, der Zeit und der Temperaturdifferenz anderseits annehmen,
die schon auf S. 25 aufgeführte Gleichung (21):

$$Q = F \cdot \alpha (t_1 - t_2) z \quad (z = \text{Zahl der Stunden}).$$

In ihr ist gegenüber der Formel (29) für die Wärmeleitung lediglich
der Faktor $\dfrac{\lambda}{\delta}$ durch die Wärmeübergangszahl α ersetzt.

Einwandfreie Untersuchungen über die eigentliche Wärmeübergangszahl liegen zwischen zwei festen Körpern vor, nicht aber zwischen
einem festen und einem gasförmigen oder flüssigen Medium. Sie werden
immer an der schon erwähnten Schwierigkeit scheitern, die Vorgänge
der Wärmewanderung innerhalb von Gasen oder Flüssigkeiten rechnerisch oder experimentell zu erfassen. Denn haben wir z. B. eine in die
feste Wand übergehende Wärmemenge auf das genaueste ermittelt,
so vermögen wir doch nicht zu sagen, ob damit die Grenze der Auf-
nahmefähigkeit der Wand erreicht war. Jede auf dem Weg des Versuches festgestellte Zahl sagt uns nur, daß mindestens soviel
Wärmeeinheiten von der Berührungsflächeneinheit in der
Stunde je Grad Temperaturgefälle übernommen werden
können. Dagegen besagt sie nichts darüber, ob die Wärmemenge nicht größer sein würde, wenn der Fläche von dem
flüssigen oder gasförmigen Medium durch Konvektion oder
Strahlung mehr Wärme zugeführt worden wäre. Man hat die
beiden Fragen bei den Versuchen in der Regel zusammengeworfen, und
die Zahl, die angibt, wieviel Wärmeeinheiten ein solches Medium einer
Fläche zuführt, und wieviel diese durchläßt, zu einem Begriffe verschmolzen, den wir »Wärmeübergangszahl schlechtweg«, nennen
wollen. Ausdrücklich sei festgestellt, daß sie nach obigem
die Frage, ob der Übergangswiderstand der Berührungsfläche oder die Summe der Leitungs-, Bewegungs-, Strah-
lungswiderstände usw. des gasförmigen oder flüssigen Mediums das drosselnde Moment bilden, unentschieden läßt.

Betrachten wir, um uns das klar zu machen, einen Augenblick den Wärmestrom von links nach rechts in Abb. 56, S. 146, in welchem die Abszissen die Wege, die Ordinaten die Temperaturen und zugleich die durchströmenden Wärmemengen darstellen. Im Medium G ist der Verlauf zunächst unbestimmt, wie es der unregelmäßige Linienzug andeutet. Es folgt der Temperatursprung s_1 am Übergang zwischen Heizgasen und Blechwand (der auch auf 0 herabsinken kann), darauf die durch die Gleichung (29) bestimmte lineare Wärmeleitungskurve im Blech, danach der Übergangswiderstand s_2. Die sich nun anschließende Wärmeleitungskurve im Kesselstein ist steiler als im Blech, weil die Wärmeleitzahl des ersteren bedeutend kleiner ist als die des Eisens (ca. 2 gegen 56). Schließlich haben wir nochmals einen Temperatursprung s_3 beim Übergang vom Kesselstein zum Wasser (F) und danach wieder einen unbestimmten Verlauf in dem letzteren. Vernachlässigen wir den unbedeutenden Übergangswiderstand zwischen den festen Körpern, oder nehmen wir nur einen solchen Körper an, so sind demnach für die Größe des Wärmestromes fünf Faktoren maßgebend:

1. Die Wärmemenge, welche von dem heizenden Medium durch Strahlung und Konvektion an die Grenzfläche je Quadratmeter und Stunde herangebracht wird;
2. die Zahl der Wärmeeinheiten, welche 1 m² der Grenzfläche in der Stunde je 1° Temperaturdifferenz durchläßt;
3. die Zahl der Wärmeeinheiten, welche die Wand abtransportiert, also die Wärmeleitzahl λ der Wand und ihre Dicke δ;
4. die Wärmemenge, welche die Wand nach dem zu wärmenden Medium je Quadratmeter Berührungsfläche, Stunde und 1° Temperaturdifferenz hindurchläßt;
5. die von jenem durch Konvektion und Strahlung abgeführte Wärmemenge je Quadratmeter, 1° Temperaturdifferenz und Stunde.

Da 1. und 5. für sich nicht bestimmt werden können, jedenfalls bisher nicht bestimmt sind, so werfen wir sie, wie schon erwähnt, mit 2. und 4. zusammen in den Begriff der »Wärmeübergangszahl schlechtweg«, im Schrifttum häufig auch einfach »Wärmeübergangszahl« genannt. Manche Forscher unterscheiden auch zwischen Wärmeübergangszahl durch Strahlung und durch Konvektion und nennen die letztere α, die gesamte β. Solange wir bei unseren Versuchen die einzelnen Gründe für den Wärmedurchgang bzw. die Wärmedrosselung nicht auseinanderzuhalten vermögen, nützen solche Unterteilungen nicht viel. Man tut deshalb für technische Zwecke, für welche Einfachheit ein ausschlaggebendes Erfordernis ist, gut daran, alle Faktoren, Strahlung und Konvektion, Wärmezu- und -abführung und Wärmeübergang in die eine Größe α zu werfen und sie zu definieren »als die Zahl der Wärme-einheiten, die zwischen zwei Medien je Quadratmeter Be-rührungsfläche, 1 Stunde und 1° Temperaturdifferenz über-nommen und durch die Grenzfläche durchgelassen werden.

Haben wir das derart definierte α auf dem Weg des Versuches für zwei Medien und für bestimmte Betriebsverhältnisse ermittelt, so kann aus Gleichung (21)

$$W = F \alpha (t_1 - t_2) z$$

weiter aus Gleichung (29)

$$W = F \frac{\lambda}{\delta} (t_1 - t_2) z,$$

wenn die Berührungsfläche F, die Temperaturdifferenz $(t_1 - t_2)$ und die Zeit z bekannt sind, die durchströmende Wärmemenge W ermittelt werden. Es ist α auf andere Fälle aber nur dann übertragbar, wenn die Verhältnisse die gleichen oder annähernd die gleichen sind, vor allem Temperaturintervall, Strömungsgeschwindigkeit, Schichtendicke der gas-förmigen und Oberflächenbeschaffenheit der festen Medien.

Ein Beispiel mag die weiteren Betrachtungen erleichtern:

Beispiel: Es soll bestimmt werden, welche Wärmemenge in einem ge-mauerten Wärmespeicher von 35 cm Wandstärke, 24 m² Wandfläche, 1200° innerer und 100° äußerer Temperatur durch Leitung stündlich in die Atmosphäre entweichen. Nach dem »Taschenbuch für Eisenhüttenleute der Hütte«, Aufl. II, S. 253, ist die Wärmeleitzahl von Schamotte bei 1000° 0,82. Nach Gl. 29 ist demnach die durch Leitung durch die Wand gehende Wärmemenge

$$W = 24 \frac{0,82}{0,35} (1200 - 100) \cdot 1 = 62\,000 \text{ WE.}$$

Wohlverstanden, auch diese Zahl bedeutet wie im Falle des Wärmeübergangs ein Maximum, dessen Erreichung an die Bedingung geknüpft ist, daß auf der einen Seite 62 000 WE in der Stunde auch wirklich zugeführt und von der Grenz-fläche durchgelassen, auf der anderen Seite von der Atmosphäre übernommen werden. Gesetzten Falls, die erstere Voraussetzung treffe zu, die Wärmeübergangs-zahl von der Wand zur Außenluft sei aber, etwa dank einer Isolationsschicht, so klein, daß bei der vorliegenden Temperaturdifferenz stündlich nur 40 000 WE über-zugehen vermögen, dann lautet die zu stellende Frage anders, nämlich: welche Temperatur x nimmt diese zu wenig gekühlte Wandfläche bei der vorliegenden Leitfähigkeit an? Die nun aufzustellende Gleichung lautet:

$$40\,000 = 24 \frac{0,82}{0,35} (1200 - x).$$

Daraus

$$x = 320°.$$

Nun ist aber wieder die Voraussetzung, daß die Außenwand nur 100° auf-weise, und damit auch die andere, daß die Luft stündlich nur 40 000 WE ab-nehme, gestört. Steigt die Temperatur auf 320°, wie errechnet, so gehen natürlich mehr WE in die Außenluft als 40 000. Dann aber kann wiederum die Wärme-stauung nicht auf 320° ansteigen usf. Daraus geht hervor, daß wir aus den obigen Gleichungen für die Wärmeströmung, einzeln genommen, nicht ohne weiteres eine Variable bestimmen können, sondern daß die durchfließenden Wärmemengen, die Temperaturen und bis zu einem gewissen Grade auch die Wärmeübergangs- und Wärmeleitzahlen[1]) sich gegenseitig beeinflussen, derart, daß sich ein Gleichgewichtszustand einstellt. Die Bedingung für diesen ist in unserem Beispiel, da die durch Leitung transportierte und die von der Außenluft übernommene Wärmemenge die gleiche sein muß, durch die Gleichung gegeben:

$$\underbrace{24\,\frac{0{,}82}{0{,}35}\,(1200 - x)}_{\text{durch Wand geleitete}} = \underbrace{24 \cdot a\,(x - t_{at})}_{\substack{\text{von der Außenfläche} \\ \text{an die Luft über-} \\ \text{gehende Wärme.}}}$$

t_{at}, die Temperatur der Außenluft, ist bekannt, sie sei 17° C. Für a zwischen Außenwand und Luft haben wir einen Anhaltspunkt in der Angabe, daß bei 100° Wand- und 17° Lufttemperatur 40000 WE durch die 24 m² Wandfläche strömten. Somit ist

$$40000 = 24 \cdot a\,(100 - 17)$$

$$\text{und } a = \frac{40000}{24 \cdot 83} \cong 20 \text{ WE.}$$

Diese Werte in obige Bedingung für den Gleichgewichtszustand eingesetzt, ergibt

$$24\,\frac{0{,}82}{0{,}35}\,(1200 - x) = 24 \cdot 20\,(x - 17).$$

Daraus x, die Temperatur der Außenwand, auf welche sich das Gleichgewicht einstellt, $\cong$ 140°; und W, die Wärmemenge, die stündlich in die Außenluft geht, $= 24 \cdot 20\,(140 - 17) = 59000$ WE.

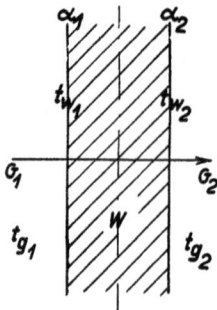

Abb. 59. Wärmeübergang und Wärmeleitung verschmolzen.

Man hat die Gleichgewichtsbedingung für einen durch eine Wand fließenden Wärmestrom, wie wir sie für unser Beispiel ermittelt haben, auch allgemein abgeleitet, wie folgt:

In Abb. 59 gehe von dem Medium G_1 durch die Wand W ein Wärmestrom in das Medium G_2. Die mittlere Temperatur des ersteren sei t_{g1}, die der Berührungsfläche zu G_1 t_{w_1}, zu G_2 t_{w_2}, die mittlere Temperatur von $G_2 = t_{g2}$, die Wärmeübergangszahlen bei G_1 und $G_2 = a_1$ und a_2. Wieder muß die aus G_1 in die Wand übergehende und die in G_2 austretende Wärmemenge Q die gleiche sein wie die von der Wand durch Leitung transportierte.

Somit erhalten wir drei Gleichungen:

$$1.\qquad Q = a_1\,(t_{g_1} - t_{w_1}) \text{ oder } Q\,\frac{1}{a_1} = t_{g_1} - t_{w_1}$$

$$2.\qquad Q = \frac{\lambda}{\delta}\,(t_{w_1} - t_{w_2}) \quad\text{»}\quad Q\,\frac{\delta}{\lambda} = t_{w_1} - t_{w_2}$$

$$3.\qquad Q = a_2\,(t_{w_2} - t_{g_2}) \quad\text{»}\quad Q\,\frac{1}{a_2} = t_{w_2} - t_{g_2}.$$

---

[1]) So ist für Luft die Wärmeleitzahl mit $0{,}0189\,(1 + 0{,}00228\,t)$, für Wasserdampf mit $0{,}014\,(1 + 0{,}0037\,t)$ bestimmt worden.

Die rechtsstehenden drei Gleichungen addiert ergibt

$$Q\left(\frac{1}{a_1} + \frac{\delta}{\lambda} + \frac{1}{a_2}\right) = t_{g_1} - t_{g_2} \quad . \quad . \quad . \quad . \quad (30)$$

Die reziproken Werte von a_1, $\frac{\lambda}{\delta}$ und a_2 kann man als Übergangs-
bzw. Leitungswiderstände bezeichnen. Ihre Summe sei $= R$, dann ist
$Q = \frac{t_{g_1} - t_{g_2}}{R}$, d. h. der Wärmestrom ist zwischen zwei Grenzflächen
gleich der Temperaturdifferenz dividiert durch den Widerstand. Wir
haben damit für jenen eine Formel analog derjenigen des Ohmschen
Gesetzes für den elektrischen Strom $\left(J = \frac{E}{W}\right)$ erhalten.

Trotz dieser scheinbar einwandfreien Ableitung ist es irrig, anzunehmen, daß die Wärme sich wie der elektrische Strom durch die Körper
bewege. Auch wenn wir die Proportionalität von Q mit der Temperatur-

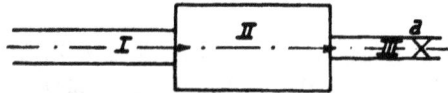

Abb. 60. Elektrischer Strom verhält sich wie eine strömende
Flüssigkeit, Wärme wie ein fließendes Gas.

differenz und die Konstanz von a zunächst als richtig voraussetzen (wir
werden später sehen, daß diese Annahmen nur mit grober Annäherung
zutreffen), so verhalten sich die beiden Strömungen doch schon in bezug
auf die Geschwindigkeiten, mit der sich die Ohmsche Gleichgewichtsbedingung einstellt, grundsätzlich verschieden. Unterbrechen wir (Abb. 60)
einen elektrischen Leiter von verschiedenem Querschnitt bei a, so kommt
die Strömung in der Pfeilrichtung sofort zum Stillstand. Schließen wir
den Strom wieder, so stellt sich ebenso rasch das vorher vorhandene
Gleichgewicht wieder her. Ebenso liegen die Dinge, wenn wir den Strom
nicht unterbrechen, sondern nur den Widerstand in III vermindern oder
erhöhen. Jeder Änderung folgt die Neueinstellung auf dem Fuße. Anders
bei der Wärmeströmung! Nach Unterbrechung bei a wird der Körper II
zunächst von I aus allmählich aufgeladen. Bis der Temperaturausgleich
vollkommen ist, vergeht nicht wie im vorigen Falle unendlich kleine,
sondern unendlich große Zeit. Man kann, wenn man schon Vergleiche
in solchen Dingen zulassen will, sagen: Der elektrische Strom verhält
sich wie eine strömende, nicht komprimierbare Flüssigkeit, die
Wärme dagegen wie ein fließendes kompressibles Gas.

In Gleichung (30) bedeutet Q die Wärmemenge, die bei einer Temperaturdifferenz von $t_{g1} - t_{g2}$ durch unser System strömt. Die Wärme-

durchgangszahl (wir wollen sie hier k nennen, weil sie zum Unterschied von dem oben gebrauchten a auch die Wärmeleitung umschließt) ist die Wärmemenge, die je 1^0 Temperaturdifferenz durchgeht, also ist

$$\frac{Q}{t_{g_1} - t_{g_2}} = k \text{ und } Q = k\,(t_{g_1} - t_{g_2}).$$

Dieser Wert in Gleichung (30) eingesetzt, ergibt:

$$k = \frac{1}{\dfrac{1}{a_1} + \dfrac{\delta}{\lambda} + \dfrac{1}{a_2}} \quad \ldots \ldots \quad (31)$$

Man nennt diese, Leitung und Wärmeübergang enthaltende Größe k »Wärmedurchgangs-« oder »Wärmetransmissionszahl«. Sie tritt in Gleichung (21) und (29) an die Stelle von a bzw. $\frac{\lambda}{\delta}$, so daß wir erhalten

$$Q = F\,k\,(t_1 - t_2)\,z = F\,\frac{1}{\dfrac{1}{a_1} + \dfrac{\delta}{\lambda} + \dfrac{1}{a_2}}\,(t_1 - t_2)\,z \quad \ldots \quad (32)$$

Leider steht auch diese Größe auf schwanken Füßen, wie der nächste Abschnitt zeigen wird. Deshalb verfährt man bei Rechnungen, bei welchen Wärmeleitung und -übergang mitspielen, wohl auch einfacher so, daß man beide einzeln bestimmt und den kleineren als gegeben betrachtet. Das Ergebnis wird etwas ungünstiger sein als bei Gleichung (32); in der Technik genügt ja aber meist die Sicherheit, nicht zu günstig gerechnet zu haben.

b) Anteil der Strahlung an dem Wärmeübergang. Temperaturkurve eine Hyperbel. Mittlere Temperaturdifferenz.

Man kann in obigen Formeln und Überlegungen a bzw. k als den Maßstab des Wärmeüberganges nur durch Leitung und Konvektion ansehen. Dann muß man versuchen, den Übergang durch Strahlung gesondert zu erfassen. Oder man kann den Anteil der letzteren in die Wärmeübergangs- bzw. -transmissionszahl miteinbeziehen, wie es oben geschehen ist. Es erscheint das im ersten Augenblick grob fehlerhaft, weil die Strahlung nach dem Gesetz von Stefan Boltzmann

$$Q = C_1 \cdot F \cdot z \left[\left(\frac{T_1}{100} \right)^4 - \left(\frac{T_2}{100} \right)^4 \right]$$

nicht proportional der Differenz der ersten, sondern der vierten Potenzen von T_1 und T_2 ist. Der Fehler schwächt sich aber ab, wenn wir nur die Wärmeübertragung zwischen festen und gasförmigen Medien betrachten, die für die Berechnung unserer Feuerungen besonders wichtig ist. Dort kann der Einfluß der Temperaturdifferenz letzten Endes nicht steiler verlaufen als dem Ausdruck $T_1 - T_2$ entspricht, weil die Strahlung auf die Dauer nicht mehr Wärme auf den Stein übertragen bzw. von ihm abführen kann, als die Wärmeleitung, die ja $T_1 - T_2$ proportional ist, in sein Inneres abtransportiert oder an seine erkaltende Oberfläche aus dem Inneren nachschafft! Es wird sich ein ähnlicher Gleichgewichtszustand zwischen Strahlung und Leitung einstellen wie in unserem obigen Beispiel zwischen gesamtem Wärmeübergang und Leitung. Und wie dort werden wir zwar zu ungünstig rechnen, aber jedenfalls dem Gebot der Technik, niemals die Annahmen günstiger zu machen, als der Wirklichkeit entspricht, genügen, wenn wir unserer Rechnung den langsameren von zwei für den Gesamtvorgang maßgebenden Prozessen zugrundelegen.

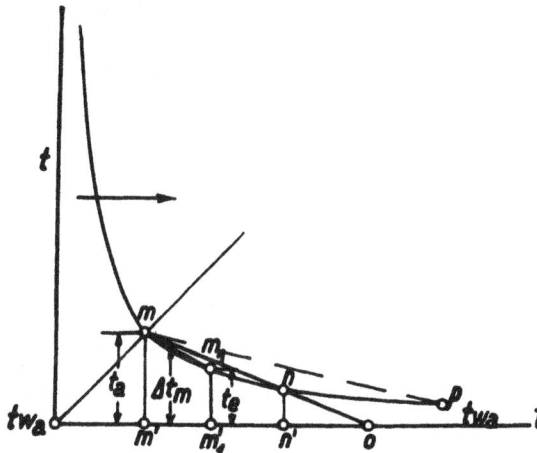

Abb. 61. Asymptotischer Temperaturausgleich.

Immerhin: seitdem man durch die Arbeiten von Schack[1]) weiß, daß der Anteil, insbesondere der Eigenstrahlung der Kohlensäure und des Wasserdampfes an der Wärmeübertragung, sehr viel größer ist, als bisher angenommen wurde (Schack hat Anteile bis zu 80 und 90% errechnet), wird man dazu übergehen müssen, Strahlung und Weiterleitung durch die Steine in ähnlicher Weise in eine gemeinschaftliche Formel zu verarbeiten, wie es eben bei Gleichung (30) geschehen ist. Wenn diese Arbeit getan ist, dann wird es vielleicht auch gelingen, die Temperaturkurven von Gasen, die sich an heißeren Steinen erwärmen, oder umgekehrt,

---

[1]) Mitteilungen der Wärmestelle des Ver. d. Eisenhüttenleute, Düsseldorf, Nr. 55. Die Arbeit ist erschienen, als dieser Teil des vorliegenden Buches schon fertig war. Sie konnte deshalb nur eben noch erwähnt, nicht bei den rechnerischen Verfahren berücksichtigt werden. Es wird ja auch notwendig sein, sie durch Versuche in der Praxis oder im Laboratorium zu erhärten, ehe wir der Industrie auf ihrer Grundlage neue Rechnungsverfahren empfehlen können.

genauer vorauszubestimmen als durch die rohe Annäherung mittels der
Geraden, wie wir sie weiter unten unseren Rechnungen in Ermangelung
an Besserem zugrunde legen werden. Daß (Abb. 61) die Temperatur
von Heizgasen, die an einem kälteren Medium, etwa der Wand eines
Dampfkessels, vorbeiziehen und sich dabei von t_a auf t_e[1]) abkühlen, nach
der Geraden mn fallen, ist schon deshalb unwahrscheinlich, weil diese
sonst die Temperatur (t_{wa}) der Kesselwand in dem Punkte 0 schneiden
und von da ab unter Bildung eines Knickes in diese übergehen müßte.
Wir sagten schon einmal und wissen es im vorliegenden Falle außerdem
aus Erfahrung, daß solche Knicke in der Natur kaum vorkommen, daß
vielmehr ein asymptotischer Verlauf der Kurve wahrscheinlich ist, derart,
daß die Differenz zwischen Heizgas- und Kesseltemperatur sich durch
Wärmeübergang nie ganz ausgleichen wird. Es ist früher schon gezeigt
worden, daß zur Unterhaltung des Wärmestromes eine gewisse »Tem-
peraturüberspannung« nötig ist. Die niederste, dem Verfasser aus
dem Schrifttum bekannte, ist 20°.[2])

Einen asymptotischen Verlauf, wie er für die Temperaturkurve nach
obigem wahrscheinlich ist, weist die Hyperbel auf.

Die Abb. 61 zeigt, daß wir kleine Stücke (m, m_1) ohne großen Fehler
durch die Gerade ersetzen können, daß die Abweichung aber bei weiteren
Spannungen beträchtlich wird (m, p). Als zulässige Grenze kann man
etwa aufstellen, daß die Temperatur auf weniger als die Hälfte gesunken
ist $\left(m_1 m_1' \geqq \frac{1}{2} m\,m'\right)$. Noch in einem anderen Fall ist der Fehler gering,
den wir bei Annahme eines linearen Verlaufes der Temperaturkurve

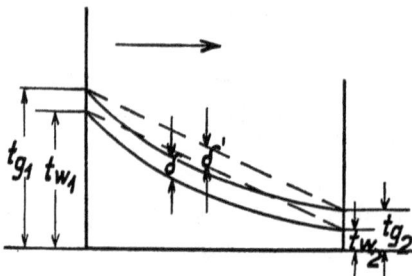

begehen. Dieser bei den Regeneratoren und Rekuperatoren fast
immer, beim Wärmegut häufig vorliegende Fall ist dann gegeben,
wenn der Wärmeaustausch sich im
Gleichstrom vollzieht, wie z. B.
in dem Wärmespeicher eines Regenerativofens. Ist (Abb. 62) in den
oberen Steinschichten eines solchen
die Temperatur t_{w1}, in den unteren

Abb. 62. Wärmeaustausch im Gleichstrom.

t_{w2}, so ergibt sich die mittlere Temperaturdifferenz, auf die es meistens
ankommt, ungefähr gleich, ob wir die Temperaturen nach Geraden
oder nach irgendeiner Kurve abfallen lassen ($\delta = \delta'$). In den angeführten
Fällen können wir also vom Ersatz der Hyperbel durch die Gerade

---

[1]) t_e = Endtemperatur im Punkt n, nicht m_1, wie die Abbildung versehentlich zeigt.
[2]) F. Mayer, Die Wärmetechnik des Siemens Martinofens.

mit gutem Gewissen Gebrauch machen. Für Fälle, die außerhalb der obengenannten Grenzen liegen oder bei Gegenstromübertragung nach Abb. 64, müssen wir uns bewußt sein, daß die Annäherung eine sehr grobe wird.

Besser ist es, in solchen Fällen für die Errechnung der mittleren Temperaturdifferenz (Δt_m in Abb. 63) nicht die Gerade (aus ihr ergibt sie sich als das arithmetische Mittel von Anfangstemperatur (t_a) und Endtemperatur (t_e), sondern die Hyperbel zugrunde zu legen. Die mittlere Temperaturdifferenz Δt_m ist dann nach Grashof:

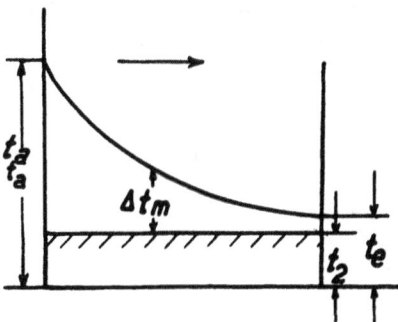

Abb. 63. Wandtemperatur konstant.   Abb. 64. Wandtemperatur steigt allmählich an.

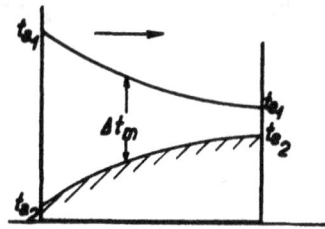

1. im Falle von Abb. 63, wo die Temperatur der Heizgase von t_a auf t_e sinkt, die der zu erwärmenden Flüssigkeit oder Wand dagegen konstant ist ($= t_2$) (z. B. Dampfkessel)

$$\Delta t_m = \frac{t_a - t_e}{\ln\left(\dfrac{t_a - t_2}{t_e - t_2}\right)} \quad \ldots \ldots \ldots \quad (33)$$

statt angenähert bei linearem Verlauf $\dfrac{t_a + t_e}{2} - t_2$.

2. im Falle von Abb. 64, wo die Heizgastemperatur wie unter 1. sinkt, die Temperatur des zu heizenden Mediums dagegen von t_{a2} auf t_{e2} steigt (z. B. Stoßherd eines Blockofens)

$$\Delta t_m = \frac{(t_{a_1} - t_{a_2}) - (t_{e_1} - t_{e_2})}{\ln \dfrac{t_{a_1} - t_{a_2}}{t_{e_1} - t_{e_2}}} \quad \ldots \ldots \ldots \quad (34)$$

statt angenähert $= \dfrac{t_{a_1} + t_{e_1}}{2} - \dfrac{t_{a_2} + t_{e_2}}{2}$.

Hausbrand (s. Literaturverzeichnis) hat zur Ersparung umständlicher Rechnungen nach diesen Formeln Zahlentafeln zusammengestellt, auf die hier verwiesen sei.

c) Ermittlung von Wärmeübergangszahlen zwischen Schamotte-
    steinen und Gasen an Gasfeuerungen.

Auf Veranlassung des Verfassers sind eine Reihe von Untersuchungen
an Gasfeuerungen (Martinöfen) der Praxis teils nach eigenen Messungen,
teils und in der Hauptsache nach im Schrifttum veröffentlichten darüber
angestellt worden, wieviel Wärmeeinheiten eine Heizfläche aus feuerfestem (Schamotte-)Stein aus Heizgasen je Quadratmeter und 1° Temperaturdifferenz je Stunde aufzunehmen oder an kältere Luft oder
Generator-, Koksofen- oder Gichtgas abzugeben vermöge. An diesen
Untersuchungen waren F. Meusel, P. Drastik und H. Weiß beteiligt. Sie
erfolgten unabhängig von der Frage, ob der Übergang auf dem Wege der
Konvektion oder Strahlung oder wie sonst vor sich geht, und unter Be-

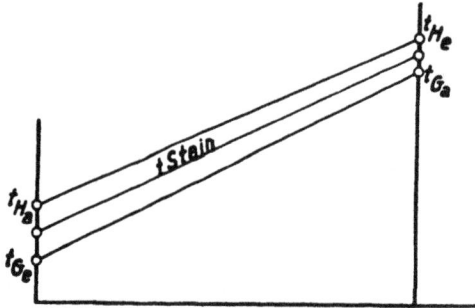

Abb. 65. Diagramm zur Ermittlung von α.

nützung der obengenannten Annäherung der Temperaturkurve an eine
Gerade. Dabei wurde angenommen, daß die Temperatur des Steines jeweils
in der Mitte zwischen derjenigen der wärmeabgebenden und wärmeaufnehmenden Gase liege. Es ist unschwer nachzuweisen, daß es gleichgültig ist, wie man diese Annahme macht, wenn sie nur in beiden Fällen,
d. h. bei der Untersuchung eines bestehenden Ofens und bei der Übertragung des dort gefundenen α auf einen anderen die gleiche bleibt. Es
wurden also (Abb. 65) gemessen bzw. den veröffentlichten Messungen
entnommen:

Die Temperatur der in einen Wärmespeicher eintretenden (t_{He}) und
der austretenden Heizgase (t_{Ha}), danach die der eintretenden bzw. austretenden zu erwärmenden Gase (t_{Ge} bzw. t_{Ga}). Dann wurden die An-
fangs- und Endtemperaturen durch Gerade verbunden und die Steintemperatur in die Mitte zwischen die Verbindungslinien gelegt. Aus
diesem Diagramm wurde eine mittlere Temperaturdifferenz Δt_m

$$\Delta t_m = \frac{(t_{He} - t_{Ga}) + (t_{Ha} - t_{Ge})}{4}$$

errechnet und in die Wärmeübergangsformel (Gl. 21)

$$W = aF \Delta t_m \cdot z$$

eingesetzt. Da W sich aus der Abkühlung bzw. Erwärmung der Abgase und Gase ergab, deren Mengen und spezifische Wärmen aus Kohlenverbrauch und Analyse ermittelt wurden, z die Zeit in Stunden und F die Heizfläche des Speichers bekannt waren, so war a bestimmt.

Das Ergebnis war, wie zu erwarten, außerordentlich verschieden und schwankte zwischen $a = 15$ bis 60 für Luft und $a = 10$ bis 55 für Gas je Quadratmeter, 1^0 und Stunde als Wärmeübergangszahl von Stein zu Luft bzw. Gas oder Abgasen. Die Abweichungen sind wohl zum kleinen Teil auf die Annäherungen zurückzuführen, die wir eben besprochen haben, zum kleinen Teil sicher auch auf Meßfehler. Wie leicht solche bei Untersuchungen der vorliegenden Art unterlaufen, geht unter anderem daraus hervor, daß bei den wenigsten Veröffentlichungen die einfachste Probe stimmt, nach welcher die Wärmemenge, die der Speicher beim Aufheizen aufnimmt und die, welche er an der folgenden Periode abgibt, unter Berücksichtigung der Wandverluste, gleich sein müssen. Im übrigen sind aber die Differenzen ganz natürlich; denn es handelt sich hier ja nicht um absolute, sondern um Maximalwerte. Ein niederes a ist kein Beweis für eine geringe Leistungsfähigkeit einer Heizfläche, sondern kann auch darin begründet sein, daß der Heizfläche zu wenig zugemutet wird, mit anderen Worten, daß sie zu groß gewählt ist. Wenn wir je Stunde 500 kg Dampf benötigen und dafür einen Dampfkessel von 100 m² bauen, dann kann das beste Kesselsystem keine gute Leistung aufweisen. Es sei in diesem Zusammenhang daran erinnert, daß nach früherem jede Feuerung eine günstigste Geschwindigkeit der Heizgase besitzt. Unterschreiten wir sie, indem wir einen zu kleinen Rost wählen oder ihn zu schwach schüren, dann muß natürlich die Leistung je Quadratmeter Heizfläche sinken. Überschreiten wir sie dagegen, »forcieren« wir die Feuerung, so steigt die Leistung zwar, aber auf Kosten des Wirkungsgrades. Nur wo die günstigste Geschwindigkeit eingehalten wird — und das wird der Fall sein, wo die Essentemperatur laufend nach dem Thermometer in einer auf S. 163 beschriebenen Weise reguliert wird — sind richtige Werte für die Leistungsfähigkeit eines Kessels oder einer Heizfläche, also für die Verdampfungsziffer und die Wärmeübergangszahl, zu erwarten. Das gleiche gilt natürlich, wenn die Wärme nicht von Heizgasen auf eine feste Wand, sondern von dieser auf kältere Gase, etwa Luft, übertragen wird. Auch da kann die Leistung je Quadratmeter Heizfläche nur gering sein, wenn man zu wenig Luft in der Zeiteinheit an ihr vorbeiführt, so daß sie selbst bei Erwärmung auf die Steintemperatur weniger Wärme wegträgt, als die Heizfläche

abzugeben vermöchte. Wir können, um auch hier einen Vergleich zu
gebrauchen, die Leistungsfähigkeit einer Rohrleitung doch nur
dann an dem ausfließenden Wasser messen, wenn sie voll
läuft. Wenn wir nur tropfenweise Wasser in sie eintreten lassen, dann
dürfen wir nicht die Rohrleitung verantwortlich machen,
daß es nur tropfenweise aus ihr austritt! Diese Selbstverständ-
lichkeiten müssen genannt werden, weil sich über die vorliegenden Fragen
bei der Behandlung des' Wärmeüberganges im Schrifttum der letzten
Jahrzehnte eine beklagenswerte Unklarheit breitgemacht hat.

d) Abhängigkeit der Wärmeübergangszahl von der Geschwindigkeit. Ermittlung dieser Zahl an Öfen der Praxis.

Die Bestrebungen, die schwankenden Wärmeübergangszahlen auf
die verschiedene Geschwindigkeit zurückzuführen, mit der Gase an einer
Heizfläche vorbeistreichen, sind alt. Schon die früher erwähnte Ähnlichkeit der Temperaturkurven mit den Geschwindigkeitskurven in Rohren
legt den Gedanken nahe. Versuche nach dieser Richtung gehen schon
auf Joule zurück. Neuerdings haben unter anderen Josse und Nusselt
sie wiederholt. Alle Ergebnisse weisen darauf hin, daß der Wärmeaustausch zwischen Gasen oder Flüssigkeiten und einer Wand, an der sie
vorbeistreichen, um so besser ist, je lebhafter, je »turbulenter« die ersteren bewegt sind und »je mehr von ihren Molekülen heftig die Wand
berühren« (vgl. Hausbrand, »Verdampfen, Kondensieren und Kühlen«).
Damit in Zusammenhang steht wohl die Erfahrung, daß bei sonst gleichen
Verhältnissen Gase, die eine Heizfläche senkrecht treffen (»Kreuz-
strom«), mehr Wärme übertragen als parallel zu ihr strömende. Aber
alle bisherigen Versuche, a und k mit allgemeiner Gültigkeit als Funktion
der Geschwindigkeit v auszudrücken, stehen auf sehr schwanken Füßen.

Für Luft, Gase und überhitzten Dampf einerseits und schmiedeeiserne
Rohre anderseits hat man für die Wärmedurchgangszahl k die Beziehung
aufgestellt:

$$k = 2 + 10\sqrt{v} \quad . \quad . \quad . \quad . \quad . \quad . \quad . \quad (35)$$

Für stark mit Flugstaub bedeckte Flächen will Hausbrand nur den Wert
$2 + 5\sqrt{v}$ als zulässig gelten lassen. Andere, so Fuchs in seinem Buche »Die
Kontrolle des Dampfkesselbetriebes« haben sehr viel höhere Werte gefunden.

Nusselt[1]) hat auf Grund von Versuchen mit einem dampfgeheizten
Messingrohr, durch das er mit wechselnden Geschwindigkeiten und
Drucken Luft strömen ließ, die Beziehung aufgestellt:

$$a = c\left(\frac{v_1}{v_2}\right)^{0,786} \quad (c = \text{Konstante}) \quad . \quad . \quad . \quad . \quad (36)$$

[1]) Mitteilungen über Forschungsarbeiten auf dem Gebiet des
Ingenieurwesens. Zeitschr. d. Ver. d. Ing. 1910, Heft 89.

Man hat in ihr vielfach die Lösung des vorliegenden Problems gesehen. Nach Ansicht des Verfassers ist auch bezüglich dieser Formel
ein gut Teil Skepsis nötig, sobald man von den Nusseltschen Versuchs-
bedingungen, die in der Technik zum wenigsten der Feuerungen fast nie
gegeben sind, abgeht. Mit Recht hat A. Schack[1]) in einem Aufsatz
»Über die Wärmeübergangszahlen Nusselts« gegen das Verfahren, aus den Versuchsdaten in einem begrenzten Bereich eine Abhängigkeit zweier Faktoren aufzustellen und sie zu verallgemeinern,
Stellung genommen, indem er schreibt: »es unterliegt keinem Zweifel,
daß man jede beliebige Funktion in einem begrenzten Bereich mit großer Annäherung durch eine Potenz der Veränderlichen darstellen kann; das darf aber niemals dazu ver-
führen, anzunehmen, daß man auch den weiteren Verlauf der
Funktion mit derselben Potenz darstellen, d. h., daß man beliebig weit extrapolieren darf oder gar, daß man das wahre
organische Gesetz gefunden hat.« Auf den Verlauf von Kurven angewandt, heißt das: Wir können von jeder
unregelmäßige Kurve irgendein Stück
durch eine regelmäßige, etwa einen
Kreisbogen oder eine Gerade, ersetzen.
Aber grundfalsch wäre es, weil die
beiden Kurven sich zwischen zwei
Punkten (m und n in Abb. 66) decken,

Abb. 66. Ersatz eines Kurven-
stückes durch einen Kreisbogen.

anzunehmen, daß sie dies auch im weiteren Verlauf tun
müssen. Schack legt mit seiner Bemerkung den Finger auf eine
offene Wunde vieler wissenschaftlichen Arbeiten in den letzten Jahrzehnten. Das Verfahren, auf gut Glück nach Abhängigkeiten zu
suchen, indem man eine Größe als Abszisse, eine andere als Ordinate eines Achsensystems aufträgt, die so gefundenen Punkte verbindet
und für die entstehende Kurve nach einer Gleichung sucht, führt
zu Trugschlüssen ähnlich denen, welchen der Mediziner ausgesetzt ist,
wenn er an einem schmerzenden Organ durch Beröntgen eine Abnor-
mität feststellt. Sie kann wohl mit den Beschwerden in Zusammenhang stehen, muß es aber nicht. So beweist auch eine nach obigem Verfahren sich ergebende Kurve oder Exponentialgleichung noch nichts für
den inneren Zusammenhang der Dinge, die darin zum Ausdruck kommen. Drastisch hat das einmal ein angehender Forscher dem Verfasser
gegenüber zum Ausdruck gebracht, indem er sagte: »Man kann auch
eine Kurve aufstellen über die Leistung von Maschinen und den Leibes-

---

[1]) St. u. E. 1923, S. 942.

umfang derer, die sie bedienen.« Wir möchten hinzufügen, daß der Zusammenhang zwischen diesen Größen fast gesicherter wäre, als mancher, der auf dem angegebenen Wege konstruiert worden ist!

So beruhen auch die Aufstellungen, die man im Schrifttum finden kann, in welchen für eine Reihe von Wärmespeichern die Geschwindigkeiten errechnet und diesen die gefundenen Wärmeübergangszahlen generell zugeordnet werden, auf einem Trugschluß. Wenn bei den Wärmespeichern A, B und C Geschwindigkeiten von 1, 2 und 3 m je Sek. und Wärmeübergangszahlen $= 10$, 20 und 30 WE je 1 m², 1° und Stunde ermittelt werden, so ist durchaus nicht gesagt, daß in anderen Speichern die Geschwindigkeiten von 2 m wiederum eine Wärmeübergangszahl $\alpha = 20$ ergeben müssen. Ein gleiches α würde vielleicht mit viel geringerem v zu erreichen sein, wenn wir die Heizfläche F kleiner wählen würden. Man darf mit anderen Worten nicht übersehen, daß mit v sich auch andere Faktoren ändern, z. B. bei gleichbleibendem Zugquerschnitt q, wie er bei den Nusseltschen Versuchen vorlag, die sekundlich an der Heizfläche vorbeiziehende Gasmenge und damit das Größtmaß von Wärme, das an die Heizfläche oder von ihr abgegeben werden kann.

In Gleichungen ausgedrückt heißt das:

In einem Wärmespeicher von der Heizfläche F sollen Heizgase von einer mittleren Temperatur t_1 an Steine von der mittleren Temperatur t_2 eine Wärmemenge je Stunde $= W_{e\,st}$ abgeben. Dann ergibt sich die Wärmeübergangszahl

$$\alpha_e = \frac{W_{e\,St.}}{(t_1 - t_2)\,F}.$$

Die abgegebene Wärmemenge $W_{e\,st}$ kann nun niemals größer sein, als die in den Heizgasen zwischen t_1 und t_2 enthaltene. Diese können bei einer Abkühlung in der Stunde maximal abgeben: Volumen je Stunde mal $(t_1 - t_2)$ mal spez. Wärme c_p (auf 1 m³ bezogen). Das stündliche Gasvolumen ist aber gleich Zugquerschnitt $q \times v \times 3600$

$$W_{e\,st\,max} \text{ also } = q \cdot v \cdot 3600 \cdot c_p \cdot (t_1 - t_2)$$

und
$$\alpha_{max} = \frac{q \cdot v \cdot 3600 \cdot c_p\,(t_1 - t_2)}{(t_1 - t_2)\,F} \quad \ldots \ldots \quad (37)$$

$$= \frac{W_{e\,st\,max}}{F} \quad \ldots \ldots \ldots \quad (37')$$

Aus Gleichung (37) erhellt klar das Obengesagte: Solange die Leistungsfähigkeit der Heizfläche größer ist als α_{max}, steigt bei gleichbleibendem F und q $\alpha_{eff.} = \alpha_{max}$ mit der Geschwindigkeit v. Ob es auch größer werden würde, wenn wir gleichzeitig F entsprechend erhöht oder

q erniedrigt hätten, ist eine Frage, welche die meisten Wärmeübergangsversuche, auch die bisher von Nusselt veröffentlichten, offen lassen.

Es geht weiter aus obigen Überlegungen hervor, daß aus Versuchen dieser Art im Laboratorium wie in der Fabrik die Leistungsfähigkeit einer Heizfläche a_H erst bestimmt werden kann, wenn feststeht, daß

$$a_H \leqq a_{max}$$

ist. Ist sie $< a_{max}$, dann sind die Heizgase nicht ausgenützt und der Wirkungsgrad η fällt. Wo auch der letztere mitspricht, muß für einen beweiskräftigen Versuch $a_H = a_{max}$ gemacht werden, d. h. wir dürfen ihn nur anstellen, nachdem die betreffende Anlage auf die »günstigste Geschwindigkeit« eingestellt ist.

Genau die gleichen Überlegungen und Schlußfolgerungen gelten auch für die Leistungsfähigkeit einer Dampfkesselheizfläche.

Der Verfasser schlägt also vor, alle Versuche an Feuerungen irgendwelcher Art, welche Leistung und Wirkungsgrad einer Heizfläche betreffen, dadurch auf gleiche Basis zu stellen, daß nur auf günstigste Geschwindigkeit eingestellte Feuerungen untersucht und die Ergebnisse nur auf solche Feuerungen übertragen werden. Es wird vermutet, daß a in diesem Falle auch bei verschiedenen günstigsten Geschwindigkeiten den gleichen Wert ergibt. Dagegen müssen ohne solche gemeinsame Basis naturnotwendig unsere Versuche ganz verschiedene Resultate ergeben, wie wir sie noch kennen lernen werden.

Die Einstellung geschieht einfach mittels der Rauchklappe hinter Kessel oder Wärmespeicher (wo mehrere parallel geschaltet sind, muß jeder mit Rauchklappe versehen sein) derart, daß man von weit geöffneter Rauchklappe allmählich (zwischen den einzelnen Korrekturen müssen Pausen von wenigstens einigen Stunden liegen, weil die großen Steinmassen unserer Feuerungen sehr lange Zeit benötigen, um sich auf einen anderen Gleichgewichtszustand einzustellen) die Öffnung verringert, bis keine Verminderung der Fuchstemperatur (t_e in Abb. 67 und 68) mehr festzustellen ist. Kann dieser Zustand einer Feuerung bei ausreichender Leistung nicht herbeigeführt werden, so hat sie eine zu kleine Heizfläche. Dagegen ist eine zu große daran kenntlich, daß sich bei der fraglichen Stellung der Rauchklappe noch eine größere Leistung als die gewollte ergibt oder, wo die Heizgase dafür nicht ausreichen, daß die Temperatur (t_e) auch noch weiter rückwärts an den Feuerzügen, etwa bei Punkt x in Abb. 68, festgestellt wird. Fall 1 ist in Abb. 67, Fall 2 in Abb. 68 dargestellt. Die schraffierten Linien umreißen darin die gewollte Wärmeleistung. Die Temperatur t_e, unter welche wir auch bei weiterem Schließen der Klappe nicht kommen, liegt um zirka 50⁰ höher als diejenige des wärmeaufnehmenden Körpers (im Kessel Dampftemperatur, im Wärmespeicher eines Regenerativofens Temperatur der vorzuwärmenden Gase bei ihrem Eintritt in den Speicher).

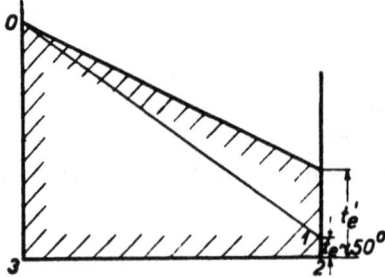

Abb. 67. Heizfläche zu klein. *te'* entweder zu hoch, oder Wärmeleistung (Fläche 0123) zu klein.

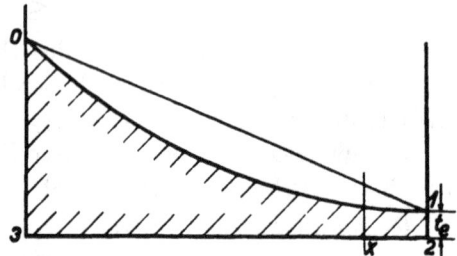

Abb. 68. Heizfläche zu groß. Entweder Leistung 0123 zu hoch, oder es herrscht *te* noch in den Feuerzügen bis zum Punkte *x*

Voraussetzung für dieses Verfahren ist, daß der Querschnitt der Feuerzüge überall größer als derjenige der geöffneten Rauchklappe ist.

Der Verfasser hält für wahrscheinlich, daß die Wärmeübergangszahl nicht sowohl von der Geschwindigkeit, als von dem Quotienten $\frac{Q}{F}$, den wir oben kennen gelernt haben, beeinflußt wird, also von der Zahl der Wärmeeinheiten, von denen die Flächeneinheit in der Zeiteinheit getroffen wird. Wir könnten sie nach einer Analogie aus dem elektrolytischen Gebiet »Wärmestromdichte« nennen oder nach anderen »spezifische Flächenbelastung«. Wir wählen die letztere Bezeichnung oder sprechen kurzweg von »Flächenbelastung«. Verfasser stützt seine Vermutung auf die Erfahrung, daß gepreßte Flammen, sog. »Stichflammen«, eine höhere Wärmeübergangszahl aufweisen, als nicht gepreßte (Lötrohrwirkung) und daß Heizgase, die auf den zu wärmenden Körper senkrecht stoßen, ihn rascher erhitzen, als wenn sie parallel zu ihm streichen. Endlich auf folgenden Laboratoriumsversuch:

Ein Bunsenbrenner brannte mit gleicher Gashahnstellung und Luftzuführung. Darüber wurde ein Becherglas mit wenig Wasser gestellt, und zwar einmal von 37 mm, das andere Mal von 73 mm Bodendurchmesser. Die Entfernung zwischen Brenner und Becherglas wurde in ersterem Falle größer, im anderen kleiner, und zwar jedesmal so eingestellt, daß die Flamme den Boden eben ganz bespülte. Um die Einwirkung der abziehenden Heizgase von dem Glase abzuhalten, wurde es mit einem Asbestring abgedichtet und auf diesen ein Blechmantel gestellt, der gleichzeitig die Luftbewegungen des Versuchsraumes abzu-

halten hatte. Mittels eines Thermoelementes wurden die Flammentemperaturen des Bodens (ohne Berührung) gemessen und in beiden
Fällen im Mittel mit rd. 700° gefunden. Die Temperatur des Wassers
im Becherglas wurde durch Thermometer abgelesen. Als Beginn des
Versuches galt der Augenblick, in welchem sie 70° erreichte. Von da ab
wurde langsam soviel Wasser zugegeben, daß diese Temperatur und
damit die Temperaturdifferenz (700 — 70) der Fourierschen Formel (21)
konstant blieben. Desgleichen waren hier die Geschwindigkeitsverhältnisse ungefähr die gleichen, da ja in den Zeiteinheiten die gleichen Gas-
und Luftmengen durch den Brenner strömten. Wäre wirklich die Wärmeübergangszahl nur abhängig von der Geschwindigkeit, so hätte sie in
beiden Fällen gleich sein müssen. Sie war aber bei dem kleinen Becherglas mehr als doppelt so groß als bei dem größeren und wurde, soweit
ein solcher roher Versuch zu quantitativen Schlüssen berechtigt, ungefähr
proportional der Flächenbelastung $\left(\dfrac{Q}{F}\right)$ gefunden.

Nusselt hat diese letztere Größe in seiner späteren Veröffentlichung[1])
neben der Geschwindigkeit in seine Diagramme eingeführt. Sie läuft
häufig parallel mit dieser, aber nicht immer, wie aus Abb. 3 der genannten
Arbeit zu ersehen. Der Gedanke liegt nahe, die Nebeneinanderstellung
der beiden Größen in seiner letzten Veröffentlichung sei durch einen
Zweifel veranlaßt worden, ob wirklich die Geschwindigkeit, wie früher
behauptet, und nicht die Flächenbelastung der primäre, die Wärmeübergangszahl beeinflussende Faktor sei.

Fassen wir unsere Betrachtungen zusammen, so sehen wir, daß
der ganze Komplex der Fragen der Wärmeübertragung noch wenig ge-
klärt ist und daß insbesondere bislang nicht viel davon praktisch verwendbar ist. Fragen wir nach dem für die Praxis Wesentlichen, so ist
das Ergebnis etwa folgendes:

1. Die Formel von Fourier (21) für die Wärmeübertragung ist
in bezug auf den Faktor $t_1 - t_2$ problematisch, und wo wir in den Wärmeübergang auch die Strahlungswärme einbeziehen, sicher allgemein nicht
gültig. Trotzdem sind wir dann berechtigt, die Proportionalität mit der
Temperaturdifferenz $(t_1 - t_2)$ anzunehmen, wenn der Wärmeaustausch
zwischen einem festen und einem gasförmigen Medium vor sich geht.
Denn dann ist die Wärme, welche durch Strahlung auf die Oberfläche
des ersteren übertragen werden kann, begrenzt und abgedrosselt durch
diejenige, welche die Leitfähigkeit des festen Körpers nach dem Inneren
abzutransportieren vermag, und diese ist tatsächlich proportional der

---

[1]) St. u. E., 1923, S. 485. »Die Abhängigkeit des Wärmeübergangs von der
Geschwindigkeit«.

Temperaturdifferenz zwischen seinen äußeren und inneren Schichten, also zum wenigsten annähernd proportional der Differenz zwischen den letzteren und dem gasförmigen Medium, das die Außenfläche bespült. Dieser Fall liegt z. B. bei unseren Wärmespeichern vor. Dagegen ist er nicht gegeben bei der Wärmeübertragung auf ein flüssiges Bad, welches die auf die Oberfläche eingestrahlte Wärme durch Bewegung und Mischung der flüssigen Massen unter Umständen in steilerer Kurve nach dem Inneren abtransportiert, als der Proportionalität $t_1 - t_2$ entspricht.

In allen Fällen aber ist die genannte Gleichung vorläufig unentbehrlich als Maßstab für die Leistung einer Heizfläche. Wie es sinnlos sein würde, aus der Feststellung, daß ein Dampfkessel 100 m³ Wasser verdampft hat, irgendwelche Schlüsse auf die Leistungsfähigkeit des Kesselsystems zu ziehen, wie wir vielmehr erst eine Vergleichsbasis schaffen müssen, indem wir die Verdampfung etwa auf 1 m² Heiz- oder Rostfläche und eine bestimmte Zeit beziehen, so muß auch für die Wärmeleistung einer wärmeübertragenden oder -aufnehmenden Fläche ein Vergleichsmaßstab geschaffen werden. Als solcher ist bislang nur die je 1 m², 1° Temperaturdifferenz und 1 Stunde übergehende Wärmemenge der Fourierschen Formel bekannt. Haben wir diese Zahl für irgendeine Feuerung ermittelt, dann dürfen wir erwarten, daß bei gleichen Verhältnissen, d. h. bei gleichen Temperaturen, gleicher (oder nach obiger Vermutung günstigster) Geschwindigkeit und Zugführung, gleicher Flächenbelastung (Wärmekonzentration) und gleichem Material auch eine andere Feuerung die gleiche Leistung aufweisen wird. Und tut sie es nicht, weil die genannten Verhältnisse andere sind, dann werden wir diese Feuerung in bezug auf die Wärmeübertragung als schlechter bezeichnen.

Dagegen ist jede Übertragung einer so ermittelten Wärmeübergangszahl a auf anders gelagerte Verhältnisse zweifelhaft um so mehr, je größer die Abweichung ist.

2. Die Geschwindigkeit der zu erwärmenden Gase oder der Heizgase kann zweifellos die Wärmeübergangszahl beeinflussen. Es ist aber ungeklärt, ob sie es unmittelbar tut oder sekundär, indem sie andere Faktoren beeinflußt. Von ihnen haben wir als wahrscheinlich in Betracht kommend die Flächenbelastung oder Wärmestromdichte (Wärmekonzentration) kennen gelernt. Stichflammen, Kreuzzug (die Heizgase stoßen senkrecht auf die wärmeaufnehmende Fläche) und unter Überdruck stehende Heizgase haben, wohl auch aus diesem Grunde, eine erhöhte Wärmeübertragung.

Die Verwendung der Nusseltschen Abhängigkeit der Wärmeübergangszahl von der Geschwindigkeit $\left(a = c \left(\dfrac{v_1}{v_2}\right)^{0,786}\right)$ in der Praxis wird als berechtigt anzusehen sein, wo die Verhältnisse liegen, wie bei seinem Versuche, wo also vor allem der Zugquerschnitt q konstant und die Änderung der Geschwindigkeit durch Vergrößerung oder Verminderung der Heizgasmenge bedingt war. Wo sie aber anders liegen, wo z. B. die Menge der Heizgase konstant, der Zugquerschnitt aber variabel ist, besteht vorderhand keinerlei Gewähr für die Richtigkeit dieser Beziehung. Man wird in diesen in der Industrie meist gegebenen Fällen den Einfluß der Geschwindigkeit auf die Wärmeübergangszahl, bis planmäßige Versuche an technischen Anlagen oder ihnen nachgebildeten Laboratoriumseinrichtungen vorliegen, am besten aus dem Spiel lassen, indem man ein gefundenes α nur auf solche Feuerungen überträgt, die gleiche oder ähnliche Geschwindigkeitsverhältnisse aufweisen wie die zur Ermittelung des α benützten.

Auch andere Beziehungen und Formeln, die für α aufgestellt worden sind, werden nur insoweit Anwendung finden dürfen, als wir sie auf Gebiete beschränken, welche zum Zweck ihrer Auffindung experimentell untersucht worden sind (vgl. den oben angeführten Ausspruch von Schack). Allgemein gültige Beziehungen werden erst dann gegeben sein, wenn wir sie allein auf die grundlegenden physikalischen Gesetze aufbauen können. Das aber ist bei der Verwickeltheit der Vorgänge der Strahlung und besonders Konvektion nicht viel aussichtsvoller als die Berechnung der Linien der Meeresbrandung oder die Quadratur des Zirkels.

3. Die Wärmeleistungsdiagramme, wie sie nach Kenntnis des Verfassers zuerst Mayer[1] für Temperaturkurven der von ihm untersuchten Öfen angewandt und wie sie Preußler[2] danach zur Aufklärung der Vorgänge in einem Wärmespeicher benützt hat, und deren Verwendung endlich von dem Verfasser zur Berechnung von Feuerungen ausgebaut worden ist, sind ein wertvolles Mittel zur Beurteilung bestehender und zur Bemessung neu zu bauender Anlagen (s. auch die folgenden Abschnitte). Insbesondere gibt die Neigung der Temperaturkurve beim Übergang vom Wärmespeicher zum Ofen einen bisher nicht bekannten Anhaltspunkt für den Gang eines Ofens oder Wärmespeichers.

Die Verwendung der Geraden an Stelle der eigentlichen Temperaturkurven, wie sie Mayer auf Grund seiner Messungen gefunden hat, ist eine rohe Annäherung, wo die Temperaturkurven des wärmeabgebenden und wärmeaufnehmenden Körpers stark divergieren. Der Fehler ist aber gering, wo die genannten Kurven annähernd parallel laufen, wie bei den Wärmespeichern oder Winderhitzern (s. Abb. 62).

---

[1] F. Mayer, Die Wärmetechnik des Siemens-Martinofens.
[2] Zur Theorie und Berechnung von Wärmespeichern und Winderhitzern von H Preußler, Diss., Breslau.

4. An Regenerativöfen sind auf Veranlassung des Verfassers eine
Reihe von Untersuchungen zur Feststellung der Wärmeübergangszahlen in den Kammern angestellt worden, welche Höchstwerte von
50 bis 60 WE je Quadratmeter, 1⁰ Temperaturdifferenz und Stunde
ergeben haben. Mit Rücksicht auf viele Unsicherheiten in der Rechnung und auf die Möglichkeit der Verschmutzung und Verglasung solcher
Heizflächen empfiehlt der Verfasser, mit wenigstens doppelter Sicherheit
zu rechnen, in die Berechnung neuer Regeneratoren also höchstens
25 bis *30* WE einzusetzen. Auch diese Zahlen dürfen nach obigem nur
verwendet werden, wo ungefähr die bei Martinöfen üblichen Temperaturen und Temperaturdifferenzen, Zug- und Geschwindigkeitsverhältnisse
usw. vorliegen.

Für alle anderen Feuerungen, Cowper, Glasöfen, Raffinieröfen usw.
wird man auf ähnlichem Wege an bewährten Ausführungen die höchsten
Wärmeübergangszahlen ermitteln müssen, um Grundlagen für die Berechnung ihrer Wärmespeicherheizflächen zu haben. Dieses Verfahren
ist nur scheinbar umständlicher als generelle Formeln für a, wenn an
deren Verwendung eine Menge von Voraussetzungen und Vorbehalten
geknüpft werden muß.

Die praktische Nutzanwendung solcher Zahlen, der Wärmeleistungsdiagramme und der oben angestellten Betrachtungen mögen einige Beispiele zeigen; vorher aber müssen wir uns
noch mit zwei Begriffen bekannt machen,
welche bei der Bemessung der Wärmespeicher eine Rolle spielen.

e) Temperaturabfall und wirksames Steingewicht.

Die Wärmespeicher der Feuerungen bestehen aus gemauerten, oft mit Blechmantel umgebenen Kammern mit einer
gitterartigen oder mit Kanälen durch-
zogenen Ausmauerung (s. Abb. 94, S. 222,
Regenerativofen K_L und K_G, und Abb.
69). Erstere Ausführung ist für die
Regenerativöfen gebräuchlich, letztere bei
den Winderhitzern unserer Hochöfen. Soll
das Steinwerk, zu dem auch die Wände

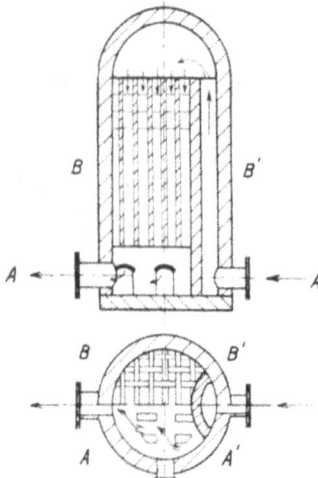
Abb. 69. Cowper.

der Kammern zu rechnen sind (man kann letztere auch vernachlässigen
und als Sicherheitsfaktor betrachten), eine bestimmte Wärmemenge aus
Heizgasen entziehen und an Luft oder Gas abgeben können, so muß vor

allem der Bedingung genügt sein, daß Steingewicht mal spezifischer Wärme des Steinmaterials mal mittlerer Temperaturdifferenz zwischen Anfang und Ende des Vorganges gleich dieser Wärmemenge sind. Wir müssen uns also über die genannte Differenz, die wir in dem vorliegenden Buche »Temperaturabfall« nennen wollen, klar sein, ehe wir an eine Berechnung gehen.

Der Temperaturabfall (Δt) muß um so kleiner gewählt werden, je empfindlicher eine Feuerung gegenüber Schwankungen in der Vorwärmung von Luft und Gas ist. Bei Hochöfen z. B., wo mit möglichst gleichmäßiger Windtemperatur geblasen werden soll, läßt man meist nur 70 bis 80°, bei Regenerativgasöfen 100 bis 200° zu. Wir wollen annehmen, daß die Steinoberfläche der Kammer bei jeder Aufheiz- und Gasperiode eine Abkühlung um Δt erfahren dürfe. Die Gleichung für das Steingewicht G, das bei einer spezifischen Wärme $= c_{st}$ eine Wärmemenge $= Q$ aufzunehmen imstande sein soll, würde also lauten

$$Q = G \cdot c_{st} \cdot \Delta t, \quad \ldots \ldots \ldots \quad (38)$$

vorausgesetzt, daß die gesamte Steinmasse von der Oberfläche bis zum Inneren gleichmäßig an dem Temperaturabfall teilnähme. Das ist aber nicht der Fall. Erinnern wir uns der Guglerschen Parabel (Abb. 57, S. 146) und setzen wir den Fall, die Steinstärke sei so gewählt, daß die Temperaturänderung beim Aufheizen und Entladen gerade noch bis zur Steinmitte dringe, ohne diese selbst in Mitleidenschaft zu ziehen, so würde sich (Abb. 70) offenbar das an dem Temperaturabfall beteiligte Steingewicht zu dem gesamten verhalten wie die schraffierte Fläche *1, 2, 3, 5, 2, 4* zur ganzen *1, 3, 5, 4*. Dieses Verhältnis ist das Mindestmaß für das wirksame Steingewicht (ηG). η berechnet sich dabei wie folgt: Die Parabelflächen *1, 2, 3* und *4, 2, 5* sind bekanntlich gleich $^2/_3$ der entsprechenden Rechteckflächen $\frac{h}{2} \cdot d$. Demnach:

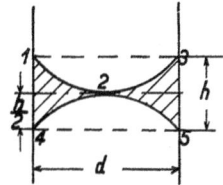

Abb. 70. Mindestmaß des wirksamen Steingewichtes.

$$\eta = \frac{h\,d - 2\,\frac{2}{3} \cdot \frac{h}{2}\,d}{h\,d} = \frac{1}{3}.$$

Dagegen würde das Maximum an wirksamem Steingewicht vorliegen, wenn die Temperatur in der Mitte gleich der an der Oberfläche des Steines sein, wenn also die schraffierte Parabelfläche zur Rechteckfläche werden würde. In diesem Falle ist $\eta = 1$. Nehmen wir roh an, daß η in der Mitte zwischen diesem Höchst- und dem Mindestwert von

$1/_3$ liege, so ergibt sich ein mittleres η von $\dfrac{2}{3} \cong 65\,^0/_0$ und man erhält aus Gleichung (38)

$$Q = 0,65\,G\,c_{st}\varDelta t \quad . \quad . \quad . \quad . \quad . \quad . \quad . \quad (39)$$

Soll z. B. eine Wärmemenge von 2 Millionen WE in einer Umsteuerperiode von einer halben Stunde von dem Steingewicht aufgenommen und abgegeben werden können, bei einer spez. Wärme des Steins = 0,25, so heißt Gl. 39

$$2\,000\,000 = 0,65\,G \cdot 0,25 \cdot 150.$$

Daraus

$$G = \frac{2\,000\,000}{0,65 \cdot 0,25 \cdot 150} = 82\,000 \text{ kg Steine.}$$

Wollen wir das wirksame Steingewicht genauer als durch die obige rohe Annäherung bestimmen, so ist zunächst zu fragen, von welchen Faktoren es abhängt. Bei gleichem Temperaturgefälle zwischen Stein und gasförmigem Medium nimmt es zu mit der Dauer der Umsteuerperiode. Je länger Wärme aus W nach G abströmt (Abb. 57, S. 146), um so tiefer wird offenbar der Punkt 8 bzw. 8' sinken, um so mehr wird sich die Fläche 4, 5, 6, 7', 8', 9' dem Rechteck 4, 6, 7', 9', also η der 1 nähern.

Weiter muß bei sonst gleichen Verhältnissen η mit abnehmender Steindicke zunehmen. Denn je dünner der Stein, je kleiner also d, um so früher ist der Scheitelpunkt 5 der Parabel erreicht und beginnt das Sinken derselben. Beides wird aber bei gleicher Steindicke und Dauer der Umsteuerperiode offenbar auch erreicht, wenn zwischen dem wärmeabgebenden Stein und den umgebenden Gasen eine größere Temperaturdifferenz besteht, oder wenn die Wärmeleitfähigkeit des ersteren eine höhere ist. Bei unendlich großem λ oder Temperaturgefälle, ebenso wie bei unendlich kleiner Steindicke würde die Steinmitte sofort die Temperatur der Oberfläche annehmen, η also = 1 werden.

H. Preußler hat auf Veranlassung des Verfassers in einer größeren Reihe von Laboratoriumsversuchen den Einfluß der beiden Faktoren, Dauer des Umsteuerns und Steindicke untersucht und Kurven für das sich aus ihnen ergebende η aufgestellt. Wärmeleitfähigkeit und Temperaturdifferenz waren bei den Versuchen als konstant angenommen. Wo die Verhältnisse ebenso gelagert sind, können die gefundenen Werte für die Berechnung von Wärmespeichern zugrunde gelegt werden; wo darüber keine Gewißheit besteht, wählt man besser ein anderes, vom Verfasser ausgearbeitetes und seit Jahren geübtes Verfahren. Es gründet sich auf Überlegungen, die im folgenden Abschnitt wiedergegeben werden sollen.

e) Grundsätze für eine neue Berechnungsart von Regeneratoren und Rekuperatoren. Verhältnis von Höhe und Querschnitt der Wärmespeicher. Bedingungen, welche ein solcher erfüllen muß.

Wenn die Frage beantwortet ist, wie groß das Steingewicht G sein muß, um eine bestimmte Wärmemenge Q aufzunehmen, so untersucht man noch die zweite, ob auch Oberfläche und Querschnitt des Steinwerkes groß genug sind, um in der verfügbaren Zeit (Umsteuerperiode) die Wärme durchzulassen und weiterzuleiten. Darüber geben uns roh (eine Verfeinerung durch Fortsetzung der Versuche ist dringend erwünscht) die oben angegebenen Zahlen für a, die wir mit der notwendigen Sicherheit auf 25 WE je 1° Temperaturdifferenz, 1 m² und 1 Stunde für die Gas- und für die Luftkammer abgerundet haben, Auskunft. Wir setzen diesen Wert also in die Gleichung (21) ein.

$$Q = F \cdot a \cdot (t_{st} - t_g)\, z.$$

Sobald wir Stein- (t_{st}) und Gastemperaturen (t_g) kennen (die Art ihrer Ermittelung aus dem Leistungsdiagramm zeigt der folgende Abschnitt), ist die Zahl der Wärmeeinheiten, welche die Heizfläche F durchläßt, bestimmt.

Wohlverstanden, dieses Verfahren und das der Gleichung (39) stehen in innerem Zusammenhang. Wir erkennen es vielleicht am besten, wenn wir uns einen Augenblick vorstellen, das G in Formel (39) sei errechnet, und wir stellten dieses Steingewicht nun in Gestalt eines großen Würfels in die Kammer. Dann wäre die Heizfläche eine sehr kleine und aller Wahrscheinlichkeit nach nicht imstande, in der kurzen Umsteuerperiode die Wärme Q durch sich hindurchströmen zu lassen. Aber die große Steindicke würde nun auch, wie wir gesehen haben, das wirksame Steingewicht herabsetzen. Die Wärme würde in der Umsteuerperiode nicht mehr genügend Zeit finden, bis zum Inneren des Steines vorzudringen, die Guglersche Parabel würde sich der Horizontalen nähern und die schraffierte Fläche einen sehr geringen Bruchteil des Rechtecks hd ausmachen, der Wert von η also noch kleiner werden (Abb. 71), als das Mindestmaß von $\frac{1}{3}$, wie wir es für richtig gewählte Steindicken ermittelt haben. Unsere Frage, ob die Heizfläche genügt, ist also identisch mit der Frage nach dem

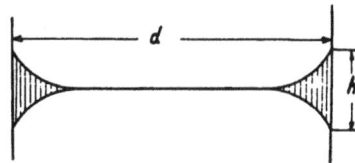

Abb. 71. Wirksames Steingewicht bei großer Steindicke.

wirksamen Steingewicht; sie ist aber praktisch vorzuziehen, weil wir, wie der folgende Abschnitt zeigen wird, bei ihr die Temperaturdifferenz mit in Rücksicht ziehen, bei dem Verfahren nach Gleichung (39) dagegen nicht.

Noch einen weiteren Vorzug weist die neue Berechnungsart, die aus Beispielen des folgenden Abschnittes hervorgeht, vor allen anderen auf: In den Leistungsdiagrammen kommt nicht nur die Größe der Heizfläche zum Ausdruck, sondern auch die Art der Anordnung, d. h. das Verhältnis der Höhe zum Querschnitt. Wir können das gleiche η erzielen, wenn wir dem Gitterwerk eine große Höhe und kleinen Querschnitt geben, wie wenn wir das Umgekehrte tun. In der Tat ist das aber

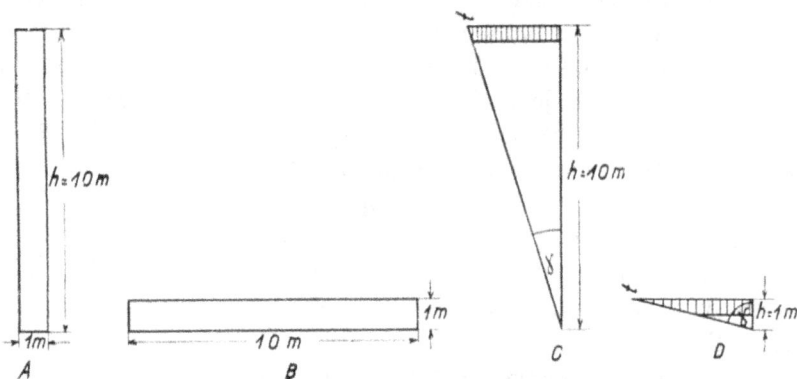

Abb. 72. Leistungsdiagramm bei gleicher Heizfläche aber verschiedener Höhe.

für den Gang eines Ofens nicht gleichgültig. Nehmen wir (Abb. 72) als übertriebene Fälle einmal eine Kammer von 1 m² Querschnitt und 10 m Höhe, das anderemal von 10 m² Querschnitt und 1 m Höhe an. Dann sind Steingewicht und Heizfläche in beiden Fällen gleich (das Gittersteinvolumen ist nach einer üblichen Einmauerungsart = 50% des Kammerinhaltes), ebenso ist die Zeit gleich, welche die Abgase sich in der Kammer aufhalten, gleiche eintretende Mengen je Sek. vorausgesetzt. Denn der 10mal größere Querschnitt bedingt 10mal geringere Geschwindigkeit. Dafür haben diese Gase aber auch nur den 10. Teil des Weges zurückzulegen, gelangen also nach der gleichen Zeit am Ende der Kammer an. Aber die Abgase werden die mit großer Höhe und geringem Querschnitt gleichmäßiger, d. h. den Querschnitt überall füllend, durchströmen. Zudem wird jede Ungleichmäßigkeit in der Verteilung der Flamme auf den oberen Steinschichten und jede Veränderung in diesen beim niederen Speicher fühlbarer sein als beim hohen. Schlägt sie bei jenem nur ½ m tief ungleich in das Gitterwerk, oder verglast oder verschmutzt dieses in seinen oberen Schichten auf die genannte Strecke, so beeinflußt das über 50% der ganzen Wärmeleistung (Abb. 72D, schraffierter Teil des Leistungsdiagramms), bei dem hohen dagegen nur 5% (Abb. 72C). Außerdem ist die Wärmeübergangszahl bei der konzentrierten Flamme größer, sei es, daß man die Schuld bei der Geschwindigkeit, sei es, daß man sie bei der Flächenbelastung sucht. Es genügt also nicht, ein bestimmtes Steingewicht und eine Mindestoberfläche je Wärmeeinheit und 1^0 C oder eine gewisse Aufenthaltszeit der Gase in der Kammer zu haben, sondern man darf auch ein bestimmtes Verhältnis $\frac{t}{h}$, also eine gewisse »Temperaturkurvenneigung«, wie wir den Winkel γ nennen wollen, nicht überschreiten, wenn ein guter Ofengang gewährleistet sein soll.

Soweit aus untersuchten Öfen geschlossen werden kann, sollte das genannte Verhältnis bei Regeneratoren nicht über 100^0 C je m Höhe und bei Cowpern nicht über 35^0/m hinausgehen. Allgemein aber kann man aus obigen Betrachtungen den Schluß ziehen, daß bei sonst gleichen Verhältnissen ein Wärmespeicher um so gleichmäßiger und besser arbeitet, je flacher die Temperaturneigung γ ist.

Das hellt manches auf, was zwar bekannt, in seinen Ursachen aber bisher ungeklärt war. Wir nennen als Beispiel, daß ein Martinofen dann besser geht, wenn seine Abgase mit höherer Temperatur aus den Kammern austreten. Auch in diesem Falle wird, obwohl ihre Höhe die gleiche ist, die Temperaturneigung spitzer, wie aus Abb. 73 ohne weiteres zu ersehen ist. Wir erkennen aus allem, daß wir zwei Wege zur Erreichung dieses letzteren Zweckes haben: entweder hohe Austrittstemperatur bei kleiner, oder niedere Abgangstemperatur bei großer Höhe

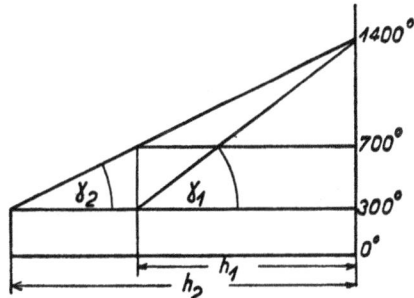

Abb. 73. Höhere Abgastemperatur ergibt größeren Einmündungswinkel.

(h_2 bei 300^0 oder h_1 bei 700^0 in der Abbildung). Nun wird auch sofort klar, warum der Winderhitzer eines Hochofens, bei dem großer Wert einerseits auf eine gleichmäßige Windtemperatur, andererseits auf eine weitgehende Ausnutzung der Verbrennungsgase gelegt werden muß, eine soviel größere Höhe bedingt, als der Regenerator eines Gasofens, bei dem wir ohne Schaden (s. den Abschnitt über Gasfeuerung) die Abgase mit Temperaturen von 500 bis 700^0 aus den Kammern austreten lassen können.

Dreierlei Bedingungen muß nach obigem ein guter Wärmespeicher erfüllen:

1. er muß, absolut genommen, die vorzuwärmenden Gase auf eine möglichst hohe Temperatur bringen;

2. er muß die Heiz- bzw. Abgase möglichst vollständig ausnützen, d. h. möglichst viel von der ihnen innewohnenden Wärme
aufnehmen und auf die vorzuwärmenden Gase übertragen;

3. der Temperaturabfall, den seine oberen Schichten in einer gegebenen Umsteuerzeit erleiden soll, muß möglichst klein und die
Neigung der Temperaturkurve möglichst gering sein.

f. Beispiele für die Berechnung von Wärmespeichern.

α. Die Luftkammer eines bestehenden Gasofens sei 6 m
hoch, die Heizgase treten mit 1600° C in sie ein und mit 700° aus. Wieviel muß an Höhe zugegeben werden, wenn wir bei gleicher Temperaturkurve, also bei Gewähr für gleich guten und gleichmäßigen Gang, die
Abgastemperatur auf 300° herunterbringen wollen?

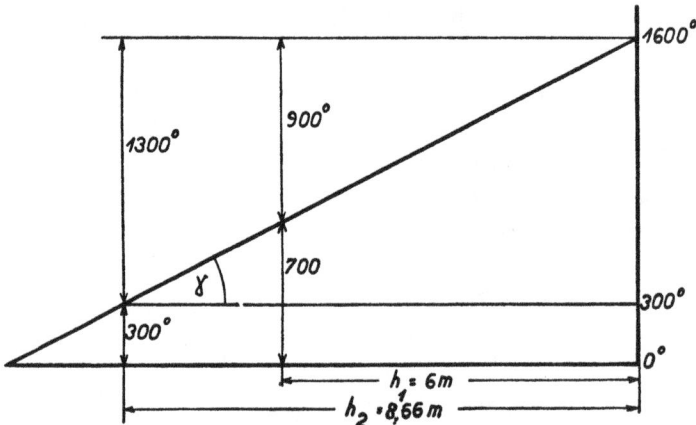

Abb. 74. Erhöhung eines Wärmespeichers.

Wir können die Höhe h_2 entweder graphisch ermitteln, indem wir die
Temperaturkurve 1600, 700 bis zum Schnitt mit der Horizontalen = 300°
verlängern und h_2 abmessen (Abb. 74); oder rechnerisch aus der Proportion:

$$6 : h_2 = (1600 - 700) : (1600 - 300)$$

daraus $h_2 = 8,66$ m.

Voraussetzung ist dabei folgendes: Durch richtige Einstellung der
Rauchklappen hinter Gas- und Luftkammern muß an der Hand des
Thermometers dafür gesorgt werden, daß auch nach der Erhöhung der
letzteren gleiche Abgasmengen durch die Kammern ziehen wie vorher.
Wo wir nicht durch getrennte Rauchschieber hinter jeder Kammer die
Abgasverteilung in der Hand haben und mit dem Thermometer einregu-
lieren, schwebt jede Rechnung über Kammerabmessungen in der Luft,
bedeutet jede Änderung an ihnen ein reines Probieren.

β. Berechnung der Kammerabmessungen für einen neuen Martinofen. Einfluß der Ausnützung der Abhitze.

Der Ofen soll in 24 Stunden 3 Sätze zu 50 t machen. Kohlenverbrauch sei bei einer Steinkohle von 7000 WE/kg mit 25% der Erzeugung angenommen, je Stunde also mit $\frac{25 \cdot 50\,000}{8 \cdot 100} \cong 1600$ kg. Aus der Analyse von Kohle und Generatorgas sollen sich für 1 kg Kohle 5 kg Generatorgase ergeben, die theoretisch mit 6,5 kg Luft zu 11,5 kg Abgasen verbrennen sollen. Die Gasmenge beträgt demnach $1600 \cdot 5 = 8000$ kg/Std. und die Abgasmenge bei Annahme eines Luftvielfachen von 1,15

$$8000 + 8000 \cdot \frac{6,5}{5} \cdot 1,15 \cong 20\,000 \text{ kg/Std.}$$

Die Heizgase aus dem Ofen sollen in die Kammern mit 1450⁰, die Generatorgase mit 600⁰, die Luft mit 300⁰ eintreten. (Vorwärmung zwischen Umsteuerung und Kammer.) Die Abgase sollen die Luftkammer mit 400⁰, die Gaskammer mit 700⁰ verlassen und mit mindestens 300⁰ in die Esse gehen. Endlich sei eine Vorwärmung des Gases und der Luft auf 1200⁰ angestrebt.

Die Wandverluste in den Kammern betragen erfahrungsgemäß bei Aufheizung und Entladung je 10, zusammen also 20%.

Aus den Abgasen könnten bei einer Abkühlung von 1450⁰ auf 300⁰ stündlich gewonnen und dem Ofen (nach Abzug von 20% Verlust) wieder zugeführt werden:

$$\underset{\substack{\text{Abgas-}\\\text{menge-}\\\text{Stunde}}}{20\,000} \cdot \underset{\text{Wärmeinhalt pro kg Abgas}}{(1450 \cdot 0,273 - 300 \cdot 0,25)} = 6\,420\,000 \text{ WE/Std. } 100,0\%.$$

Davon führen Generatorgase zurück:

$8000 \cdot (1200 \cdot 0,268 - 600 \cdot 0,255)$ . . . . . $= 1\,370\,000$		21,40%
die Luft führt zurück:		
$12\,000\,(1200 \cdot 0,26 - 300 \cdot 0,246)$ . . . . . . $= 2\,840\,000$		44,30%
durch Strahlung (Wandverluste) gehen verloren		
in der Luftkammer ¼ von 284\,000 . . . $= 710\,000$		11,00%
in der Gaskammer ¼ von 1\,370\,000 . . . . $= 342\,000$		5,40%
insgesamt verbrauchte Wärmemenge Std. . 5\,262\,000		82,10%
unter Abhitzekessel ausnutzbar . . . . » . 1\,158\,000		17,90%
Sa. 6\,420\,000		100,00%.

Nimmt man einen Wirkungsgrad von 60% für den Abhitzekessel an, so entspricht die Zahl der ausnutzbaren Wärmeeinheiten für den 24stündigen Arbeitstag

$$\frac{24 \cdot 0,6 \cdot 1\,158\,000}{7000} = 2390 \text{ kg Kohle}$$

oder

$$\frac{2390 \cdot 300}{1000} = 715 \text{ t pro Jahr.}$$

Tatsächlich lassen sich meist wesentlich größere Ersparnisse erzielen, weil die Nachverbrennung in den Kammern den Abgasen zusätzliche Mengen an Abwärme zuführt.

Wie hoch würde die Abgastemperatur werden, wenn wir die Abhitze nicht verwerten?

Die obigen 1158000 WE/Std. verteilen sich auf 20000 kg Abgase, und die über 300° hinausgehende Temperaturerhöhung, die sie dadurch erfahren, ergibt sich aus der Gleichung:

$$20\,000 \cdot 0,26 \cdot t = 1\,158\,000,$$

daraus $t = 223^0$.

Demnach insgesamt die Abgastemperatur $300 + 223 = 523^0$.

Zur Bemessung der Kammerdimensionen müssen wir jeden Wärmespeicher für sich behandeln:

a) Gaskammer.

Wir fragen uns zunächst, wieviel Abgase nötig sind, um die den Generatorgasen nach obiger Aufstellung zuzuführenden 1370000 WE/Std. abzugeben und den Wandverlust von 342000 WE/Std. zu decken?

Die Abgase treten in die Gaskammer mit 1450° ein, verlassen sie mit 700°. Dann errechnet sich die für Gasvorwärmung nötige Abgasmenge aus folgender Gleichung:

$$1\,370\,000 + 342\,000 = x\,(1450 \cdot 0,273 - 700 \cdot 0,259)$$

$$x = \frac{1\,712\,000}{215} = 8000 \text{ kg/Std.}$$

Von den 20000 kg Abgasen/Std. bleiben also $20\,000 - 8000 = 12\,000$ kg/Std. für Luftvorwärmung übrig.

b) Luftkammer.

Die zweite Frage lautet:

Wieviel kühlen diese 12000 kg Abgase ab, wenn sie die für die Erwärmung der Luft einschließlich Wandverluste notwendigen 3550000 WE abgeben? Die Austrittstemperatur der Abgase aus der Luftkammer erhalten wir aus der Gleichung:

$$3\,550\,000 = 12\,000\,(1450 \cdot 0,273 - y \cdot cp_m).$$

In dieser Gleichung ist neben der Austrittstemperatur auch die mittlere spezifische Wärme bei y^0 (cp_m) unbekannt. Wir schätzen zunächst, vermutlich ohne einen großen Fehler zu begehen, die Temperatur der Abgase hinter der Luftkammer mit 400 bis 500⁰ und setzen dementsprechend für Cp_m 0,256 ein. Dann ergibt sich:

$$3\,550\,000 = 12\,000 \cdot 1450 \cdot 0{,}273 - y\,12\,000 \cdot 0{,}256,$$

und daraus

$$y = \frac{4\,750\,000 - 3\,550\,000}{3070} = 392^{0}.$$

Die Abgase verlassen die Luftkammer mit 392⁰ und treffen im Essenkanal mit den 700⁰ heißen Abgasen aus der Gaskammer zusammen. Die mittlere Abgastemperatur beträgt also:

$$\frac{8000 \cdot 700 + 12\,000 \cdot 392}{20\,000} \cong 520^{0} \text{ wie oben.}$$

A. Berechnung der Gaskammern.

Welche Oberfläche muß nun die Gaskammer haben, damit die 1 370 000 WE in 1 Std. durchströmen und ins Innere weitergeleitet werden können?

Die Oberfläche F_g bestimmt sich aus der Gleichung für den Wärmeübergang

$$1\,370\,000 = F_g \cdot a\,(t_1 - t_2),$$

worin $(t_1 - t_2)$ die Temperaturdifferenz zwischen Abgasen und Stein und a die Wärmeübergangszahl WE/m²/Std./1⁰ Temperaturdifferenz bedeuten. Die Temperaturdifferenz $t_1 - t_2$ zwischen Abgas und Stein er

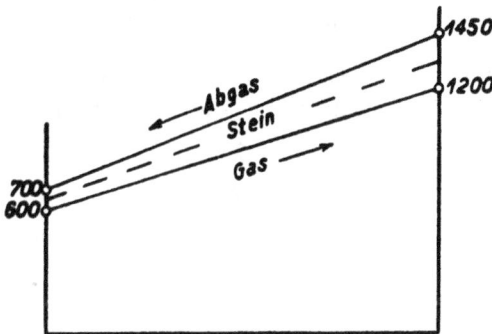

Abb. 75. Leistungsdiagramm der Gaskammer.

gibt sich aus dem Leistungsdiagramm (Abb. 75). In ihm ist angenommen, daß sie zwischen Abgasen und Stein gleich groß sei, wie zwischen Stein und Generatorgasen, wozu wir, wie schon früher bemerkt, berechtigt sind, weil das a unter der gleichen Voraussetzung ermittelt worden ist. Das Diagramm ergibt eine mittlere Temperaturdifferenz zwischen Stein und Abgas von

$$\frac{(1450 - 1200) + (700 - 600)}{4} = 87^0.$$

Die Wärmeübergangszahl a wird, wie oben angegeben, mit 25 WE/m²/Std./⁰C angenommen.

Es ergibt sich dann eine Gaskammerheizfläche

$$F_g = \frac{1370000}{87 \cdot 25} = 630 \text{ m}^2.$$

Die Frage ist nun, wieviel Kilogramm Gitterwerk und wieviel Kubikmeter Kammerraum dieser Heizfläche von 630 m² entsprechen.

Verwendeter Normalstein $25 \cdot 12 \cdot 6$.

Bei einem spezifischen Gewicht des Materials von 1,9 wiegt ein Stein:

$$\frac{1}{1000} \cdot 25 \cdot 12 \cdot 6 \cdot 1{,}9 = 3{,}42 \text{ kg.}$$

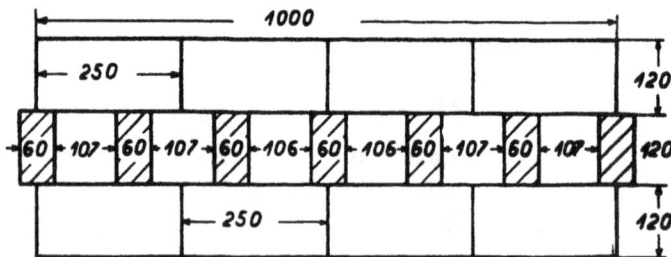

Abb. 76. Gitterwerk eines Regenerativofens.

Die als Heizfläche in Betracht kommende wirksame Oberfläche eines Steines beträgt bei Annahme einer Mauerung nach Abb. 76:

$$
\begin{aligned}
2 \cdot 25 \cdot 12 &= 600 \text{ cm}^2 \\
+ 2 \cdot 25 \cdot 6 &= 300 \text{ »} \\
+ 2 \cdot 6 \cdot 12 &= 144 \text{ »} \\
\hline
&\ 1044 \text{ cm}^2.
\end{aligned}
$$

Davon ab:

$$
\begin{aligned}
3 \cdot 6 \cdot 6 &= 108 \\
+ 2 \cdot 6 \cdot 12 &= 144 \quad\ 252 \\
\hline
&\quad\ 792 \text{ cm}^2.
\end{aligned}
$$

Wirksame Heizfläche eines Steines = 0,0792 m².

In jedem Kubikmeter Kammerraum liegen 8 Lagen zu je $6 \cdot 4 = 24$ Steinen, also $8 \cdot 6 \cdot 4 = 192$ Steine. Der Raum, den das Gitterwerk an sich ausfüllt, beträgt demnach, wenn 1 m³ Mauerwerk 1900 kg wiegt:

$$\frac{192 \cdot 3{,}42}{1900} = 0{,}346 \text{ m}^3$$

oder 1 m³ volles Gitterwerk entspricht

$$\frac{1}{0{,}346} = 2{,}9 \sim 3 \text{ m}^3 \text{ Kammerraum.}$$

1 m² Heizfläche entspricht nach obigem $\frac{3{,}42}{0{,}0792}$ kg Stein.

1 m³ Kammerraum umfaßt $192 \cdot 3{,}42 = 657$ kg.

1 m² Heizfläche demnach $= \dfrac{3{,}42}{0{,}0792 \cdot 657} = 0{,}066 \text{ m}^3$ Kammerraum.

Die 630 m² Heizfläche benötigen somit einen Gaskammerraum von $630 \cdot 0{,}066 = \mathbf{42\ m^3}$.

B. Berechnung der Luftkammern.

Wie bei der Gaskammer ergibt sich auch hier die mittlere Temperaturdifferenz $t_1 - t_2$ aus dem Leistungsdiagramm (Abb. 77):

$$t_1 - t_2 = \frac{(1450 - 1200) + (400 - 300)}{4} = \frac{350}{4} = 87{,}5^0.$$

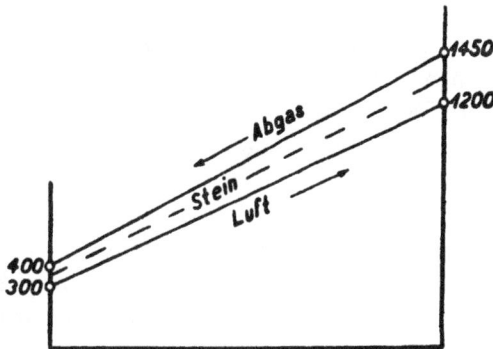

Abb. 77. Leistungsdiagramm der Luftkammer.

Die Heizfläche errechnet sich aus der Formel:

$$2\,840\,000 = F_L \cdot a \cdot (t_1 - t_2)$$

$$F_L = \frac{2\,840\,000}{25 \cdot 87{,}5} = 1300 \text{ m}^2.$$

Die 1300 m² Heizfläche benötigen nach obigem einen Kammerraum von $1300 \cdot 0{,}066 = \mathbf{85\ m^3}$. Das Verhältnis $\dfrac{\text{Gaskammerraum}}{\text{Luftkammerraum}}$ ist somit $\dfrac{42}{85}$

$= \frac{1}{2}$, und auf die Tonne Einsatz kommen $\dfrac{85}{50} = 1{,}7$ m² Luftkammerraum.

Dieses Ergebnis entspricht den in der Praxis gebräuchlichen Zahlen (vgl. Taschenbuch für Eisenhüttenleute, S. 543).

Es sei auch an dieser Stelle nochmals daran erinnert, daß Berechnungen wie die obige nicht etwa auf jeden beliebigen Wärmespeicher, sondern nur auf solche übertragen werden dürfen, die ähnliche Temperatur- und Geschwindigkeitsverhältnisse aufweisen, wie diejenigen, aus welchen das verwendete α bestimmt worden ist, also im wesentlichen auf Martin- oder gleichgebaute Regenerativöfen. Bei ihnen haben wir Differenzen zwischen der Temperatur der in den Speichern eintretenden Heizgase und derjenigen der vorgewärmten Luft und Gase von etwa 150 bis höchstens 450⁰. Würde man sie z. B. auf 50⁰ vermindern oder auf 1000⁰ erhöhen wollen, dann müßte zuerst, wie früher schon bemerkt, das α aus Feuerungen ähnlicher Art bestimmt werden. Tut man es — und meist werden Unterlagen dafür in der Praxis zu beschaffen sein, da man fast nie aus nichts heraus, sondern immer in Abänderung vorhandener Ausführungen baut —, dann kann man mit der so gewonnenen Wärmeübergangszahl auch jeden anderen Wärmespeicher wie oben berechnen. Man kann im Zweifel sein, ob es berechtigt ist, in den Leistungsdiagrammen, wie es oben geschehen, ohne weiteres zwischen den Punkten o und p (Abb. 78) eine Gerade anzunehmen. Denn es ist natürlich auch der Fall möglich, daß die Linie eine gebrochene ist, sich also rascher der Steintemperatur nähert, um danach parallel zu dieser weiter zu verlaufen (Linie o, q, p). Bei einem solchen Linienzug würde die mittlere Temperaturdifferenz kleiner sein, als von uns angenommen. Aber er ist nur möglich, wenn die Wärmeübergangszahl größer ist, als bei der Geraden $o\,p$ angenommen. Wir haben also in bezug auf diese Zahl tatsächlich mit dem ungünstigsten Falle gerechnet und das muß uns wie immer bei technischen Rechnungen genügen.

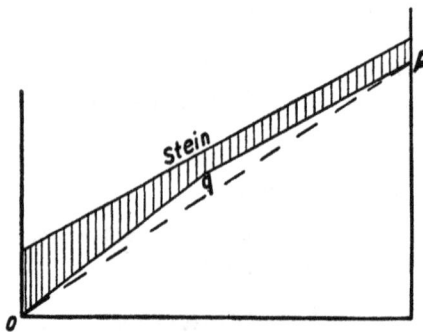

Abb. 78. Gebrochene Temperaturkurven.

γ. Berechnung der Heizfläche eines Rekuperators: Ein Teil der Abgase eines Stoßofens soll in den Rekuperator treten, der Rest geht über den Stoßherd in die Esse.

Der Verbrauch von Kohle (7000 WE) sei 1000 kg je Stunde.
Die Wandstärke des Rekuperators $7^1/_2$ cm.
Wärmeleitzahl des feuerfesten Materials nach »Taschenbuch für Hüttenleute«
= 0,8.

Vorwärmung der Luft auf 700⁰.

Vorwärmung von Gas findet nicht statt.

Die Heizgase treten mit 1500⁰ in den Rekuperator ein.

Die Heizgase treten mit 500⁰ aus dem Rekuperator aus.

Die Luft trete mit 0⁰ in den Rekuperator ein.

1 kg Kohle gebe 5 kg Gas.

Zur Verbrennung der 5 kg Gas seien 6 kg Luft nötig.

Mittlere spezifische Wärme der Abgase bei 1500⁰ = 0,27.

Mittlere spezifische Wärme der Luft bei 700⁰ = 0,25.

Die Rechnung beziehen wir, da Rekuperativöfen keine Umsteuerperioden haben, auf eine Stunde als Zeiteinheit.

Die Vorwärmung der 6000 kg Luft (6 × Kohlenverbrauch je Std.) auf 700⁰ benötigt an Wärme:

$$Q = 6000 \cdot 700 \cdot 0,25 \cong 1\,050\,000 \text{ WE}.$$

Nehmen wir für den Rekuperator einen Wirkungsgrad von 75 %, statt wie oben 80 im Regenerator, an und müssen wir für die 1,05 Mill. WE x kg Abgase aufwenden, so ergibt sich die Gleichung

$$x\,(1500 - 500)\,0.27 = 1\,050\,000.$$

Also sind $x = 5200$ kg $= \dfrac{5200}{11\,000} \cdot 100 = 47,5\,\%$

der gesamten **Abgasmenge** zur Vorwärmung der Luft auf 700⁰ erforderlich.

Wieder haben wir zwei Fragen zu beantworten:

1. Ist die Heizfläche, die wir wählen, groß genug, um die 1,5 Mill. WE von den Heizgasen in den Stein und von ihm in die Luft **übertreten zu lassen**?

2. Genügt sie, damit der Stein die gen. **Wärmemenge weiterleiten kann**?

Zur Beantwortung beider fehlt uns zunächst die Temperaturdifferenz bezw das Temperaturgefälle zwischen Heizgasen und Stein, zwischen Stein und Luft und zwischen den beiden Oberflächen des Rekuperators. Wir könnten sie durch Ansetzen einer Reihe von Gleichungen ermitteln, ähnlich wie wir das bei dem ersten Beispiel für die Anwendung der Wärmeleitzahl getan haben. Bei technischen Rechnungen kommen wir aber häufig schneller zum Ziel, wenn wir von einer Annahme ausgehen und sie danach an Hand von kleinen Tabellen richtigstellen in folgender Weise:

Ganz unwillkürlich sei zunächst der Fall untersucht, daß (Abb. 76) die 800⁰ Temperaturgefälle zwischen Heizgasen und Luft beim Eintritt jener in den Rekuperator und die ca. 500⁰ beim Austritt sich ungefähr gleichmäßig auf die beiden Steinoberflächen verteilen.

Für diese Annahme lassen sich nun aus dem Diagramm die obigen zwei Fragen beantworten.

1. Für die Wärmeübergangszahl a (diesmal ist in ihr die Weiterleitung in den Stein nicht eingeschlossen, vielmehr behandeln wir sie gesondert) können wir etwas näher an den bei den Martinöfen ermittelten Höchstwert herangehen, einmal, weil die Wärmeleitung getrennt untersucht wird, dann auch, weil die, auf der einen Seite luftgekühlten Rekuperatorenwände weniger zur Verglasung neigen, als das Gitterwerk von Regeneratoren. Wir wählen 30 statt 25 und erhalten für den Wärmeübergang an beiden Oberflächen die Gleichung

$$Q = F \cdot 30\,(t_1 - t_2) \cdot 1 = 1\,050\,000.$$

Das mittlere Temperaturgefälle ergibt sich aus dem Diagramm mit

$$\frac{250 + 150}{2} = 200⁰$$

Daraus
$$F = \frac{1\,050\,000}{30 \cdot 200} \cong 175 \text{ m}^2$$

2. Die von der Wand weitergeleitete Wärme bestimmt sich nach der Gleichung 29 S. 147 $Q = F \cdot \frac{\lambda}{\delta}$ mal der mittleren Temperaturdifferenz der beiden Steinoberflächen. Diese ist nach dem Diagramm

$$\frac{300 + 200}{2} = 250^0, \text{ somit}$$

$$1\,050\,000 = F \cdot \frac{0,8}{0,075} \cdot 250 \cdot 1.$$

Daraus
$$F = \frac{1\,050\,000 \cdot 0,075}{0,8 \cdot 250} \cong 395 \text{ m}^2.$$

Daraus geht hervor, daß bei einer Temperaturverteilung gemäß unserer Annahme die Wand des Rekuperators weniger Wärme abtransportieren würde, als an die Oberfläche übergeht. Das würde natürlich zu einer Wärmestauung an der Oberfläche, also zu einer Änderung der Verteilung führen.

Um zu sehen, welcher Art sie ist, senken wir in untenstehender Zahlentafel allmählich die Temperaturdifferenz zwischen Gasen und Wand und berechnen für jede die zugehörige Oberfläche, was mit Hilfe des Rechenschiebers, da Temperaturdifferenz und Heizfläche umgekehrt proportional sind, schnell geschehen ist. In einer kleinen Zahlentafel stellen wir dann gegenüber, wie groß auf der anderen Seite die Flächen mit Rücksicht auf die weitergeleiteten Wärmemengen in jedem Falle sein müssen. Wo beide Werte sich überkreuzen, liegt die Temperaturdifferenz, die sich einstellen wird.

Zahlentafel.

Mittlere Temperatur-Differenz zwischen Gas und Stein und umgekehrt ($t_1 - x_1$ bzw. $x_2 - t_2$)	200	175	150	125^0
Oberfläche mit Rücksicht auf den Wärme-übergang	175	200	235	280 m^2
Mittlere Temperatur-Differenz zwischen den Außenflächen der Wand[1]) $x_1 - x_2$	250	300	350	400^0
Oberfläche mit Rücksicht auf die Wärme-leitung	392	330	280	245 m^2

Wer mit dem Tabellenverfahren nicht vertraut ist, dem wird es auf den ersten Blick verwickelter erscheinen als die Lösung mehrerer Gleichungen mit verschiedenen Unbekannten. Für den in technischen Rechnungen Geübten ist es einfacher und läßt zudem die Abhängigkeiten unter den Variablen besser erkennen.

---

[1]) $x_1 - x_2$ ergibt sich aus der, dem Diagramm Abb. 79 ohne weiteres zu entnehmenden Beziehung:

$$(x_1 - x_2) + 2\,(t_1 - x_1) = \frac{(t_1 a - t_2 a) + (t_1 e - t_2 e)}{2}.$$

Z. B. Zahlenreihe 2: $t_1 - x_1 = 175^0$

$$\frac{(t_1 a - t_2 a) + (t_1 e - t_2 e)}{2} = \frac{(500 - 0) + (1500 - 700)}{2} = 650^0.$$

Demnach $x_1 - x_2 = 300^0$ wie in Zeile 3 der Zahlentafel eingesetzt.

Das gesuchte $t_1 - x_1$ bzw. $x_2 - t_2$ (Temperaturdifferenz zwischen Gas und Stein und umgekehrt) muß also zwischen 125 und 150^0 und die Heizfläche zwischen 245 und 280, also bei **262 m²** liegen

Hätten wir, statt die gestellten beiden Fragen nacheinander zu beantworten, die Wärmedurchgangszahl k enthaltend den Wärmeübergang wie die Wärmeleitung benützt, so hätten wir erhalten:

a_1 und a_2 werden $= 30$, $\lambda = 0,8$, $\delta = 0,075$, $t_{1m} - t_{2m} = \dfrac{800 + 500}{2} = 650$ gesetzt, nach Gleichung 32 (S. 154).

$$1\,050\,000 = F \cdot k \cdot 650 \cdot 1$$

und $\quad k = \dfrac{1}{\dfrac{1}{a_1} + \dfrac{\delta}{\lambda} + \dfrac{1}{a_2}} = \dfrac{1}{\dfrac{1}{30} + \dfrac{0,075}{0,8} + \dfrac{1}{30}} = \dfrac{1}{0,161} = 6,3,$

demnach $\qquad F = \dfrac{1\,050\,000}{6,3 \cdot 650 \cdot 1} \cong 260 \text{ m}^2.$

Man sieht, der Unterschied der Ergebnisse ist im vorliegenden Falle bei den beiden Rechnungsarten sehr gering.

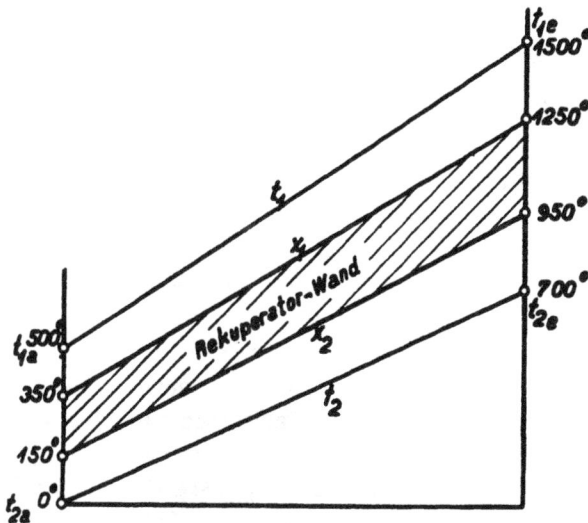

Abb. 79. Leistungsdiagramm eines Rekuperators.

5. Abführung der Abfallstoffe aus der Feuerung. Essenzug, Saugzug und Unterwind. Feuerzüge und ihre Bemessung. Wirbelung.

a) Schlackenabführung.

Jede Feuerung liefert neben dem sog. Wärmgut Abfallstoffe. Dazu gehören: Asche und »Brennbares in der Asche«, deren Entfernung bei dem Generator und der Rostfeuerung besprochen werden wird, dann die Schlacke und die Abgase. Wo das Wärmgut flüssig ist, wie im

Hoch- und Martinofen, im Metallraffinier- und Schmelzofen usw., schwimmt die Schlacke auf dem Bad und wird vor diesem abgestochen oder abgeschöpft. Wo das Schmelzgut fest, die Schlacke flüssig ist, wie bei allen Wärm- und Schmiedeöfen, darf der Ofenbauer nicht vergessen, sich über den Weg zu entscheiden, den die abfließende Schlacke nehmen soll, und ihn so zu wählen, daß er die Bewegung des Wärmgutes nicht stört, und daß der Abfluß selbsttätig und an einer Stelle erfolgt, an welcher die Temperatur noch so hoch ist, daß die Schlacke nicht erstarrt. Sog. »Schlackensäcke« sind zu vermeiden, z. B. Stellen an der Feuerbrücke, die tiefer liegen, als der Herd oder Löcher in diesem. Sie führen leicht dazu, daß in ihnen die unteren Schichten zum Erstarren kommen, oder häufiger, daß die Schlacke infolge des hydrostatischen

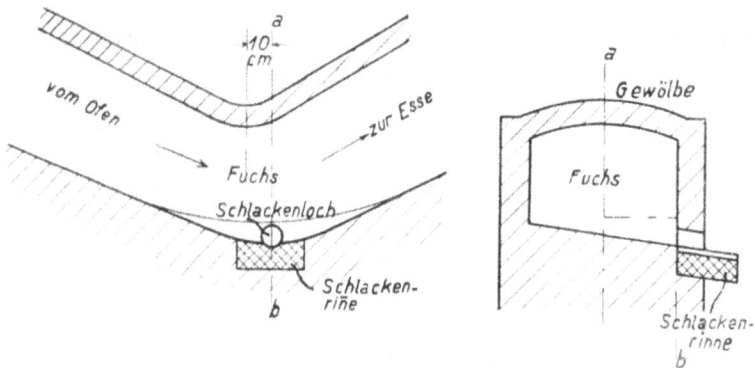

Abb. 80 Fuchs mit Schlackenloch und -rinne.

Druckes und ihres Lösungsvermögens für das Stein- und Bodenmaterial sich durch dieses durchfrißt und an ungelegenen Stellen zum Vorschein kommt. Das Stopfen solcher selbstgebildeten unwillkommenen Kanäle macht oft Schwierigkeiten. Das beste Mittel ist immer, sie an einer Stelle derart zu kühlen, daß die Schlacke erstarrt und so selbst weiteren Mengen den Durchgang verstopft. Über dem Schlackenloch, durch welches die Schlacke den Ofen verläßt, müssen noch genügend heiße Gase streichen und so nieder geführt sein, daß kein Erstarren oder »Einfrieren« erfolgen kann. Legt man den tiefsten Punkt des Fuchsgewölbes 5 bis 10 cm vor das Schlackenloch, so erzielt man eine Art Stichflamme unmittelbar am Schlackenloch, die dem Einfrieren wirksam entgegenarbeitet (Abb. 80).

Meist gibt man dem Herd Gefälle nach hinten (5 bis 10%), damit die Schlacke nicht zur Arbeitstüre hinausläuft, außerdem von der Feuerbrücke nach dem Fuchs zu gleiches Gefälle, selten in entgegengesetzter Richtung gegen die Feuerbrücke.

So unbedeutend diese Frage erscheint, so darf sie doch bei keinem Ofen mit flüssiger Schlacke, auch beim kleinsten nicht, übersehen werden. Denn nach schlechter Hitze ist schlechter Schlackenabfluß der unangenehmste Fehler an einer Feuerung, der mittelbar durch die damit verknüpften Betriebsunterbrechungen auch die Wärmewirtschaft beeinflußt.

Das wichtigste Abfallprodukt, das jede Feuerung aufweist (s. auch Kap. VI, Verluste), sind die Essengase. Es gibt kleine Teer- oder Naphthaöfen, bei denen die Arbeitstüren und ähnliche Öffnungen genügen, um ihnen den Austritt zu gestatten. In allen anderen Feuerungen aber müssen wir für den Abtransport durch eine Esse oder einen Saugzug Sorge tragen.

b) Essenzug.

Das üblichste Mittel ist der natürliche Essenzug.

Der Betriebsmann muß sich über seine Entstehung und sein Wesen klar sein, wenn er auch den Bau der Esse zweckmäßig einer bewährten Kaminbaufirma überläßt. Denn Zugstörungen sind so häufig die Ursache eines Versagens oder schlechteren Wirkungsgrades der Feuerungen, daß das Suchen und Beseitigen solcher Fehler in großen Betrieben fast kein Ende nimmt. Betrachten wir uns ein ganzes System, bestehend aus Rost mit Brennstoffschicht, Feuerkasten (F), Ofen, Abhitzekessel (K), Rauchschieber (R) und Esse (E) (Abb. 81). Dann herrscht offenbar in ihm eine höhere mittlere Temperatur (t_m) als außerhalb (t_L).

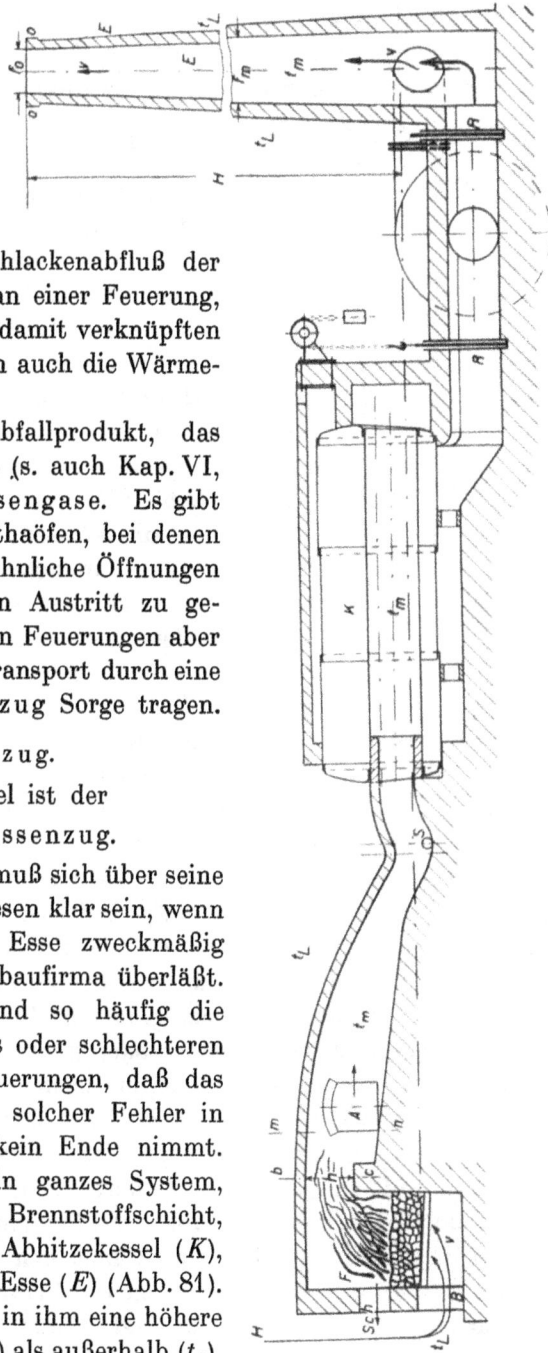

Abb. 81. Gerippskizze der Zugwirkung eines Ofens- und Kesselsystems. Rechts Saugzug.

Das spezifische Gewicht von trockenen Verbrennungsgasen bei 0° und 760 mm Barometerstand ist ungefähr 1,35, das der Luft = 1,29. Ist die mittlere (abs.) Temperatur in dem System = 900° C, also rd. 1170° abs., die der Luft $\cong$ 290° abs., so ergibt sich ein spezifisches Gewicht der Abgase in ersterem $= 1{,}35 \dfrac{290}{1170} = 0{,}34$, also fast viermal leichter als außerhalb.

Somit drückt die schwerere Außenluft durch den Rost in das System herein, und zwar mit um so größerer Geschwindigkeit (v), je höher die Säule mit verschiedenen Temperaturen, mit anderen Worten die Kaminhöhe (H) ist. Sie würde die leichteren Abgase rasch aus dem System verdrängt haben, wenn sie sich nicht aus der eindringenden Luft in den Brennstoffschichten über dem Rost immer neu bilden würden. Der Vorgang ist also etwa dem folgenden zu vergleichen (Abb. 82):

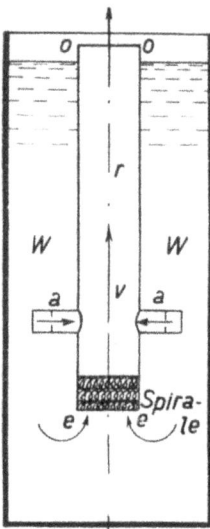

Abb. 82. Vergleich mit Zugwirkung.

In ein mit Wasser gefülltes Gefäß wird ein Rohr r versenkt, in welchem sich Dampf befindet. Das untere Ende ee sei zunächst verschlossen, oberhalb desselben (an Stelle der Brennstoffschichten) befinde sich ein Netzwerk von elektrisch geheizten Drähten, so bemessen, daß es alles von ee eindringende Wasser zu verdampfen vermag. Öffnet man nun ee, so wird das schwerere Wasser in das Rohr gedrückt, es steigt in der Richtung des Pfeiles nach oben. Zugleich wird es aber von den Drahtspiralen verdampft, und es entsteht so eine ununterbrochene Bewegung, bei der unten Wasser ein-, oben (bei O) Dampf austritt. Voraussetzung für diesen Vorgang ist, daß die Rohrwände dicht sind. Hätten sie Öffnungen (aa), so würde das Wasser sich den leichteren Weg durch diese suchen, statt den mit dem größeren Widerstand durch das Netz bei ee, der Vorgang wäre gestört oder ganz zum Stillstand gebracht. Ähnliches kann man an jeder Feuerung beobachten, wenn sich zwischen Rost und Essenende Öffnungen, z. B. die Arbeitstüre (A in Abb. 81) befinden. In dem Augenblick, in dem diese aufgemacht wird, stürzt von außen kalte Luft in den Ofen. Solange er heiß ist, erwärmt sie sich und geht durch die Esse ab. Aber ihre Strömung hemmt die Verbrennungsgase in ihrem Abziehen und damit den Zugang der Luft durch den Rost, was an dem Herausdrücken der Flamme an der Schürtür Sch erkennbar ist. Damit ist auch die Wärmeentwicklung gehemmt. Lassen wir die Tür lange offen, so kommt der Verbrennungsvorgang ganz zum

Stillstand, wenn die Öffnung A groß genug ist. Ist sie klein, wie die Schlitze an den Rauchklappen (R) oder das Schlackenloch (S), so wird der Prozeß behindert, aber nicht aufgehoben.

Die Wirkung der Esse ist eine Saugwirkung (auch bei dieser wird ja unter dem Einfluß des atmosphärischen Druckes Luft in den Raum der Luftverdünnung hineingedrückt), und ein System wie das in Abb. 81 gezeichnete ist nichts anderes als eine Saugleitung. Ist sie durchlöchert, so wirkt sie natürlich schlecht oder gar nicht.

Wollen wir uns über die Abhängigkeiten bei der Zugwirkung klar werden, so haben wir zunächst festzustellen, daß es letzten Endes auf die Geschwindigkeit (v) ankommt, mit welcher sie die Essengase abtransportiert. Denn wir haben mehrfach kennengelernt und werden später noch ausführlicher davon sprechen, daß der Wirkungsgrad einer Feuerung um so besser ist, je intensiver sie betrieben wird, d. h. je höher die Verbrennungstemperatur und die je Zeiteinheit erzeugte Wärmemenge ist, solange die Heizflächen genügen, diese Wärmemenge aufzunehmen (»günstigste oder normale Geschwindigkeit«). Der Grund ist, wie wir uns nochmals in Erinnerung rufen wollen, daß die Wandverluste annähernd konstant sind, daß sie also anteilig um so kleiner werden, je größer die erzeugte Wärme ist. Nun können wir aber offenbar nur in dem Maße Wärme, d. h. in unserem Falle hocherhitzte Heizgase, erzeugen, als wir abgekühlte abführen. Jede sonst noch so gute Feuerung muß deshalb versagen, wenn die Zugverhältnisse nicht in Ordnung sind.

Läßt man die Reibung unberücksichtigt und nimmt gleichbleibende lichte Weite des Schornsteines, also auch gleiche Geschwindigkeit v der Essengase an, so gilt:

$$v = \sqrt{2\,g \cdot H}. \quad \ldots \ldots \ldots \quad (40)$$

Bedeutet p den statischen Druck in kg/m² oder mm-Wassersäule und γ_ε das spez. Gewicht der Essengase in kg/m³, so ist die Druckhöhe

$$H = \frac{p\ \text{kg/m}^2}{\gamma_\varepsilon\ \text{kg/m}^3}.$$

Der statische Druck p in der Esse ist bestimmt durch den Auftrieb der Rauchgase, d. h. die Gewichtsdifferenz der im Schornstein befindlichen Gassäule und der gleichen Luftsäule. Ist h die Höhe der Esse in Metern, γ_L das spez. Gewicht der Außenluft und γ_ε das der Essengase, so ist:

$$p = h\,(\gamma_L - \gamma_\varepsilon).$$

Durch Einsetzen dieser Werte in die obere Gleichung (40) ergibt sich:

$$v = \sqrt{2\,g \cdot \frac{p}{\gamma_\varepsilon}} = \sqrt{2\,g \cdot \frac{h\,(\gamma_L - \gamma_\varepsilon)}{\gamma_\varepsilon}} \quad \ldots \ldots \quad (41)$$

daraus:

$$G_{\text{sekdl}} = f \cdot \gamma_\varepsilon \sqrt{2\,g \cdot \frac{h\,(\gamma_L - \gamma_\varepsilon)}{\gamma_\varepsilon}} \quad \cdot \quad \cdot \quad \cdot \quad \cdot \quad (42)$$

(f = Querschnitt der Esse).

γ_ε, das spez. Gewicht der Essengase, nimmt mit wachsender Temperatur ab. Dadurch steigt in obiger Gleichung der Wurzel-

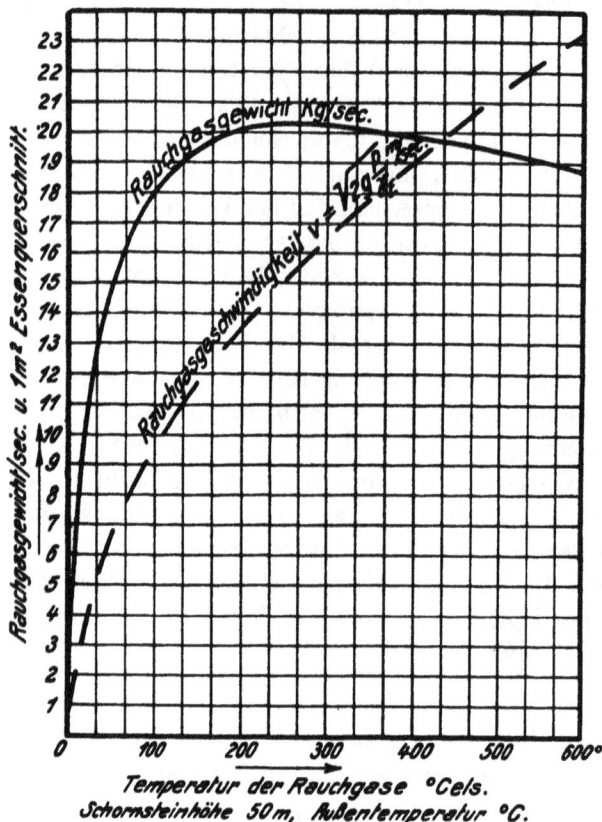

Abb. 83. Geschwindigkeit und Gewicht der Essengase in Abhängigkeit
von der Temperatur.

ausdruck, es fällt aber das vor der Wurzel stehende Produkt. Beide Änderungen können sich aufheben; es ist deshalb mit einer Erhöhung der Essentemperatur stets eine solche der Zugstärke, aber nicht immer des sekundlich abtransportierten Gasgewichtes verbunden.

Aus Gleichung 42 wurden an einem praktischen Beispiel mit einem Luftvielfachen = 1,5, einer Schornsteinhöhe = 50 m und einer Außenlufttemperatur = 0° C die sekundlich abtransportierten Gasmengen in Abhängigkeit von der Essentemperatur errechnet und die in Abb. 83 gezeichnete Kurve ermittelt.[1])

Gleichung 41 zeigt, daß v bei gleichbleibender Essentemperatur mit γ_L wächst, also mit der Lufttemperatur sinkt. Das erklärt, daß an heißen Tagen die Zugverhältnisse an allen Kaminen schlechter sind als an kalten. Die Hausfrauen pflegen zu sagen: »Die Sonne drückt auf den Kamin.« Der Ofenmann aber in der Metallschmelzerei oder am Wärmeofen geht am ersten heißen Frühjahrstag an die Rauchklappe, zieht sie auf und zeichnet sich die Stellung für den Sommer an, er vergrößert in Gleichung 42 das f.

Die Abgasmenge, die eine Esse abtransportiert, steigt mit wachsender Essentemperatur, um schließlich zwischen 250 und 300° C ein Maximum zu erreichen. Schicken wir die Abgase heißer in den Kamin, so nehmen zwar Unterdruck und Geschwindigkeit noch zu, trotzdem ist der Abtransport an Heizgasen nicht mehr größer, weil das höhere v durch die Verdünnung ausgeglichen wird.

Ähnliche Zusammenhänge bestehen natürlich auch an irgendeiner anderen Stelle der Feuerung, sagen wir vor den Brennern eines Gasofens. Je höher die Verbrennungstemperatur ist, die wir dort etwa durch eine starke Vorwärmung der Luft erzielen, umso heißer, zugleich aber auch um so dünner werden die Abgase. Wir brauchen also, um ein bestimmtes Gewicht in der Zeiteinheit abzutransportieren, eine größere Geschwindigkeit, die entsprechend größere Reibungsverluste erzeugt, und die schließlich von der Esse nicht mehr geleistet werden kann. Das macht, daß auch hier die Kurve der Verbrennungsintensität nicht gleichmäßig mit der theoretischen Verbrennungstemperatur ansteigt, sondern allmählich flacher wird, um schließlich ein Maximum zu erreichen. Wir erkennen hier neben der Dissoziation ein zweites retardierendes und regulierendes Moment, das verhindert, daß wir die Intensität unserer Feuerungen beliebig steigern können. Man kann diesen »Rückstoß« der Flammen, diese bremsende Wirkung hoher Flammentemperaturen auf den Heizgasabfluß und damit auch auf die Wärmeentwicklung experimentell einfach nachweisen, indem man bei gleicher Zugstärke Gas durch einen Brenner ohne und mit Zündung strömen läßt; man wird finden, daß er im ersteren Falle wesentlich mehr Gas durchläßt, als im zweiten[2]). Ziehen wir zur wei-

---

[1]) Eine ähnliche Rechnung finden wir nach Abschluß dieses Buches in Seufert, »Verbrennungslehre und Feuerungstechnik«, Berlin, Springer, der verschiedene Kurven in Abhängigkeit auch von der Kaminhöhe bekannt gibt.
[2]) Solche Versuche hat z. B. Lent auf den Rheinischen Stahlwerken in Duisburg angestellt (s. St. u. E. 1923, S. 1228).

teren Veranschaulichung wieder unseren Vergleich von Abb. 82 heran,
so ist klar, daß bei einem zu engen Rohr *r* die Verdampfung bei *ee* so
stark werden kann, daß der Gegendruck des entstehenden Dampfes dem
Wasser den Eintritt sperrt. Dann wird allerdings der Überdruck in *r*
sinken, so daß wir eine selbsttätige Regelung des Vorganges haben.
Ebenso ergibt sich eine solche natürlich bei der Feuerung: unter der
Wirkung der Bremsung fällt die Verbrennungstemperatur und damit
wieder die Bremsung, so daß sich ein Gleichgewichtszustand einstellen
muß. Wir folgern für die Praxis aus obigen Betrachtungen:

1. daß wir an Stellen hoher Temperaturen besonders auf genügend
   große Querschnitte (*f* in Formel (42)) achten müssen (keine niederen Gewölbe vor den Brennern der Gasöfen, große Verbrennungs-
   räume bei Kohlenstaubfeuerungen, Vorfeuerung bei Flammrohr-
   kesseln usw.);

2. bei sonst gleichen Verhältnissen ist dasjenige Gas das günstigste,
   dessen Verbrennungsprodukte das geringste Volumen einnehmen.

3. Öffnungen im System, sog. »falscher Zug«, sind der Urfeind jeder
   Feuerung. Sie verschlechtern den Zug und vermehren den Stick-
   stoff- und Sauerstoffballast der Abgase und damit den Abhitzeverlust. Wo mit starkem Unterdruck gearbeitet wird, genügen
   schon die Undichtigkeiten einer Einmauerung mit bröckligen
   Fugen, um den guten Gang einer Feuerung merkbar herab-
   zusetzen.

4. Noch schädlicher als das Eindringen falscher Luft wirkt es,
   wenn Wasser in die Züge gelangt. Die Wärme, die zu
   seiner Verdampfung erforderlich ist, wird den Heizgasen entzogen. Gleichzeitig werden durch die Dampfbildung Gewicht
   und Volumen der Abgase sowie ihre spezifische Wärme erhöht.
   Wir sehen, daß alle Faktoren zur Verschlechterung der Zugwirkung
   und zur Erhöhung der Abgasverluste gegeben sind. Die erstere
   sinkt, während gleichzeitig die Leistung, welche der Zug be-
   wältigen soll, steigt. Es muß darum unbedingt vermieden werden,
   daß Feuerzüge im Grundwasser liegen. Auch soll man sie mit
   Rücksicht auf mögliche Undichtheiten nicht in die Nähe von
   Kanalisationen oder Wasserleitungen legen.

   Aus den gleichen Gründen verschlechtert auch das Lecken
   von Dampfkesseln Zug und Wirkungsgrad.

Mit der Kaminhöhe sind wir beschränkt, einmal der Kosten wegen,
sodann häufig wegen der Schwierigkeit der Fundamentierung. Darum
ist man in den letzten Jahrzehnten mehr und mehr übergegangen zu

c) Saugzuganlagen.

Sie bestehen aus einem Ventilator (in Abb. 81 rechts angedeutet), der entweder die ganzen Abgase absaugt und in die Esse drückt (direkter Saugzug) oder nur einen Teil, der danach wie ein Dampfstrahlgebläse die übrigen Essengase in den Kamin saugt (indirekter Saugzug). Man verwendet wegen des geringeren Kraftbedarfes fast nur mehr den ersteren.

Der Nachteil des Saugzuges gegenüber dem natürlichen ist der Kraftbedarf (ca. 2% der erzeugten Energie) und der Ölverbrauch und Verschleiß an den beweglichen Teilen. Die Vorzüge sind:

1. Anlagekosten meist geringer als von einem gemauerten Kamin, namentlich wo hohe Zugwirkung verlangt ist.

2. Während wir die Zugstärke bei dem natürlichen Zug nur mit dem Rauchschieber regeln können, ist es beim Saugzug auch durch die Umdrehungszahl des Ventilators möglich. Deshalb ist die Regulierbarkeit eine größere, was namentlich bei augenblicklichen Störungen, Versetzen der Züge durch Flugasche, Einstürzen eines Gewölbes in den Zügen usf. gute Dienste tun kann. Auf der anderen Seite bringt sie die Gefahr mit sich, daß Belegschaft und Aufsichtsorgane, statt die Ursachen von Störungen zu suchen und zu beseitigen, sich mit der Steigerung der Umdrehungszahl jeweils helfen, so den Kraftbedarf erhöhend und den Hauptvorteil, eine Reserve im Notfall zu haben, preisgebend.

3. Da die Zugstärke nicht mehr von der Temperatur der Abgase abhängt, können wir sie weiter herunterkühlen, ohne den Zug zu gefährden. Dieser Vorteil kommt aber selten zur Geltung, weil meist die Forderung, daß noch beim Austritt der Heizgase ein gewisses Wärmegefälle zum Wärmegut vorhanden sein muß, ohnehin eine Temperatur bedingt, die zur Erzeugung des Essenzuges genügt, und die auch nur auf diesem Wege nutzbar gemacht werden kann.

Es wird sich deshalb, wenn man nur die Betriebskosten und nicht auch Zins und Abschreibung (letztere ist gering, weil Kamine 50 Jahre und länger halten) in Rechnung zieht, der Kamin meist billiger im Betrieb stellen als der künstliche Saugzug.

d) Unterwindfeuerung.

Statt die Abgase durch die Esse abzusaugen, kann man auch daran denken, sie aus dem System hinauszudrücken, indem man unter den Rost bläst. Man schließt zu dem Zweck die Öffnung B (Abb. 81) luftdicht und bläst durch einen Ventilator mit einem Druck von 20 bis 300 mm WS Wind unter den Rost. Häufig wird auch ein Dampfstrahlgebläse verwendet. Über die Wirkung des Dampfes s. Abschnitt 3 dieses Kapitels.

Der Unterwind macht die Zugwirkung meist nicht entbehrlich, er nimmt ihr nur einen Teil der Arbeit ab. Überflüssig wird er nur dann, wenn ein von Anfang bis Ende völlig geschlossenes System vorliegt, wie etwa beim Kupolofen der Gießerei. Wo dagegen, wie in Abb. 81 Arbeitstüren oder sonstige Öffnungen vorhanden sind, weichen die gepreßten Heizgase, statt die vorgelagerten gegen die Reibungs- und andere Widerstände durch den Rest des Systems hindurchzudrücken, aus, indem sie »ausflammen«. Es ist mit den Abgasen wie mit einer Schnur: wir können sie durch einen langen Kanal, in welchem sie auszuweichen vermag, nur hindurchziehen, nicht -drücken.

Trotz dieser Unvollkommenheit hat die Unterwindfeuerung große Vorzüge gegenüber der reinen Zugfeuerung, und sie verdient, weit mehr angewendet zu werden, als es bis heute der Fall ist. Man kann ihre Vorteile im wesentlichen folgendermaßen zusammenfassen:

1. Bei Unterwind können wir je Quadratmeter Rostfläche je nach Winddruck um 20 bis 100% mehr Brennstoff verbrennen als bei reiner Zugfeuerung. Durch dieses konzentrierte Arbeiten erhöht sich aus den mehrfach erwähnten Gründen auch die Verbrennungstemperatur, wie im ganzen die Intensität der Feuerung. Mit der letzteren wächst aber, wie wir wissen, ihr Wirkungsgrad. Er ist bei der Unterwindfeuerung bei sonst gleichen Verhältnissen stets günstiger als bei der Zugfeuerung.

2. Solange der Überdruck vorherrscht, in der Regel bis etwa Mitte des Herdes bzw. bei Stochkesseln Mitte der Feuerzüge, unter Umständen aber, wo luftdicht schließende Arbeitstüren verwendet werden, bis zum Rauchschieber, ist falscher Zug mit seinen Schäden ausgeschlossen.

3. Da bei Überdruck durch die Arbeitstüren keine Sekundärluft eingesaugt wird, ist in metallurgischen Öfen bei Unterwind der Abbrand in der Regel geringer. Allerdings kann auch das Umgekehrte der Fall sein, wenn mit großem Luftüberschuß gearbeitet wird oder wenn das Wärmegut nicht vor der intensiveren Flamme durch eine höhere Feuerbrücke geschützt wird.

4. Drückt man bei Gasfeuerungen die Verbrennungsluft durch einen Ventilator in den Ofen, so hat man das Verhältnis von Gas und Luft besser in der Hand, als wenn man beide ansaugt; man kann gleichsam, wie bei dem Gasmotor, das Gasgemisch regeln.

Die Nachteile der Unterwindfeuerung sind, daß der intensivere Betrieb die Wände und Türöffnungen stärker angreift, den Verbrauch an feuerfestem Material und an Armaturen also steigert. Bei mechanischen Feuerungen, wie sie bei Dampfkesseln üblich sind, fällt die Kühlung der bewegten Teile durch die Ansaugluft weg, was zu vielen Schwierigkeiten

geführt hat. So ist es lange nicht gelungen, den beliebtesten mechanischen Rost, den Wanderrost, mit Unterwind zu betreiben. Nach
Angabe der Firmen, die ihn als Spezialartikel anfertigen, soll dies heute
keinen Schwierigkeiten mehr begegnen.

e) Feuerzüge und ihre Bemessung. Wirbelung.

Bei den Feuerzügen kommt es vor allem darauf an, daß sie genügend Querschnitt haben. Man errechnet ihn aus den Geschwindigkeiten, die man den Gasen geben will. Sie schwanken in weiten Grenzen
von 1 m je Sek. in Staubsäcken und Teerkammern, in denen die Gase
Zeit haben sollen, ihre mechanischen Beimengungen abzusetzen, oder in
Regeneratoren, in denen sie lange mit der Heizfläche in Berührung bleiben
sollen, bis 30 m und darüber in den Brennern der Stahlöfen, an denen
man den Gasen eine straffe Führung, wie der Kugel im Flintenlauf,
geben will. Dazwischen kommen alle Stufungen vor. An gemauerten
Dampfkesselzügen verwendet man 3 bis 6, in Rauchrohren, wie früher
angegeben, bis 25 m und mehr. Wo man eine gepreßte Flamme haben
will, wie vor dem Schlackenloch in Abb. 80 oder über der Feuerbrücke
(bc in Abb. 81) 10 bis 15 m. Alle diese Zahlen beziehen sich auf die
heißen Gase.

Beispiel: Oberhalb der Feuerbrücke bei bc in Abb. 81 S. 185 soll $v = 12$ m
sein, Ofenbreite an der Stelle 1,3 m, Kohlenverbrauch je st. 350 kg, Temperatur
1400⁰ C. Es muß sein: der Querschnitt $F \cdot v$ gleich dem sekundlich durchströmenden
Gasvolumen. Nach Früherem können wir je kg Kohle 11 kg Abgase annehmen.
Ihr Gewicht bei 0⁰ C je m³ soll 1,4 kg sein. So ergeben sich

$$\text{bei} \quad 0^0 \quad \text{je Sek.} \quad \frac{11 \cdot 350}{3600 \cdot 1,4} \qquad = 0{,}77 \text{ m}^3$$

$$\text{bei } 1400^0 \quad \text{»} \quad \frac{0{,}77 \cdot (273 + 1400)}{273} = 4{,}75 \text{ m}^3.$$

Demnach $F \cdot 12 = 4{,}75$, daraus $F \cong 0{,}4$ m²

$$h = \frac{0{,}4}{b} = \frac{0{,}4}{1{,}3} \cong 0{,}31 \text{ m.}$$

Im allgemeinen sollen die Geschwindigkeiten durch das ganze System
die gleichen bleiben, wo nicht Sonderzwecke, wie die eben genannten
der Staubabsonderung u. a. m. oder Berechnungen, wie die in Abschnitt 3
für die Wärmespeicher, zu Abweichungen zwingen. An Dampfkesselfeuerungen werden deshalb häufig die Züge gegen Ende in dem Maße
enger gemacht, wie die Gase kälter, also weniger voluminös werden.
Wo man, wie bei Rauchschiebern, im Fuchs, in den Brennern oder über
der Feuerbrücke aus Gründen der guten Flammführung die Geschwindigkeit stark ansteigen lassen will, muß man sich gegenwärtig halten, daß der
Widerstand von in Rohrleitungen strömenden Flüssigkeiten oder Gasen
proportional ihrer Länge ist. Ist diese gering, so ist die Widerstands-

zunahme klein. Man kann demnach auf kurze Strecken unbedenklich auf Geschwindigkeiten gehen, die auf große unmöglich wären.

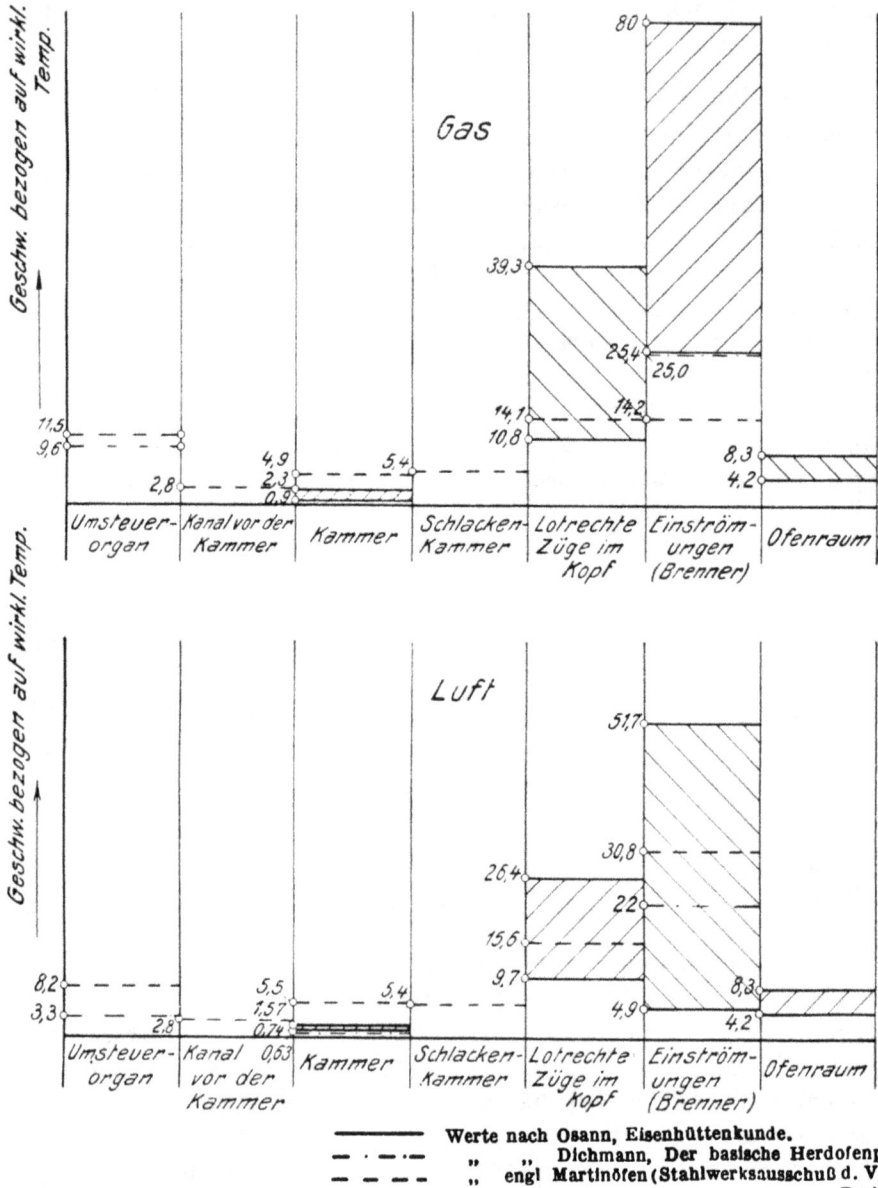

Abb. 84. Diagramm der Geschwindigkeiten von Gas und Luft im Martinofen.

Für Gasöfen (Martinöfen) zeigt Abb. 84 gebräuchliche Geschwindigkeiten an den verschiedenen Stellen der Feuerung, bezogen auf die tatsächlichen Temperaturen. Wo die Abbildung zwei Striche der gleichen Art aufweist, bewegen sich die in dem Schrifttum oder der Praxis gefundenen Werte zwischen beiden.

Beim Wechsel der Geschwindigkeiten in den Zügen ist noch von Bedeutung, daß sie sich nicht schroff ändern. Geschieht es, so entstehen leicht schädliche Wirbelungen, die im eigentlichen Feuerraum oder auf dem Herd kältere Stellen, im späteren Verlauf des Feuerzuges Ansammlungen von explosiblen Gasgemischen veranlassen können. Man ist geneigt, den Einfluß solcher Wirbelungen auf unsere Öfen zu unterschätzen. Er wird einleuchtender, wenn man ihn an Wasserläufen studiert. Verfasser hat an einer Bachbiegung,

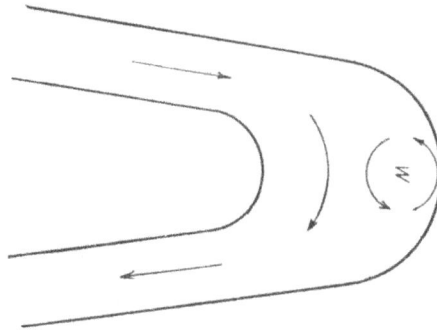

Abb. 85. Wirbel an einer Bachbiegung.

die weit ausgespült war (Abb. 85) einen langsam, kreisförmig sich drehenden Wirbel beobachtet, der Holzstücke tagelang im gleichen Kreislauf bewegte. Denkt man sich einen derartigen Wirbel auf dem Herd eines Wärmeofens, so ist begreiflich, daß an dieser Stelle die Temperatur allmählich sinkt. Ebenso, daß dadurch weiter rückwärts in den Feuerzügen die Gaszusammensetzung stellenweise eine andere werden, insbesondere daß eine

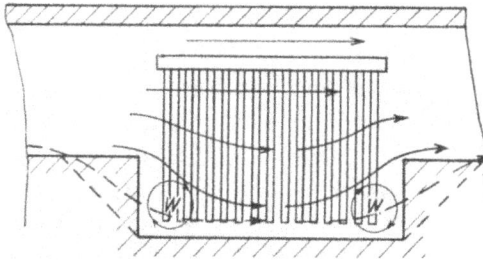

Abb. 86. Einmauerung eines Vorwärmers. Tote Winkel.

Anreicherung von Luft stattfinden kann, die zu Knallgasbildung führt. Ein Funken, der zufällig nach hinten fliegt, verursacht dann die Explosion. Solche Öfen oder Kessel »puffen«, wie man sagt. Man kann diese für das Mauerwerk schädliche, für die Belegschaft lästige und oft gefährliche Erscheinung manchmal einfach dadurch beseitigen, daß man sog. »tote Winkel«, etwa am Ein- und Ausgang eines eingebauten Überhitzers oder Vorwärmers durch Abschrägungen, wie in der Abb. 86

gestrichelt angedeutet, beseitigt. Ähnliche allmähliche Übergänge zur
Vermeidung der Wirbelbildung sind auch vor den Verengungen bei
Umsteuerventilen, Rauchschiebern usw. ratsam.

VI. Kapitel.

Verluste und Wirkungsgrad der Feuerungen und ihre Beeinflussung. Leistung.

1. Wandverluste.

Die Mauern, welche eine Feuerung bzw. ihre Züge begrenzen, sind
in der Regel von Boden oder von Außenluft umgeben. In beiden Fällen
geht Wärme auf die Umgebung über, sei es durch Berührung und Leitung,
sei es durch Strahlung. Man faßt diese Verluste gewöhnlich ungenau
unter dem Sammelnamen »Strahlungsverluste« zusammen. Wir
wollen sie entsprechend dem gleichen Begriffe bei den Kraftmaschinen
»Wandverluste« nennen. Sie machen einen um so größeren Prozentsatz der gesamten zugeführten Wärme Q_1 aus, je größer die Oberfläche
der Feuerung im Verhältnis zur Heizfläche des Wärmeguts und je geringer die Temperaturdifferenz zwischen diesem und den Heizgasen ist.
Wenn z. B. in einem Stahlschmelzofen die Wärme von den Heizgasen
von 1850° auf ein Bad von 1650° übergeht, während die Außenluft 20°
hat, wenn ferner die Badoberfläche 45, die Außenfläche des Ofens nebst
Kammern 350 m² aufweist, dann ist es nicht erstaunlich, wenn sehr viel
mehr Wärme in die Luft als in das Wärmgut geht. Es ist darum auch
verständlich, daß immer wieder der Ruf nach besserer Isolierung der
Wände unserer Feuerungen laut wird. Er ist berechtigt, wo die Heizgase auf etwa 1000° und darunter abgekühlt sind, nicht aber, wo die
Wände von heißeren Gasen bespült sind. Dort überwiegt die Rücksicht
auf die Erhaltung des feuerfesten Materials die auf die Wärmewirtschaft,
einfach weil der Ersatz der Steine und die Störungen, welche die Reparaturen veranlassen, kostspieliger sind, als auch beträchtliche Mengen
verlorener Wärme. Die Dinge liegen hier ähnlich wie beim Gasmotor:
man vermindert nicht, sondern man vermehrt künstlich den Wärmedurchgang durch die Wände, indem man mit Wind oder Wasser kühlt.
Das ist allgemein eingeführt bei den Hochöfen der Eisen- und den Wasser-
mantelöfen der Metallindustrie, kommt aber neuerdings mehr und mehr,
namentlich in Amerika, auch für Gasöfen z. B. der Stahlindustrie auf.
Jedenfalls aber sind in dem genannten Temperaturbereich Wärme-
isolierungen durch Luft- oder Kieselgurschichten oder ähnliche Mittel

oder durch besonders dicke Wände ohne Sinn. Jeder Betriebsmann weiß, daß dicke Ofengewölbe im allgemeinen rascher verschleißen als dünne, ja daß selbst ganz dünne isolierende Schichten, wie aufliegender Staub, schon eine kürzere Lebensdauer der Gewölbe verursachen können. Gerade die heißesten Zonen ergeben aber natürlich den größten Wandverlust; der Anteil, den man in den nachfolgenden Zonen noch durch die Komplikation von Doppelwänden usf. erfassen kann, ist gering. Im allgemeinen sind also die Wandverluste je m² Wand bei gegebener Oberfläche der Feuerung als etwas Feststehendes, nicht zu vermeidendes zu betrachten. Dagegen können wir sie anteilig verringern, einmal indem wir die Oberfläche der Feuerung im Verhältnis zu ihrer Heizfläche möglichst gering wählen. Bei der Kritik von Kesseln z. B. sollte man dieses Verhältnis stets mit in Rücksicht ziehen. (S. Zahlentafel der Kessel S. 96.) Zum andern, indem man, wie früher schon erwähnt, die Feuerung intensiv betreibt. Eine Steigerung der Verbrennungstemperatur um 50⁰ erhöht, wenn wir die Überspannung mit 100⁰ annehmen, das Temperaturgefälle zum Wärmgut um $\frac{50}{150} \cdot 100 = 33$, zur Außenluft nur um $\frac{50}{1500} \cong 3\%$.

Im übrigen sollte in den Zonen niederer Temperaturen, wo keine künstliche Kühlung erforderlich ist, mehr Wert als bisher auf feuerfestes Material von geringer Leitfähigkeit gelegt werden, ebenso auf warme Außenluft (die Kesselhäuser sollen kühl sein, wo die Bedienung steht, im übrigen warm). In dieser Beziehung ist mit zu hohen Kesselhäusern viel gesündigt worden. Noch schlimmer aber ist es, wenn Dampfkessel noch im Freien stehen, Gottes schöne Natur heizend und Regenwasser verdampfend!

2. Abhitzeverluste.

Die Abwärme ist, wie früher ausgeführt, gleich dem Gewicht der Abgase mal ihrer Temperatur, mal der mittleren spez. Wärme:

$$Q_2 = T_2 \cdot G \cdot c_z \quad \ldots \ldots \ldots \quad (43)$$

Wir müssen demgemäß bestrebt sein, alle drei Faktoren der rechten Seite der Gleichung nieder zu halten. T_2 ist gewöhnlich gegeben durch das Temperaturgefälle zum Wärmgut oder durch die Mindesttemperatur, die für den Essenzug erforderlich ist. Bei einer Dampftemperatur von 200⁰ z. B. kann man mit T_2 nicht unter 250⁰ gehen; wenn ein Speisewasservorwärmer vorgeschaltet ist, in welchem auf 100⁰ vorgewärmt werden soll, bei Saugzug nicht unter 150⁰, bei natürlichem Zug nicht unter 200 bis 250⁰.

Wann G nieder wird, haben wir im vorigen Kapitel in dem Abschnitt über Verbrennung untersucht. Die Bedingungen sind: geringer Luftüberschuß (soweit seine Beschränkung nicht unvollkommene Verbrennung hervorruft und dadurch die Verbrennungstemperatur senkt), keine Dampfblasen, kein falscher Zug. Eine ganz rohe Rechnung ohne Berücksichtigung der Änderung der spezifischen Wärme durch die Temperatur mag zeigen, wie der Luftüberschuß den Abhitzeverlust beeinflußt:

Die Temperatur über dem Rost sei 1400°, beim Austritt aus dem Kessel 200°. Dann ist der Abhitzeverlust $\frac{200}{1400} \cdot 100 \cong 15\,\%$ Das Luftvielfache soll hierbei $= 1$ gewesen sein. Abgase auf 1 kg Kohle $= 10$ kg. Nun soll mit einem Luftüberschuß von 20 %, also einem Luftvielfachen $= 1,2$ gearbeitet werden. Statt 9 kg Luft benötigen wir dann $9 \cdot 1,2 = 10,8$ und es ergeben sich 11,8 kg Abgase. Im gleichen Verhältnis wie ihr Gewicht zunimmt, muß die Verbrennungstemperatur abnehmen; sie ist also

$$T_1 = 1400\ \frac{10}{11,8} = 1190°$$

und der Wärmeverlust steigt auf

$$\frac{200}{1190} = 16,8\ \%.$$

Dieser höhere Prozentsatz ist nun aber zugleich von einer größeren Wärmemenge zu nehmen, die in gleichem Maße zunimmt, wie die Abgasmenge, d. h. im Verhältnis von $11,8 : 10$. Die Wärmeverluste verhalten sich also wie

$$11,8 \cdot 16,8 : 10 \cdot 15 = 198 : 150 = 1,32 : 1.$$

Wir sehen, daß der Luftüberschuß mit doppelten Ruten schlägt, einmal durch Senkung der Verbrennungstemperatur, zum zweiten durch Erhöhung des Abgasgewichtes.

Daß G außerdem hauptsächlich durch einen Ballast von Wasserdampf, wo solcher in die Feuerung eingeblasen wird, erhöht wird, ist bei der Verbrennung ausführlich dargelegt worden.

Desgleichen erhöht ein Dampfgehalt in Gleichung 37 die spez. Wärme der Abgase. Denn deren Hauptbestandteile, Stickstoff und Kohlensäure, haben bei 200° (s. S. 132) eine spez. Wärme von 0,25 bzw. 0,22, Wasserdampf dagegen von 0,47. Der letztere setzt die durchschnittliche spez. Wärme der Abgase also wesentlich in die Höhe. Zu den Abgasverlusten gehört auch der im Rauch enthaltene Ruß, dessen Wärmeinhalt aber selbst in ungünstigen Fällen einige Prozent der dem Ofen zugeführten Energie nicht überschreitet. Ruß ist also mehr ein Schönheitsfehler und ein hygienischer, als ein wärmewirtschaftlicher Mangel. Seine Beseitigung gelingt leicht, sobald man mit großem Luftüberschuß arbeitet. Dieser schadet aber durch Erhöhung des Abhitzeverlustes weit mehr, als der Gewinn der wenigen Prozent jemals zu nützen vermag. Eine vollständige Rauchverzehrung ohne schädlichen

Luftüberschuß erreicht man nur mit der Gasfeuerung bei hoher Vorwärmung und vollständiger Mischung von Gas und Luft. Man erkauft sie aber dort durch hohe Anlagekosten und häufig (s. Gasfeuerungen) durch geringeren Wirkungsgrad.

3. Mechanische Verluste.

Zu ihnen gehört bei Saugzuganlagen und Unterwindfeuerungen der Kraftbedarf für den Ventilator, welcher bei ersteren etwa 2, bei letzteren 2 bis 3% der in der Feuerung frei werdenden Energie beträgt, ferner ev. die unbedeutenden Energiemengen für die Bewegung der Roste oder automatischen Beschickungsvorrichtungen und die Drehung der Generatoren. Endlich das Brennbare im Aschendurchfall, das bei guten Feuerungen 2 bis 3% der verbrannten Kohle nicht überschreitet. Außerdem die sog. »Anschür- oder Leerlaufverluste«, also die Wärmemengen, die bei Inbetriebsetzung und nach Betriebsunterbrechungen aufgewendet werden müssen, bis der Ofen auf Temperatur gebracht ist. Hier wirken vor allem große Steinmassen, aber auch große Oberflächen schädlich. Zugfeuerungen haben größere Anschürverluste, als solche mit Unterwind, weil letztere rascher auf Temperatur kommen. Am wirksamsten ist es, die Leerlauf- und Anschürzeiten möglichst einzuschränken, die Öfen also Tag und Nacht durchzutreiben, große, wo es möglich ist, auch des Sonntags.

Wir fassen die Hauptmomente für Erreichung eines guten Wirkungsgrades nochmals zusammen:

1. Möglichst intensive Verbrennung mit hoher Verbrennungstemperatur, damit man einen großen Wärmeübergang im Verhältnis zu Wand- und Abhitzeverluste erhält.

2. Zur Niederhaltung der letzteren nur soviel Luftüberschuß, als zur Erzielung der hohen Verbrennungstemperatur unter 1 erforderlich ist.

3. Die Oberfläche, welche die Feuerung der Umgebung darbietet, soll im Verhältnis zur Heizfläche zwischen wärmeaufnehmendem Körper und Heizgasen möglichst klein sein. Sie soll, soweit nicht die Schonung des Steinmaterials eine Kühlung erfordert, in warmen Räumen liegen.

Über die Mittel zur Prüfung von 1 und 2 durch Temperatur-, Kohlensäure- und andere Messungen s. übernächstes Kapitel.

4. Wirkungsgrad und Leistung.

Der Wirkungsgrad der Feuerungen, d. h. das Verhältnis der in Wärmgut und Schlacke gehenden zur gesamten aufgewendeten Wärme, ist

im allgemeinen gering. Bei Glas- und Stahlöfen (Gasfeuerungen) beträgt
er häufig nur 10%. Kleine Feuerungen, wie die Koksöfen zum Erwärmen
von Nieten in Kesselschmieden oder Bolzen in Schraubenfabriken, weisen
oft nicht mehr als 2% auf, während bei Dampfkesseln bis 80% in Form
von Dampf gewonnen wird, im regelmäßigen Betrieb 65 bis 75%. Der
große Unterschied rührt von der verschieden hohen Temperatur des
wärmeaufnehmenden Körpers her. Der Mantel des Dampfkessels hat
200 bis 300°, die besagten Nieten und Bolzen müssen dagegen auf 1300
bis 1400° angewärmt werden. Mindestens mit dieser Temperatur gehen
also die Heizgase von ihnen weg, die demnach nur 50 bis 100° abgeben,
dagegen eine Wärmemenge entsprechend 1300 bis 1400° aus dem Ofen
forttragen. Im Gasofen retten wir einen Teil davon (auch nur, wie bei
der Berechnung der Wärmespeicher gezeigt und wie noch ausführlicher
besprochen werden wird, ungefähr ¾ minus den Wandverlusten), indem
wir ihn zur Vorwärmung von Luft und Gas verwenden. Im Ofen mit
Abhitzekessel wird alles, was nicht durch die Wände oder für den Essenzug verloren geht, verwertet. Aber die Nutzbarmachung durch Dampferzeugung ist doch nur eine mittelbare; dem eigentlichen Zweck der
Erhitzung des Wärmguts können wir nur einen um so kleineren Anteil
dienstbar machen, je geringer das Temperaturgefälle ist. Auch von
diesem Standpunkt aus begreifen wir, daß das A und Z der Wärmewirtschaft unserer Heizgasfeuerungen hohe Verbrennungstemperaturen sind,
ihr Hauptmangel und ihr schwacher Punkt aber der Abgasverlust. Er
würde längst zu ihrer Verdrängung durch den elektrischen Ofen geführt
haben, wenn nicht wiederum die Erzeugung des elektrischen Stroms mit
so großen Verlusten verbunden wäre (s. nächstes Kapitel, elektrische
Öfen).

Wie bei den Kraftanlagen müssen wir uns auch bei den Feuerungen
vor Augen halten, daß der Wirkungsgrad die sekundäre, die primäre
Sorge des Betriebsmanns aber die Leistung sein muß. Die beste Ausnutzung der Abhitze hinter dem Brenner eines Gasofens nützt nichts,
wenn dadurch die Temperatur auf dem Herd niederer sinkt oder wenn
der Temperaturabfall am Ende der Umsteuerperiode größer wird, als
für einen guten Stahl oder ein gutes Glas zulässig ist.

Manches gespannte Verhältnis zwischen Betrieb und Wärmebureau
würde besser werden, wenn alle Wärmeingenieure sich dieser Binsen-
wahrheit bewußt wären und der Tatsache, daß mit der Hebung der
Leistung stets auch eine Verbesserung der Wärmewirtschaft
verbunden ist, nicht aber umgekehrt.

VII. Kapitel.

Bau und Betrieb der Feuerungen.

**1. Direkte oder Rostfeuerung. Rostleistung. Kudlizfeuerung. Dampfkessel-
feuerung. Automatische Beschickung. Bemessung der Feuerungen.**

Aus dem ersten Abschnitt des 5. Kapitels wissen wir, daß in der
direkten Feuerung das Brennmaterial in einer Stufe auf das Endprodukt,
ein Gemisch von Kohlensäure, Wasserdampf und Stickstoff, verbrannt
wird. Ihre Anlage ist von allen Feuerungen die einfachste, soweit nicht
mechanische Beschickung eine Verwicklung mit sich bringt. Die Feuerung besteht aus dem Rost, dem Feuerkasten (F in Abb. 81, S. 185)
und den Feuerzügen (z. B. I, II, III von Abb. 44 S. 98). Der Rost
soll die Brennstoffschichten tragen und durch seine Zwischenräume der
Verbrennungsluft Durchlaß gewähren, ev. auch kleineren Aschenteilchen.
Je nachdem die Roststäbe horizontal, geneigt, stufen- oder dachförmig
angeordnet sind, spricht man von »Plan-«, »Schräg-«, »Treppen-«
oder »Stufen-« und »Dachrosten«. Die schräge Lage hat immer den
Zweck, daß die Brennstoffe in dem oberen, kälteren Teil aufgegeben
werden, dort unter möglichster Schonung der Kohlenwasserstoffe entgasen, um dann erst selbsttätig oder unter Einwirkung des Stochers in
die heißesten unteren Zonen nachzurutschen, wo sie vergasen und danach vollständig verbrennen.

Es ist vielfach die Meinung verbreitet, daß nicht nur der Bau, sondern auch der Betrieb bei der direkten Feuerung einfacher sei, als bei
Halbgas- und Gasfeuerung. Diese Ansicht ist irrig, schon weil bei der
ersteren die Einstellung der Rauch- und Windklappen und die Sorge
für die jeweils richtige Höhe der Brennstoffschicht beim Schürer oder
Stocher liegt, der zugleich die körperliche Arbeit zu verrichten hat.
Beim Halbgas- und namentlich Gasofen können dagegen die Regu-
lierungsklappen vom Meister oder Betriebsingenieur eingestellt werden,
und für den Schürer ist damit die Arbeit vereinfacht. Dieser steht zudem bei der Rostfeuerung ständig vor wechselnden Verhältnissen: gibt
er frischen Brennstoff auf, so hat er eine starke Entwicklung von Kohlenwasserstoffen, ist das Feuer »heruntergebrannt«, wie er sagt, so hat
er fast reine Kohlensäureerzeugung. Nach dem Rosten ruht der Brennstoff unmittelbar auf den Roststäben auf, mit zunehmenden »Feuern,
die herunterbrennen«, wächst die Aschenschicht zwischen Rost und un-
terster Brennstoffschicht an, bis schließlich von neuem »gerostet« werden
muß. Hierzu kommt die unregelmäßige Zusammensetzung und Körnung
des Brennstoffs und dadurch die ungleichen Kanäle, die zwischen den

einzelnen Stücken frei bleiben. Man muß sich den Gang der Verbrennungsluft in einem solchen Feuerkasten denken, wie den des Wassers, das aus einem Kanal über abschüssigen Boden rieselt. Es hat immer das Bestreben, bestimmte Wege zu nehmen und die einmal gewählten mehr und mehr zu großen Rinnen zu erweitern. Gegen solche Kanalbildung, die natürlich für eine gleichmäßige Versorgung der Brennstoffschichten mit Verbrennungsluft nachteilig ist, führt der Schürer einen unablässigen Kampf. Namentlich stark ist sie an senkrechten Wänden des Feuerkastens. Zwischen ihnen und den Kohlenstücken sind die

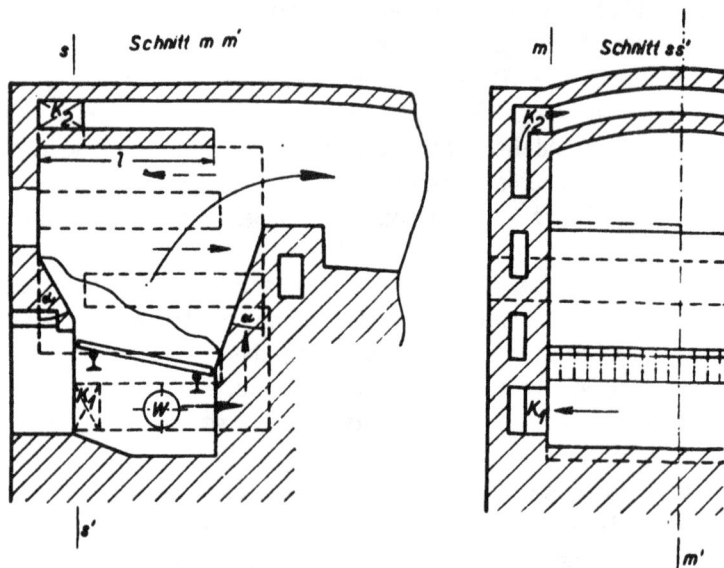

Abb. 87. Schräge Feuerkastenwände einer Halbgasofenfeuerung (s. S. 211).

Zwischenräume von Anfang an größer, als zwischen den Kohlenstücken in der Mitte, die mit ihren Ecken und Zacken ineinandergreifen. Deshalb baut man die Feuerkästen und Generatoren häufig mit einem Anzug A von 10 bis höchstens 45% (Abb. 87). Den weiteren Kanälen am Rand steht dann das Bestreben der Luft, den kürzesten, also vertikalen Weg zu nehmen, entgegen, und beides kann sich, wenn die Schräge für den betr. Brennstoff richtig gewählt ist, ungefähr ausgleichen. Die Schräge links in Abb. 87 hat, wie oben beim Schrägrost den Zweck, den Brennstoff zu entgasen, ehe er in die heißeren Zonen nachrutscht.

Die Ungleichheit der Kanalbildung ist bei Unterwind stärker als bei Zugfeuerungen. Bei ersterem kann sie noch zu der unangenehmen Erscheinung führen, daß kleine Kohlenteilchen, welche in solche Kanäle rieseln, sich nicht in ihnen zu halten vermögen, sondern von dem Unter-

wind oder der Zugwirkung in die Höhe geschleudert und mit den Heizgasen in den Ofen getragen werden, wo sie, namentlich bei Metallen,
häufig das Wärmgut verderben. Tritt solcher Kohlen- oder richtiger
Aschenregen im Ofen auf, so hilft in der Regel nur, die Feuerung einige
Zeit mit ganz schwachem oder gar keinem Unterwind zu treiben oder
Rostziehen und den Rost völlig neu beschicken. Immer bewirken die
fraglichen Ungleichheiten in der Kanalbildung ein fortwährendes Schwanken in und über den Brennstoffschichten zwischen Luftmangel und Luftüberschuß. Soll der erstere nicht zu starken Verlusten infolge unvollkommener Verbrennung oder niederer Verbrennungstemperatur führen,
so muß im ganzen ein beträchtlicher Luftüberschuß gegeben werden.
An allen Stellen kommt dann genügend, an vielen dagegen zu viel Luft
an den Brennstoff. Ein derartiger hoher Luftüberschuß macht aber,
wie wir wissen, auch die Erreichung sehr hoher Temperaturen unmöglich;
ohne automatische Beschickung und gleichmäßig gekörnten Brennstoff
ist deshalb in den direkten Feuerungen auch bei bester Steinkohle kaum
über 1400° hinauszukommen, wobei noch ein sehr geschickter Schürer
erforderlich ist.

Es gibt Fälle, so in der Metallindustrie, in welchen hohe Temperaturen für das Wärmgut schädlich sind. Dort ist die direkte Feuerung
durchaus am Platze. Halbgas- und Gasofen haben, wo es überhaupt
der Fall ist, nur durch ihre höheren Verbrennungstemperaturen einen
besseren Wirkungsgrad als die direkte Feuerung. Wo wir diesen Vorteil
nicht ausnützen können, ist zum wenigsten der Gasofen unwirtschaftlicher als die direkte Feuerung, wenn, wie üblich, jener ohne, dieser mit
Abhitzeverwertung betrieben wird (s. auch Automatische Feuerungen
im nächsten Abschnitt). Wo bei vorhandenen Rostfeuerungen der
Kohlenverbrauch sehr hoch ist, kann man häufig dadurch Besserung
schaffen, daß man die Rostfläche verkleinert. Bei Zugfeuerung kann
man je m² Rost 100 bis 150, bei Unterwind 150 bis 200 kg Kohle verfeuern. Legt man in solchen Fällen den Kohlenverbrauch je Tonne
Wärmgut zugrunde, den andere, günstiger arbeitende Werke haben und
errechnet daraus nach obigen Zahlen die bestehenden Rostflächen nach,
so wird man sie meist zu groß finden. Bei Wärmöfen kann man auch die
Herdfläche zugrunde legen. Sie soll sich zur Rostfläche bei Zugfeuerung
je nach Güte der Kohle wie 10 : 2½ bis 2 bei Essenzug und wie 10 : 1½
bis 1 bei Unterwind verhalten. Da die Ziffern sehr von den örtlichen
Verhältnissen und dem Zweck des betr. Ofens abhängen, so ist es ratsam,
mit der Reduktion der Rostfläche nur allmählich vorzugehen, derart,
daß man ihn bei jeder Reparatur des Feuerkastens einige Prozent kleiner
macht, bis ein Nachlassen der Verbrennungstemperatur bemerkbar wird.

Auf diesem Wege können zu große Roste, die stets als »Kohlenfresser« wirken, oft um 50% und mehr ihrer ursprünglichen Fläche herabgemindert werden. Annähernd in dem gleichen Verhältnis fällt meist auch der prozentuale Kohlenverbrauch. Es gilt eben auch für den Rost, wie überall, der Grundsatz: je intensiver die Leistung, um so besser der Wirkungsgrad.

Die einfache Rostfeuerung mit Unterwind wird auch zur Verfeuerung minderwertigen Brennmaterials, so von Klarkohle oder -Koks, wie sie als Abrieb aus den Kokereien, Verladeplätzen, Bunkern usf. fallen, verwendet. Man muß dann an Stelle der Roststäbe gußeiserne Platten mit trichterförmigen Öffnungen von einigen mm kleinerer, oberer und ca. 16 mm unterer Weite verwenden und mit hohem Druck (mindestens 20 bis 25 cm Wassersäule) darunter blasen. Zwischen der Brennstoffschicht, die nieder gehalten werden muß, und den Rostplatten bildet sich dann eine Luftschicht, auf welcher die erstere gleichsam schwimmt. Die schwebenden Kohlenteilchen werden von der Luft eingehüllt, die Verbrennung ist dadurch vollständig und auch bei schlechtem Brennmaterial der Wirkungsgrad ein befriedigender. Diese Art von Rostfeuerung für Klarkohle ist von Kudliz eingeführt worden. Sie ist ein Vorläufer der Kohlenstaubfeuerung.

Neuerdings wird zum gleichen Zweck auch der Wanderrost mit Unterwind verwendet, wie ihn unter anderm die Firma Negeboe & Nissen in Mannheim anfertigt.

Automatische Feuerungen der Dampfkessel.

Das Hauptverwendungsgebiet der direkten Feuerungen sind die Dampfkessel. Dort hat das Wärmgut verhältnismäßig niedere Temperaturen (200 bis 300°), der Hauptvorteil der Gasfeuerung, das Temperaturgefälle um einige 100° zu erhöhen, fällt also wenig ins Gewicht. Auf der anderen Seite würde die Komplikation, welche die Gasfeuerung der direkten gegenüber bedeutet, im Kesselhaus besonders empfindlich sein, außerdem bedingen sie, wie wir später sehen werden, beträchtliche Verluste, welche nur da in Kauf genommen werden können, wo sie durch den Vorzug des größeren Temperaturgefälles wettgemacht werden. Für die Dampfkessel war die direkte Feuerung das Gegebene, wenn man zugleich versuchte, deren Hauptmängel, die periodische Aufgabe frischen Brennstoffs, die Ungleichheit der Brennstoffschichten und der sie durchdringenden Luftmengen, zu vermeiden. Das gelingt bei den automatischen Feuerungen mit gleichgekörnter, gesiebter Kohle (Nußkohle). Bei ihnen sind zunächst die Zwischenräume gleichmäßiger. Ferner geschieht die Kohlenaufgabe fortlaufend in kleinen Mengen durch

eine mechanische Vorrichtung, wie Wurfschaufel (Abb. 88), Schleuderrad
(Abb. 89), Schnecke oder als unendliches
Band ausgebildete Ketten- oder Wander-
roste (Abb. 45 u. 46, S. 99 und 101), die
sich mit verstellbarer Geschwindigkeit
nach der Feuerbrücke zu bewegen, vom
Fülltrichter immer neue Kohle in den
Feuerraum tragend. Es entweichen infolgedessen immer gleich geringe Mengen
von rußenden Kohlenwasserstoffen. Auch
die Brennstoff- und Aschenschicht bleibt,
wenn zugleich für die fortlaufende Ausscheidung der Asche gesorgt ist, wie z. B.
beim Wanderrost, gleich hoch. Somit auch
die Mengen von Verbrennungsluft, welche
durch sie hindurchströmen. Man kann mit
solchen automatischen Feuerungen tat-

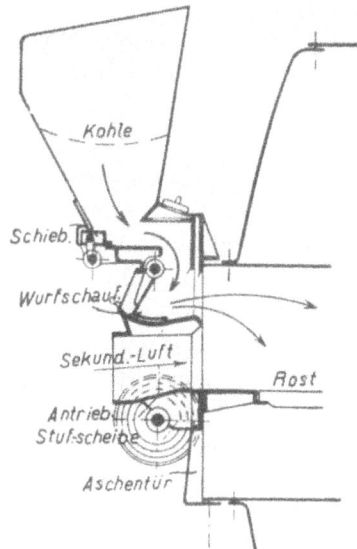

Abb. 88. Wurfschaufel.

sächlich sehr nahe an die Temperaturen von Gasfeuerungen herankommen,
was an dem weißen, schwach ins Bläuliche (Zeichen der beginnenden
Dissoziation zu Kohlenoxyd) spielenden Flamme guter Kesselfeuerungen

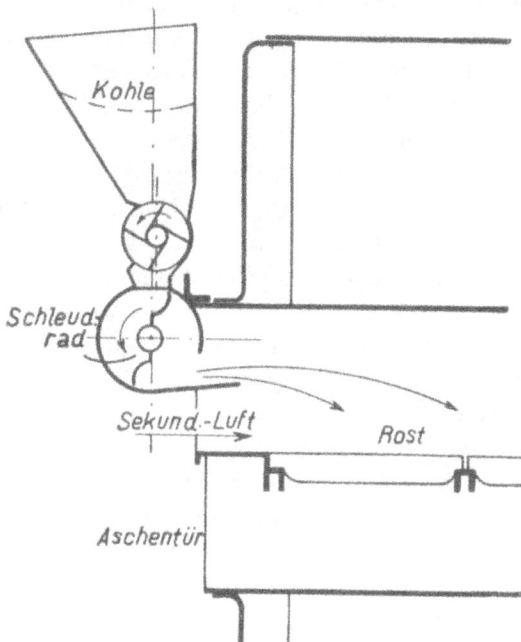

Abb. 89. Schleuderrad.

zu erkennen ist. Ein derart intensiver Betrieb ist dabei immer auch
ein Beweis, daß mit geringem Luftüberschuß gearbeitet wird, also mit
geringem Abhitzeverlust.

Bemessung der Feuerungen.

Was die Bemessung der direkten Feuerung betrifft, so geht man
zweckmäßig vom Kohlenverbrauch aus; Zahlen für ihn sind wohl
für alle Fabrikationen vorhanden. Manche Ofenbauer errechnen sie
wohl auch aus der Oberfläche der Feuerung, den Wärmeleit- und Wärmeübergangszahlen, welche den Wandverlust ergeben, dem Abgasverlust
und der Wärme, die in das Wärmgut und ev. in seine Schlacke gehen
soll. Da aber die Wandverluste sehr abhängig sind von dem Raum, in
welchem sich die Feuerung befindet, von der Luftbewegung oder, wo sie
im Boden steht, von der Bodenfeuchtigkeit, so ergeben solche Rechnungen
weniger zuverlässige Werte, als die erstgenannten und sind zudem sehr
viel umständlicher.

Ist der stündliche Kohlenverbrauch aus dem einzusetzenden Wärmgut ermittelt, so nimmt man ein Luftvielfaches an, welches bei direkten
Feuerungen mit 1,3 bis 1,5, bei Halbgasfeuerungen mit 1,2 bis 1,3, bei
Gasfeuerungen mit 1,1 bis 1,2, bei Kohlenstaub- und Feuerungen mit
flüssigen Brennstoffen mit 1 bis 1,1 zu wählen ist. Daraus ermittelt man,
wie in Kapitel 5, Abschnitt 1 gezeigt, Zusammensetzung, Gewicht und
Volumen der entstehenden Heizgase, wenn man nicht für gute Steinkohle bei einem Luftvielfachen = 1 einfach das früher mitgeteilte Verhältnis 1 kg Kohle = 10 kg = 7,5 m³ Abgase (bei 0° und 1 Atm.) verwenden und es entsprechend dem Luftvielfachen erhöhen will. Danach
legt man Verbrennungs- und Endtemperatur fest, desgleichen die Geschwindigkeiten, die man an den verschiedenen Stellen zulassen will
(s. Bemessung der Feuerzüge S. 193) und damit die Querschnitte am
Anfang und Ende der Züge. Die Zwischenpunkte können der Einfachheit halber gleichmäßig verteilt, die Temperaturen also nach einer Geraden verlaufend angenommen werden. In Wirklichkeit ist der Verlauf,
wie wir früher gezeigt haben, hyperbolisch, d. h. die Temperatur fällt
in der Nähe des Feuerraums rascher, gegen das Ende langsamer. Der
lineare Verlauf gibt also zu hohe Temperaturen an, und es ergeben sich
daraus zu große Querschnitte. Es ist das aber von geringerem Belang;
sie dürfen nur an keiner Stelle zu eng sein.

Neben dem Querschnitt der Züge ist die Größe des sog. Feuerkastens von Bedeutung. Breite und Tiefe, also Querschnitt sind durch
den des Rostes gegeben. Bei einer Belastung von 150 kg Steinkohle
je m² Rost gehen, wie eine einfache Rechnung ergibt, die Heizgase je

nach Temperatur mit 2,5 bis 3 m je Sek., also mit zulässiger Geschwindigkeit durch den Feuerkasten. Wesentlich ist aber noch seine Höhe (H) und die Lage der Feuerbrücke.

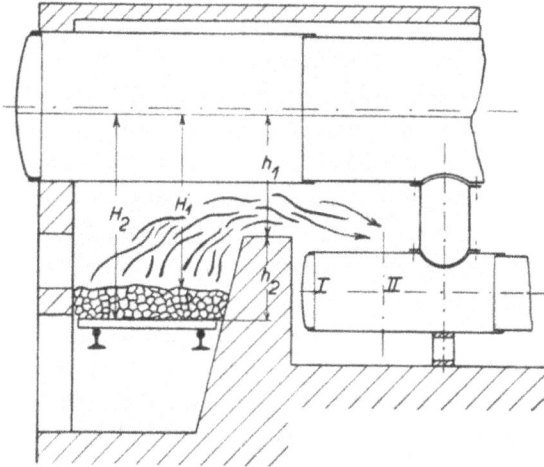

Abb. 90. Feuerkasten und Feuerbrücke eines Batteriekessels.

Was zunächst die letztere betrifft, so hat sie die am Feuer liegenden Teile des Wärmguts vor dessen unmittelbarer Einwirkung zu schützen, so in Abb. 90 die Stirnfläche des Unterkessels, in Abb. 91 den ersten

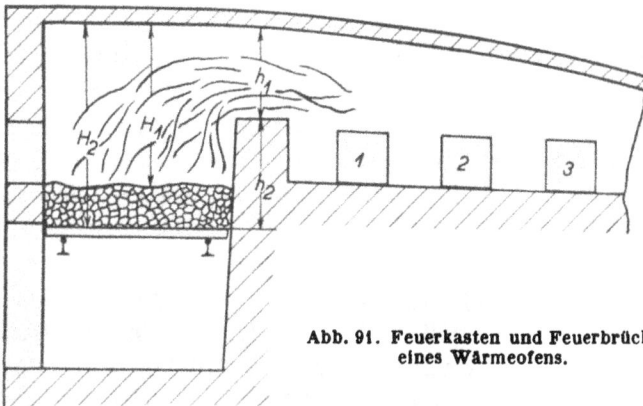

Abb. 91. Feuerkasten und Feuerbrücke
eines Wärmeofens.

Block. Wäre sie nicht vorhanden, so würde für den Unterkessel, der geschützt werden soll, die heißeste Zone bei I liegen. Durch die Feuerbrücke wird sie in die Ebene II verlegt (Abb. 90) und zudem entsprechend dem größeren Weg, den die Feuergase bis dahin zurücklegen, gemildert. Wäre in 91 die Feuerbrücke nicht vorhanden, so würde Block *1* am

heißesten werden. Da er aber durch diese gedeckt ist, so kann man je
nach ihrer Höhe die höchste Temperatur auf *2* oder *3* leiten oder sie
über allen dreien ungefähr gleich erhalten. Teil *1* liegt dann näher am
Feuer, ist aber stärker durch die Feuerbrücke gedeckt, bei Teil *3* ist das
Umgekehrte der Fall, so daß sich beide Faktoren das Gleichgewicht
halten können. Nach dem Feuerkasten zu muß Oberkante Feuerbrücke
mindestens 20 bis 30 cm über der höchsten Brennstoffschicht liegen.
Diese ist unmittelbar nach dem Rosten bei der direkten, nicht automatischen Feuerung 20 bis 40 cm hoch, sie wächst durch die über dem
Rost ansteigende Aschenschicht bis zum nächsten Rosten um 20 bis
30 cm; so beträgt die Gesamthöhe h_2 mindestens 60 bis 100 cm. Die
Höhe h_1 haben wir bei den Zugabmessungen ermitteln gelernt. Die
Gesamthöhe H des Gewölbes über dem Rost ist dann $= h_1 + h_2$. Im
übrigen soll die Entfernung zwischen Brennstoffschicht und Gewölbe
bei direkten Feuerungen mindestens das 1½- bis 2 fache, bei Halbgasfeuerungen das 2- bis 3 fache der Brennstoffschicht betragen. Alles
in allem ist immer besser, den Feuerraum zu groß als zu klein zu
halten; der Praktiker sagt: »die Flamme muß Platz zur Entwicklung haben«. Methodisch erforscht sind diese Dinge leider nicht.
Immerhin machen unsere früheren theoretischen Betrachtungen die
genannte Regel begreiflich. Denn wir haben gesehen, daß oberhalb
der Brennstoffschicht der direkten Feuerung an manchen Stellen unvollkommen verbrannte Gase, an anderen Heizgase, die noch beträchtliche
Mengen von Luftüberschuß mitführen, auftreten. Soll nun die rest-
liche Verbrennung rasch und intensiv vor sich gehen, so muß Raum sein,
damit die Gase verschiedener Zusammensetzung sich oberhalb des
Brennstoffs schnell und vollkommen mischen. Das ist einmal die Aufgabe des Feuerkastens über den brennenden Schichten. Zum andern
erinnere man sich an die bremsende, rückstoßende Wirkung jeder
Flamme, wie die Lentschen Versuche sie erwiesen haben. Es ist klar,
daß sie um so stärker sein wird, je enger und niederer der Raum, in
welchem die Verbrennung vor sich geht, um so schwächer, je weiter er
ist. Wir hatten gesagt, daß in Abb. 82 der an den Drahtspiralen sich
bildende Dampf unter Umständen das Nachströmen von Wasser verhindert. Es wird um so weniger der Fall sein, je weiter das Rohr und je
länger diese Erweiterung ist, während später, wo die Dämpfe sich zum
Teil kondensiert (bzw. die Heizgase sich abgekühlt) haben, das Rohr
ohne Schaden wieder enger werden kann.

Versuche des »Bureau of mines« in den Vereinigten Staaten haben
ergeben, daß der Luftüberschuß, der zur vollständigen Verbrennung
nötig ist, um so kleiner sein kann, je größer der Feuerraum ist. Auch

das ist begreiflich, wenn man bedenkt, daß ein geräumiger Feuerkasten die Mischung von Luft und Gasen fördert und daß bei guter Mischung viel, bei schlechter wenig Luftüberschuß erforderlich ist.

Einen Fall gibt es, wo wir wenigstens einen Teil des Gewölbes über dem Rost tief legen müssen, nämlich dann, wenn wir den Brennstoff bei seinem Eintritt in die Feuerung durch das Gewölbe vorwärmen und zur Entzündung bringen wollen. Man nennt solche Gewölbeteile »Zünd- gewölbe«, und findet sie vor allem bei Wanderrosten.

Eine viel umstrittene Frage ist die Gewölbehöhe über dem Herd. Zunächst richtet sie sich natürlich nach der Höhe des Wärm- guts, das eingesetzt werden soll. Wo es gekantet oder gewendet werden muß, soll zwischen Herd und niederster Stelle des Gewölbes mindestens einige Zentimeter mehr Raum sein, als die Diagonale der zu wendenden Stücke beträgt. Darüber hinaus aber liegen zwei Verfahren seit Jahr- zehnten miteinander im Kampfe. Das eine führt das Gewölbe so, daß die Heizgase möglichst tief auf das Bad oder Wärmgut niedergedrückt werden. Hier wird mit einer möglichst innigen Berührung zwischen beiden gearbeitet und mit einer Art von Stichflammenwirkung, d. h. mit der Konzentration von möglichst viel Wärmeeinheiten in der Zeiteinheit auf die Flächeneinheit des Bades oder sonstigen Einsatzes. Dieser Me- thode steht eine andere gegenüber, die der Erfinder des Gasofens, Friedrich Siemens, das »Prinzip der freien Flammenentfaltung« genannt hat. Hier übernimmt vor allem die Strahlung den Wärme- austausch zwischen Heizgasen und Gewölbe einerseits und Wärmgut andererseits; auf unmittelbare Berührung zwischen letzterem und den ersteren wird verzichtet. Diese Methode schont bei Schmelzöfen die Gewölbe, weil sie dem mechanischen und chemischen Einfluß des Bades entrückt sind, im übrigen wirkt sie, wie wir oben für den hohen Feuerkasten angegeben, d. h. sie verbessert die Mischung und ver- mindert den Rückstoß durch die Flamme. Sie liefert besonders bei hohen Heizgastemperaturen, also bei Gasfeuerungen, gute Ergebnisse, während bei niederen, also bei den direkten Feuerungen die tief gezogenen Gewölbe vorherrschend und besser sind. Die Berechnung der Gewölbehöhen, die in weiten Grenzen zwischen $\frac{1}{2}$ und $2\frac{1}{2}$ m schwanken, erfolgt meist aus den Gasgeschwindigkeiten, welche man zulassen will (s. Feuerzüge). Manche Ofenbauer schreiben auch eine gewisse Auf- enthaltszeit der Gase über dem Herd vor und bestimmen danach Quer- schnitt und Länge des Ofens. Diese Zeit ist proportional dem Herd- raum und umgekehrt proportional der Geschwindigkeit in der Eintritts- öffnung zum Herd. Also handelt es sich auch bei dieser Art der Er- mittelung im Grunde um eine Geschwindigkeitsrechnung. Immerhin kann bei einer Vergleichung von verschiedenen Öfen die Ermittelung der Aufenthaltszeiten nützlich sein.

Was die Breite des Herdes betrifft, so sind verschiedene Faktoren dafür maßgebend. So bei einem Stoßofen vor allem die Länge der Blöcke. Damit sie quer zur Achse des Ofens durchgestoßen werden und die Gase an den Blockenden noch vorbeistreichen können, muß der Herd 10 bis 20 cm breiter als die Blocklänge sein. Mit Rücksicht auf die Haltbarkeit des Gewölbes darf man mit der Ofenbreite nicht zu hoch gehen. Bei flachgemauerten Gewölben aus basischen Steinen beginnt über 2 m die Gefahr des Einsturzes, sobald sie weit abgebrannt sind. Bei stärkerer Wölbung, wie sie bei Glas- und Stahlöfen üblich ist, kann man bis $4\frac{1}{2}$ m Ofenbreite gehen. Endlich ist diese häufig begrenzt durch die Reichweite der Ofenbedienung. Bei Stahlöfen z. B. muß nach vollzogenem Abstich die Rückwand ausgebessert werden, was bei einer Breite größer als 4 m kaum noch möglich ist. Bei Wärm- und Schweißöfen muß der Schweißer die Pakete und Schmiedestücke mit seinem Haken mit einer gewissen Hebelwirkung bewegen. Dies ist nur bis ungefähr 2 m Herdbreite genügend wirksam.

Die Länge des Herdes bestimmt sich aus der Temperatur, welche das Wärmgut an seinem Ende noch haben muß und aus der Länge, auf welche die Flamme diese Temperatur zu halten vermag. In Gasöfen kann sie auf 10 bis 12 m die zum Stahlschmelzen erforderliche Temperatur von ca. 1700⁰ halten, in direkten Feuerungen je nach Güte und Gasgehalt der Kohle auf 3 bis 4 m 1300 bis 1400⁰, in Halbgasöfen auf 4 bis 5 m 1400 bis 1500⁰. Diese Zahlen bilden die Grenzen für gewöhnliche Herdöfen. Anders bei Öfen, in denen das Material vorgewärmt, also langsam von 0⁰ bis zur Temperatur des Fertigherdes gebracht wird. Beispiele sind die Ringöfen und die »Stoßöfen«. Durch den letzteren werden Blöcke hindurchgedrückt. Die Länge des Stoßherdes bestimmt sich aus der Zeit, die notwendig ist, um den Block von der Einsatztemperatur auf diejenige zu bringen, mit der er in den Fertigherd eintreten soll, und aus der Ofenleistung. Angenommen, sie sei durch Rechnung (s. Taschenbuch für Eisenhüttenleute) oder durch den Versuch oder Schätzung mit 2 Stunden ermittelt, und die Leistung soll stündlich 30 gewärmte Blöcke betragen, dann muß der Vorwärmherd so lang sein, daß er 60 Blöcke aufnehmen kann. Die Durchsatzzeit ist dann 2 Stunden. An den Vorwärm- oder Stoßherd schließt sich der Fertigherd an. Er ist ca. 20 bis 50 cm breiter als der erstere, damit der Schweißer Raum für das Werkzeug zum Wenden, Vorbringen und Herausziehen hat. Zur Bestimmung der Länge ist wieder erforderlich, zu wissen, wieviel Zeit nötig ist, um den Block von der Endtemperatur im Stoßherd auf die Fertigtemperatur zu bringen. Das ergibt wie vorhin den Fassungsraum, nur daß die Blöcke, damit sie gewendet und allseitig gleichmäßig durchgewärmt werden können, nicht dicht aneinander, sondern mit Abständen gleich der Blockbreite voneinander entfernt stehen müssen. Wo nicht fortlaufend, sondern satzweise eingesetzt wird, also bei Schmiedeöfen, Wärmöfen für Metallblöcke, für Rohre zum Schneiden auf Scheibenglas, für Emaillegeschirr und hundert andere Verwendungen tut man am besten, die einzusetzenden Stücke oder Pakete in Papier auszuschneiden und danach eine geeignete Herdform aufzuzeichnen. Zu beachten ist dabei, daß man von den Arbeitstüren an jedes Stück hingelangen kann. Für Schmelzöfen endlich, deren Einsatz flüssig ist, bestimmt sich die Herdfläche nach dem Volumen des Bades und ev. der darüber stehenden Schlacke. Gehen starke Reaktionen zwischen beiden vor sich, so muß man noch Raum für das Überschäumen der letzteren vorsehen, je nach Stärke der Reaktion und Ofengröße 15 bis 30 cm. Wo es angängig ist, ohne die Herdfläche zu groß zu bekommen, wählt man das Bad möglichst seicht, weil das natürlich günstig für die chemische Einwirkung der Flamme, ebenso wie für die Wärmeübertragung ist. Über 50 cm Badtiefe geht man selten, meist bewegt sie sich zwischen 25 und 50 cm.

Die obigen Zahlen sollen nur ungefähr angeben, nach welchen Gesichtspunkten die Abmessungen der Öfen gewählt werden. Sie für all die tausend verschiedenen Formen der Industrieöfen mitzuteilen, ist unmöglich. Der Leser muß hier auf die Handbücher und Fachliteratur seines besonderen Gebietes verwiesen werden (siehe auch III. Teil, »Sonderindustrien«). Im übrigen wird man, wie hier wiederholt sei, kaum je einen Ofen aus nichts heraus entwerfen, sondern stets einen bestehenden zugrunde legen. Die obigen Darlegungen sollen lediglich zeigen, welchen Einfluß es hat, wenn wir seine Abmessungen in der einen oder anderen Richtung ändern.

2. Halbgasofen.

Bei den direkten Feuerungen führt man die Verbrennungsluft fast immer durch den Rost zu. Bei Kesselfeuerungen findet man in den Feuertüren wohl auch Öffnungen, durch welche sog. »Ober- oder Sekundärluft« angesaugt wird. Sie ist aber ohne große Bedeutung oder, wo die Öffnungen groß sind, wohl auch schädlich, weil sie die Verbrennungstemperatur herabmindert. Mit Sekundärluft erzielt man gute Erfolge nur, wo man sie wie in einem feinen Schleier über die Flamme sich ergießen und mit ihr mischen läßt. Das geschieht im Halbgasofen. Bei ihm ist (Abb. 87, S. 202) unter dem Gewölbe des Feuerkastens ein sog. Untergewölbe angeordnet. Darein münden (K_2) von beiden Seiten her Luftkanäle, die in der Regel vorher an den Wänden des Feuerkastens zum Zweck der Vorwärmung im Zickzack hochgeführt werden. An ihr unteres Ende (K_1) ist entweder ein besonderer kleiner, elektrisch betriebener, auf verschiedene Umdrehungszahl einstellbarer Windflügel angeschlossen, oder er mündet in den Raum unter dem Rost. Im letzteren Falle verteilt sich die durch die Windleitung W eingeblasene Verbrennungsluft, der größere Teil geht unter den Rost (primäre Luft), der kleinere ergießt sich zwischen Ofen- und Untergewölbe auf die vom Rost aufsteigenden Heizgase. Da die Vorwärmung nur gering ist (einige 100°), so wirkt die Sekundärluft im ersten Augenblick abkühlend, und erst wenn die Mischung mit den Heizgasen vollendet ist, erreicht sie ihr Maximum. Man hat deshalb in der Länge l des Untergewölbes ähnlich der Feuerbrücke ein Mittel, die heißeste Zone auf dem Herd mehr nach vorne (kurzes l) oder mehr nach der Ofenmitte (langes l) zu verlegen. Die Verteilung von Primär- und Sekundärluft kann durch eine in K eingebaute Drosselklappe oder einen Schieber reguliert werden. Nach erfolgter Einstellung regelt sie sich in gewissen Grenzen selbsttätig. Denn hohe Brennstoffschichten bedingen mehr Sekundärluft als niedere, treiben aber auch durch den vermehrten Rostwiderstand mehr Luft durch den Kanal K_1, K_2.

Der Gedanke der Halbgasfeuerung ist der folgende: Statt bei der indirekten Feuerung über der Brennstoffschicht Luftmangel mit Luftüberschuß schwanken, »flackern« zu lassen, zieht man, wie oft in der Technik, vor, sich für eines von beiden zu entscheiden und nachher eine genau abgemessene Korrektur zu geben. Man stellt also den primären Wind so ein, daß an keiner Stelle über der Brennstoffschicht Luftüberschuß, somit an vielen ein gewisser Unterschuß vorhanden ist. Diesen ergänzt man durch geringe Mengen Oberwind, welche etwa 5 bis 10% der gesamten Windmenge ausmachen. Auf dem Rost steigt also ein Gemisch von viel CO_2+N und wenig CO auf. Das letztere ist von dem ersteren auf so hohe Temperatur gebracht, daß wir es zum Unterschied vom Gasofen mit ganz geringer Vorwärmung der Luft oder auch gar keiner verbrennen können, ohne die Verbrennungstemperatur zu erniedrigen. Durch den Wegfall der Luftvorwärmung baut sich der Halbgasofen sehr viel einfacher als der Gasofen, während gegenüber der Rostfeuerung, wie schon erwähnt, eine etwas höhere Temperatur, längere Flamme, besserer Wirkungsgrad, geringerer Abbrand und ein leichteres Schüren sich ergibt. Ordnet man hinter dem Halbgasofen einen Abhitzekessel an, so ergibt er unter den Ofenfeuerungen den besten Wirkungsgrad, wie der Verfasser schon 1906 in St. u. E.[1]) nachgewiesen hat. Nach

---

[1]) St. u. E. 1906, S. 134. Tafel. Gasöfen und Halbgasöfen.

Mitteilungen von Bleibtreu auf einer Wärmewirtschaftsversammlung in Dresden 1923 hat man ähnliche Feststellungen neuerdings auch in Amerika gemacht. Halbgasöfen mit Unterschubfeuerung (mechanische Beschickung durch Schnecke) ergaben dort geringeren Kohlenverbrauch als Gasöfen. Das ist leicht erklärlich, sobald wir uns das Wesen der letzteren betrachten.

3. Gasofen.

Der Gasofen hat, wie wir wissen, indirekte Feuerung, d. h. er verbrennt den Kohlenstoff in zwei Stufen. Zunächst zu Kohlenoxyd. Dieser Vorgang findet im »Gaserzeuger« oder »Generator« statt. Danach erfolgt erst die vollständige Verbrennung zu Kohlensäure im eigentlichen Gasofen.

A. Generator.

Einiges über die Gaserzeuger für Gasmotoren haben wir schon bei diesen besprochen, und die Vorgänge in ihnen sind ausführlich bei der Verbrennung behandelt worden, insbesondere die Einwirkung des Dampfblasens in und ohne Gegenwart von Kohlenwasserstoffen und der Einfluß des kalten und heißen Gangs im Generator. Die baulichen Einzelheiten, die große Mannigfaltigkeit der Ausführungsformen können hier nur gestreift werden, insoweit sie die Wärmewirtschaft berühren. Im übrigen muß auf das sehr umfangreiche Schrifttum in Büchern und Zeitschriften über die verschiedenen Arten der Generatoren hingewiesen werden.

Die ersten Generatoren von Siemens hatten rechteckigen Querschnitt, eine Form, die sich auch heute noch findet. Wo sie angewendet wird, empfiehlt es sich, die Ecken abzurunden, weil sie sonst leicht zu Kanalbildungen Veranlassung geben können. Weitaus die meisten neuzeitlichen Generatoren haben runden Querschnitt und zylindrische Form (Blechmantel mit Ausmauerung). Die lichten Weiten betragen 1 bis 4 m, in Deutschland meist 2½ bis 3 m. Kleinere Durchmesser sind veraltet, größere nur für nicht stark backende Kohle oder bei Anwendung von Rührwerken anwendbar und bis jetzt nur in Amerika üblich. Den Abschluß nach oben bildet eine, von unten meist durch Gewölbe geschützte Platte. Ringförmig angeordnete kleine Öffnungen (e in Abb. 92) dienen zur Beobachtung der Brennstoffschicht, zum Stochen, eine große Mittelöffnung m mit Einführungsrohr zum Gichten. Es weist Doppelverschluß auf, der das Entweichen von Gas aus dem Gaserzeuger während des Gichtens verhindert. Bei A entweichen die Generatorgase, meist in eine Sammelleitung. Den unteren Abschluß bildete früher gewöhnlich ein mit Wasser gefüllter Behälter (Tasse), aus dem die Asche

mit der Schaufel entnommen wurde. Das Wasser diente einmal als
Abschlußflüssigkeit, zum andern ergab es durch das Nachrücken glühen-
der Asche genügend Dampf, um die Bildung von Schlackenansätzen an
Mauerwerk und Rost zu verhindern und ein leichtes Arbeiten beim

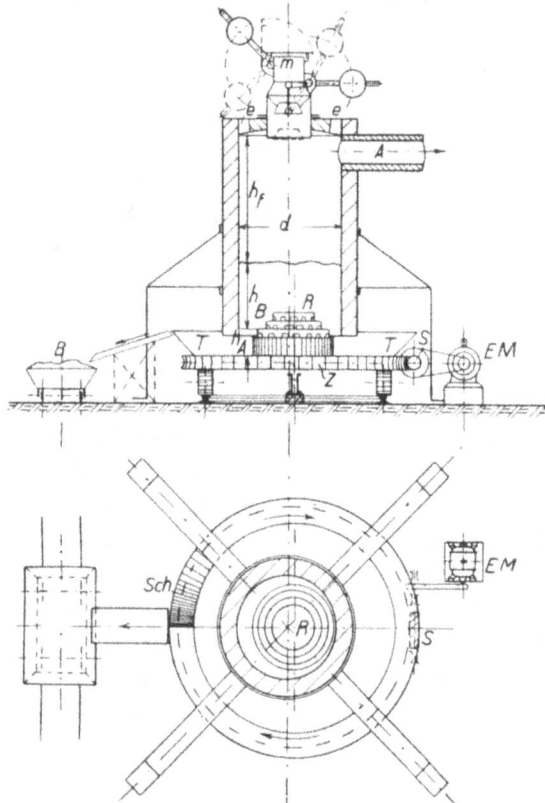

Abb. 92. Gerippskizze eines Drehrostgenerators.

Rostputzen zu gewährleisten. Bei den neuzeitlichen Generatoren wird
der Abschluß nach unten meist durch eine langsam (ca. einmal in 3 st.)
sich drehende Platte (Teller T) gebildet. Der Zwischenraum zwischen
ihr und dem feststehenden Generatormantel ist mit Schlacke ausgefüllt;
von außen reicht in den Tellerrand T eine feststehende, pflugscharartige
Schaufel (*Sch* im Grundriß), auf welcher die Asche in die Höhe und über
den Rand des Tellers weg gedrückt wird, so daß sie in Rinne und Wagen B
abrutscht. Die Drehung des Tellers geschieht vermittelst Schnecke S
und Zahnkranz Z, meist durch Elektromotor EM mit Zahnradantrieb
oder durch Riementrieb. Im ersteren Fall muß eine Reibungskupplung
oder eine Verbindung (Abscherschrauben) zwischengeschaltet sein, welche

bricht, wenn im Innern des Generators Kohle sich steckt und die Drehung des Tellers hindert. Oder aber die Konstruktion muß in allen Teilen so stark sein, daß sie eher Kohlen- und Schlackenstücke zertrümmert, als selbst zu Bruch geht. Auf dem Teller sitzt zentrisch mit dem Gaserzeuger oder wohl auch, wie in Abb. 92, etwas exzentrisch, wenn eine Rührwirkung erzielt werden soll, ein polygonartiger oder runder Rost R, durch welchen Verbrennungsluft oder ein Gemisch von dieser und Dampf in den Generator geblasen wird.

Was die Höhe des letzteren betrifft, so sind für die Schlacke 30 bis 50 cm, für den Brennstoff (h_B) bei Kohle ungefähr 1, bei Braunkohlenbriketts ca. 1,5 m zu rechnen, darüber noch ein Raum von 1 bis 1,5 mal h_B Höhe, im ganzen also bei Kohlengeneratoren ca. 3 m. Der Schachtdurchmesser eines Generators richtet sich nach der Brennstoffmenge, die durchgesetzt werden soll. Man kann, wie bei dem gewöhnlichen Rost je m² Querschnitt und Stunde 100 bis 150 kg Kohle verbrennen, bei großen Durchmessern und 25 bis 30 cm Windpressung bis höchstens 200 kg. Das ganze System, von welchem Abb. 92 eine Gerippskizze zeigt, wird »Drehrostgenerator« genannt. Sein Hauptvorzug gegenüber den älteren Generatoren mit fester Sohle ist, daß seltener Rost geputzt werden muß und daß die fortlaufende mechanische Entschlackung das Brennbare in der Asche vermindert. Es sinkt bei guten Drehrostgeneratoren bis auf 1%. Daß man in Amerika auch in den oberen Brennstoffschichten zuweilen mit Rührwerken arbeitet, ist schon erwähnt worden. Sie erleichtern den Gasen das Entweichen und lassen so ein Blasen mit geringerem Druck zu, außerdem wird auch die Gaszusammensetzung gleichmäßiger. Aber sie erfordern eine nicht unbedeutende Kraft, jedenfalls mehr als die Tellerbewegung, die je nach Größe des Generators 3 bis 5 PS erfordert. Außerdem macht sie die Nacharbeit von Hand durch die Stochlöcher nur dann entbehrlich, wenn sehr gute und gleichmäßige Kohle verfügbar ist.

Neben diesen viel gebrauchten Formen, die in einer Fülle von unwesentlichen Variationen ausgeführt werden, bestehen noch eine Reihe von Spezialgeneratoren. Von ihnen seien genannt:

1. Der Ringgenerator von Jahns für minderwertigen Brennstoff, Lösche, Berge, Müll und ähnliches. Der große Aschengehalt solcher Stoffe kann nicht in der oben beschriebenen Weise entleert werden, sondern die Generatoren werden gefüllt, brennen dann ab, werden leer gemacht und dann abermals gefüllt. Es geschieht das in regelmäßigem Turnus zwischen Gruppen von je 4 Generatoren (Abb. 93) derart, daß die Gase der Reihe nach 3 Generatoren durchziehen. Gaserzeuger *1* soll eben frisch gefüllt werden. Die Gase von *2* streichen durch *3* und *4*,

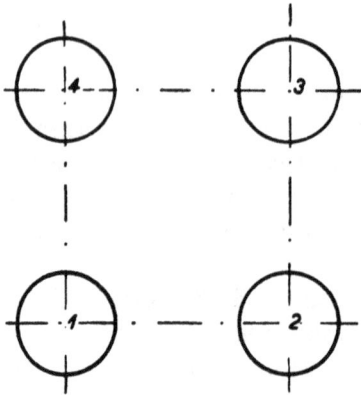

Abb. 93. Anordnung des Ringgenerators
von Jahns.

die von *3* durch *4*. Dann wird *2* entleert und neu gefüllt, während die Gase von *3* durch *4* und *1* geleitet werden usf. Man kann die Entleerung statt auf einmal auch nur zur Hälfte oder zu einem Drittel vornehmen. Durch die Anordnung wird erreicht, daß trotz der Ungleichheit der Brennstoffschichten infolge Entleerung, Füllung und Abbrennen die Gaszusammensetzung einigermaßen gleichmäßig bleibt. Die Generatoren werden so hoch gestellt, daß ihr Inhalt durch Falltüren ohne weiteres in Bahnwagen entleert werden kann.

2. Der Wassergasgenerator. Er wird ebenfalls periodisch betrieben und hat den Zweck, wasserstoffreiches Gas zu liefern, das, frei von Stickstoffballast eine hohe Verbrennungstemperatur besitzt. (Nach Tafel Ia $t_{th} = 2400$ gegen 1750 des gewöhnlichen Generator- oder »Luftgases«. Heizwert je m³ ca. 3000 gegen 1250, je m³ Gasgemisch [Sp. 7] 820 gegen 600 WE.) Die Erzeugung erfolgt, indem Wasserdampf in glühenden Koks geblasen wird. Aus H_2O+C wird $CO+H_2$. Praktisch ist die Zusammensetzung in Raumteilen ca. 50 H_2, 40 CO, 10 CO_2, CH_4 u. N. Der obige Vorgang ist endothermisch, durch den Wärmeverbrauch kühlt die Koksmenge allmählich ab. Um sie wieder in Glut zu bringen, wird nach einiger Zeit der Dampf abgestellt und an seiner Stelle Luft geblasen. Hierbei wird Wärme frei, der Koks kommt wieder in Glut, es wird von neuem Dampf geblasen, also Wassergas erzeugt usf. In der Regel gehen 2 Generatoren nebeneinander, so daß stets mindestens einer Wassergas erzeugt. Wo nur einer betrieben wird, ist ein größerer Gasbehälter erforderlich. Im Wassergas ist die Wärmeeinheit teurer als im Generatorgas. Aber der große Wärmeinhalt im Gasgemisch macht, daß mit Wassergas ohne Vorwärmung der Verbrennungsluft hohe Temperaturen erzielt werden können. Die Vereinfachung, welche die Öfen dadurch erfahren, ist besonders bei kleinen Feuerungen, wie Bolzenwärmöfen, Mutternpreßöfen, kleinen Schmiedeöfen u. ä., wertvoll. Dort wird das Wassergas mit gutem Erfolg benutzt. Für große Feuerungen kommt es wegen der höheren Gestehungskosten für das Gas und weil nur Koks, keine Kohle verwendet werden kann, selten in Frage.

3. Abstichgenerator. Die Schwierigkeit, die Schlacke und Asche aus den Generatoren zu entfernen, die um so größer ist, je heißer er geht und je niederer der Schmelzpunkt der Asche ist, hat schon vor ca. 3 Jahr-

zehnten, nach Wissen des Verfassers zuerst auf böhmischen Werken, zu
dem Versuch geführt, durch Kalkzuschlag den Schmelzpunkt so zu erniedrigen, daß die Asche in flüssiger Form abgestochen werden kann.
Daraus ist der sog. »Abstichgenerator« geworden, wie ihn die
Georgsmarienhütte in Osnabrück baut. Er wird verwendet, wo die
Brennstoffe in größeren Mengen Eisen enthalten, weil der Koksgenerator
in diesem Falle als kleiner Hochofen wirkt, indem er die Eisenoxyde
reduziert. Wo dieser Nebenzweck nicht gegeben ist, werden sich die
Abstichgeneratoren kaum einführen; denn das Schmelzen der Schlacke
erfordert beträchtliche Wärmemengen. Zudem ist ihr Abstich schwierig,
wenn sie strengflüssig wird. Das aber kommt vor, sobald der Generator
einmal kälter geht oder die Kohlenbeschaffenheit sich ändert, so daß der
Kalkzuschlag nicht mehr stimmt.

4. Einige Zeit hat die sog. »Restlose Vergasung« und der Generator von Strache viel von sich reden gemacht. Er bildet in seinem
oberen Teil eine Verkokungsretorte, in dem unteren, in welchen der entgaste Brennstoff dann nachrückt, einen Mischgasgenerator (Luft- und
Wassergas). Diese vielen Funktionen, die der Generator gleichzeitig
erfüllen soll, sind alle abhängig voneinander, so daß ein regelmäßiger,
ungestörter Betrieb auf starke Schwierigkeiten stoßen wird. Es ist nicht
einzusehen, warum man die Verkokung nicht lieber getrennt in dem bewährten Koksofen vornimmt.

Nirgends in der Technik gilt so sehr wie bei den Feuerungen der
Grundsatz: Jede vermeidbare Verwicklung bedeutet einen
Mangel, und Einfachheit ist die oberste Tugend, soweit sie
den guten Wirkungsgrad nicht gefährdet.

5. Generatoren mit Gewinnung der Nebenprodukte. Am-
moniak kann aus den Generatorgasen gewonnen werden, wenn sehr viel
(an Gewicht ein Mehrfaches der verbrannten Kohle) Dampf geblasen wird.
Der Gaserzeuger, der nach diesem Verfahren arbeitet, heißt »Mondgas-
generator«. Er ist in der Industrie wenig eingeführt und kann darum
übergangen werden. Von sehr viel größerer Bedeutung ist die Teergewinnung. Sie geschieht dadurch, daß die bei der Entgasung entweichenden teerreichen Gase in Vorlagen und Waschern abgekühlt und
gewaschen, manchmal auch durch Schleudermaschinen, wie wir sie in
Abb. 29, S. 58 kennen gelernt haben, geschickt und dadurch von ihrem
Teergehalt befreit werden. Wichtige Bestandteile desselben, die Tief-
temperaturteer oder Urteer genannt werden, zersetzen sich bei
Temperaturen über 500°. Der Vorgang im Generator muß, wenn sie
erhalten werden sollen, in 2 Abschnitten vorgenommen werden, der
Entgasung oder Schwelung und der eigentlichen Vergasung (Ver-

brennung des Kohlenstoffs zu Kohlenoxyd), die je nach Dampfzusatz bei Temperaturen bis 1100° vor sich geht. Zwei Verfahren sind es hauptsächlich, mit denen die Schwelzone von dem übrigen Generator abgegrenzt wird:

1. Das sog. »Schwelrohr«, eine Verlängerung des Einführungsrohrs m (Abb. 92) bis zur Brennstoffschicht (s. auch Abb. 28, S. 57), das von den heißen Gasen aus dem Verbrennungsraum umspült wird. Wo diese Wärmequelle nicht ausreicht, um die flüchtigen Bestandteile auszutreiben, muß ein Teil der heißen Gase aus dem eigentlichen Generator durch das Schwelrohr hindurchgezogen werden. An seinem oberen Ende befindet sich eine wagrechte Rohrabzweigung (in Abb. 28 u. 92 nicht vorhanden), durch welche die Schwelgase entweichen. Nach Passieren der Vorlagen und Wascher mischen sie sich entteert (sog. »Kaltgas«) mit den Gasen aus der Verbrennungszone. So entteerte Gase nennt man auch »Klargase« oder »Armgase« zum Unterschied von nichtentteerten Schwelgasen (»Reichgasen«).

2. Die drehbare Schweltrommel (Verfahren Thyssen in Mühlheim a. R.). Sie wird, wie das Schwelrohr von außen oder durch Durchsaugen heißer Gase von innen geheizt. Der entgaste Brennstoff (sog. »Halbkoks«) gelangt danach in den eigentlichen Generator. Die dort sich entwickelnden Gase mischen sich wie oben mit den aus der Trommel kommenden und danach entteerten. Die Trennung der beiden Vorgänge ist hier eine vollkommene, aber auf Kosten der Einfachheit und Billigkeit der Anlage und des Betriebes.

Der Teergehalt, der noch ausbeutenswert ist, beträgt ungefähr 4, der Höchstgehalt 7%.

Analysen von Kaltgas aus Saarkohle ergaben im Mittel 6 bis 9% CO_2, 21 bis 24 CO, 11 bis 16 H_2, Rest N_2 und H_2O (Mitteilung von Hupfeld, Völklingen).

Die Entteerung war in Deutschland vor dem Kriege nur für sehr teerreiches und kaltgehendes Generatorbrennmaterial, wie Torf, üblich. Erst das Fehlen des Rohpetroleums und der daraus gewonnenen Mineralschmieröle hat dazu geführt, sie allgemeiner anzuwenden. Danach entstanden, wie es oft zu gehen pflegt, Fanatiker des Entteerens, welche die Meinung verfochten, jede Vergasung müsse aus wärmewirtschaftlichen Gründen mit Entteerung betrieben werden. Nüchtern und objektiv betrachtet, liegen die Dinge nach Meinung des Verfassers ungefähr folgendermaßen:

Die Teergewinnung ist berechtigt, wo ein Betrieb den Teer benötigt und sich dadurch von seinen Lieferanten unabhängig macht; oder wo die Wärmeeinheit im gewonnenen Teer mit beträchtlich besserem Wirkungsgrad verwertet werden kann, als die in den Kohlenwasserstoffe des Gases. Ein solcher Fall kann z. B. vorliegen, wenn bei Aufstellung einer neuen Kraftmaschine zu wählen ist zwischen Gas- und Dieselmotor. Der bessere thermische Wirkungsgrad des letzteren rechtfertigt möglicherweise, wie die Rechnung von Fall zu Fall erweisen muß, die Ausscheidung des Teers und Verwendung von entteertem Gas in den Öfen. Immer aber muß dabei in Rücksicht gezogen werden, daß wir durch die Entteerung dem Gasofen Wärmeeinheiten entziehen und nicht nur dessen Leistung, sondern auch die Verbrennungstemperatur und damit seinen Wirkungsgrad verschlechtern. Die nachteiligen Wirkungen beruhen nicht nur auf der in dem Abschnitt 3 von Kap. V eingehend untersuchten chemischen, sondern auch auf physikalischen Ursachen. Die Wärmeübertragung ist wohl als Folge der Eigenstrahlung der Gase bei der leuchtenden Flamme, wie früher gezeigt, besser als bei nichtleuchtender. Die Wirkung der ersteren auf das Wärmgut verhält sich zu derjenigen der nichtleuchtenden Flamme etwa wie die eines wollenen Tuches, das wir auf unsere Haut legen, gegenüber einem leinenen von gleicher Temperatur. Es kommt hinzu, daß, wie ebenfalls schon früher erwähnt, die leuchtende Flamme leichter zu beurteilen ist, als die durchsichtige. Endlich, daß die Entteerung eine Verwicklung des Betriebes bedeutet und Verschmutzung in ihn trägt. Alles das sind Dinge, die überwindbar sind, deren Überwindung aber ohne Sinn ist, wenn ihnen nicht positive, zahlenmäßig nachzuweisende Vorteile gegenüberstehen. Allein die Gewinnung eines Brennmaterials von hohen Wärmeeinheiten, wie es der Teer ist, genügt nicht; denn ihnen stehen eben die im Ofengas verlorenen gegenüber. Die Verluste aber werden bei einem Vorgang im allgemeinen größer sein, wenn wir ihn in zwei Stufen, als wenn wir ihn in einer ausführen. Wir können eben, man muß sich das bei solchem Streit der Meinungen immer vor Augen halten, in einer Feuerung zur Erzielung eines guten Wirkungsgrades neben der vollkommenen Verbrennung nie mehr tun, als die Verbrennungstemperatur hoch, die Wand- und Abhitzeverluste nieder halten. Bei der Entteerung ist ersteres meist für den abgeschiedenen Teer der Fall, für die verbleibenden Kaltgase aber das Gegenteil. Die Wandverluste vergrößern sich in Summa, die Abhitzeverluste bleiben gleich. Man sieht schon aus dieser einfachen Überlegung, daß die Fälle selten sein werden, in denen sich allein vom wärmewirtschaftlichen Standpunkt aus eine Entteerungsanlage rechtfertigen läßt.

Wenn der Verfasser recht unterrichtet ist, so ist man bei einzelnen Anlagen, in welchen man Entteerung eingeführt hat, nachher dazu übergegangen, den gewonnenen Teer oder einen Teil davon wieder in den

Ofen einzuspritzen. Wäre das richtig, so würde es eine gute Illustration für die obigen Ausführungen sein.

Es ist, um den Nachteilen der Entteerung zu begegnen, vorgeschlagen worden, nach Kenntnis des Verfassers zuerst von Dr. Frank, Berlin, an mehreren Generatoren immer einen mit, einen ohne Entteerung zu treiben. Einige der eben genannten Nachteile würden damit vermieden werden.

Was den Betrieb der Generatoren betrifft, so ist das Wesentliche schon in Abschn. 3 Kap. V enthalten. Es sei hier kürzer und in weniger theoretischer Form noch einmal zusammengefaßt:

Je heißer wir einen Generator treiben, um so mehr CO, um so weniger CO_2 enthält das Gas. Bei 1000^0 ist der CO_2-Gehalt praktisch gleich 0. Wo ein Brennstoff keine Kohlenwasserstoffe enthält, wie Koks, treibt man den Generator deshalb möglichst heiß. Es muß in diesem Falle aber die hohe fühlbare Wärme des Generatorgases irgendwie nutzbar gemacht werden. (S. nächsten Abschnitt: Gasofen.)

Wo dagegen Kohlenwasserstoffe im Brennstoff enthalten sind, kann, wie früher gezeigt, ihre Zersetzung bei heißem Generatorgang verderben, was der Gewinn durch den geringeren Kohlensäuregehalt gut macht. In diesem Falle empfiehlt es sich, so viel Dampf zu blasen, daß die Temperatur 700 bis 800^0 C nicht übersteigt.[1]

Die Generatoren für Feuerungen werden mit Unterwind betrieben (Wassersäule 5 bis 30 cm je nach angestrebter Gastemperatur und Lockerheit der Brennstoffschichten). Mit Rücksicht auf die Kanalbildung soll man nicht stärker blasen, als zur Erzielung einer Verbrennungstemperatur von 800^0, bzw. bei kohlenwasserstoffarmen Gasen von 1000^0 notwendig ist. Um den nötigen Spielraum zu haben, wird der Ventilator zweckmäßig mit veränderlicher Umdrehungszahl, ev. mit auswechselbarer Riemenscheibe und für etwa 25 bis 30% größere Leistung als der normalen, durch die Rechnung ermittelten entspricht, aufgestellt.

Die Zusammensetzung und Temperatur des Gases muß einer ständigen Kontrolle unterworfen werden (s. Kap. VIII, Messungen). Teergewinnung beim Generatorbetrieb ist nur dort anzuraten, wo rechnungs-

---

[1] Die früher (S. 136) angestellten Rechnungen, nach denen das Dampfblasen die Leistung und Verbrennungstemperatur eines Ofens einerseits günstig, andererseits ungünstig beeinflußt, so daß diese Einflüsse sich das Gleichgewicht halten können, werden durch Versuche, die Dr. Wendt auf Veranlassung von Körting angestellt hat, bestätigt. Danach war die Summe der chemischen und fühlbaren Energie beim Blasen allerdings geringer Mengen Dampf gleich, nämlich rund 90% der mit dem Brennstoff zugeführten Energie Körting gibt als zulässige Dampfmenge je m³ Gas für Kohle 150, für Koks 300 g an, was je 100 kg Brennstoff nur ca. 4 bezw. 8 kg bedeutet. In der Praxis bläst man häufig 25 bis 30, selbst bis zu 100 kg Dampf je 100 kg Kohle.

mäßig nachgewiesen ist, daß die bessere Ausnützung der WE des Teers und die etwa gewonnenen Nebenprodukte, wie Ammoniaksalz, Schmieröl usw., einen größeren Wert darstellen als der Verlust, den eine Verringerung des Kohlenwasserstoffgehaltes der Ofengase für Leitung und Wirkungsgrad des Ofens unweigerlich bedeutet. Halten sich Gewinn und Verlust an Wärmeeinheiten ungefähr die Wage, dann geben die nebenhergehenden praktischen Nachteile (Komplikation, Verschmutzung, schwierige Beurteilung durchsichtiger Flammen) den Ausschlag zugunsten der Belassung der Kohlenwasserstoffe in den Gasen.

B. Eigentlicher Gasofen.

Der Gasofen ist dem Gedanken entsprungen, die Verbrennungsluft der Feuerung hoch vorgewärmt zuzuführen. Alle Versuche, das bei der direkten Feuerung zu tun, sind mißglückt. Einmal erhitzt sich der Rost ohne die Kühlung durch kalte Luft zu stark. Zum andern zehrt wohl auch die Wirkung der Luftverdünnung, der Dissoziation und des Flammenrückstoßes, die wir früher besprochen haben, den Gewinn an zugeführten Wärmeeinheiten über dem Rost auf. Die Vorwärmung ist also an die Verwendung von Gas gebunden und umgekehrt. Der Erfinder des Gasofens, Friedrich Siemens[1]), und sein Bruder Wilhelm haben für ihre Glasöfen in Dresden zum erstenmal Wärmespeicher, auch Regeneratoren (K_L u. K_G in Abb. 94) angewendet, d. s. Kammern mit einem Gitterwerk aus feuerfesten Steinen. Sie sind schon 4 Jahrzehnte vorher vom Maschinenbau versuchsweise benutzt worden, um die Abhitze von offenen Heißluftmaschinen wieder nutzbar zu machen. Durch diese Kammern ließen sie vermittelst Umsteuerorgane (U) abwechselnd in etwa halbstündigen Zwischenräumen einmal die abziehenden Heizgase, danach Luft und Gas durchgehen. Nachdem sie die in den Kammern aufgespeicherte, von den Heizgasen gleichsam deponierte Wärme aufgenommen und so eine Vorwärmung erfahren hatten, wurden sie durch Kanäle (L und G), deren letzter, leicht gegen die Horizontale geneigte Teil (B) Brenner genannt wird, zum Herd geführt, wo sie, sich mischend, verbrannten. So entstand der erste

Regenerativofen,

der, ähnlich wie die Dampfmaschine von James Watt, so gut durchdacht war, daß er sich mit ganz unwesentlichen Einzeländerungen

---

[1]) Wie häufig gerade bei umwälzenden Erfindungen, so ist auch hier der Gedanke älter als die Umsetzung in die Tat. Jenen haben, wie aus Patentanmeldungen hervorgeht, vor Siemens schon Andere gehabt. Aber Siemens hat den Gasofen als Erster in einer für die Technik verwendbaren Form in der Praxis eingeführt und darf darum wohl als dessen Erfinder gelten.

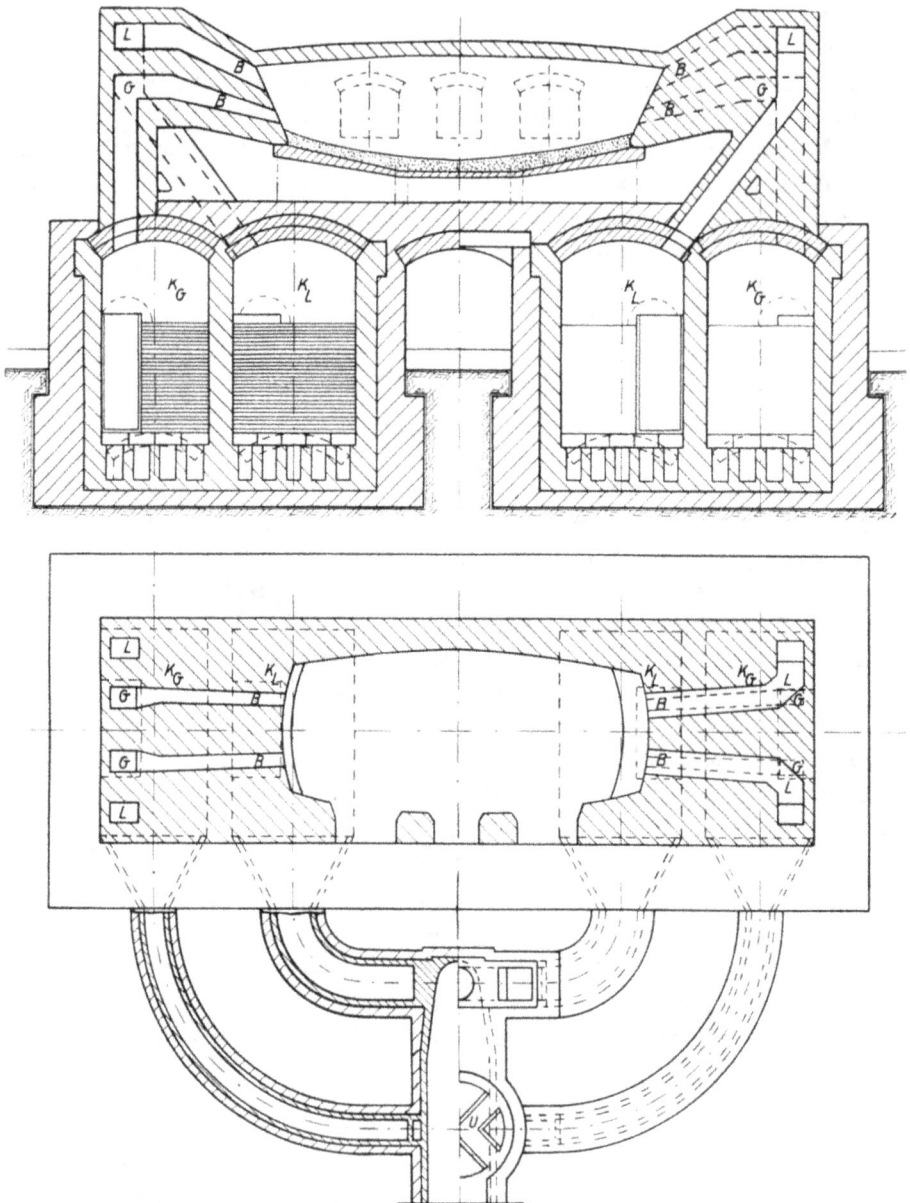

K_L u. K_G = Kammern. U = Umsteuerorgan. B = Brenner.

Abb. 94. Regenerativofen von Siemens.

durch ein halbes Jahrhundert, fast wie am ersten Tag entstanden, erhalten hat.

Die Brüder Siemens glaubten zuerst, da ihre Feuerung durch ihre Leistungen alle Erwartungen übertraf, den Idealofen gefunden zu haben, in welchem bei Erreichung beliebig hoher Verbrennungstemperaturen die Verluste auf die unvermeidlichen Wand- und Abhitzeverluste beschränkt wären. Was sonst an Wärme aus dem Ofen abzieht, sagten sie sich, wird in den Kammern niedergelegt und von Gas und Luft in der folgenden Umsteuerperiode wieder in den Verbrennungsraum zurückgetragen. Entstand in der ersten Periode durch die Verbrennung von G_G kg Gas mit G_L kg Luft ein Heizgasgewicht von G_H von der Temperatur t_1 unter Freiwerden einer Wärmemenge $= W_1$, und trugen bei der nächsten Periode die Luft und das Gas eine Wärmemenge W_2 zum Ofen zurück, so mußte nun die Verbrennungstemperatur sein ($c_p =$ spez. Wärme der Heizgase bei der Verbrennungstemperatur)

$$t_2 = \frac{W_1 + W_2}{G_H \cdot c_p} \text{ (Periode 2)}.$$

Nach dem dritten Umsteuern entsteht wieder eine Verbrennungswärme $= W_1$, die vorgewärmten Gase tragen diesmal aber eine Wärmemenge W_3 zum Ofen zurück, die größer sein muß als W_2, denn

$$W_2 = G_H c_p \cdot t_1$$
$$W_3 = G_H c_p \cdot t_2$$

Da nach Obigem $t_2 = \dfrac{W_1 + W_2}{G_H \cdot c_p}$ ist, also größer als $t_1 = \dfrac{W_1}{G_H \cdot c_p}$, so muß auch $W_3 > W_2$ sein. Es steigern sich so vermeintlich Wärmemengen und Temperaturen fort und fort, weil immer $W_n > W_{n-1}$ und

$$t_n = \frac{W_1 + W_n}{G_H \cdot c_p}$$

ist. Aber die Erfinder selbst haben bald erkannt, daß diese ihre Annahme eine Täuschung sei:

1. weil die Temperatur durch die Dissoziation beschränkt ist;
2. weil nicht immer Gas und Luft imstande sind, soviel Wärme aufzunehmen, wie in die Kammern von den Abgasen niedergelegt werden könnte.

Die Erkenntnis unter 2 erhellt aus einem früher (auf S. 175) durchgerechneten Beispiel. Dort konnten von der Abhitze nach Abzug des für den Essenzug erforderlichen Teils die Gase nur 21, die Luft 44% zum Ofen zurücktragen, zusammen also rund 65% $= \frac{2}{3}$. Wir sahen an dem gleichen Beispiel dann auch, daß die Abgase nicht mit 300, wie für den Essenzug ausreichend wäre, sondern mit ca. 520⁰ den Ofen verlassen.

Die Unmöglichkeit, alle Abwärme zum Ofen zurückzubringen, ist nicht an das fragliche Beispiel gebunden, sondern gilt allgemein. Um uns darüber klar zu werden, müssen wir drei Arten der Anordnung von Gaserzeuger zum eigentlichen Gasofen unterscheiden:

1. Der Erstere steht so weit ab vom Letzteren, daß die Gase ihre fühlbare Wärme eingebüßt haben, bis sie zum Ofen kommen. Von der Wärme, die bei der Verbrennung von C zu CO_2 frei wird = 8080 (s. Tafel II), sind dann 2440 WE = 30% verloren.

2. Der Generator ist an den Ofen angebaut, man läßt ihn möglichst heiß gehen und die Generatorgase ohne Vorwärmung verbrennen. In diesem Falle kann die Luft allein, selbst wenn wir sie ganz auf die Temperatur der Heizgase t_H bringen könnten, nach den früher für Steinkohle angegebenen rohen Zahlen höchstens je kg Kohle $6 \cdot t_H \cdot 0,26$ WE in sich aufnehmen, während mindestens 11 kg Abgase aus dem Herd wegtragen: $11 \cdot t_H \cdot 0,27$ (0,26 bzw. 0,27 sind die mittleren spez. Wärmen bei konstantem Druck). Somit gehen mit den Abgasen aus dem Ofen (ohne Rücksicht auf die Wandverluste) mindestens

$$\frac{11 \cdot 0,27 - 6 \cdot 0,26}{11 \cdot 0,27} \cdot 100 = 47,5 \%.$$

3. Der Generator ist angebaut und seine Gase werden vorgewärmt. (Der Fall unseres Beispiels.) Hier können wir offenbar den durch die Gaskammer gehenden Teil der Abgase nicht weiter abkühlen als bis zur Temperatur, mit welcher die Generatorgase in der vorhergehenden Steuerperiode in sie eingetreten sind. Es gehen nun aber bei richtiger Abgasführung durch diese Kammer ungefähr ebensoviele kg Abgase wie Gase. Da die spez. Wärme beider annähernd gleich groß ist, so tragen die Abgase auch ungefähr soviel Wärme weg, wie die Generatorgase zugebracht haben. Also sind wieder ungefähr die 30%, wie unter 1 verloren. Daß die Gaskammer die Abgase nicht unter Generatortemperatur (t_g) herunterkühlen kann, wird dann klar, wenn man bedenkt, daß die unteren Steinschichten der Gaskammer, auf welche die Generatorgase zuerst stoßen, während der Gasperiode von ihnen ständig auf t_g aufgeheizt bzw. erhalten werden. In der Abgasperiode streichen Gase höherer Temperatur über sie; sie können also eine höhere, aber niemals eine niederere Temperatur annehmen.

Schon Fr. Siemens hat an der Beseitigung dieses hauptsächlichen Mangels seines Regenerativofens, mindestens 30% der Abgase (wir wollen sie den »Abhitzerest« heißen) unausgenützt zu lassen, gearbeitet, und von da ab kann man die Geschichte des Regenerativofens die Geschichte der Rettung dieses Abhitzerestes nennen.

Die hauptsächlichsten Wege dazu sind:

1. Siemens dachte daran, die fraglichen 30% hinter dem Herd unter den Rost zurückzusaugen und die Kohlensäure beim Durchdrücken durch die glühenden Brennstoffschichten wieder zu Kohlenoxyd zu reduzieren, also »chemisch zu regenerieren«, nach der Formel $CO_2 + C = 2CO$. Ein solcher Ofen ist von seinen Nachfolgern in London, Harvey & Biedermann, herausgebracht und zuerst in Schottland, dann in Belgien, Deutschland und in Böhmen in vielen Ausführungen in Betrieb gewesen. Er hatte angebauten Generator, keine Gasvorwärmung, und war infolgedessen von sehr gedrängter Bauart mit geringster Oberfläche. Ein Dampfstrahlgebläse zog einen Teil der Abgase zwischen Herd und Kammer ab und blies ihn unter den Rost, der Rest diente zur Vorwärmung der Luft. Die chemische Regenerierung hat sich nicht bewährt; es lagen zum Teil ähnliche Gründe vor, wie bei Verwendung vorgewärmter Luft in der direkten Feuerung (Ausglühen des Rostes usw.); außerdem ging der Generator, da die Zerlegung der Kohlensäure Wärme bindet, kalt und machte schlechtes Gas. Nachdem man aber auf die chemische Regenerierung verzichtet hatte, ging der Ofen infolge der obengenannten Vorzüge gut, und er ist an manchen Stellen noch heute in Betrieb. Seinen ursprünglichen Zweck aber, den Abhitzerest nutzbar zu machen, hat er verfehlt.

2. Eine andere Möglichkeit ist, ihn zur Vorwärmung des Wärmgutes zu verwenden. Sie ist häufig in Gestalt der »Doppelöfen« oder »Doppelherde« versucht worden, so in dem drehbaren Rekuperativofen von Pietzka, dem Regenerativofen von Stapf und neuerdings vor allem in den Stoßöfen.

Da das Wärmgut fortlaufend kalt in sie hineingedrückt wird, ist es ein gutes Mittel, den Abgasen den Rest ihrer Wärme zu entziehen. Man saugt hinter dem Fertigherd (auch »Schweißherd« oder »Ziehherd« genannt) in die Kammern (entweder Gas- und Luftkammer oder nur die letztere) ab, was Gas und Luft an Wärme aufzunehmen vermögen und läßt den Rest der Abgase durch den Stoßherd gehen. Baut man den Ofen als Regenerativofen, so muß man die Flamme auf dem Fertigherd von dem Brenner, durch welchen Gas und Luft zuströmen, zu dem, durch welchen die Abgase abziehen, kehren lassen. Es geschah ursprünglich in horizontalem, jetzt fast immer in vertikalem Bogen, wie der Pfeil im Aufriß von Abb. 95 zeigt[1]). Sie stellt einen Ofen der

---

[1]) Der horizontale Flammbogen, der einmal rechts eintrat und auf der linken Seite austrat, danach den umgekehrten Weg machte, hatte den Nachteil, daß die auf der Austrittsseite liegende Hälfte des Schweißherdes meist, namentlich wenn

Firma Fr. Siemens, Berlin dar, wie er aus demjenigen mit chemischer Regenerierung nach jahrzehntelangen Wandlungen und Vervollkommnungen hervorgegangen ist.

3. Eine Möglichkeit, den Abhitzerest wenigstens zu erniedrigen, ist das mehrfach besprochene Blasen von Dampf in den Generator. Dieser geht dabei kälter; der Abnahme der fühlbaren Wärme der Generatorgase steht aber eine Zunahme ihrer chemischen Energie gegenüber. Da sie im Verbrennungsraum frei wird, so haben wir also gleichsam eine Verschiebung der Wärmeentwicklung vom Generator nach dem Ofen, d. h. von einer Stelle, wo sie ganz oder teilweise verloren geht, zu einer, die sie nutzbar macht. Der Abhitzerest wird in dem Maße kleiner, in dem die Generatorgase kälter in die Kammern ein- und infolgedessen die Abgase kälter aus ihnen austreten. Aber es bleibt, da wir den Generator nie ganz kalt blasen dürfen, doch immer ein Abhitzerest übrig; außerdem ist das Dampfblasen, wie wir wissen, von einer Zunahme des Kohlensäure- und Wassergehaltes der Generatorgase begleitet und dadurch wieder von einer Erhöhung des Essenverlustes. Immerhin muß zu den früher angestellten Rechnungen hier nachgeholt werden, daß sie sich durch Verringerung des Abhitzerestes etwas zugunsten des Dampfes verschieben. Es trifft das aber nur zu, wo die Abhitze nicht unter Kesseln ausgenützt wird. Wo es der Fall, wird die Wärme, die Gas und Luft mehr zum Ofen zurücktragen können, der Dampferzeugung entzogen.

4. Bei Schmelzöfen ist das Verfahren des Vorwärmherdes nicht wohl anwendbar, weil die Abgase bis zum Ende des Herdes annähernd die Badtemperatur haben müssen. Man könnte ev. an eine Art von Stoßherd etwa senkrecht zur Ofenachse eines Martinofens denken, durch welchen vorgewärmter Schrott in ihn hineingedrückt wird. Da das Vorwärmen aber nur etwa eine Stunde, das Fertigmachen des Stahls aber ca. 6 st erfordert, so müßte das Eindrücken mehrmals erfolgen, oder die Abhitze zeitenweise unvollkommen ausgenützt bleiben. Zudem würde der Vorwärmherd die Zugänglichkeit zum Schmelzherd in bedenklicher Weise herabsetzen. Bei Schmelzöfen ist infolgedessen bisher nur

---

auf der betreffenden Seite Türen liegen, kälter war, als die andern. Beim Vertikalbogen dagegen kann man auf beiden Seiten mit gleicher, scharfer Flamme an den Türen vorbeischneiden. Der Versuch, die genannte Ungleichheit dadurch zu vermeiden, daß man die für die Kammern bestimmten Abgase unmittelbar hinter dem Brenner in sie abzieht, ist von der Firma Siemens aufgegeben worden, weil ohne eine Abkühlung im Schweißherd um 100 bis 200° die Heizgase das Gitterwerk der Kammern schmelzen. Dieses Verfahren kann nur eingeschlagen werden, wo man auf die höchsten Verbrennungstemperaturen, welche der Schweißherd zuläßt, verzichtet, und das ist ein Fehler

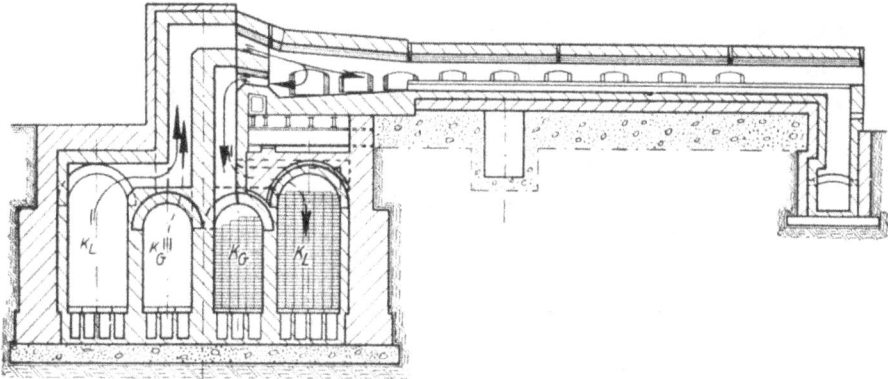

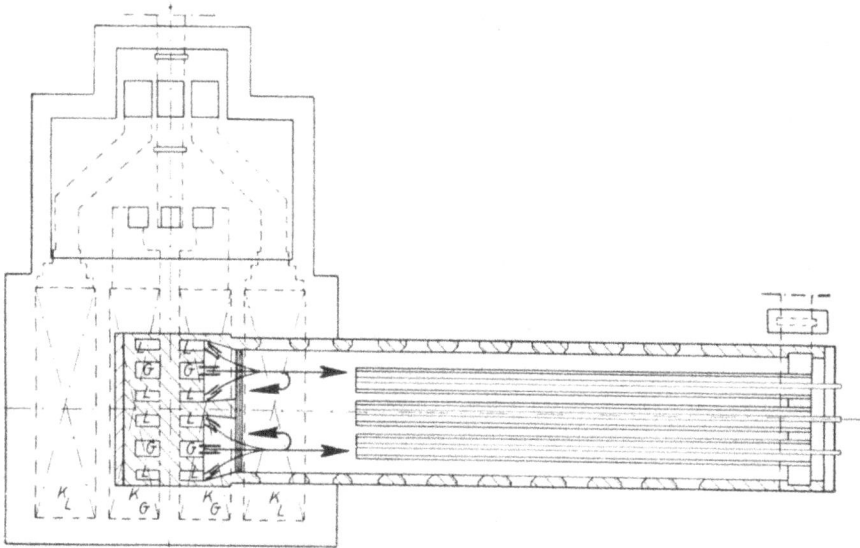

Abb. 95. Regenerativofen der Firma Fr. Siemens, Berlin.

der Weg der gesonderten Ausnützung des Abhitzerestes beschritten
worden. Ein einfaches Mittel wie wir es schon vielfach kennengelernt
haben, ist der Abhitzekessel. Der nächstliegende Gedanke würde
sein, ihn zwischen Generator und Gasofen anzuordnen und so den aus
jenem kommenden Gasen ihre fühlbare Wärme zu entziehen. Danach
sind sie nach Obigem befähigt, zusammen mit der Verbrennungsluft die
gesamte, hinter dem Gasofen in die Kammern gehende Abwärme aufzunehmen[1]). Die Abkühlung unter dem Kessel würde aber die Teer-
bildner zur Kondensation bringen und die Beseitigung des sich abschei-
denden Teers wäre lästig. So zieht man vor, den Abhitzerest erst hinter
dem Gasofen abzufangen. In den Ver. Staaten von Nordamerika werden
seit Jahren, soweit die Kenntnis des Verfassers reicht, kaum mehr
Martinöfen gebaut (für welche die Regenerativfeuerung hauptsächlich verwendet wird und unentbehrlich ist) ohne Nachschaltung von Dampfkesseln. Es ist erklärlich, wenn man folgende überschlägige Rechnung
anstellt: Solche Stahlöfen werden bis zu 400000 kg Erzeugung in 24 St.
gebaut. Der Kohlenbedarf ohne Abhitzeverwertung ist 20 bis 25%
(einschließlich Dampfblasen), häufig auch beträchtlich höher, von denen
wiederum nach früheren Ausführungen durch den Abhitzerest theoretisch ca. 30%, praktisch nach Abzug aller Verluste ca. 15% im Kessel
nutzbar gemacht werden können. Das macht einen Kohlengewinn in
24 St. von $0,15 \cdot 0,25 \cdot 400 = 15$ tons, also jährlich wenigstens 4500 tons.

Trotzdem hier eine der schlimmsten wärmewirtschaftlichen Ver-
schwendungen in der Industrie vorliegt, hat sich der Abhitzekessel hinter
dem Regenerativofen in anderen Ländern, darunter in Deutschland,
noch wenig einführen können. Es hat vor allem zwei Gründe: einmal
werden bei der geringen Abgastemperatur von 600 bis 700° große Kessel
benötigt (bei Kammerkessel etwa 10 bis 12 kg je m² Heizfläche), für
welche in alten Anlagen häufig der Platz nicht vorhanden ist. Zum
andern kann die Verwertung der Abgase zu kleinen Explosionen hinter
dem Umsteuerorgan führen, die vor dem Ofen Unfälle hervorrufen und
dahinter die Kesselzüge beschädigen können. Diese Neigung zum »Puffen« bei Siemensöfen mit nachgeschalteten Kesseln hat folgende Ursache:
Zwischen den Umsteuerventilen U, wo Gas und Luft in den Ofen ein-

---

[1]) Ganz überschlägig gerechnet und die spezifische Wärme von Abgasen, Gas
und Luft zunächst gleichgesetzt, vermögen 5 kg Gas und 6 kg Luft bei t Grad
und c spezifischer Wärme soviel Wärme aufzunehmen, wie 11 kg Abgase der
gleichen Temperatur in den Kammern abgesetzt haben. Zwar ist die spezifische
Wärme der Abgase um ca. 20% größer als von Luft und Gas, dafür müssen die
Abgase aber auch die Wand- und Abhitzeverluste decken, außerdem bleiben Gas
und Luft etwas unter der Temperatur t, so daß sich die Unterschiede annähernd
ausgleichen.

treten, und der Mündung der Gas- und Luftkanäle in den Herd, den
»Köpfen« (B, s. Abb. 96, S. 222), ist auf einer Ofenseite alles, einschließlich der zwischenliegenden Kammern, mit Luft bzw. Gas angefüllt. Wird
nun umgesteuert, so füllt sich diese Ofenseite allmählich mit Abgasen.
Da aber besonders die Kammern große Räume ausmachen, so erfordert
die Füllung einige Zeit, während derer aus den beiden Umsteuerorganen
in den Rauchkanal Generatorgase bzw. Luft, verdrängt von den Abgasen,
eintreten. Durch ihre Mischung entsteht Knallgas, dessen Entzündungstemperatur bei ungefähr 650⁰ liegt. Rücken die Abgase bei höherer
Temperatur nach oder gelangt ein Funke in den Rauchkanal, was bei
dem Richtungswechsel durch das Umwechseln und bei dem auf dem
Gitterwerk der Kammern liegenden Flugstaub besonders leicht vor-
kommt, so explodiert das Gemisch. Ohne Kessel hat es nichts auf sich,
weil es ohne Widerstand durch Rauchkanal und Esse verpuffen kann.
Ist aber ein Kessel mit seinen engeren Zügen und größeren Widerständen
eingeschaltet, dann wird der Explosionsdruck so groß, daß er sich rückwärts bis zu den Arbeitstüren des Ofens bemerkbar macht und ev. auch
die Mauerung der Kesselzüge zum Einsturz bringt oder die Fugen der
Wände lockert. Ist das letztere der Fall, so wird durch die Kesselmauerung
falsche Luft angesaugt, was die Gefahr der Explosionen erhöht, jedenfalls aber den Zug und damit den Ofengang beeinträchtigt. Zur Vermeidung dieser Vorgänge besteht ein einfaches Mittel: man steuert Gas-
und Luftventil nicht gleichzeitig, sondern nacheinander um und
legt soviel Zeit dazwischen, daß z. B. in Gaskammer und Gaskanälen das
Gas völlig von Heizgasen verdrängt ist, ehe das Luftventil umgelegt wird.
Nun können Luft und Gas nicht mehr zusammenkommen. Aber während
der einseitigen Umsteuerung kommt der Verbrennungsvorgang im Ofen
zum Stillstand. Da sie immerhin minutenlang dauert und sich halb-
stündlich wiederholt, so bewirkt dieses Verfahren einen fühlbaren Ausfall
an Erzeugung.

Der Verfasser hat darum ein anderes Verfahren vorgeschlagen[1]),
das die Vermeidung der Explosionsgefahr mit einem zweiten wesentlichen
Vorteil verbindet. Danach läßt man Gas- und Luftumsteuerventile
nicht in einen gemeinsamen, sondern in getrennte Rauchkanäle gehen,
denen man entweder ebenfalls getrennte Essen geben oder die man in
eine zusammenführen kann. Nun kommen die Gas- und Luftpfropfen
entweder gar nicht oder erst in der Esse zusammen, wo die Explosion
unschädlich ist. Gleichzeitig läßt man nicht mehr die ganzen Abgase durch
den Kessel gehen, sondern nur die durch die Gaskammer streichenden,

---

[1]) St. u. E. 1919, S. 1280.

während man durch die Luftkammer so viel Abgase zieht, daß sie in der
Kammer sich auf ungefähr 250⁰ abkühlen. Dadurch kommt ein größeres
Gewicht und eine größere Wärmemenge auf die durch die Gaskammer
abziehenden Gase, und diese gehen mit höherer Temperatur, — die
Rechnung ergibt ungefähr 900⁰ — durch den Kessel. Man wird also
eine um ca. 50% größere Verdampfung je m² Heizfläche erzielen und
erhält einen entsprechend kleineren und billigeren Kessel mit geringeren
Wandverlusten, also besserem Wirkungsgrad.

Besondere Aufmerksamkeit ist dabei den Geschwindigkeitsverhält-
nissen im Gaskanal des Brenners zuzuwenden. Es wird empfohlen, bei
Abänderung eines Ofens auf getrennte Rauchgasführung den Querschnitt
dieses Kanals so zu errechnen, daß die abziehenden Heizgase die gleiche
Geschwindigkeit wie früher haben, und danach zwischen dem so errechneten und dem ursprünglichen Querschnitt (gleiche Geschwindigkeit des
eintretenden Gases) das arithmetische Mittel zu nehmen. Diese Schwierigkeit, daß man entweder die Gase mit kleinerer Geschwindigkeit zuströmen, oder die Heizgase mit größerer abziehen lassen muß, fällt bei
dem Mac-Kuneofen weg.

Es ist schon gesagt worden, daß für Schmelzzwecke im wesentlichen
der Siemensofen noch gebaut wird, wie die Erfinder ihn zuerst entworfen
haben. In der Hauptsache haben sich die Verbesserungen auf die Umsteuerorgane erstreckt. Die Siemensschen Drehklappen sind durch Ventile oder Muschelschieber mit Wasserdichtungen ersetzt worden, sodaß
die früheren Verluste durch Übertritt des Gases in den Rauch- statt
in den zur Kammer führenden Gaskanal ausgeschlossen sind. Weiter
hat man die Mischung von Gas und Luft in letzter Zeit dadurch zu verbessern gesucht, daß man nur den Gaskanal, wie in Abb. 94, leicht geneigt in den Herd einmünden läßt, dagegen die Luft senkrecht dazu
entweder in zwei unmittelbar von der Luftkammer in den Ofen aufsteigenden Schächten (Märzofen) oder in einem senkrechten, über die
ganze Ofenbreite gehenden Schlitz in den Ofen eintreten läßt (Mollofen).
Die Köpfe bauen sich dadurch einfacher und zugänglicher, und es werden
auch große Kohlenersparnisse und Steigerungen der Erzeugung gemeldet,
die, wo sie tatsächlich vorliegen, nur der besseren Mischung zugeschrieben
werden können.

Endlich betreffen viele Verbesserungen die Schonung des Mauerwerks.
Dazu gehören Luft- oder Wasserkühlung an besonders heißen Stellen
und Vergrößerung des Querschnitts im Brenner für die abziehenden
gegenüber den kälteren eintretenden Gasen (Mac-Kuneofen) durch zusätzliche Kanäle im Brenner, die beim Umsteuern auf der Eintrittsseite
geschlossen, auf der Austrittsseite geöffnet werden.

Rekuperativofen.

Das Umsteuern beim Regenerativofen ist ein Nachteil; es ist unbequem, erschwert oft, so bei den Stoßöfen mit Kehrflamme, die Flammführung und bringt den mehrfach genannten Gasverlust (je Umsteuern der Inhalt einer Gaskammer und der Kanäle zwischen Ventil und Kopf, also beträchtliche Mengen) mit sich. Deshalb und wegen seiner ein-

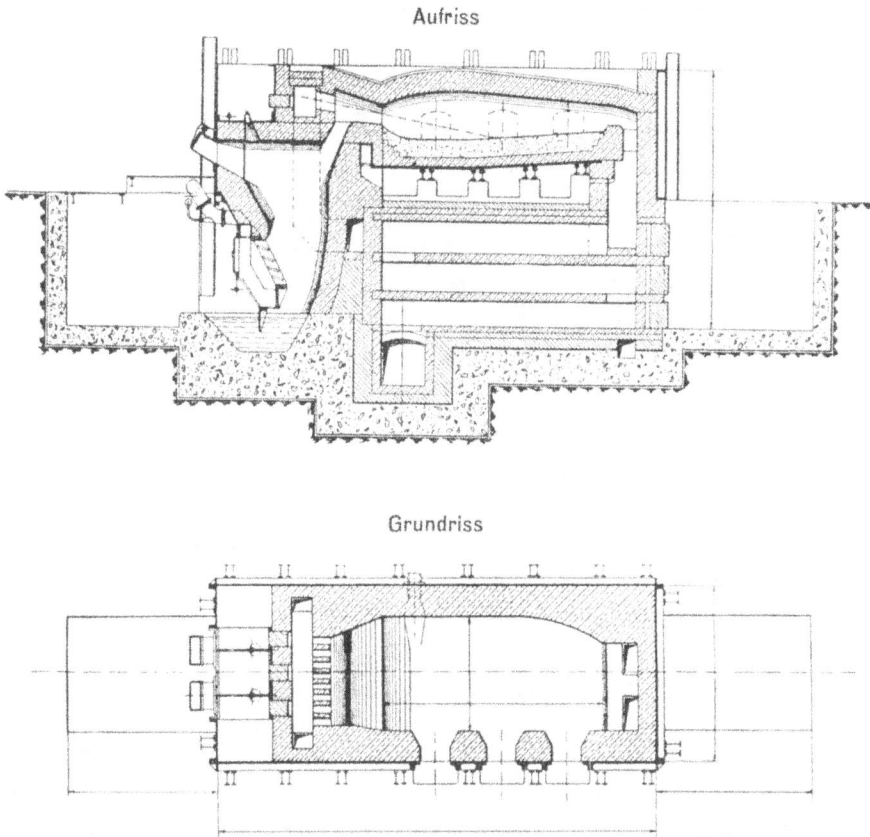

Abb. 96. Rekuperativofen der Firma W. Ruppmann, Stuttgart.

facheren Bauart ziehen manche Ofenbaufirmen die Feuerung mit gleichgerichteter Flamme und mit Rekuperator an Stelle des Regenerators vor. Jener ist ein System von Kanälen oder Rohren aus feuerfestem Steinmaterial, in welchem immer ein Luftkanal zwischen zwei Heizgaskanälen liegt. Die aus dem Ofen kommenden Abgase durchziehen (Abb. 96 bzw. 97) zuerst die obersten, zuletzt die untersten Reihen. Die Verbrennungsluft durchläuft die übereinanderliegenden Reihen in

umgekehrter Folge, um dann in einem Querkanal hinter der Rückwand
des Ofens aufzusteigen, von wo sie, gemischt von den vom Generator
kommenden Gasen, in den Verbrennungsraum eintritt. Eine andere
Form zeigt Abb. 98. Die Luft streicht in der Richtung der Pfeile durch
Rohre, die aus einzelnen Stücken (*R*) zusammengesetzt und durch
Muffen *M* zusammengehalten und mit Schamottemörtel gedichtet sind.
Diese bilden, auf- und nebeneinander gesetzt, wieder Querwände *Q*, zwi-
schen denen die Heizgase in durch kleine Kreise mit Punkt angedeuteter
Richtung senkrecht zu den Rohren durchstreichen (Pietzka-Rekuperator).
Ähnliche Ausführungen bestehen in zahlreichen Modifikationen.

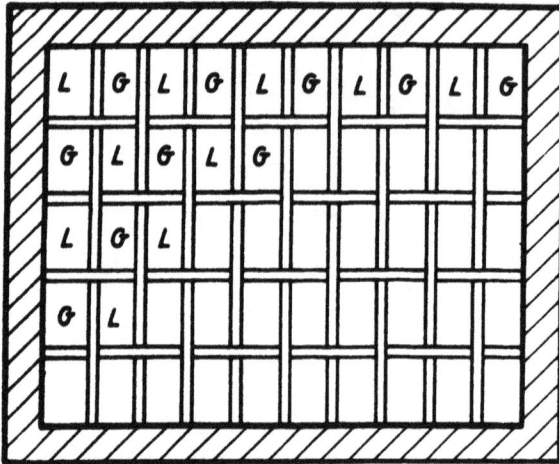

Abb. 97. Querschnitt eines Rekuperators nach Abb. 96.

Die Vorteile des Rekuperators gegenüber dem Regenerator liegen
im Wegfall der Umsteuerorgane, der beim Umsteuern entstehenden Gas-
verluste und des Wechsels der Flammrichtung. Endlich entsteht kein
Temperaturabfall bei der Vorwärmung, wie beim Regenerator, vielmehr
treten die vorgewärmten Gase mit konstanter Temperatur in den Ofen.

Die Nachteile sind: Das feuerfeste Steinmaterial leitet die Wärme
schlecht, infolgedessen ist ein hohes Temperaturgefälle zwischen Heizgas
und vorzuwärmender Luft von ca. 300° nötig, und die Vorwärmung
kann nicht so weit getrieben werden wie im Regenerator. Über 800
bis 900° ist sie schwer zu bringen, meist liegt sie niederer. Die Rekuperatoren, namentlich nach Art von Abb. 98, sind nie ganz luftdicht
herzustellen und zu erhalten. Die schon vorgewärmte Luft geht dann
zum Teil statt in den Ofen durch die Undichtigkeiten in die Abgase
und durch die Esse verloren.

Temperaturen, wie sie zum Stahlschmelzen erforderlich sind, sind mit dem Rekuperator nicht zu erreichen, wohl aber ohne Schwierigkeit 1400 bis 1500⁰, bei welchen Temperaturen z. B. Wärmeöfen für Schmieden und Walzwerke vollständig befriedigend gehen. Über die Berechnung der Heizfläche des Rekuperators s. S. 180.

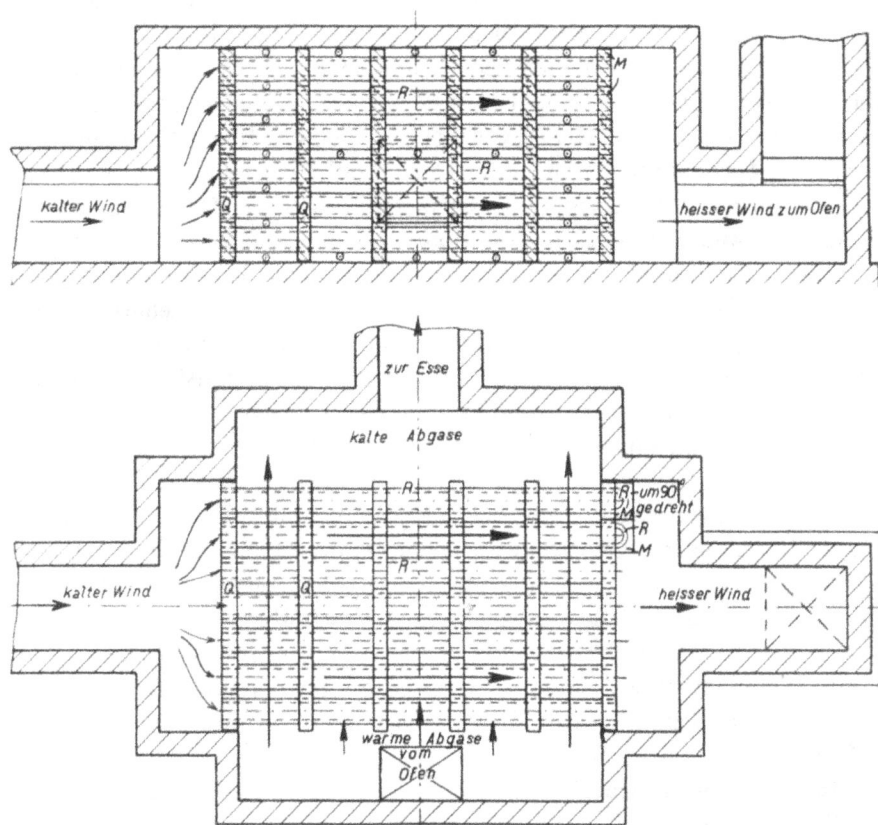

Abb. 98. Rekuperator nach Pietzka.

Vorzüge und Nachteile des Gasofens.

Man kann bei Betriebsleuten der Meinung begegnen, daß ohne weiteres Gasfeuerungen wärmewirtschaftlich günstiger arbeiten müssen, als direkte oder Halbgasfeuerungen. Daß das nicht ohne weiteres richtig ist, geht aus dem Obigen hervor, ist im übrigen schon in einer früher angegebenen Veröffentlichung 1906 in St. u. E. vom Verfasser nachgewiesen worden. Dabei war dem Gasofen mit Regenerierung der Abwärme der Halbgasofen mit ihrer Verwertung unter dem Kessel gegenübergestellt, was ungefähr gleiche Anlagekosten bedeutet. Aber selbst wenn

man auch hinter dem Gasofen noch einen Kessel annimmt, ist der Kohlenverbrauch eines guten Halbgasofens unter Berücksichtigung der Dampferzeugung je Tonne Wärmgut nicht immer höher, als der des Gasofens.
Dessen Hauptvorzug, die gute Mischung von Gas und Luft und der
dadurch mögliche geringe Luftüberschuß (er bewegt sich bei guten Gasöfen zwischen 10 und 20%) und die Möglichkeit, beide auf hohe Temperaturen vorzuwärmen, wird eben aufgewogen durch den Nachteil sehr
großer Oberflächen, also Wandverluste, von größeren Steinmassen, welche
höhere Anschürkosten verursachen und durch den Gasverlust beim Umsteuern durch den in die Esse gedrängten Gaspfropfen. Der eigentliche
Vorteil der Gasfeuerungen ist die höhere Verbrennungstemperatur,
und sie vermag den anderen Feuerungen nur den Rang abzulaufen,
wo dieser ganz zur Wirkung kommt. Das ist selbstverständlich vor
allem dort der Fall, wo ein Prozeß bei niederen Temperaturen unmöglich
ist, wie das Herdstahlschmelzen. Aber auch, wo an sich niederere Temperaturen angängig wären, wie beim Glasofen oder Wärmofen des Walzwerks oder der Schmiede, können wir mit Gasöfen günstigere Kohlen-
verbrauche erzielen, wenn wir mit den höchstmöglichen Temperaturen
arbeiten und die dadurch eintretende Steigerung der Leistungsfähigkeit
voll ausnutzen. Die Wärme muß sich gleichsam auf das Wärmgut stürzen, nicht schleichend übergehen. Dann kann unter Umständen in der
Schicht das doppelte Gewicht aus einem Ofen gezogen werden, bei gleichen Abgas- und nur um 20 bis 30% höheren Wandverlusten. Das Ergebnis muß dann natürlich im ganzen ein Gewinn an Wärme sein. Wir
wissen, daß die Intensität der Verbrennung immer günstig auf den
Wirkungsgrad einwirkt. Und in ihr liegt in der Tat die Überlegenheit
des Gas-, vor allem des Regenerativofens über die direkte oder Halbgasfeuerung.

In Zahlen ausgedrückt, kann man etwa sagen, daß im Halbgasofen
der Kohlenverbrauch für 1000 kg gewärmter Blöcke unter Berücksichtigung des im Abhitzekessel erzeugten Dampfes günstigsten Falles etwa
100, in sehr großen Gasöfen mit hoher Verbrennungstemperatur 60 bis
80 kg beträgt. Siehe auch Wärmewirtschaft im Walzwerk, III. Teil.

4. Sonderfeuerungen.

Neben den bisher besprochenen Hauptarten von Öfen mit direkter,
Halbgas- und Gasfeuerung bestehen noch eine Fülle von Sonderöfen
und Feuerungen in jeder Einzelindustrie; ja es baut oft noch jedes einzelne Werk und jeder einzelne Betrieb seine eigenen Formen. Die Feuerungen sind in dieser Beziehung noch sehr viel mannigfaltiger als die
Kraftmaschinen. Diese Sonderarten auch nur einigermaßen erschöpfend

zu behandeln, ist natürlich unmöglich. Das vorliegende Buch soll ja nur das Grundsätzliche behandeln, was wir für die Kritik, den Bau und Betrieb einer Feuerung nötig haben. Von den Sonderfeuerungen werden darum im nachfolgenden nur die wichtigsten und von den bisher besprochenen meist abweichenden kurz behandelt werden.

a. Feuerungen für flüssigen Brennstoff.

Die uns zur Verfügung stehenden flüssigen Brennstoffe, Rohpetroleum (Naphtha), Teer und ein Abfallprodukt der Gasfabriken, das sog. »Rohkreosot« (Rohphenolmischung) enthalten 8500 bis 10500 WE je kg, sind also höherwertig als selbst die beste Kohle mit etwa 8000 WE. Ihr Gehalt an leichtflüchtigen Bestandteilen verleiht ihnen eine große Zündgeschwindigkeit, die Mischung mit der Verbrennungsluft durch den »Zerstäuber« ist eine ausgezeichnete, sodaß ein Luftvielfaches $= 1$ zur vollständigen Verbrennung genügt. Das alles macht, daß die Verbrennung sehr intensiv ist, sodaß sie sich mit einem fast explosionsartigen Geräusch vollzieht; weiter, daß die Verbrennungstemperatur selbst ohne vorgewärmte Verbrennungsluft hinter derjenigen der Gasfeuerung mit Gas- und Luftvorwärmung kaum zurückbleibt, endlich, daß die Flamme leicht völlig neutral, nicht oxydierend gehalten werden kann. Das sind große Vorzüge, zu denen sich die einfache Bauart, bequemer und sauberster Transport des Brennmaterials durch Pumpen und geschlossene Rohrleitungen, niedere Bedienungskosten (ein Heizer für mehrere Feuerungen), kein Aschenanfall und die Möglichkeit raschen Anheizens der Öfen und leichten Regulierens gesellen. Sie würden wohl zur Verdrängung der Kohle durch flüssige Brennstoffe führen, wenn die Wärmeeinheit in den letzteren nicht in normalen Zeiten mehr kosten würde als in den ersteren. Der Abstand ist aber in den meisten Ländern ein so bedeutender, daß der flüssige Brennstoff außer in den Ländern mit Rohölquellen sich bisher nur unbedeutende Gebiete hat erobern können, bei denen die neutrale Flamme in Verbindung mit hoher Temperatur entscheidend ist, so Wärmöfen für kleine Eisenartikel, die ein sauberes Aussehen ohne Zunder haben sollen, und Metallschmelzöfen.

Ein weiterer Vorteil ist auch die einfache Bauart. In eine düsenförmige Öffnung des Ofens ist der Zerstäuber eingeführt. Dieser besteht entweder (Abb. 99) aus einem zentrischen Röhrchen, durch welches Öl unter einem Flüssigkeitsdruck von ca. 3 m (ungefähre Höhe des Ölbehälters über Herdfläche) zuläuft. Zwischen seiner Mündung im Zerstäuber und dem Ölbehälter befindet sich ein genau einstellbarer Hahn und ein Filter, welches Verunreinigungen und auskristallisierte Bestandteile zurückhält. Es muß so beschaffen sein, daß es jederzeit rasch ausgeschaltet und gereinigt werden kann. Auf den Boden des Behälters legt man zweckmäßig eine Dampfschlange, damit die dort verdickten oder fest ausgeschiedenen Ölteile dünnflüssig gemacht werden können. Das Öl-röhrchen mündet zentrisch in ein Blechrohr von 50 bis 90 mm lichter

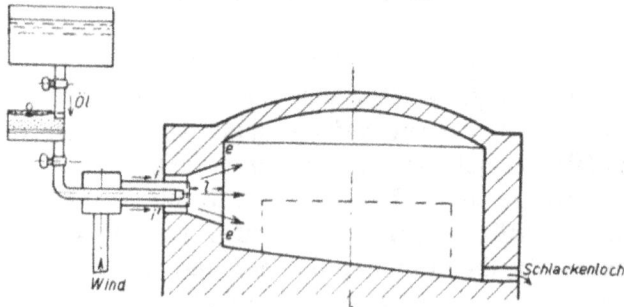

Abb. 99. Düsenzerstäuber.

Weite, durch welches die Primärluft unter einem Druck von 25 bis 30 cm Wassersäule (ebenfalls durch Schieber oder Drosselklappe regelbar) einströmt. Sie nimmt die aus dem inneren Röhrchen spritzenden Ölteilchen auf und zerstäubt sie in und vor dem Windrohr. Die Öffnung vor

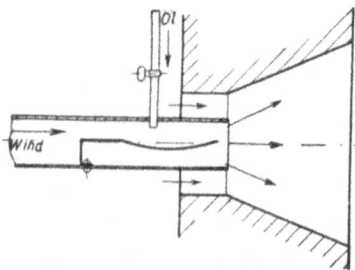

Abb. 100. Löffelzerstäuber.

diesem muß so lang, l also so groß sein, daß die Zerstäubung in der Ebene ee' vollendet ist. Der Zwischenraum bei ii' zwischen Windrohr und Öffnung im Ofen, welcher vielfach auch regelbar ist, dient zum Ansaugen von Sekundärluft.

Ein anderer Zerstäuber ist der mit Löffel, wie ihn Abb. 100 zeigt. Auf den Löffel tropft oder fließt das Öl; die parallel zu ihm strömende Primärluft streift es ab und zerstäubt es.

In kleinen Schachtöfen, wie sie zum Nietwärmen usw. eingeführt sind, tritt der Zerstäuber von unten in den Ofen, sodaß das Öl wie ein Springbrunnen hochspritzt. Im allgemeinen ist zu beachten, daß dem Gemisch von Öl und Luft genügend Raum zu geben ist, um zu verbrennen, ehe es mit den Ofenwänden in Berührung kommt. Grob gesagt: man darf nicht die Wand anspritzen. Geschieht es, so wird das Öl dort destilliert und zersetzt, statt verbrannt, und es entstehen beizende, die Atemorgane stark reizende Kreosotdämpfe, welche die Verbrennung verschlechtern und für die in dem betreffenden Arbeitsraum Befindlichen außerordentlich lästig sind.

Bei größeren Öfen benützt man wohl noch die Abhitze, um die Verbrennungsluft vorzuwärmen. Der Ölverbrauch wird dadurch etwas herabgedrückt. Bei kleineren Öfen vermeidet man diese Verwicklung des Baues; trotzdem beträgt bei ihnen der Ölverbrauch je Tonne Wärmegut nur ungefähr ein Drittel des entsprechenden Koks- oder Kohlenverbrauchs (10 gegen 25 bis 30%).

b. Kohlenstaubfeuerung.

Die Kohlenstaubfeuerung spritzt statt Öl festen Brennstoff in Pulverform in den Verbrennungsraum. Die meisten der bei der Ölfeuerung genannten Vorzüge treten auch hierbei in Wirksamkeit: gute Mischung, vollständige Verbrennung ohne Luftüberschuß, darum hohe Temperaturen auch ohne Luftvorwärmung, schnelles Anheizen (darum gut als Spitzenfeuerung für Kessel), wenig Bedienung, kein Aufenthalt durch Rosten, kein Unverbranntes. Dazu kommen gegenüber der gewöhnlichen Kohlenfeuerung folgende Vorzüge: man kann Kohle mit sehr ·hohem Aschengehalt (es werden Gehalte bis 60% genannt) verfeuern, die Leistung läßt sich leicht und ohne Schaden in weiten Grenzen regulieren, denn der Wirkungsgrad nimmt auch bei geringer Belastung wenig ab. Endlich ist die Steigerung der Verbrennungstemperatur beinahe unbegrenzt, zum wenigsten ist sie bis zur Zeit höher, als das Steinmaterial auszuhalten vermag. Sie muß darum häufig künstlich durch Luftüberschuß oder Beimengung minderwertiger Brennmaterialien herabgedrückt werden. Oder aber man kühlt die Wände, indem man Sekundärluft an ihnen emporsteigen läßt. Wir haben in der Staubfeuerung im Punkte der Temperaturhöhe gleichsam den Idealofen, der den Brüdern Siemens bei Erfindung des Gasofens vorschwebte. Fragen wir nach den Ursachen, so müssen wir uns erinnern, was bei dem letzteren hemmend auf die Temperatur einwirkte. Es war einmal der Flammenrückstoß, zum anderen und vor allem die Dissoziation. Der Wirkung des ersteren begegnet man in der Kohlenstaubfeuerung durch sehr große Feuerkasten, wie sie bei der Gasfeuerung wegen der Notwendigkeit einer Führung der Flamme nicht anwendbar sind. Die Dissoziation der Kohlensäure dagegen ist zwar auch in der Kohlenstaubfeuerung wirksam, aber mit der Kohlensäurebildung hört die Wärmeentwicklung nicht auf. Denn es bleibt immer noch die Verbrennung von C zu CO übrig. Diese Wärmequelle fließt zwar nur dünn, macht aber immerhin eine Temperatursteigerung weit über 1900° noch möglich, deren Grenze zurzeit gar nicht anzugeben ist. Bedenkt man endlich, daß, wo die Temperatur unterhalb 1900° gehalten wird, die ganzen 8080 WE je kg Kohlenstoff auf einmal und in einem Raume frei werden, daß also keine fühlbare Wärme der Kohlenoxydstufe verlorengeht, so begreift man, daß auch bei schwacher Belastung (ein weiterer Vorzug der Staubfeuerung) noch hohe Temperaturen möglich sind: Deren Senkung ist aber eben, wie wir früher gezeigt haben, der Grund, warum bei anderen Feuerungen der Wirkungsgrad mit abnehmender Belastung stark sinkt.

Diesen bedeutsamen Vorteilen stehen gewichtige Nachteile gegen-über, welche die Verbreitung der Kohlenstaubfeuerung auf dem Kontinent hemmen.

1. Die Notwendigkeit, den Brennstoff zu mahlen. Das erfordert umso mehr Kraft und Material, je härter er ist. Als Mahlfeinheit schreibt man in Deutschland 5 bis 10% Rückstand auf dem 5000-Ma-schensieb vor. In den Vereinigten Staaten läßt man bis 33⅓% zu. Die Angaben über die Kosten für das Mahlen schwanken außerordentlich, was bei der Verschiedenheit des Materials natürlich ist. Für weiche Kohle, wie sie in Amerika die Regel bildet, gibt man etwa 20% des Brennmaterialwertes an. Wo für ein Brennmaterial solche Zahlen nicht vorliegen, hilft allein der Dauerversuch, der sich nicht nur auf Kraft und Löhne, sondern vor allem auf die Haltbarkeit der Teile in der Mühle zu erstrecken hat, welche der Abnützung unterworfen sind. Ihr Ersatz kann bei kleinen Mühlen die sonstigen Kosten unter Umständen ver-doppeln. Daß die Kohlenstaubfeuerung sich in Amerika so rasch ver-breitet hat, hängt nicht zum wenigsten mit der Weichheit der dortigen Kohlen zusammen.

2. Wie schon erwähnt, ist ein großer Feuerraum erforderlich. Man rechnet je Tonne Staubkohle (in der Stunde) bei Schmiede- und Wärm-öfen mindestens 30 bis 40, bei Kesseln 40 bis 60 m³. Neuerdings werden je 200000 WE, die in der Stunde in dem Ofen entwickelt werden sollen, 1 m³ Verbrennungsraum gefordert. Diese großen Feuerkästen erhöhen Anlage- und Unterhaltungskosten, die letzteren umso mehr, als

3. die Kohlenstaubfeuerung die Steine stark angreift. Es ist das wohl hauptsächlich eine Folge der in den Feuerraum mit der Kohle eingeblasenen Flugasche, die in ihm wirbelnd seine Wände berührt. Ist sie basisch, so setzt sie beim saueren Stein, ist sie sauer, so beim basi-schen den Erweichungs- und Schmelzpunkt stark herunter. Man wird dazu übergehen müssen, vor dem Bau der Kohlenstaubfeuerungen die Asche des verfügbaren Brennstoffes zu analysieren und je nach ihrer Zusammensetzung die Steine zu wählen.

4. Man sucht zwar die im Feuerkasten wirbelnde Flugasche, wo sie niederen Schmelzpunkt hat, zum Schmelzen zu bringen, abtropfen zu lassen und am Boden abzustechen. Wo das nicht zu erreichen ist, kühlt man sie wohl auch künstlich durch eingebaute Rohrschlangen ab, weil

sie im festen Zustand leichter als im zähflüssigen zu entfernen ist. Aber
ein Teil davon, der schwerer schmilzt oder die heißesten Zonen nicht berührt, wird mit den Heizgasen immer in den Herd getragen werden.
Dort kann er zur Verschmutzung oder wohl auch schädlichen chemischen Einwirkungen auf das Wärmgut führen. Auch hinter dem eigentlichen Ofen ist der Flugstaub noch eine Gefahr, weil er die Züge und
besonders die Kammern der Regenerativöfen verlegt, sodaß der Betrieb oft nur durch fortlaufende Reinigungsarbeiten aufrechterhalten
werden kann.

5. Endlich tritt der feine Kohlenstaub durch kleinste Undichtheiten
der Mühlen oder Rohrleitungen ins Freie und bildet dann wie in den

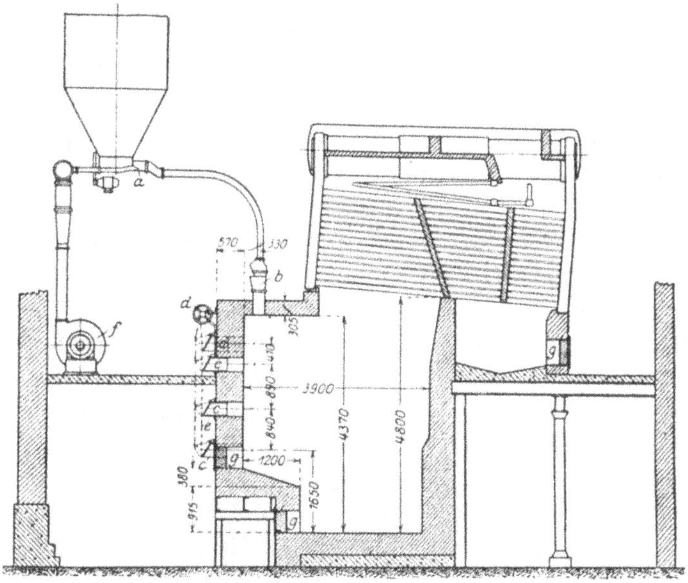

Abb. 101. Dampfkessel mit Kohlenstaubfeuerung.

Bergwerken eine starke Brand- oder auch Explosionsgefahr. Größte
Sauberkeit in den Arbeitsräumen und bei den Bunkern und Vorsicht
mit dem Licht und mit elektrischen Leitungen, die vor Kurzschluß sorgfältig geschützt werden müssen, ist unbedingtes Erfordernis.

Abb. 101 und 102 zeigen die Kohlenstaubfeuerungen eines Dampfkessels und eines Martinofens, dem Werkchen von Bleibtreu über »Kohlenstaubfeuerungen« entnommen.

Alles in allem: Die Kohlenstaubfeuerung ist vom feue-
rungstechnischen und wärmewirtschaftlichen Standpunkt
aus eine der besten und meist fesselnden. Aber ihre Renta-

bilität steht und fällt mit der leichten Mahlbarkeit des
Brennstoffes und der Haltbarkeit des Mauerwerkes.

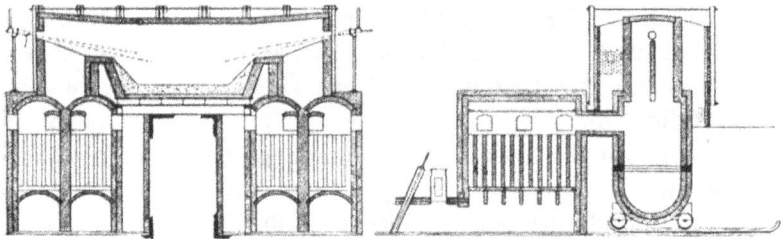

Abb. 102. Martinofen mit Kohlenstaubfeuerung.

c. Elektrische Öfen.

Es kann hier wegen Raummangels auf ihre mannigfaltigen Systeme
und Formen nicht eingegangen werden. Ihr Verhalten ist im übrigen
in bezug auf die Wärmewirtschaft nicht sehr verschieden. Nur in ein
paar Worten sei gesagt, was sie von anderen Öfen vor allem unterscheidet.

Die elektrischen Öfen haben in den letzten Jahrzehnten an Verbreitung außerordentlich zugenommen. Namentlich die Eisen- und die
chemische Industrie sind darin führend gewesen. Und ihre Anwendung
wird noch weiter zunehmen, je stärker in Gegenden mit Wasserkräften
ihre PSst gegenüber der Kohlen-PSst in Vorsprung kommt. Denn die
Dinge liegen folgendermaßen: Der thermische Wirkungsgrad des eigentlichen Ofens ist bei einer guten elektrischen Anlage stets in weitem
Abstand besser als bei dem Kohlenofen. Der Grund ist einleuchtend:
Beim elektrischen Ofen geschieht, wie in der Kohlenstaubfeuerung, die
ganze Wärmeentwicklung in einer Stufe und in einem Raum, ein
Raum, der zudem beträchtlich kleiner ist als bei jener. Die Wandverluste sind also gering; es fehlt weiter der Verlust der fühlbaren Wärme
des Gases und vor allem, und darin ist der elektrische Ofen sämtlichen anderen überlegen, der Abhitzeverlust. Er erhitzt eben das
Wärmegut unmittelbar, nicht wie bei allen früher besprochenen
Öfen erst ein vermittelndes Medium, nämlich die Heizgase, die danach,
auf die gleiche Temperatur oder eine noch höhere wie das Wärmgut
gebracht, mangelhaft ausgenützt, in die Esse entweichen und meist
ein Vielfaches von der Wärme wegtragen, die sie an das Wärmgut abgegeben haben. Man sehe nur einen der kleinen Koksöfen an, wie sie
zum Wärmen von Schrauben und Nieten üblich sind, wie aus allen
Löchern ohne Unterbrechung starke Stichflammen hocherhitzter Heizgase herausblasen, während bestenfalls alle 5 oder 6 Sek. ein kleiner

Eisenstift, zur Hälfte erwärmt, als Träger der nutzbar gemachten Wärme aus dem Ofen gezogen wird, und man wird verstehen, wie unvollkommen eine solche Heizeinrichtung ist. Man halte dagegen etwa eine elektrische Kettenschweißmaschine: jedes Glied eben nur an der Stelle warm, wo der Schweiß sitzen soll, schon die unmittelbaren Nachbarteile kaum mehr glühend, nichts Heißes geht weg als eben das Gewünschte. Wir haben ein Bild der äußersten Sparsamkeit vor uns gegenüber der äußersten Verschwendung.

Ein Zahlenbeispiel aus anderem Gebiet! Im Regenerativofen, der mit Kohle geheizt wird, bis zu 40 t Einsatzgewicht, erschmelzen wir Stahl einschließlich Generatordampf bestenfalls mit 200 kg Steinkohle je Tonne Stahl, wenn etwa ¼ flüssig, ¾ fest eingesetzt werden. Das Kilogramm Kohle, mit 7000 WE gerechnet, ergibt eine Wärmeausgabe von 1 400 000 WE.

Im Elektrostahlofen mit wesentlich geringerem, also ungünstigerem Einsatz von etwa 3 t rechnet man $700 \text{ Kwst} = 700 \frac{632}{0,736} = 600\,000 \text{ WE}$, also einen Energieaufwand von weniger als die Hälfte. Nach Mitteilungen von Bulle in der 12. Stahlwerksausschußsitzung von 1922 ist die Schmelzwärme des Stahls je kg 318 WE, die zur Schlackenbildung nötige 525 WE. Angenommen, der Schlackenentfall sei 20% und der sonstige Wärmebedarf für Austreiben von Wasser und Kohlensäure aus den Zuschlägen und ähnlichen Nebenzwecken werde durch die Verbrennungswärme der Beimengungen des eingesetzten Eisens gedeckt, so ergibt sich insgesamt ein theoretischer Wärmebedarf je kg Stahl von rd. 450 WE, also einen thermischen Wirkungsgrad des Elektrostahlofens von seinem Schaltbrett ab (ohne die Verluste bei der Erzeugung und Zuleitung des Stromes) von

$$\eta_e = \frac{450}{600} = 0,75$$

gegenüber dem Kohlenofen von bestenfalls

$$\eta_k = \frac{450}{1400} = 0,32.$$

Wo der Strom aus Wasserkräften billig zur Verfügung steht, ist der Elektrostahlofen deshalb trotz seiner kleineren Erzeugung und der beträchtlichen Kosten für Elektroden dem Kohlenofen nicht nur wärmewirtschaftlich, sondern auch geldlich überlegen. Man kann in solchen Ländern heute schon Martinöfen, die seit Jahren stilliegen, neben ständig betriebenen Elektrostahlöfen antreffen; und dieser Siegeslauf des elektrischen Ofens wird langsam aber sicher seinen Fortgang nehmen.

VIII. Kapitel.

Raumheizung.

Neben den Feuerungen für Kraftanlagen und Öfen finden wir in der Industrie noch solche für die Beheizung der Werkstätten und Verwaltungsräume. Die technische Wissenschaft hat sich mit diesem Gebiet ausgiebig befaßt, und wir besitzen darüber ein sehr viel umfangreicheres Schrifttum und Zahlenmaterial, als über die eigentlichen Industrieöfen. Heizanlagen wird der Betriebsmann kaum jemals selbst bauen; soweit es der Fall ist, muß auf genannte Literatur verwiesen werden. Gute Anhaltszahlen gibt eine kleine Schrift der Wärmestelle des Vereins Deutscher Eisenhüttenleute Nr. 43 über Raumheizung.

Darnach beträgt der Wärmebedarf für 1 m³ Werkstättenraum mittlerer Wärmedichtheit und Wandstärke, reichlich gerechnet, 40 WE/Std. Abstufungen je nach Gebäudezustand siehe obige Schrift. Genaueren Berechnungen sind nicht der zu heizende Raum, sondern seine Abkühlungsflächen zugrunde zu legen.

Zur Nachprüfung, ob ein Gebäude das zulässige Maß an Wärmebedarf nicht überschreitet und für überschlägige Vorausberechnungen, deren die Wärmewirtschaft vor allem bedarf, reicht die obige Anhaltszahl aus. Liegt eine Überschreitung vor, so kann der Fehler an der Heizanlage oder an dem zu beheizenden Gebäude liegen. Zur Untersuchung der zweiten Frage kann man folgende einfache Probe anstellen: Man heizt das Gebäude so auf, daß zwischen Innen- und Außentemperatur ein Unterschied von 20⁰ C ist. Dann stellt man die Heizung ab[1] und überläßt das Gebäude sich selbst, indem man den allmählichen Temperaturabfall beobachtet. Die obengenannte Schrift gibt ihn mit 12⁰ C in der ersten halben Stunde für halbsteinstarke Wände als zulässig an. Bei massiven soll der Abfall etwas kleiner, 8 bis 10⁰, sein. Ist die Wärmedichtigkeit ungenügend, so sind zunächst die Decken und besonders Oberlichter, wo solche vorhanden, dann die Fenster und Türen nachzusehen, alle Löcher zu vermauern oder mit Holz oder Glas zu schließen. Zu hohe Türen sind wärmewirtschaftlich zu verwerfen. Dagegen sollen die Fenster nicht tiefer als Schulterhöhe liegen, weil die Fensterscheiben sonst gefährdet sind. Blech- oder Wellblechdächer sind nach innen mit Holz oder Gipsdielen oder ähnlichen schlechten Wärmeleitern zu verschalen; auch die Verkleidung durchgehender Eisenkonstruktionen ver-

---

[1] Ist man nicht sicher, daß die Absperrventile gut schließen (und bei nicht sehr sorgsam überwachten Anlagen ist das fast nie der Fall), dann schaltet man Blindflanschen ein

bessert etwas die Wärmedichtigkeit. Verputzte Wände halten die Wärme besser als nur verfugte. Eventuell kann ein mehrfacher Anstrich mit Wasserglas den Verputz ersetzen.

Oft muß auch die Frage aufgeworfen werden, ob nicht die Zahl der zu beheizenden Kubikmeter verkleinert werden kann. Es kann einem begegnen, daß auf die Frage, warum ein Lagerraum von 1000 m³ geheizt ist, geantwortet wird: weil 2 Mann darin sortieren. Errichtung eines geheizten Sonderraumes und Abstellung der Heizung im Lager macht sich gewöhnlich in einigen Tagen bezahlt. Vielfach ist in den letzten Jahrzehnten auch die Höhe der Werkstätten ohne Rücksicht auf die Wärmewirtschaft bemessen worden. Der Grundsatz muß nicht lauten: »nur nicht zu nieder, zu hoch schadet nie«, sondern: »Ermittlung der Höhe, in welcher die Krane sicher unbehindert sind, aber keinen Viertelmeter mehr!« Wo die Höhe festgelegt und ein besonders hoher Wärmeaufwand nötig ist, damit die Arbeiter nicht kalt stehen, kann man oft durch hochliegende Dielen helfen, durch welche man gleichsam eine isolierende Luftschicht unter ihre Füße schiebt. Immer muß man bedenken, daß die Wärme in einem Gebäude infolge des Ansteigens der warmen Luft vor allem oben liegt, aber unten gebraucht wird, und daß schon deshalb eine sehr große Höhe von Arbeitsräumen unangenehm oder unwirtschaftlich wirkt.

Die Temperaturen für Schreibstuben sollen sein . . 18 bis 20° C,
Holzbearbeitungswerkstätten und ähnliche . . . . 15 » 17° »
mechanische Werkstätten der Eisenindustrie . . . 12 » 15° »
Werkstätten für ganz leichte Arbeit (Sortiersäle,
Spinnsäle usw.) . . . . 16 » 18° »

Werkstätten, in denen Feuerarbeit geleistet wird, wie Gießereien, Walzwerke, Schmieden, heizen sich meist durch die Feuerstätten und heißen Arbeitsstücke von selbst. In ihnen genügt mit Rücksicht auf die schwere Arbeit, die geleistet wird, eine Temperatur von 6 bis 8° C.

Außer an den Gebäuden kann der Fehler auch an der Anlage oder deren Instandhaltung liegen. Für die Bemessung von Heizanlagen seien nur wenige Zahlen, zum Teil Fehlands Ingenieurkalender entnommen, angeführt, im übrigen auf das genannte Schrifttum verwiesen.

a) Ofenheizung:

Die Wärmeabgabe je m² und Std. ist:
bei Kachelöfen . . . . 600 bis 700 WE,
bei gußeisernen Öfen . . . . 1500 » 2000 »
bei Öfen aus Eisenblech . . . . . . 1000 » 1500 »

16*

b) Luftheizung:

Es geben ab:

Glatte Kaloriferheizfläche . . . . . 2000 bis 2500 WE je m² u. Std.,
gerippte Kaloriferheizfläche . . . . 1000 » 1500 » » » » »

c) Dampfheizung:

1. Hochdruck über 0,5 bis 2 at Überdruck:

Glatte Heizfläche . . . . 750 » 1000 » » » » »
gerippte Heizfläche . . . . 500 » 700 » » » » »

2. Niederdruck:

Glatte Heizfläche . . . . 700 » 800 » » » » »
gerippte Heizfläche . . . . 400 » 500 » » » » »

Die Wärmetransmissionszahlen bewegen sich also, da die Temperaturdifferenz ca. 100° bezw. 1000° ist, bei Dampfheizkörpern zwischen 4 und 10, bei Luftheizung, wo die Luft rasch an direkt gefeuerten Heizkörpern vorbeigeführt wird, zwischen 1,0 und 2,5. Die Leistung der Niederdruckkessel ist 9 bis 10 kg Dampf je m² u. Std., entsprechend 1½ bis 1¾ kg Koksverbrauch.

Was die Instandhaltung betrifft, so sind die Hauptmängel, die auftreten können:

1. Versagen der Entwässerung bei Dampfheizungen. Füllt sich ein Leitungsstrang mit Wasser, weil das Kondensat nicht mehr wegfließen kann, so wird er rasch kalt, die Wärmeabgabe hört auf.

2. Undichtheiten der Leitungen, Ventile und Kondenstöpfe. Wo Heizungen in einzelnen Gruppen zeitenweise, z. B. bei Nacht, abgeschaltet werden sollen, ist größte Skepsis in bezug auf das Dichthalten der Absperrorgane am Platze. Durch Probierhähne in den abzuschaltenden Strängen ist sie von Zeit zu Zeit nachzuprüfen und Sorge zu tragen, daß das Ventil zum Zweck des Nachschleifens leicht ausgeschaltet werden kann, etwa durch verfügbare Reserveventile. Bei alten Heizanlagen trifft man oft sog. »tote Stränge« an, die in nicht mehr benutzten Räumen liegen; sie sind am besten ganz, mindestens aber durch Blindflanschen abzuschalten. Allein bei der Eisenbahn gehen durch nicht schließende Absperrventile, welche die Reisenden zwingen, die Fenster bei heißen Heizkörpern zu öffnen und den Heizer auf der Maschine, durch sie Gottes freie Natur zu heizen, an manchen Tagen Hunderte von Tonnen verloren! Hierher gehören auch die schlechtschließenden Wasserabscheider, sog. Kondenstöpfe usw. Auch hier kann nur Auswechseln, Nachsehen und Nachschleifen in regelmäßigen Zwischenräumen Besserung bringen. Bei Heizungen empfiehlt sich Rückführung der Kondenswässer zum Kessel durch natürliches Gefälle oder Pumpendruck.

Das beliebteste Verfahren für Fabrikräume ist die Dampfheizung. Die gute Wärmeübertragung zwischen gesättigtem Dampf und durch das Kondensat befeuchteten Eisenwänden und die starke Wärmeentwicklung im Augenblick des Freiwerdens der latenten Dampfenergie machen ihn als Wärmeträger besonders geeignet und ermöglichen verhältnismäßig geringe Heizflächen. Dagegen ist ein Nachteil, daß die Heizkörper auf 100° C und mehr erwärmt werden. Dadurch wird der auf ihnen liegende Staub verbrannt, er geht in die Umgebung über und ruft dort den Eindruck trockener, die Atemorgane leicht reizender Luft hervor. Regelmäßiges Abkehren bringt wirkliche, aufgestellte Wasserschalen nur eingebildete Besserung. Mit Rücksicht auf die Staubverbrennung ist überhitzter Dampf für Heizkörper nicht zu empfehlen. Außerdem heizt er ungleichmäßig; schwach im Gebiet der Überhitzung, dagegen plötzlich stark, wenn er in das des gesättigten Dampfes und der Kondensation herabsinkt (s. auch Teil III, Papierfabrikation!).

Warmwasserheizung vermeidet diesen Nachteil, stellt sich aber stets teurer als Dampfheizung und verbietet sich durch ihren Preis meist für Arbeitsräume.

In neuerer Zeit ist eine Verbindung von Dampf- und Luftheizung beliebt. Man läßt in Heizkörper (Kaloriferen), die in einem zimmerartigen Raum aufgestellt sind, Dampf, etwa den Abdampf einer Kolbenmaschine strömen und saugt die so angewärmte Luft aus genanntem Raum in die zu beheizenden Werkstätten. Das Verfahren hat wie alle Luftheizungen den Vorteil, mit der Heizung die Ventilation zu verbinden. Der eben berührten Staubfrage ist dabei Aufmerksamkeit zu schenken, desgleichen der richtigen Bemessung der Rohrleitungen für die heiße Luft, insbesondere der Krümmer, Abzweigungen und Ausströmöffnungen. Falsche Formen derselben können zu einem Vielfachen des Kraftverbrauchs beim Ventilator führen. Man soll solche Anlagen nur ganz erfahrenen und nach wissenschaftlichen Methoden arbeitenden Firmen übertragen.

Endlich findet man noch immer die einfache Ofenheizung in den Fabriken. Für sie gilt, was im allgemeinen über die Feuerung gesagt wurde: Hohe Verbrennungstemperatur (nur mit geringem Luftüberschuß zu erreichen) und geringe Abgastemperatur. Das Wärmgut fällt hier weg, und die Wandverluste bilden in diesem Falle die nutzbar gemachte Wärme.

Für Neuanlagen sind Kohlenöfen schon der höheren Wartekosten und der Unsauberkeit wegen nicht zu empfehlen.

Abdampfheizung. Vakuumheizung.

Wir haben früher gesehen, daß die Verwendung des Abdampfes von Dampfmaschinen deren Wirkungsgrad stark erhöht und über den aller anderen Kraftanlagen erhebt. Darum ist die Raumheizung durch Abdampf häufig. Als Unvollkommenheit bleibt, wo mit Gegendruck gearbeitet wird, daß Dampf- und Kondenswässer mit ungefähr 100° austreten. Die Wärme der letzteren kann zwar zum Teil durch Rückführung zum Kessel rückgewonnen werden; sie bedingt aber meist ein verzweigtes Rohrsystem und damit erhebliche Verluste. Eine Unbequemlichkeit, die wir früher schon betrachteten, ist, daß die Kraftmaschinen im Sommer mit Kondensation, im Winter dagegen bei Anschluß an die Heizung ohne sie betrieben werden müssen, und daß deshalb, wenn die Dampfverteilung richtig sein soll, die Steuerung beim Übergang von einer Betriebsart zur anderen geändert werden muß. Beide Nachteile vermeidet ein neuzeitliches Verfahren, bei welchem das Innere der Dampfheizung als Kondensator wirkt, die sog. »Vakuumdampfheizung«. Sie wird an dem der Dampfmaschine entgegengesetzten Ende entweder mit der Kondensation verbunden oder mit gesonderter Luftpumpe versehen, so daß das Vakuum auf gleicher Höhe bleibt. Die Heizflächen der Heizanlagen entlasten den Kondensator, sodaß er geringere oder gar keine Kühlwassermengen benötigt. Die Wärme, die wir sonst in Gestalt mächtiger Dampfwolken von den Gradierwerken abziehen sehen, hat zur Heizung von Werkstätten Verwendung gefunden.

Im Prinzip bedeutet eine derartige Dampfanlage ein wärmewirtschaftliches Ideal. Praktisch vermutet der Verfasser Schwierigkeiten, die weitverzweigten und nicht immer gut zugänglichen Heizkörper und Rohrleitungen so dicht zu halten, daß das Vakuum nicht leidet.

Nötig ist vor allem eine genaue Durchrechnung einer solchen Anlage, damit sie bei dem Wechsel des Dampfbedarfes der Heizung und des Anfalles an Abdampf weder kalt geht, noch einen zu hohen Gegendruck hervorruft. Im letzteren Falle würde die Verschlechterung des Wirkungsgrades der Kraftmaschine verderben, was durch die gute Ausnützung des Abdampfes gewonnen worden ist.

IX. Kapitel.

Messungen an den Feuerungen.

Der strebende Mensch sucht nach Vollkommenheit. Damit er sich ihr nähere, muß er von Zeit zu Zeit auf seinem Wege innehalten und sich fragen, wie weit entfernt vom Ziele er ist, damit er die Anstren-

gung verdoppele, wenn die Antwort unbefriedigend, und anderem zu-
wende, wenn sie günstig lautet. Das gilt in hohem Maße auch für das
Ziel, welches die Wärmewirtschaft sich steckt, die uns verfügbaren
Energien möglichst vollkommen auszunutzen. Wir müssen dabei einmal den Blick auf das Ganze richten, müssen uns fragen, mit wieviel
Energieeinheiten irgendeine Arbeit zu leisten wäre und wieviel wir dafür
zurzeit noch aufwenden. Nach dieser Richtung haben die vorstehenden
Zeilen manches Beispiel gebracht, und das letzte Kapitel dieses Buches,
das Einzelindustrien behandelt, wird sich mit solchen »Sollver-
brauchszahlen« noch weiter zu befassen haben.

Wir müssen uns aber zum anderen auch im einzelnen überzeugen,
wieweit unsere technischen Anlagen und die Art, wie wir sie benützen,
den Gesichtspunkten gerecht werden, welche wir für ein gutes Arbeiten
aufgestellt haben. Dieser Notwendigkeit genügt der Wärmewirtschaftler
vor allem durch Messungen. Sie stellen allein für unser Gebiet der
Feuerungen einen so großen Bereich dar, daß eine ausführliche Behandlung ein Buch für sich erfordern würde. So müssen wir uns wieder auf
das Notwendigste, Grundlegende beschränken.

Erinnern wir uns, wie wir immer wieder bei den früheren Betrachtungen zu dem Schluß gekommen sind, daß eine Feuerung, genau wie
eine Kraftmaschine, dann gut ist, wenn ein hohes Wärmegefälle einen
starken Energiestrom gewährleistet, und wenn auf der anderen Seite
die Wand- und die Abhitzeverluste gering sind. Bei der Feuerung ist
uns in dem Temperaturgefälle zum Wärmgut $t_1 - t_2$ das t_2 durch die
Temperatur, die wir jenem erteilen wollen, vorgeschrieben; wir können
also nur suchen, unser Ziel durch ein hohes t_1 zu erreichen. Es wäre
gänzlich unbegreiflich und unverzeihlich, daß gerade diese Größe, die
Verbrennungstemperatur, in den Betrieben so selten gemessen und noch
seltener einer laufenden Kontrolle unterzogen wird, wenn nicht das
menschliche Auge ein so gutes Pyrometer wäre. Heizer und Betriebsingenieur lernen sehr bald, wenigstens relativ, Temperaturdifferenzen
von 50° und weniger zu erkennen, teils an der Feuerung selbst, also an
ihren Wänden und Heizgasen, teils und noch mehr am Gang des Prozesses, dem sie dient, z. B. an der Art, wie das Glas sich bläst, das Eisen
sich walzt oder an dem Flüssigkeitsgrad des Bades oder der Schlacke.
Sie haben sich aus ihren Beobachtungen hundert von Bezeichnungen
für verschiedene Temperaturgrade gebildet: so sprechen sie von »saftiger«
Hitze, wenn die Schlacke nicht mehr zäh und dickflüssig, aber auch
nicht so dünnflüssig ist, daß sie von dem Wärmgut abläuft; von »Schweißhitze«, wenn aneinandergebrachte Metallteile aneinanderkleben, von
»milder«, wenn noch keinerlei Oxydation des Wärmgutes einsetzt, von

»scharfer« oder »Brandhitze«, wenn es zu verbrennen beginnt. Bei aller Anerkennung des Wertes solcher Beobachtungen kann doch nur dringend geraten werden, wo angängig, sich laufend in exakter Weise über die Temperatur im Verbrennungsraum Rechnung zu geben, etwa durch wasserdurchströmte Röhren, bei denen die Temperaturerhöhung des Wassers den Wärmegrad der Umgebung anzeigt, oder durch Thermoelemente.

Die Wandverluste durch Messung zu erfassen, ist nicht möglich, wir erhalten sie entweder durch Berechnung der Wärmeleitung und des Wärmeüberganges oder indem wir die nutzbar gemachte und die Abhitze von der gesamten aufgewandten Wärme abziehen.

Die Abwärme ist, wie wir wissen, das Produkt Gasgewicht mal spezifischer Wärme mal Temperatur t_2. Da t_2 beträchtlich niederer liegt als t_1, so macht seine Messung meist keine Schwierigkeit und kann mit dem einfachen Quecksilberthermometer, wo die Temperaturen 300° nicht überschreiten, gemessen werden; bei 600 bis 700°, wie sie der Regenerativofen meist aufweist, am einfachsten mit dem Thermoelement. Die Stellung seiner Rauchschieber hinter Gas- und Luftkammer sollte stets in Fühlung mit dem Pyrometer geschehen, das uns anzeigt, durch welche Kammer zu viel, durch welche zu wenig Abgase gehen.

Die spezifische Wärme errechnen wir aus der Abgasanalyse, die wenn nicht fortlaufend, so doch periodisch und zwar unter Berücksichtigung der verschiedenen Zeiten des Ofengangs genommen werden muß. Apparate zu direkter Messung der spezifischen Wärme sind nicht eingeführt, obwohl sie einen guten Indikator für den Dampfgehalt bilden würden.

Beim Gasgewicht ist eine andere als indirekte Feststellung natürlich nicht angängig. Das niederste mögliche ist das bei dem Luftvielfachen $= 1$ sich ergebende. Überschreitungen sind durch den Luftüberschuß veranlaßt oder aber durch einen hohen Dampfgehalt der Heizgase. Von dem Luftüberschuß schließt man rückwärts auf das Gasgewicht. Das gebräuchlichste Verfahren ist die Bestimmung des Kohlensäuregehaltes in den Abgasen. Es beruht auf folgender Überlegung:

Die Luft enthält 21 Raumteile Sauerstoff und 79 Stickstoff, der unverändert in den Abgasen bleibt. Dagegen verbrennt 1 Volumen Kohlenstoff mit 2 Vol. Sauerstoff zu 2 Vol. Kohlensäure. Somit werden aus 2 Vol. $O_2 + 2\,\dfrac{79}{21}$ N nach der Verbrennung 2 Vol. $CO_2 + 2\,\dfrac{79}{21}$ N,

also $= \dfrac{2}{2 + 2\,\dfrac{79}{21}} \cdot 100 =$ wiederum 21 Raumteile Kohlensäure. Diese theoretische Höchstmenge verkleinert sich nun in dem Maße, als Luft im Überschuß entweder der Verbrennung zugeführt oder nachträglich durch falschen Zug angesaugt wird. Denn das Kohlensäurevolumen ändert sich dadurch nicht; dagegen wird das Stickstoffvolumen größer und es kommt das Volumen des Sauerstoffes hinzu, prozentual wird also der Kohlensäuregehalt kleiner. Auch ein Dampfgehalt in den Abgasen drückt ihn, wie schon gesagt, herab. Praktisch erreicht man infolgedessen und wegen des Aschegehalts der Kohle weniger, und zwar:

bei Kohlenfeuerung . . . . 13 bis 15% CO_2,
bei Kohlenstaubfeuerung . . . . . 14 » 18% »
bei Koksofengas . . . . 7,5 » 10% »
bei Gichtgas dagegen . . . . . . 20 » 24% »

Ergeben sich die Kohlensäuregehalte niederer, so ist das Luftvielfache zu groß.

Die meist gebrauchten Kohlensäureapparate beruhen

1. entweder auf der Absorption der Kohlensäure durch Kalilauge und Messung der Volumenveränderung (Orsatapparat);

2. oder auf dem verschiedenen Gewicht der Kohlensäure. Ein kleiner Teil der Abgase durchströmt laufend einen Glasbehälter, der an einem ausbalancierten Wagbalken aufgehängt ist. Je größer ihr Kohlensäuregehalt ist, um so stärker ist der Ausschlag der Wage (Luxsche Gaswage);

3. oder auf der verschiedenen Wärmeleitung der Kohlensäure gegenüber den anderen Bestandteilen der Abgase. Von zwei Behältern, in denen je ein von Schwachstrom durchzogener Platindraht liegt, ist der eine mit Luft, der andere mit laufend durchströmenden Abgasen gefüllt. Je nach dem Kohlensäuregehalt leiten die Gase und kühlen damit den Draht stärker oder schwächer. Damit ändert sich die Temperatur und mit ihr wieder der Widerstand des Drahtes. Der letztere wird gemessen. Am Amperemeter kann der CO_2-Gehalt unmittelbar abgelesen werden (Kohlensäuremesser von Siemens & Halske, Berlin);

4. auf der Absorption der Kohlensäure und der daraus sich ergebenden Druckabnahme eines Gasstromes. Eine Wasserstrahlpumpe saugt Abgase laufend durch ein Absorptionsgefäß. Zwischen diesem und der Pumpe herrscht also ein geringerer, durch eine barometrische Röhre angezeigter Druck, als vor dem Absorptionsgefäß. Die Luftverdünnung, die sie anzeigt, nimmt zu, wenn ein Teil der Abgase, nämlich die Kohlensäure, absorbiert

wird. Zu dem Vakuum der Strahlpumpe addiert sich gleichsam das durch die Absorption entstehende (Komposimeter von Ühling). Der Apparat, der in Amerika viel gebraucht wird, zeigt absolut weniger genau als die vorbeschriebenen (das Wesentliche ist meist der relative Vergleich), hat aber den Vorzug, daß man ihn sich in jedem Laboratorium leicht selbst herstellen kann. Zu dem Zweck zeigt Abb. 103 eine Gerippskizze desselben.

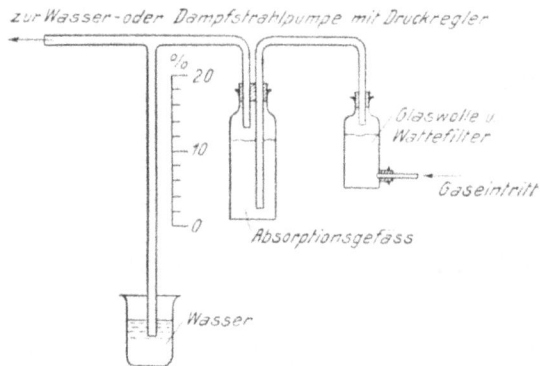

Abb. 103. Komposimeter von Ühling.

In den Vereinigten Staaten prüft man vielfach die richtige Einstellung der Verbrennungsluft bei Dampfkesseln statt auf dem Umweg über die Kohlensäure unmittelbar auf folgende Weise:

Die Windleitung einer Unterwindfeuerung wird mit einem Windmesser (Stauflansch oder Venturirohr) versehen, ebenso die aus dem Kessel kommende Dampfleitung. Sodann stellt man durch Ausprobieren bei normaler Kesselbelastung den Wind derart ein, daß der Höchstgehalt an CO_2 in den Abgasen und die erreichbare Höchsttemperatur über dem Rost erzielt wird. Im laufenden Betrieb wird nun die Windklappe in dem gleichen Maße weiter geöffnet bzw. geschlossen, als die Dampfentnahme über die normale hinausgeht oder unter sie sinkt. Die Windmenge wird also zunächst nach der Dampfentnahme geregelt. Da aber bei einer richtig bedienten, insbesondere bei einer automatisch beschickten und geregelten Feuerung die aufgegebene Kohlenmenge proportional der Dampfmenge ist, die dem Kessel entnommen wird, so paßt sich in der Tat auf diesem Wege die Luftzuführung der jeweils verschürten Kohle an. Das unvermeidliche Nachhinken der Korrekturen wird durch die Speicherwirkung des Kessels leicht ausgeglichen.

Die Amerikaner verwenden dabei vielfach Meßapparate, die zugleich selbsttätig wirkende Regler sind.

In Deutschland bedient man sich an manchen Stellen zu gleichem
Zwecke eines Zugmessers, der den Unter- oder Überdruck über dem
Rost und vor der Rauchklappe zum Kamin mißt. Die durch die Feuerzüge gesaugte Heizgasmenge ist dieser Druckdifferenz proportional, wie
immer die durch eine Rohrleitung strömende Gasmenge. Man stellt
nun bei verschiedenen Kessel- oder Ofenbelastungen wie oben die Rauchklappe durch Ausprobieren auf den höchsten CO_2-Gehalt und das höchste
t_1 ein und markiert die Druckdifferenz bei der so ermittelten Klappen-
stellung, am besten auf der Skala des Zugmessers. Stellt man später
umgekehrt die Rauchklappe bei der gleichen Rostbelastung wieder so
ein, daß der Zugmesser auf diese Marke einspielt, dann müssen auch
die gleichen Heizgasmengen und damit die gleichen, günstigsten Luftmengen vorliegen[1]). Wollte man die Rauchklappe unmittelbar nach den
verschiedenen Belastungen einstellen, so würden Heizgas- und Luftmenge doch nicht gleich sein, sondern mit der Schütthöhe auf dem Rost
schwanken.

Wünschenswert, namentlich mit Rücksicht auf die mögliche Verlegung der Feuerzüge durch Flugasche, ist auch die laufende Kontrolle
der Zugstärke etwa am Fuße der Esse, vor dem Rauchschieber und in
oder unmittelbar hinter dem Feuerraum.

Neben diesen Kontrollen des Verbrennungsvorgangs muß bei jeder,
selbst der kleinsten Feuerung, täglich, wo auf mehreren Schichten gearbeitet wird, schichtenweise der Brennstoffverbrauch und die Leistung
der Feuerung (Speisewassermenge, Schmelz- und Wärmgut usw.) ge-
wogen bzw. gemessen und der Verbrauch je Tonne ermittelt und in die
Betriebsstatistik aufgenommen werden. Gemeinsame Kohlenbunker für
mehrere Feuerungen ohne zwischengeschaltete Wagen sind deshalb zu
verwerfen. Am besten ist es, wo der Platz und die Mittel vorhanden sind,
für jede Feuerung zwei Bunker vorzusehen, einen, der gefüllt, und einen,
aus dem entnommen wird. Dann kontrollieren die Loren, die in einen
Bunker eingeladen worden sind, die Summe der Einzelabwagen bei der
Entnahme. Auch beim technischen Messen gilt der alte Grundsatz des
Kaufmanns, daß zuverlässig stets nur die Zahlen sind, die wir
auf zweierlei Wegen ermittelt haben.

Es ist zum Schluß noch nötig, zu sagen, daß auch die besten Meß-
einrichtungen und Betriebsstatistiken nichts nützen, wenn nicht der
Betriebsmann und Heizer die notwendigen Konsequenzen aus ihnen
ziehen. Auch hier ist die Tat alles, die Betrachtung allein nichts!
Das einfachste Kesselhaus, in welchem bei geringem Dampfbedarf nicht

---

[1]) Das Luftgewicht ist die Differenz von Heizgas minus Kohlengewicht.

viele Kessel mit rotem Feuer, sondern wenige mit weißem brennen, in welchem auch bei hohem Dampfbedarf die Abgase nie wärmer als 300° weggehen und in dem Heizfläche zu Oberfläche der Kessel ein günstiges Verhältnis aufweist, ist wärmewirtschaftlich dem mit den feinsten Meßapparaten und automatischen Vorrichtungen überlegen, wenn in letzterem die selbstschreibenden Kohlensäuremesser bei schwacher Belastung der Kessel stundenlang 10 oder gar 5% CO_2, wie man es antreffen kann, anzeigen, oder wenn wochenlang mit 600 bis 700° Abgastemperatur gearbeitet wird, weil die betreffenden Kessel nicht zum Reinigen gegeben werden können.

Man muß sich immer vor Augen halten: Die Bedingungen für eine gute Wärmewirtschaft unserer Feuerungen sind im Grunde einfach: kein Verbrennliches in Asche und Essengasen, hohe Verbrennungstemperatur, also geringer Luftüberschuß (hoher CO_2-Gehalt), wenig Wandflächen, niederer Abgasverlust. Die Feinheiten der Einrichtungen, Messungen und Statistiken dürfen die Klarheit dieser Erkenntnis und den Überblick über diese Hauptfaktoren nicht beeinträchtigen, sonst schaden sie mehr als sie nützen! Es kommt vor, daß die Vollkommenheit der Handhabung in der Wärmewirtschaft in umgekehrtem Verhältnis steht zu derjenigen der wärmewirtschaftlichen Einrichtungen, daß diese demnach nicht als Anreiz, sondern als eine Art von Narkotikon für jene wirken. Betriebsleiter und Wärmeingenieur und technischer Direktor müssen sich bewußt sein, — und in Deutschland mehr noch als in anderen Ländern, weil dort die Verfeinerung der Leistung auf allen Gebieten entscheidend für seine wirtschaftliche Zukunft sein wird — daß jede Einrichtung, also jede Festlegung von Kapital zur Vervollkommnung der Wärmewirtschaft eine Verpflichtung, und daß das Ausbleiben einer tatsächlichen Verbesserung nicht nur keinen Vorteil, sondern einen Verlust bedeutet! Endlich und nicht zuletzt, daß der Fehler, der in einem solchen Ausbleiben liegt, von ihnen umso empfindlicher gefühlt werden sollte, weil er zu jeder Minute von jedem Sachverständigen an eben der verbesserten Einrichtung abgelesen werden kann.

III. Teil.

———

Anwendung auf einige Sonderindustrien.

Einführung.

Der letzte Teil dieses Buches soll die Anwendung der in den ersten beiden angestellten Betrachtungen auf einige Sonderindustrien geben. Es darf nicht erwartet werden, daß diese erschöpfend behandelt werden können. Das würde Bände erfordern und über den Rahmen dieses Buches weit hinausgehen. Der Leser muß auch hier wieder auf die Fachzeitschriften verwiesen werden, die sich auf allen Sondergebieten mit der Wärmewirtschaft befaßt und Zahlen gesammelt haben. Außerdem in Deutschland auch auf die Wärmestellen, die von einzelnen Industrien und ihren Berufsvertretungen errichtet worden sind und sich um die Sammlung solchen Materials verdient gemacht haben. Was dieser letzte Teil des vorliegenden Buches bezweckt, ist, gleichsam mit dem Leser eine kleine Exkursion in die Praxis zu unternehmen; etwa wie ein Botaniker, der sein Fach Landwirten, Apothekern, Forstleuten usw. vorträgt, nun einzeln diese Gruppen zu wissenschaftlichen Ausflügen mitnimmt, weil dabei Gelegenheit ist, da oder dort etwas nachzuholen, und weil er zeigen will, daß das Einzelne sich am besten aus dem Ganzen heraus verstehen läßt.

> ›Willst du dich am Ganzen erquicken,
> So mußt du das Ganze im Kleinsten erblicken.‹

Wir wollen also hier nicht möglichst viele Einzelheiten behandeln, sondern nur einige typische Beispiele aus Sonderindustrien herausgreifen, die zeigen sollen, wie das Obenausgeführte sich immer von neuem wiederholt und wie wir nur das Grundsätzliche zu kennen brauchen, um schließlich zu jeder Aufgabe einen Weg zu finden. Wer dieses, wer die Theorie, den Zusammenhang der Dinge nicht kennt, bleibt im Grunde ein Laie und wäre er 20 Jahre in einem Betrieb. Wer sie aber beherrscht, bedarf wohl der Einarbeitung in einer Fabrik, in der er neu eingestellt wird, ein Laie aber ist er auch in der ersten Stunde seiner Tätigkeit nicht.

So ist auch der Schwerpunkt dieses Buches in den ersten Teilen zu suchen, nicht im letzten; ohne das Studium jener ist es nutzlos, diesen zu lesen. Die Kenntnis der Prozesse und technischen Einrichtungen auf den im 3. Teil behandelten Sondergebieten wird beim Leser vorausgesetzt.

X. Kapitel.

Eisenhüttenindustrie.

A. Hochofenwerk.

a) Wärmewirtschaft zwischen Formen und Gicht.

Die Vorgänge im Schachte des Hochofens, der größten Feuerung, die wir besitzen, sind nur dem verständlich, der sich vor Augen hält, daß er 4 Aufgaben genügen muß:

1. Der Hochofen muß die Wärmemenge und Temperatur erzeugen, die zum Schmelzen von Eisen und Schlacke und für den Reduktionsvorgang erforderlich ist. In dieser Eigenschaft ist er eine Feuerung wie andere.
2. Er muß die reduzierenden Gase an die Erze heranführen und die Reduktion mit möglichst geringem Kohlenstoffaufwand bewirken.
3. Der Hochofen muß zuverlässig und gleichmäßig Erz und Koks von der Gicht bis in die Schmelzzone befördern, wo das geschmolzene Eisen in das Gestell abtropft.
4. Er soll als Generator wirken, d. h. je Tonne Koks möglichst viel und möglichst hochwertiges Gas liefern.

Ist eine der ersten drei Funktionen gefährdet, so sind es alle. Die schönste Verbrennung vor den Formen und die beste reduzierende Atmosphäre im Ofen nützen nichts, wenn die Gichten hängen oder die aufsteigenden Gase verstopfte Gichten in Rast und Schacht finden. Beide Erscheinungen getrennt, oder die erstere als Folge der letzteren, treten dann auf, wenn die Schlacke schwerflüssig wird und den Möller verklebt oder wenn das Eisen zu früh reduziert oder geschmolzen wird, d. h. wenn das Feuer im Schacht zu hoch steigt, wenn »Oberfeuer« entsteht, wie der Hochöfner sagt. Denn dann wird aus der Schlacke mehr Silizium reduziert, sie wird basischer und damit schwerer flüssig. Außerdem nehmen in diesem Falle die Gase ein größeres Volumen ein in Zonen, in welchen der Möller noch nicht geschrumpft ist. Dadurch steigt der Gegendruck im Hochofen, die Gase „tragen" die Gichten und hemmen so ihren Niedergang. In der Gefahr allzugroßer

Ausdehnung der Verbrennungszone nach oben liegt der Grund, warum man beim Hochofen nicht wie beim Regenerativgasofen einfach eine möglichst hohe Luftvorwärmung (soweit sie nicht durch die Rücksicht auf das feuerfeste Material begrenzt ist) anstrebt, sondern eine, gewöhnlich zwischen 700 und 900° C liegende Grenze innehält, die ein Optimum in bezug auf die sämtlichen obengenannten Funktionen des betreffenden Hochofens bedeutet. Wird sie überschritten, so nimmt die Neigung des Ofens zu hängen zu. Sobald es aber dazu kommt, rückt weniger Erz nach, während der Verbrennungsprozeß weitergeht. Die hohe Temperatur, also das »Oberfeuer« steigt dadurch noch weiter in dem Schacht in die Höhe. Es liegt somit eine Art von »circulus vitiosus« vor, d. h. ein sich selbst fördernder schädlicher Prozeß. In Amerika bläst man mit Rücksicht auf diese Zusammenhänge nach dem Abstich, wo die Gichten leichter hängen, kurze Zeit mit einem um 100 bis 150° weniger vorgewärmten Wind.

Auf der anderen Seite soll im Hinblick auf die Reduktion der Erze die Verbrennung so vor sich gehen, daß möglichst viel CO und wenig CO_2 entstehen. Aus früheren Betrachtungen wissen wir, daß bei der Vergasung umso mehr CO und umso weniger CO_2 entsteht, je höher die Temperatur im Generator ist. Es ist kein Grund, anzunehmen, daß die Verhältnisse vor den Formen des Hochofens, der als ein großer Abstichgenerator angesehen werden kann, andere seien. Es sei wiederholt, daß die Gasanalysen, die auch bei höchsten Temperaturen dort Kohlensäure festgestellt haben, nicht beweiskräftig sind. Denn es ist klar, daß unmittelbar an den Stellen, wo der Wind in den Ofen tritt, freier Sauerstoff vorhanden sein muß; ebenso, daß das Kohlenoxyd bei hoher Temperatur zusammen mit ersterem abgesaugt, zu Kohlensäure verbrennen muß. Daß diese in der Gasflasche nachgewiesen wird, beweist demnach nicht, daß sie vor den Formen vorhanden war.

Halten wir die beiden Forderungen, begrenzte Schmelzzone, aber hohe Temperatur, zusammen, so lauten sie ähnlich, wie wir sie für die Feuerungen ganz allgemein aufgestellt haben:

> intensive Verbrennung bei geringer Wandfläche, d. h. bei kleinem Verbrennungsraum und rascher Übergang der Wärme von den Heizgasen auf das Wärmgut.[1])

Dieser letzteren Forderung werden die beträchtlichen Durchmesser von Gestell und Schacht der neuzeitlichen Hochöfen insofern gerecht,

---

[1]) Versuche, die in Amerika angestellt worden sind und über welche A. Brassert in St. u. E. 1916, S. 30, 61 u. 119 berichtet hat, erweisen in klaren Kurven auch für den Hochofen den Satz: »Intensiver Betrieb gleich niederer Wärmeverbrauch.«

als die Verbrennungsgase sich rascher an den niedergehenden Gichten, die wie das Gitterwerk eines Wärmespeichers wirken, abkühlen, als bei kleinen Durchmessern (s. Abb. 104).

Abb. 104. Temperaturabfall im Hochofen.

Erleichert wird die Einhaltung der oben aufgestellten Bedingung scharf begrenzter intensiver Verbrennungszone durch leicht verbrennlichen Koks und durch einen möglichst gleichmäßigen Gang des Prozesses.

Auch in dem letzteren Punkt bestehen Analogien mit anderen Feuerungen. Wir haben bei den Dampfkesseln festgestellt, daß ihr Wirkungsgrad ein umso besserer ist, je gleichmäßiger sie belastet sind. So wird auch ein Hochofen mit chemisch und physikalisch gleichmäßig zusammengesetztem Möller stets einen günstigeren Wärmeverbrauch haben als einer mit starkem Wechsel in Erzen und Koks. Bei Öfen der letzteren Art wird man den Schwerpunkt der Wärmewirtschaft nicht innerhalb, sondern außerhalb des Schachtes suchen müssen, d. h. in der Gichtgasverwertung.

Damit berühren wir eine häufig aufgeworfene Frage, nämlich, ob die Sparsamkeit im Koksverbrauch des Hochofens überhaupt berechtigt sei, nachdem ein höherer Kokssatz ja einen größeren Entfall an Gichtgas ergebe, so daß die verstärkte Sicherheit in der Führung des Ofengangs bei Koksüberschuß gleichsam als ein kostenloser Vorteil erreicht werde.

Zahlenmäßig, in runden Werten, sehen die Dinge folgendermaßen aus:

1. Verkokung und danach Verbrennung des Kokses im Hochofen:

1 kg Kokskohle enthält. . . . . 7000 WE
Daraus gewinnen wir 0,7 kg Koks mit 6900 WE
   und rd. 86% C . . . . 4830 »
ferner 2% in Benzolfabrik
    6% nach außen abzugebendes Koksgas
    8% von 7000 . . . . 560 »
                      5390 WE = 77,0%

Verbrennen wir den gewonnenen Koks im Hochofen im Überschuß, so haben wir durch Wandverlust (Kühlwasser) und fühlbare Wärme des aus der Gicht abziehenden Gases abermals Verluste. Wir nehmen an, daß der überschüssige Koks sich in reines Kohlenoxydgas verwandle, statt in Gichtgas, weil ja nichts zur Reduktion der Erze verbraucht wird. In Wirklichkeit wird sich natürlich ein Gemisch bilden, durch welches die Qualität des Gichtgases verbessert wird. Der Wärmeberechnung können wir aber die einzelnen Bestandteile zugrunde legen.

$0,7 \cdot 0,86 = 0,602$ kg Kohlenstoff verbrennt mit $0,602 \frac{16}{12}$ Sauerstoff zu 1,4 kg Kohlenoxyd, wobei $\frac{79}{21} \cdot 0,602 \frac{16}{12} = 3,02$ kg Stickstoff mitgehen. Insgesamt entstehen also 4,42 kg Gas, welche nach Tafel Ia[1]) $1,4 \cdot 2440 = 3420$ WE enthalten, oder rd. 49% der in der Kokskohle enthaltenen Wärme.

Zu dem gleichen Ergebnis kommt man auch, wenn man überlegt, daß, da die fühlbare Wärme des Gichtgases nicht ausgenützt werden kann, die bei der Bildung von Kohlenoxyd freiwerdenden 2442 WE verloren sein müssen $= \frac{2442}{8080} \cdot 100 \cong 30\%$, sodaß also nur $0,7 \cdot 70 = 49\%$, wie oben, im Gas sich wieder finden können.

Solange wir die fühlbare Wärme der Gichtgase nicht ausnützen, sondern vor oder in der Gichtstaubreinigung vernichten, wird demnach die Benützung des Hochofens nur als Gaserzeuger immer eine unwirtschaftliche sein. Zu seinen Gunsten spricht zwar noch der Punkt, daß er fast ganz selbsttätig arbeitet, also in den Löhnen dem gewöhnlichen Generator überlegen ist. Es fällt das besonders dann ins Gewicht, wenn die Generatoren häufig schwach oder gar nicht betrieben in Bereitschaft sein müssen. Dem steht aber wieder entgegen, daß wir den Koks auf die größere Höhe der Gicht zu fördern haben, und daß der Wandverlust des wassergekühlten Hochofens ein größerer als der eines guten Generators ist. Endlich als Imponderabile die Gefahr, daß der höhere Koksverbrauch bestehen bleibt, auch wenn kein Gasmangel mehr vorhanden ist, umso mehr, als lange Zeit vergeht, bis die Gichten mit geringerem Kokssatz vor die Formen kommen.

Alles in allem sehen wir, daß die Meinung, die man da und dort auf Hochofenwerken hören kann, eine zu hohe Koksziffer sei unbedenklich, weil die zu viel aufgewendete Energie ja in den Gichtgasen wieder gewonnen werde, eine trügerische ist.

An Gichtgas fallen je kg Koks im Hochofen 3,5 bis 5,0 m³ an, im Mittel bei heutigen Koksverhältnissen etwa 3,7 m³, während 2,7 m³ Wind zur Verbrennung des Kokses erforderlich sind. Die genauen Zahlen müssen aus seiner Analyse jeweils errechnet werden. Zu dem

---

[1]) Siehe Schluß des Buches.

Zweck stellt man Kohlenstoff- und Sauerstoffbilanzen unter Zugrunde-
legung des Kokssatzes für die betreffende Roheisensorte auf.[1])

Nach den »Wärmestrombildern« der Wärmestelle Düsseldorf des
»Vereins Deutscher Eisenhüttenleute« werden von der durch den Koks
in den Hochofen gebrachten Wärme (100%) in runden Zahlen verbraucht:

42% im Schacht, davon

<u>12%</u> vom Winderhitzer in Form von heißem Wind durch die Düsen
geliefert,

also 30%, und zwar 3% zum Schmelzen des Eisens,

     5% zum Schmelzen der Schlacke,

    12% gehen in das Kühlwasser,

    <u>22%</u> werden für Reduktion der Erze verbraucht,

    42,0

   8% Gas- und Gaswärmeverlust (fühlbare Wärme),

   $\left.\begin{array}{l} 16\% \text{ im Winderhitzer verbraucht,} \\ 15\% \text{ für Gebläse und eigenen Kraft- und Strombedarf,} \\ 31\% \text{ abzugeben an andere Betriebe} \end{array}\right.$

62

 100

---

[1]) Man rechnet also etwa je Tonne erschmolzenes Roheisen 1000 kg Koks mit
80% Kohlenstoff = 800 kg C. Hierzu der Kohlenstoff aus dem Kalkzuschlag und
ev. aus den Erzen, wenn Spate im Möller sind. Davon geht der Kohlenstoffgehalt
im Roheisen ab (ca. 4%), der Rest findet sich im Gichtgas. Angenommen, seine Zusammensetzung sei die von Tafel II (14 G.-T. CO_2 und 29 CO), dann enthält 1 kg
Gichtgas

$$\frac{14}{100} \cdot \frac{12}{44} + \frac{29}{100} \cdot \frac{12}{28} = 0{,}038 + 0{,}125 = 0{,}163 \text{ kg C};$$

1 kg C entspricht also

$$\frac{1}{0{,}163} = 6{,}1 \text{ kg Gichtgas, 1 kg Koks} = 0{,}8 \text{ kg C} = 4{,}9 \text{ kg} = 3{,}7 \text{ m}^3 \text{ Gichtgas.}$$

Ebenso wird der in den Öfen eingebrachte Sauerstoff (an Erz und Kalk gebunden)
dem im Gichtgas enthaltenen gegenübergestellt. Die Differenz muß das Gebläse
bringen, wobei wieder 1 kg O $\left(\frac{100}{23}\right)$ kg Luft entspricht und wobei für Windverluste
beim Umsteuern durch undichte Leitungen und Ventile bei sorgfältigem Betrieb
10, bei starken Undichtigkeiten bis 50% anzunehmen sind. Im Winderhitzer selbst
betragen die Verluste beim Umsteuern und durch Undichtigkeiten nur wenige Prozent.
Unter Berücksichtigung dieser Ziffern und der Abstichzeiten ergibt sich (s. Hütte,
Taschenbuch für Hüttenleute) die minutlich anzusaugende Windmenge in m³ mit

$$k \cdot \frac{R \cdot a}{22 \cdot 60},$$

wobei R die Roheisenerzeugung in kg je 24 St. ist, a die je kg Roheisen gesetzten
kg Koks und k ein Koeffizient zwischen 3,6 und 4 je nach Dichtheit der Windschieber
und -ventile und Sorgfalt des Betriebes. Die Windpressung bewegt sich zwischen
0,5 und 1 Atm.

In runden, leicht zu behaltenden Zahlen: $\frac{2}{3}$ der im Koks enthaltenen Wärme erscheint in den Gichtgasen wieder, davon werden für den Hochofen die Hälfte $= \frac{1}{3}$ verbraucht, während das letzte Drittel an fremde Betriebe abgegeben werden kann.

b) Wärmewirtschaft hinter der Gicht.

Die obige Wärmebilanz zeigt schon die Verwertung der Gichtgasenergie außerhalb des Hochofenschachtes. Beziehen wir die obigen Zahlen auf die Gichtgaswärme als 100, so ergibt sich

Winderhitzer-Verlust . . . . 6% der Gichtgaswärme,

$$\text{Heißer Wind} \ldots \ldots 17\% = \frac{12}{0,7}$$

$$23\%^1) = \frac{16}{0,7}$$

$$\text{Gas- u. Gaswärmeverluste . } 11\% = \frac{8}{0,7}$$

$$\text{Gebläse usw.} \ldots \ldots 21\% = \frac{15}{0,7}$$

$$\text{An andere Betriebe abzugeben} \quad 45\% = \frac{31}{0,7}$$

$$100$$

Einige Zahlen der obigen Bilanz seien überschlägig nachgeprüft:

1. 1 t Koks $= 6,9 \cdot 10^6$ WE; 1 t Koks gibt ca. 4000 m³ Gichtgas je 1000 WE, $= 4,0 \cdot 10^6$ WE $= 58\%$ statt 62% in der Bilanz.

2. 1 t Koks erfordert, wie früher angegeben, ca. 2700 m³ Luft, die auf 700° vorgewärmt werden sollen.

Deren mittlere spez. Wärme bei 750° ist 0,327.

$$W = 2700 \cdot 700 \cdot 0,327 = 660000 \text{ WE}$$
$$= \frac{660}{6900} \cdot 100 = 9,6\% \text{ der Kokswärme}$$

(12% in der Bilanz).

3. Zur Kompression von 100 m³ Wind in der Minute ein Anfangsdruck $= 1$, ein Enddruck $= 1,5$ Atm. abs. angenommen, benötigen wir nach dem Taschenbuch für Eisenhüttenleute (S. 424, 2. Aufl.) 120 PS $= 120 \cdot 75 \cdot 60$ mkg/Sek., für 1 m³ also 5400 mkg/Sek.

2700 m³ zuzüglich 20% Windverlust, wie sie für 1000 kg Koks erforderlich sind, stellen also eine Arbeit dar von

$$2700 \cdot 1,2 \cdot 5400 \text{ mkg} = 17,5 \cdot 10^6 \text{ mkg}$$
$$\text{oder} = \frac{17,5 \cdot 10^6}{427} = 41000 \text{ WE.}$$

Da 1000 kg Koks 6900000 WE enthalten, und da wir bei Dampfgebläse bestenfalls einen effektiven thermischen Wirkungsgrad von 10, bei Gasmotoren von 20% haben, so ergibt die Kompressionsarbeit im ersteren Falle $\dfrac{10 \cdot 41,000 \cdot 100}{6,9 \cdot 10^6} = 6,0,$

---

¹) Die Rechnung ergibt, daß je 100° Windvorwärmung über die Abgastemperatur hinaus ungefähr 4% des Gichtgases benötigt werden.

im letzteren 3,0% gegenüber 15°/₀ in der Bilanz. Selbst wenn wir für Gasreinigung, Begichtung, Pumpen und Licht den gleichen Kraftbedarf wie für die Gebläse annehmen, so würde an diesem Posten auch bei Dampfbetrieb immer noch einzusparen sein.

Dagegen ist nach Beispiel 2 in der angeführten Wärmebilanz bei den Winderhitzern nicht mehr viel einzuholen. Es ist aber zu bemerken, daß die meisten Hochofenwerke noch sehr viel höheren Gasverbrauch für die Vorwärmung des Windes haben, oft 30% der gesamten zugeführten Wärme und mehr. In solchen Fällen hat der Wärmewirtschaftler zuerst beim Winderhitzer einzusetzen. Wie bei allen Feuerungen können die Gründe des Mehrverbrauchs sein:

1. Zu großer Essenverlust, und zwar
   a) wegen zu hoher Abgastemperatur bzw. zu kleiner Heizfläche,
   b) wegen zu großer Abgasmengen (zu hoher Luftüberschuß[1]) oder falscher Zug),
   c) wegen hoher spezifischer Wärme der Abgase infolge großen Wassergehaltes,
   d) wegen unvollkommener Verbrennung (Luftmangel).

2. Wandverluste:
   a) Heizfläche des Gitterwerkes und darum Oberfläche des Winderhitzers sind größer als nötig. Über ihre Berechnung s. Kap. V Abschnitt f. Bezüglich der Wärmeübergangszahl in den Hochofenwinderhitzern ist Zuverlässiges noch nicht bekannt. Bei Annahme von 12 WE je m² u. St. und 1° Temperaturdifferenz greift man jedenfalls nicht zu hoch.
   b) Mauerwerk nach außen zu schwach oder aus Steinen mit zu hoher Wärmeleitfähigkeit. Auch hier sind Zahlen über die erreichbaren Mindesttemperaturen an den Außenflächen leider nicht bekannt.[2])

3. Zu geringes Temperaturgefälle wegen zu niederer Verbrennungstemperatur, und zwar, weil
   a) der Luftüberschuß zu groß ist (s. Ziff. 1 b),
   b) der Luftüberschuß zu klein, darum die Verbrennung unvollkommen ist. (Ziff. 1 d).
   c) das Gas zu viel Feuchtigkeit enthält.

---

[1]) Gichtgas ist gegen Luftüberschuß in bezug auf den Essenverlust weniger empfindlich als Generatorgas. Bei einem Luftüberschuß von 12% ergibt die Rechnung einen Abhitzeverlust von ca. 14, ein Überschuß von 25% steigert ihn nur um 1%, also auf 15%. Der Hauptschaden eines zu großen Luftvielfachen liegt beim Gichtgas nicht in der Abhitze, sondern in der Verbrennungstemperatur. Empfindlicher macht sich in den Essengasen ein Zuwenig an Luft geltend; denn 1% CO in den Abgasen erhöht den Abhitzeverlust schon um 6%.

[2]) Lent fand bei Versuchen, die von Rheinstahl in Duisburg angestellt worden sind, 15 bis 20 WE je m², St. u. 1° Temperaturdifferenz.

Zu Untersuchung von 1 a bis d und 3 a bis c sind häufig Analysen der Abgase, am besten laufend, zu machen. Die Schwierigkeit, den Luftüberschuß richtig zu bemessen, liegt bei den Winderhitzern, wie bei allen aus der Gichtgasleitung gespeisten Feuerungen in dem wechselnden Druck, welcher in ihr herrscht. Ist der Brenner oder das Luftventil für einen bestimmten Gasdruck richtig eingestellt, so steigt der Luftüberschuß, sobald der Gasdruck sinkt. Denn es strömt weniger Gas in den Verbrennungsraum, aber gleichviel oder mehr Luft. Steigt dagegen der Gasdruck, so ändert sich das Mischungsverhältnis in der Richtung des Luftmangels, also der unvollkommenen Verbrennung. Diese Verschiebungen sind sehr empfindlich, und auch der Einbau von Druckreglern beseitigt sie selten ganz. Ein Mittel, das Mischungs-

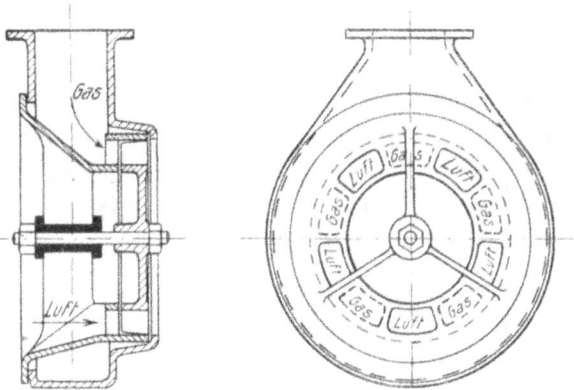

Abb. 105. Eickworthbrenner.

verhältnis zuverlässig konstant zu erhalten, sind sog. »Flügelbrenner«. Es sind auf Rollenlagern leicht drehbare Flügelräder mit schrägen Schaufeln, welche durch das durchströmende Gas in Umdrehung versetzt werden und nur einer der Gasgeschwindigkeit bzw. Umdrehungszahl entsprechenden Luftmenge den Durchtritt gestatten. Sind sie, wie der Brenner von Eickworth (Abb. 105), so gebaut, daß abwechselnd immer eine Kammer voll Gas, dann voll Luft sich in den Verbrennungsraum entleert, dann wird zugleich mit der Konstanz des Gas- und Luftverhältnisses eine gute Mischung erzielt. Dieser Vorteil ist an manchen Stellen dem Flügelbrenner zum Schaden geworden, weil im Verbrennungsschacht die dem Brenner gegenüberliegenden Steinschichten abgeschmolzen sind. Aber ein guter Ingenieur wird deshalb einen Brenner nicht beiseite werfen. Hohe Temperaturen sind uns ja erwünscht. Dem Abschmelzen kann man vorbeugen, indem man die Mündung des Brenners

nach oben, also parallel mit der Achse des Verbrennungsschachtes einmünden läßt, und indem man in der Nähe der Mündung erstklassiges
Steinmaterial verwendet.

In allerjüngster Zeit baut man auch Apparate nach dem Prinzip
der Dampfstrahlpumpe, in denen das Gas je nach dem Druck sich mehr
oder weniger Luft ansaugt. Auch mit dieser einfacheren Vorrichtung
ohne bewegliche Teile gelingt es dem Vernehmen nach, das Verhältnis
von Luft und Gas auch bei wechselndem Druck konstant zu erhalten.

An dieser Stelle ist auch das sog. Pfoser-Strack-Stumm-Ver-
fahren (P. S. S. V.) zur Verbesserung der Wärmewirtschaft im Winderhitzer zu nennen. Während bei Cowpern alter Art mit Essenzug
ohne Ventilator die Wärmeentnahme sich 2 bis 3mal rascher vollzieht,
als die Aufheizung, sodaß immer nur 1 Winderhitzer auf Wind, 2 bis 3
aber auf Gas stehen, ist beim P. S. S. V., bei welchem die Verbrennungsluft durch einen Ventilator unter einem Druck von ca. 350 cm WS in
den Winderhitzer geblasen wird, dieses Verhältnis 1 : 1. Es sind deshalb im ganzen nur 2 Conveyer statt 3 bis 4 nötig, von denen immer
einer auf Gas, einer auf Wind geht. Der Wärmegewinn, der auf diesem
Wege bestenfalls erzielt werden kann, ist einfach zu überschlagen:

An Verlusten hat der Winderhitzer nach obigem aufzuweisen:

    a) unvollständige Verbrennung,

    b) Gasverlust,

    c) Abhitzeverlust,

    d) Wandverlust.

a) kann bei richtiger Einstellung der Verbrennungsluft auch beim
alten Verfahren vermieden werden. b) wird bei Verbrennung unter Druck
zum mindesten nicht kleiner werden. c) ist unabhängig von der Art,
wie die Verbrennungsluft eingebracht wird und lediglich eine Funktion
des erforderlichen Essenzuges, der Heizfläche und der Güte der Verbrennung. d) ist bei schlechten Winderhitzern alter Art 15 bis 20%.
Sieht man davon ab, daß bei der intensiveren Verbrennung in einem,
statt 2 oder 3 Cowpern auch die Verbrennungstemperatur und damit
das Wärmegefälle und der Wärmefluß nach außen größer sein müssen,
so erniedrigt sich der letztere einfach proportional der Oberfläche, welche
der Außenluft geboten wird, also proportional der Zahl der Winderhitzer.
Somit ist die Ersparnismöglichkeit ungefähr 10 bis 14% (2/3 von 15
bis 20). Davon geht ab der Energieaufwand für den Ventilator, der
sich bei 35 cm Pressung mit ca. 2% der zugeführten Wärme errechnet,
sodaß rund 10% als zu ersparen verbleiben. Wer sich mehr von diesem
Verfahren verspricht, sieht die Dinge nicht so einfach, wie sie sind;

wer auf dem Weg des Versuches mehr feststellt, sucht die Ursache in dem P. S. S. V., während sie in der Unvollkommenheit der zum Vergleich herangezogenen alten Anlage liegt. Die Bedeutung dieser Erfindung, die unverkennbar ist, liegt in der Verbilligung der Anlagekosten bei neu zu errichtenden Hochofenwerken. Mit Rücksicht auf die notwendigen Reserven und die Nachteile sehr hohen Winddrucks glaubt der Verfasser allerdings eine Einschränkung der Zahl der Winderhitzer auf 3 statt auf 2 empfehlen zu sollen.

Andere suchten den Wirkungsgrad der Windvorwärmung durch Nachschalten von Vorwärmern (Regeneratoren oder Rekuperatoren) zu verbessern. Sie sollten den Abgasen, welche sonst mit 250 bis 300⁰ weggehen, die Wärme bis auf ca. 150⁰ entziehen und sie durch Übertragung auf die Verbrennungsluft dem Winderhitzer wieder zuführen. Solche Apparate waren auf der Rombacher Hütte eingebaut, mußten aber wegen Verstaubung außer Betrieb gesetzt werden. Auch wenn die Gasreinigung weit genug getrieben wird, was wegen der Verbesserung des Wirkungsgrades immer wünschenswert ist, wird man kaum zu befriedigenden Ergebnissen kommen. Was mit den Abgasen zur Esse geht, ist, roh gerechnet, bei einer Kuppeltemperatur von 1200⁰ und einer Abgastemperatur von $250 = \frac{250}{1200} \cdot 100 = 20\%$, bei einer Abgastemperatur von 150⁰ = 12%. Von den ersparten 8% gehen ab ca. 2% für den notwendigen Saugzug und die Vergrößerung des Wandverlustes, sodaß kaum mehr als 5% übrigbleiben werden, zudem in Form minderwertiger Energie (niedere Temperatur, hohes Wärmegewicht). Der Wärmewirtschaftler wird also leicht ein dankbareres Feld seiner Betätigung finden, als die Ausnützung der Abhitze von Winderhitzern in gesonderten Apparaten. Ist ihre Heizfläche zu klein, dann hilft er sich am besten durch Verringerung der Steinstärken, die nach früher Gesagtem mit der Vergrößerung der Heizfläche den Vorteil geringeren Temperaturabfalls bei gleicher Umsteuerperiode verbindet.

Endlich sei hier eine Möglichkeit erwähnt, welche zur Zeit, da diese Zeilen geschrieben werden, die technische Welt bewegt. Man kann statt durch Vorwärmung der Verbrennungsluft auch durch ihre Anreicherung mit Sauerstoff die im Hochofen (wie in Stahlöfen) erwünschten hohen Verbrennungstemperaturen erzielen. Ist der Sauerstoff einmal so billig herzustellen, daß seine Verwendung für die praktische Feuerungskunde in Frage kommt, und ergeben sich keine Schwierigkeiten in bezug auf den metallurgischen Prozeß und das feuerfeste Material, so kann sie dadurch eine vollständige Umgestaltung erfahren. Für den Hochofen wäre die nächste Folge, daß seine mächtigen, Gottes freie

Natur heizenden Wärmespeicher eingehen und die für sie aufgewendeten Gichtgase anderweitig verwendet werden könnten.

Vor allem muß auf dem Hochofenwerk danach getrachtet werden, die Wind- ,Gas- und Druckverluste in den Leitungen nieder zu halten. Es geschieht durch gute Gichtverschlüsse, rasches Umsteuern, dichte, wassergekühlte Schieber oder Ventile, weite Rohrleitungen ohne scharfe Krümmungen, vor allem aber durch die Vorsorge, daß kein Gas mangels Verwendungsmöglichkeit in die Luft gelassen werden muß. Wo das der Fall ist, und bei sehr vielen Hochofenwerken ist es noch so, steigt der Posten »Gas- und Gaswärmeverlust« oft um ein Vielfaches. Wenn nur 1 St. je 8stündige Schicht das Gas ins Freie gelassen wird, so gehen rd. 10% der in den Hochofen eingeführten Wärme verloren. Es ist häufig nicht leicht, solche Verluste zu vermeiden, weil sowohl die Gaserzeugung als der Bedarf schwanken. Das A und Z aller Wärmewirtschaft im Hochofenwerk ist deshalb der Ausgleich zwischen beiden und, wo er nicht möglich ist, die Speicherung der Gichtgasenergien in den Zeiten, wo keine Verwendung für sie besteht.

c) Speicherung der Gichtgasenergie.

1. Die nächstliegende Art der Speicherung ist, die überschüssigen Gichtgase in einen Gasbehälter zu leiten. Es stehen viele Ausführungen in Größen von 20000 bis zu 50000 m³. (Das entspricht bei einem Durchmesser von 45 m einer Höhe von 28 m, also derjenigen einer ansehnlichen Esse!)[1] Trotzdem vermag ein solcher Riesenbehälter noch nicht eine Stundengaserzeugung eines neuzeitlichen Hochofens zu speichern. Bei einer Erzeugung von 500 t in 24 St. und 110 Kokssatz ergibt sich je Stunde eine Gaserzeugung von $\dfrac{500 \cdot 1{,}10 \cdot 3{,}700}{24} = 85\,000$ m³, sodaß also nur für 35 Minuten die Energie gespeichert werden kann, selbst wenn, was selten der Fall ist, für jeden Hochofen ein solcher Behälter vorhanden wäre. Allerdings ist es im normalen Betrieb nie nötig, die gesamte Energie aufzunehmen, sondern nur die an fremde Betriebe

---

[1] Neuerlich werden die Gasbehälter nicht mehr als in einen Wasserbehälter tauchende Glocken, sondern als sog. Trockenbehälter gebaut, bei denen der auf- und abgehende Deckel durch eine Filzdichtung mit darüber stehender Teerrinne abgedichtet und der durchsickernde Teer laufend von einer Pumpe wieder nach oben gefördert wird (Maschinenfabrik Augsburg-Nürnberg). Der Vorteil ist neben geringeren Anlagekosten Herabminderung der bewegten Massen (statt der ganzen Glocke ist nur der Deckel zu heben). Infolgedessen ist die Druckdifferenz geringer, welche aufzuwenden ist, um den ruhenden Gasbehälter in Bewegung und zur Herbeiführung des Ausgleichs zu bringen und damit der Gasdruck in den Leitungen gleichmäßiger.

abzugebende, also ungefähr ⅓, sodaß in diesem Falle bei einem Ofen
1½ St., bei dreien immer noch ca. 1 St. gespeichert werden kann. (Dabei ist angenommen, daß von 3 Hochöfen zu gleicher Zeit höchstens
2 Überschuß haben werden.)

2. Eine andere Möglichkeit, die wir bei den Dampfkesseln kennen
gelernt haben, ist die Speicherung durch Wasserüberhitzung, sei es in
dem Großwasserraum der Kessel selbst, sei es dort und in Kiesselbach-
schen Speiseraumspeichern. Eine Rechnung, wie wir sie bei deren Behandlung angestellt haben, ergibt, daß eine Kesselanlage für 45% der
Gesamtenergie unseres Hochofens von 500 t Erzeugung bei großen
Oberkesseln von 2 m Durchmesser ungefähr 12 Minuten lang diese
Energie zu speichern vermag. Geben wir jedem Kessel einen Speiseraumspeicher von gleicher Größe bei, so vermag die ganze Anlage die
genannte Energie 1¼ St. lang aufzunehmen, also einen Gasbehälter
von 50 000 m³ mehr als zu ersetzen. Eine solche Anlage wird sich aber
billiger stellen als der Gasbehälter. Diese Betrachtungen in Verbindung
mit den höheren Dampfspannungen rücken den Dampfbetrieb zum
wenigsten für Neuanlagen von Hochofenwerken trotz des besseren thermischen Wirkungsgrades der Verbrennungsmotoren wieder in den Vordergrund der Betrachtung.

3. Ein anderer Vorschlag ist, große Kesselanlagen zugleich mit
Kohlenfeuerungen und Gasbrennern zu versehen und sie mit ersteren
zu betreiben, wenn andere Verwendung für die Gichtgase (in Gasmotoren)
besteht, mit letzteren, wenn diese Verwendungsmöglichkeit nicht gegeben ist. Die Lösung kommt aber nur in Frage, wo auf einem Werk
für die Krafterzeugung noch beträchtliche Kohlenmengen benötigt
werden, ein Zustand, dessen Abstellung überall angestrebt wird. In
diesem Falle läßt sich das alternative Arbeiten am einfachsten bewerkstelligen, wenn man statt mit Kohlen auf dem Rost mit eingeblasenem
Kohlenstaub oder flüssigem Brennstoff (Teer) arbeitet. Denn ein Rost
muß, wenn mit Gas gefeuert wird, entweder mit Kohle oder mit Asche
abgedeckt werden. Letzteres ist lästig und verursacht Aufenthalt,
ersteres läßt den Kohlenverbrauch nicht ganz zum Stillstand kommen
und gestaltet ihn unwirtschaftlich, solange daneben Gas verbrennt.
Die erstgenannten Brennstoffe können ohne weiteres abgestellt und danach nach Belieben neben oder ohne Gas wieder eingeschaltet werden.

4. Einen Ausgleich ähnlicher Art können wir schaffen, indem wir
bei normalem Gasbedarf zu den Hochöfen Generatoren hinzufügen,
dagegen bei Ausfall im Gasverbrauch stillegen. Auch dieser Ausweg
kommt nur unter der unter 3 genannten unerwünschten Voraussetzung
in Frage. Daß er im übrigen wärmewirtschaftlich nicht günstig ist,

wurde schon erwähnt. Ebenso die andere Möglichkeit, den normalen Gasbedarf auf die kleinste Gichtgaserzeugung einzustellen, bei größerem Bedarf aber im Hochofen mehr Koks zu setzen.

5. Eine Art von mechanischer Energiespeicherung endlich hat der Verfasser nicht im Hochofen-, aber in anderen hüttenmännischen Betrieben mit Erfolg angewendet. Es werden zu diesem Zwecke Fabrikationen, die sich ihrer Natur nach zu periodischem Betrieb eignen, abgeschaltet, wenn Energiemangel, ganz eingeschaltet, wenn Überschuß, und teilweise, wenn ein Zwischenzustand besteht. Die Eignung liegt dann vor, wenn weder Rohmaterial noch Fertigerzeugnis durchlaufenden Betrieb bedingen und wenn wenig und nicht qualifizierte Arbeiter benötigt werden, die bei Unterbrechung des Betriebs an anderen Stellen, etwa auf dem Werkhof, dem Kalkwerk, zum Auf- und Abladen usw. verwendet werden können. Solche Fabrikationen sind auf Eisenwerken Zementfabrik, insbesondere Steinpressen, ferner Kohlenstaubmühlen, Zerkleinern oder Pressen von Schrott und Spänen für das Stahlwerk, Trocknen von granulierter Schlacke, Erzrösten oder Kalk- und Dolomitbrennen mit Gichtgasen, Sintern von Erzen oder Gichtstaub u. a. m. Auch das Walzwerk, vor allem die Blockstraßen können zum Energieausgleich herangezogen werden, zum mindesten dadurch, daß ihre natürlichen Pausen in die Zeiten starken Energiebedarfes der übrigen Betriebe gelegt werden und umgekehrt. Es ist klar, daß diese Lösung manche Unbequemlichkeit und viel Dispositionsarbeit mit sich bringt; aber ein guter Betriebschef wird sie trotzdem nicht scheuen, weil sie den Vorzug hat, nichts zu kosten, als eben geistige Arbeit. Daß man statt ganzer Betriebe einzelne Cowper, Kesselbatterien, Dampf- und Speisewasserspeicher, Preßluftbehälter u. a. m. zu- und abschalten kann, um einer vorübergehenden Störung des Gleichgewichtes zwischen Energieanfall und -verbrauch zu begegnen, ist schon erwähnt worden. Ebenso, daß die Aufheizung ganzer, in Reserve stehender Cowper unwirtschaftlich ist[1]).

---

[1]) Da die in solchen Reservecowpern gespeicherte Wärme von 700⁰ abwärts für den Hochofen nicht mehr verwertbar ist, hat man vorgeschlagen, sie zur Vorwärmung des Windes in einer Art von Verbundverfahren zu verwenden und in einem nachgeschalteten Cowper auf 900⁰ fertig zu erhitzen. Oder aber den in einem Cowper erhitzten Wind unter Kessel zu führen, unter denen die Wärme bis etwa auf 300⁰ ausgenützt werden könnte. Verfasser hält beide Verfahren für praktisch undurchführbar oder unwirtschaftlich. Im ersteren Falle ist ein verwickelter Schaltorganismus nötig, und im normalen, nachgeschalteten Cowper würde der in der ersten Stufe vorgewärmte Wind unten auf kältere Steinschichten stoßen, diese also aufheizen statt entladen. Eine Störung des gesamten Verlaufes der Temperaturkurven würde die Folge sein. Alle Übersicht müßte verloren gehen. Im zweiten Fall sind die Verluste so groß, daß mit dem verbleibenden Gewinn noch nicht einmal die Umsteuerorgane und Rohrleitungen zu den Kesseln verzinst werden könnten. Denn die Strahlungsverluste der Cowper betragen im normalen Betriebe schon

Wohl aber kann man von drei Cowpern vorübergehend einen ausschalten oder alle drei mit wenig Gas heizen, dafür nachher entsprechend
mehr Gas gebend. All die genannten Ab- und Zuschaltmöglichkeiten
in Verbindung mit mächtigen Gasbehältern sind von großen gemischten
Werken in den letzten Jahren außerordentlich fein durchgearbeitet
worden nach dem Grundsatz: Der gleichmäßigst arbeitende ist
der wirtschaftlichste Betrieb. Zu diesem Zweck hat man, möglichst zentral im Werk gelegen, meist unmittelbar neben dem Gasbehälter, sog. Kommandostellen errichtet, nach denen alle Leitungs-
drucke, Winddrucke, Spannungen in Kesseln und Preßluftbehältern usf.
durch Fernspruch oder selbstschreibend gemeldet werden. Von der
gleichen Stelle aus werden dann je nach Bedarf Kesselbatterien, Cowper, Kompressoren oder ganze Betriebe aus- oder eingeschaltet derart,
daß der Gasbehälter nie leer wird, die Kesselspannungen nicht unter
eine bestimmte Grenze, bei welcher die Dampfmaschinen noch günstig
arbeiten, sinken usf. Man geht von dem Gedanken aus, daß die Still-
legung eines Hochofens oder einer Walzenstraße während einer Viertel-
stunde einen kaum merkbaren Ausfall bedeutet, daß dagegen, wenn es
wegen Unterlassung einer rechtzeitigen Verfügung zum Gas- oder Dampf-
mangel auf dem ganzen Werk kommt, der Ausfall sich auf die 10- und
20fache Höhe ausdehnen kann. »Bereit sein, ist alles,« könnte man
über solche Industriekommandostellen wie über militärische schreiben.
Die Verfügungen müssen der Gefahr vorbeugen, nicht ihr nachhinken.
Nur wenn ein Arbeiten mit ausgepumpten Kesseln oder Preßluftbehältern,
also mit großen Füllungen der Kraftmaschinen, mit zu niederen oder zu

---

ca. 10%. Will man längere Zeit Wärme in ihm stapeln, so wird man mit dem Doppelten rechnen müssen. Sodann bleiben auch für den Kessel die letzten 300° un-
verwertbar. Bei 1000° Kuppel- und 200° Abhitzetemperatur enthält der aufgeheizte
Cowper $G \cdot cp \cdot \frac{1000 + 200}{2}$, der entladene $G \cdot c_p \frac{0 + 300}{2}$ WE. Es bleiben also unausgenützt $\frac{150}{600} \cdot 100 = 25\%$. Am Kessel, in welchen der warme Wind mit einer
mittleren Temperatur von $\frac{1000 + 300}{2} = 650°$ eintritt, kann er äußerst bis 200°
ausgenützt werden, $\frac{200}{650} \cdot 100 = 30\%$ gehen in die Esse. Dazu kommen bei dem geringen Wärmegefälle mindestens 20% als Wandverlust, so daß von der in den Cowper geschickten Wärme bestenfalls übrigbleiben $0,8 \cdot 0,75 \cdot 0,7 \cdot 0,8 = 33,5\%$.
Ein thermischer Wirkungsgrad von 0,1 für die Dampfkraftanlage angenommen,
bleiben schließlich 3 bis 4%, für die ein großer Aufwand von Rohrleitungen und
Arbeit (der Hand wie des Kopfes für die Dispositionen) keinenfalls berechtigt erscheint. Man wird vielleicht entgegnen, daß selbst ein kleiner Rest besser sei als das
Nichts, das sich ergibt, wenn man Gichtgase wegläßt, weil man sie nicht speichern
kann. Auf der anderen Seite soll man, wenn man schon zu diesem Zweck Kapital
festlegt, gute Speicher und nicht derart wärmewirtschaftlich unbefriedigende schaffen!

hohen Gasdrucken, also unstimmigen Gasgemischen, und mit anderen als den günstigsten Geschwindigkeiten in den Feuerungen, vermieden wird, arbeitet ein Betrieb dauernd mit gutem thermischem Wirkungsgrad. Tatsächlich hat man mit solchen Kommandostellen große Ersparnisse erzielt, die sie in ein bis zwei Jahren bezahlt gemacht haben, selbst wo nur der Minderverbrauch an Wärme ohne die zahlreichen Einwirkungen auf Erzeugung, Ausschuß, Abbrand, Qualität und Löhne gerechnet worden ist.

Nachstehend einige Wärmeverbrauchszahlen von ganzen Betrieben, welche zur Berechnung der Unterbringungsmöglichkeit überschüssiger Gichtgase dienen mögen. Es werden:

zum Kalkbrennen je Tonne CaO 200 bis 250 kg Steinkohle = 1,4 bis 1,75 Mill. WE,

zum Dolomitbrennen je Tonne gebrannten Materials 300 bis 400 kg Kohle = 2,1 bis 2,8 Mill. WE,

zum Erzrösten je Tonne gerösteten Erzes 50 bis 100 kg Kohle = 350000 bis 700000 WE gebraucht.

Für Trockenanlagen ergibt sich der Energiebedarf aus dem zu vertreibenden Wassergehalt und der Erhitzung des Wärmgutes, wobei ein Wirkungsgrad von 65 bis 70% bei Außen-, von 70 bis 80% bei Innenheizung angenommen werden kann; für Mühlen, Pressen, Scheren usw. ist er durch die einzelnen Maschinen bestimmt.

d) Eigenenergieverwertung und Energiefernleitung.

Schon die obigen Ausführungen zeigen die außerordentliche Mannigfaltigkeit der Gichtgasverwertung. Sie wird noch weit größer, wenn wir die dem Hochofenwerk nachgegliederten Betriebe in den Kreis der Betrachtung ziehen; es kommen dann hinzu: Ofenheizung für Stahl- und Walzwerk, Glühöfen und Formtrocknerei in Stahl- und Graugießereien, Antrieb der Gebläse- und Walzenzugsmaschinen und der weiterverarbeitenden Betriebe. Allgemeingültige Regeln können bei der Verschiedenheit der Verhältnisse nicht aufgestellt werden. Man wird aber einige Ordnung in die Überlegungen bei der Frage der Gichtgasverwertung bringen, wenn man sich an folgende Grundsätze hält:

1. Zunächst ist der gesamte Eigenbedarf des Hochofenwerks an Energie zu decken, ehe sie weitergeleitet wird. Auch wo an anderen Stellen, z. B. in Stahlöfen, ein etwas besserer Wirkungsgrad erzielt werden könnte, wird der Gewinn doch meist durch die Verluste und Kosten für Zins und Amortisation einer Fernleitung aufgezehrt werden. Zudem ist, wie früher erwähnt, die Geschlossenheit eines Betriebes von einigem imponderablen Wert.

2. Das Übrigbleibende ist zunächst wieder in eigenen, angegliederten Betrieben, soweit möglich, unterzubringen, dann erst an fremde abzugeben, und zwar

a) in Form von elektrischem Strom, solange an irgendeiner Stelle des Gesamtwerkes noch Kohle oder flüssiger Brennstoff zu Kraftzwecken verschürt werden muß. Dann erst

b) in Form von Brenngas für Öfen.

Zu dieser Reihenfolge gelangt man, wenn man die Vorzüge der elektrischen Fernleitung mit der Gasfernleitung vergleicht: die Leitungsverluste sind keinenfalls größer als bei Gasleitungen, und die Verluste an fühlbarer Wärme fallen ganz weg; die Instandsetzungsarbeiten sind verschwindend, der Raumbedarf und die Anlagekosten geringer.

Sind die Verwendungsmöglichkeiten für Energie in Form von elektrischem Strom in den eigenen Betrieben erschöpft, dann erst tritt die Ferngasleitung in ihr Recht. Die Ofenheizung mit Gicht- und Koksofengasen nimmt mehr und mehr zu, und es gibt heute Werke, die bis zu 15 km Gasleitungen bis zu 2,5 m Durchmesser liegen haben, Wärmeanlagen, die in gleicher Größe und von gleichem Materialverbrauch sonst kaum noch zu finden sind. Der Wärmeverbrauch bewegt sich in guten Stahlöfen mit 50 t Fassungsvermögen und mehr bei flüssigem Einsatz zwischen 0,8 und 1,5 Mill. WE einschließlich Generatordampf und abzüglich Dampf im Abhitzekessel, ist also niederer als bei Verwendung von Steinkohlen (20—25% zu 7000 = 1,4—1,75 Mill. WE; siehe auch Stahlwerk).

Wo für Gasmotor und Gasofen die Wahl zwischen Koksgas und Gichtgas besteht, wird man das erstere »schärfere« ganz oder gemischt zum Ofen, das letztere, »mildere«, nach dem Gasmotor schicken, in der Erkenntnis, daß in der Maschine die hohen Verbrennungstemperaturen nicht ausgenützt werden können, sondern mit Rücksicht auf Material und Schmierung durch das Kühlwasser abgemildert werden müssen, während das bei der Ofenfeuerung nicht oder nur an einzelnen wassergekühlten Stellen der Fall ist. Wo Gichtgas für die Öfen gebraucht werden muß, tut man gut, zur Erhöhung seines Heizwertes wenigstens ein Drittel Koksgas zuzumischen. Wo solches nicht verfügbar ist, ist besondere Sorgfalt auf die Vorwärmung von Luft und Gas zu verwenden, um so einen Ausgleich für den niederen Heizwert des Gichtgases zu schaffen. Methodische Untersuchungen, wo Koks-, wo Gicht-, wo Generatorgas mit besserem Wirkungsgrad verwendet werden, sind dem Verfasser nicht bekannt, sie bedeuten für Wissenschaft und Praxis ein starkes Bedürfnis.

e) Fühlbare Wärme der Gichtgase.

Die Hochofengase entweichen der Gicht mit einer Temperatur von 100 bis 200° bei Stahleisen und von 150 bis 300° bei Graueisen. Dieses Gefälle ist zu nieder, um es mit gutem Wirkungsgrad verwerten zu können. Bei den großen Mengen an Gasen, die einem Hochofen entströmen, gehen aber doch bedeutende Energien verloren, wenn die »fühlbare Wärme« nicht erfaßt, sondern in der Gasreinigung und in den Gasleitungen abgetötet wird. Es ist deshalb (von Magnus Tigershiöld) der Vorschlag gemacht worden, das Gefälle dadurch zu erhöhen, daß man einen Teil der Gase schon über der Rast, also aus heißeren Zonen abzieht und durch Abhitzekessel ihre Wärme nutzbar macht. Man kann ihn so bemessen, daß die restlichen, den Schacht durchströmenden Gase in ihm bis auf wenige 50 Grad über der Außentemperatur abgekühlt werden. Es liegt also eine ähnliche Teilung des Gasstroms vor, wie wir sie bei den Stoßöfen kennen gelernt haben. Die Rechnung ergibt, daß ein Betrieb dieser Art möglich ist; er bedeutet aber immerhin eine Verwicklung und eine Schaffung von Fehlerquellen, zu welchen der Hochöfner bei der Empfindlichkeit seines Prozesses nicht ohne weiteres den Mut aufbringen wird.

f) Einige Zahlen für die Wärmewirtschaft des Hochofens.

Der Heizwert von Hochofenkoks schwankt in weiten Grenzen zwischen 5500 und 7200 WE. Der Koksverbrauch je t Roheisen (Koksziffer), wie der Hochöfner ihn anzugeben pflegt, besagt also nichts für die Wärmewirtschaft des Hochofens. Zum mindesten sollte der Verbrauch in WE angegeben werden, statt in Koks. Er beträgt je nach Roheisensorte, Möller, Größe des Ofens und Vollkommenheit des Betriebes 5,5 bis 12 Mill. WE je t Roheisen und sollte bei den gewöhnlichen Sorten (Stahleisen und Graueisen) bei einem Möller von mittlerer Schmelzbarkeit 6 bis 7 Mill. WE nicht überschreiten. Bei kleinen Öfen (100 t Tageserzeugung) und sehr wechselndem Möller, wie man sie im Osten Deutschlands findet, steigt der Wärmeverbrauch für Stahl- und Graueisen auf 9 bis 11 Mill. WE je t Roheisen. Ledebur (Handbuch der Eisenhüttenkunde Bd. 2) errechnet als Mindestverbrauch 700 kg Koks je 1000 kg Roheisen, entsprechend ca. 5 Mill. WE.

1 kg Roheisen erfordert zum Schmelzen und Überhitzen des Eisens:

von Stahleisen   250 bis 270 WE,
» Gießereieisen   280 » 350 »

zum Schmelzen der Schlacke:

von Stahleisen   400 WE,
» Gießereieisen   500 »

Über Reduktionswärme usw. s. Taschenbuch für Eisenhüttenleute Aufl. 2, S. 481 ff., ebenso über Vorausberechnung des Koksver-
brauches.

1 kg Hydratwasser erfordert für die Erhitzung auf 100° und Verdampfung 640°, für die Lösung der Verbindung 75 WE, zus. 715, die
Erwärmung auf Gichtgastemperatur kommt hinzu, bei 300° 200 · 0,5
= 100, zus. 815 WE.

1 kg CO_2 aus $CaCO_3$ ausgetrieben, erfordert rd. 1000 WE.

Gichtgas- und Windmenge: auf 1 kg Koks rd. 4 m³ Gichtgas
$= \dfrac{4000}{6700} \cdot 100 = 60\%$ des Heizwertes des Kokses. Nach der Wärmestelle
Düsseldorf erhält man 4,4, nach Ledebur 4,5, nach Hütte, 2. Aufl.,
S. 219 3,65 m³ Gichtgas je 1 kg Koks im Mittel rd. 4 m³. Genaue
Berechnung s. oben.

1 m³ Wind verbrennt ca. 1,4 m³ trockenes Gichtgas (bei 0° und
760 mm WS).

Der volumetrische Wirkungsgrad des Gebläses (Verhältnis der angesaugten Windmenge zum erforderlichen Zylinderraum) = 0,7.

Winderhitzer: Luftüberschuß ca. 20%, theoretisch Kohlensäuregehalt dann 22,3 Vol.-Proz. (bei Analyse nach Tafel I b, s. Schluß des
Buches).

Zulässiger Temperaturabfall zwischen Anfang und Ende der Umsteuerperiode 70 bis 80°.

Temperatur in der Kuppel 1000 bis 1250°.

Abgastemperatur 200 bis 250°.

Thermischer Wirkungsgrad 60 bis 80%, und zwar wie beim Dampfkessel je ungefähr die Hälfte Wand- und Abgasverluste.

Kokerei: Nach der mehrfach genannten Dissertation von Hans
Meyer ergibt gute Ruhrsteinkohle hinter dem Koksofen eine 1 bis 1,2
fache Verdampfung ohne, und 0,8 bis 0,9fache mit Gewinnung von
Nebenprodukten. Der Gasüberschuß ist dabei 60 bis 70 m³ je t einge-
setzter Kohle, und das Gas liefert ungefähr ⅓, die Abhitze ⅔ der Verdampfungswärme. Bei Fortleitung der Koksgase (ca. 4500 WE Heizwert) würde also die Verdampfung noch eine 0,6fache sein.

Nach St. u. E. 1911, Nr. 23 sind zur Entgasung von 1 kg trockener
Kokskohle 650 WE = 0,14 m³ Koksgas notwendig. 1000 kg Kohle er-
geben insgesamt im Mittel 200 bis 300 m³ Gas, 25 kg Teer, 2,5 kg Sal-
petersäure, 10% Ammoniaksulfat, 4,5 kg Benzol, ca. 750 kg Koks.
Heizwert und Analyse von Koksgas s. Tafel I b am Schlusse des
Buches.

B. Stahlwerk.

a) Thomaswerk.

Im Thomaswerk tritt die Wärmewirtschaft gegenüber der Sorge für geringen Materialverbrauch, den Abbrand, zurück. Sie beschränkt sich im wesentlichen auf das Bestreben, das Roheisen auf dem Wege vom Hochofen zum Stahlwerk und im Mischer nicht stark abkühlen zu lassen. Es geschieht durch Ausfüttern der Pfannen und ihrer Deckel, der Roheisenwagen und Mischer mit dicken Schichten von feuerfestem Material. Das letztere sollte außer nach der Haltbarkeit auch nach geringer Wärmeleitfähigkeit ausgewählt werden. Außerdem steingefütterte, gutschließende Deckel, auch bei Rückfahrt zu benützen, und keine halbvollen Pfannen. Wo Hochofen- und Stahlwerk weit auseinander

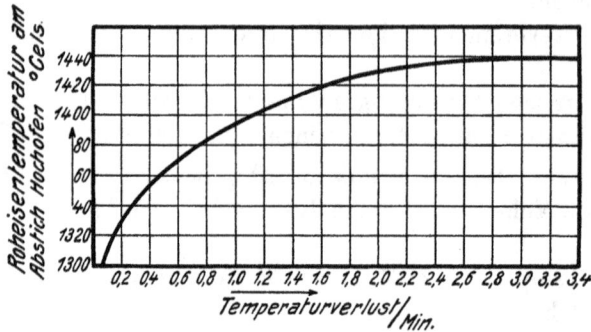

Abb. 106. Temperaturabfall in der Pfanne.

liegen, wird die Größe der Abkühlung auch von der Güte des Rangierdienstes beeinflußt. Man muß dafür sorgen, daß die Roheisenwagen, volle und leere, nie auf der Strecke stehen bleiben. Im vollen Roheisenpfannenwagen von ca. 35 t Fassung soll der Temperaturabfall 2 bis 3° je Minute nicht übersteigen. Kleinere Pfannen kühlen natürlich mehr, größere weniger ab. Temperaturverlust beim Abstich ca. 30°. Der Wärmeverlust wurde da und dort mit wachsender Überhitzung des Roheisens schroff steigend gefunden (s. Abb. 106). Grund vermutlich starkes Steigen der Leitfähigkeit des Steinfutters mit zunehmender Temperatur oder endothermische Prozesse im Eisen. Der Mischer wird meist heizbar gemacht, und zwar verwendet man Teerfeuerung oder solche für Generator-, Gicht- oder Koksofengas, die letztere mit Regenerativfeuerung nur für Luft oder, bei sog. »Flachherdmischern«, die ähnlich den kippbaren Martinöfen gebaut sind, für Luft und Gas. Der Wärmeverbrauch beträgt je Tonne durchgesetzten Roheisens durchschnittlich 100 bis 200000 WE (s. auch »Wärmeverbrauchszahlen S. 280).

Man hat daran gedacht, die Wärme der aus dem Konverter kommenden Heizgase nutzbar zu machen. Ein Erfolg ist bei den kurzen Blasezeiten und vielen Stillständen nicht zu erwarten. Wir wissen, daß der Wirkungsgrad unserer Wärmeeinrichtungen abhängt von der Regelmäßigkeit des Betriebes. Darum sind derart stoßweise auftretende Energien in der Technik ebensowenig günstig für die Ausnützung wie in der Natur. Bei Abhitzekesseln z. B. würde die Abkühlung in der Zeit des Stillstandes einen guten Teil der Wärmeaufnahme während des Blasens verzehren. Und wollte man die Abgase mehrerer Konverter durch Leitungen sammeln, um die Stillstände zu verringern, so würden wieder die Wandverluste in den großen Leitungen, die auch während des Stilliegens der Konverter fortlaufen, den Wirkungsgrad drücker. Jedenfalls ist er bei dieser Art von Wärmeeinsparung auf Hüttenwerken ungünstiger als bei jeder anderen und sie sollte darum erst in Betracht gezogen werden, wenn alle anderen wärmewirtschaftlichen Aufgaben gelöst sind, eine Bedingung, die auch bei den bestgeleiteten Werken kaum je erreicht werden wird.

b) Martinwerk.

Die Wärmewirtschaft im Martinwerk ist aussichtsvoller. Im wesentlichen liegt sie in guten Gasfeuerungen. Heiß gehende Öfen mit kurzer Chargendauer, bei denen die Wärme mit hohem Temperaturgefälle, also rasch auf das Bad bzw. den einzuschmelzenden Einsatz überströmt, gleichsam darauf einstürzt, sind die Hauptbedingung für einen niederen Wärmeverbrauch. Dazu kommt rasches Arbeiten, vor allem beim Chargieren.

Die 20 bis 30% Wärme, welche die Abgase als Abhitzerest nach früher Gesagtem mindestens aus dem Ofen entführen, ungenützt zu lassen, ist eine nicht zu verantwortende Wärmeverschwendung. Die Gründe, warum die Abhitzeverwertung im Martinwerk in manchen Ländern sich nur langsam einbürgert, sind bei der Behandlung der Gasfeuerung schon genannt worden, ebenso die Mittel zur Beseitigung solcher Hemmungen. Desgleichen haben wir dort an einem Zahlenbeispiel gesehen, wie die für den Kessel verfügbare Wärmemenge von der fühlbaren Wärme der Gase beim Eintritt in den Ofen und ihrem Heizwert abhängt. Rund kann man bei normalen Verhältnissen bei Generator- und Koksgasen 20 bis 25% der gesamten zum Ofen strömenden Wärme als für die Dampferzeugung nutzbar annehmen.

Von Amerika wird gemeldet, daß dort die Betriebsleute als einen weiteren Vorteil der Abhitzekessel folgendes empfinden: die mehr oder minder große Verdampfung, die fortlaufend gemessen wird, läßt Unregelmäßigkeiten des Ofengangs erkennen. Eine hohe Verdampfung kann zu großen Gasverbrauch oder abgeschmolzenes, verglastes oder verschmutztes Gitterwerk in den Kammern, endlich starke Nachverbrennung in ihnen, eine abnehmende dagegen falschen Zug, zu hohen Luftüberschuß oder verstopfte Kanalquerschnitte anzeigen[1]). Laufende Temperaturmessungen hinter den Kammern, die in keinem Martinwerk fehlen sollten, ersetzen den Kessel als Indikator nicht. Denn sie zeigen in dem Produkt

$$G \cdot t \cdot c_p = \text{Abwärme}$$

nur das t, nicht aber das Gewicht der Abgase an, während die verdampfte Wassermenge ein unmittelbarer Maßstab für die Abhitze und, die spezifische Wärme c_p als konstant angenommen, für $G \cdot t$ ist.

Endlich ist von Wesenheit für die Wärmewirtschaft, daß die Öfen gutes Gas erhalten. Fortlaufende Gasanalysen, zum mindesten CO_2-Messungen bei Generatorgas, sind Vorbedingung für jeden wärmewirtschaftlich gut geleiteten Martinbetrieb. Wo man daran geht, den Wärmeverbrauch herabzudrücken, wird man zweckmäßig mit der Verbesserung des Gases beginnen und sich dann erst an die Kontrolle und Verbesserung der Öfen und an die Verwertung der Abhitze begeben.

c) Elektrostahlwerk.

Das Grundsätzliche über elektrische Öfen ist im II. Teil (S. 240) ausgeführt worden. Einige Zahlen über die Elektrostahlöfen finden sich im nächsten Abschnitt. Hier seien nur im allgemeinen die wesentlichen Eigenschaften und die Hauptgruppen der elektrischen Stahlöfen mit ihren Vor- und Nachteilen aufgeführt, desgleichen das für die Wärmewirtschaft Wichtige, soweit hier zwischen metallurgischem und wärmewirtschaftlichem Gebiet überhaupt Grenzen zu ziehen sind.

Im wesentlichen hat der Elektrostahlofen, gleichgültig welchen Systems, vor dem Gasofen folgende Vorzüge:

1. Er nützt die ihm zugeführte Energie besser aus, weil die Wandverluste durch den Fortfall der Kammern und des Generators kleiner sind und die Abhitzeverluste überhaupt wegfallen.

2. Die über dem Bad liegenden Gase sind chemisch indifferent. Sie bestehen in der Hauptsache aus den Verbrennungsprodukten der Elektroden, vor allem CO, dann N_2 und CO_2. Das Bad kann also kaum unerwünschte Bestandteile, vor allem kein H_2 aufnehmen.

3. Der Wärmevorgang ist ein sehr intensiver. Man kann die Badtemperatur bis zu jeder Höhe, welche die Haltbarkeit von Herd,

---

[1]) S. auch W. Schuster, »Betriebserfahrungen mit Abhitzekesseln hinter Siemens-Martinöfen«, St. u E. 1924, S. 65.

Ofenwänden und Gewölbe zuläßt, treiben. Das Einschmelzen kann deshalb rasch erfolgen. Die Spitzen von eingesetztem Schrott schmelzen schnell ab und bilden so einen Sumpf von flüssigem Material, der den übrigen Schrott leichter löst und den Einsatz von Roheisen überflüssig macht. Es ist das besonders wertvoll, wo legierte Stähle aus Abfällen gleicher Herkunft erzeugt werden sollen, weil ihr Gehalt an hochwertigen Beimengungen durch die Roheisenzugabe nicht verdünnt wird.

Die hohe Temperatur macht eine Ausscheidung des Schwefels bis auf Spuren möglich. Sie verstärkt die Reaktion zwischen Schlacke und Bad und läßt eine vollkommene Reduktion des Eisens aus der Schlacke zu, die Voraussetzung für eine gute Desoxydation des Bades. Auch andere Schwermetalle verschlacken nicht, was wiederum für die Verarbeitung von Abfällen aus legierten Stählen von Bedeutung ist. Die hohe Temperatur macht die Legierung vollkommener. Bei saurer Zustellung wird die kieselsaure Schlacke dünnflüssig und wäscht so gleichsam leichter aus dem Metall das schädliche Eisenoxydul aus. Bei basischer entsteht im Lichtbogenofen Kalziumkarbid, das dann eine ähnliche Rolle spielt wie die kieselsaure Schlacke (Zerstörung, statt Lösung der Eisenoxyde des Bades). Nach Thallner bindet FeO Wasserstoff im Stahl. Wird es von der Schlacke gelöst bzw. zerstört, so entweicht der Wasserstoff. Danach würde die bessere Desoxydation gleichzeitig eine bessere Entgasung zur Folge haben.

4. Die Temperatur ist leicht regulierbar. Auch das begünstigt die Entgasung. Denn man kann vor dem Abstich das Bad abstehen lassen. Dadurch sinkt die Temperatur und ein Teil der vom Bad gelösten Gase entweicht. Danach gibt man kurze Zeit wieder vollen Strom, sodaß man trotz des Abstehens heiß und dünnflüssig abstechen kann, eine Manövrier- und Regulierfähigkeit, die bei dem Martinofen mit seinen großen Steinmassen unmöglich ist.

Aus ähnlichen Gründen ist der Elektrostahlofen dem letzteren überlegen, wo es sich nur um Tagesbetrieb handelt. Selbst nach 24stündigem Stillstand ist der erstere rasch wieder betriebfertig.

5. Der Induktionsstrom in dem nach ihm benannten Ofen heizt nicht nur das Bad, sondern führt auch eine dauernde Strömung desselben in den die Wanne bildenden kreisförmigen Rinnen herbei. Das hat hier, wo die Schlacke weniger heiß als beim Lichtbogenofen ist, eine innige Berührung mit ihr zur Folge, so daß desoxydierende Zuschläge, die beim Induktionsofen nötig sind (Ferrosilizium oder Kalziumkarbid) gut zur Auswirkung kommen.

Auch Legierung und Entgasung werden durch die genannte Bewegung begünstigt.

Sieht man sich den Elektrostahlofen in bezug auf die wichtigsten Punkte der Stahlherstellung, die Entkohlung, Entphosphorung, Desoxydation, Entgasung und Entschwefelung an, so ist nach obigem zu sagen, daß er in bezug auf die letzteren beiden unübertroffen ist. Die Desoxydation dagegen gelingt im Martinofen besser. (Darauf schiebt man die Neigung zur Flockenbildung beim Elektrostahl.) Das gleiche gilt von der Entkohlung und Entphosphorung, weil der Sauerstoffgehalt der Heizgase des Martinprozesses im Elektrostahlofen fehlt.

Es gibt Dutzende verschiedener Arten von Elektrostahlöfen, aber sie lassen sich in nur 3 Hauptgruppen teilen:

1. Lichtbogenöfen. Hauptvertreter ist der Héroultofen. Es ist das meist eingeführte System, zurzeit ungefähr 90% aller Öfen, davon etwa $\frac{1}{3}$ nach Héroult. Ähnlichen Systems sind die von Brown Boveri, Fiat u. a. m., ferner von Rennerfelt, Stassano und die von der Firma Siemens & Halske, Berlin, ausgeführten, nur daß die letzteren wagrechte oder annähernd wagrechte Elektroden haben statt senkrechte, wie die drei erstgenannten.

Die Vorteile des Lichtbogenofens sind: einfache Bauart mit übersichtlichem, gut zugänglichem Herd, Betriebssicherheit, starke Schlackenheizung durch den auftreffenden Lichtbogen, billige Anlage, besondere Eignung für kalten Einsatz.

Die Nachteile: je nachdem der feste Einsatz eben ist oder Spitzen aufweist, sind der Weg des Lichtbogens und die Stromentnahme verschieden. Der Lichtbogenofen neigt deshalb zu Stromstößen, die im Stromnetz lästig sind. Der Verbrauch an Elektroden (s. nächster Abschnitt) erhöht die Selbstkosten. Die Heizung erfolgt vor allem dort, wo der Lichtbogen auftrifft, also in wenigen Punkten, in denen der Stahl eine Überhitzung erfährt.

2. Induktionsofen. Ursprünglich von Kjellin gebaut, von Frick und von Röchling-Rodenhauser abgeändert und verbessert, ist ein Wechselstromtransformator, dessen Primärwicklung im Ofen liegt und dessen sekundäre durch das ringförmige, in einer oder mehreren konzentrischen Rinnen liegende Bad gebildet wird.

Die Vorteile sind: keine Elektroden, keine örtliche Überhitzung, wie beim Lichtbogenofen, gleichmäßigere Stromentnahme und ständige Bewegung des Bades.

Nachteile: Induktionsöfen benötigen wegen des erforderlichen rotierenden Transformators höhere Anlagekosten und haben größere elektrische Verluste. Der Herd ist weniger übersichtlich, und die Isolierung der Primärwicklung bedeutet eine Komplikation. Die Schlacke wird nicht unmittelbar, sondern vom Bad aus geheizt, ist also kälter als beim Lichtbogen-ofen. Der Induktionsofen ist weniger als dieser für festen Einsatz geeignet.

3. Lichtbogenofen mit Bodenelektroden, von Nathusius, Girod, Booth, Green, Grönwall u. a. gebaut. Bei ihm geht ein Teil des Stroms (bis maximal 25%) durch Schlacke und Bad hindurch zu einer Stahlelektrode im Boden. Diese steht entweder ungeschützt mit dem Bad unmittelbar in Berührung oder sie wird mit einem sog. »Leiter zweiter Klasse« überstampft. Dadurch wird die Gefahr des Durchbruchs des Bades durch die Bodenpole vermindert. Als Leiter verwendet man am besten Dolomit oder in tieferen, kalten Teilen des Bodens feuerfeste Kohlensteine. Saure Böden sind nichtleitend, können aber durch Beimengung von Nägeln oder anderen Eisenteilen zu Leitern der genannten Art gemacht werden.

Das System 3 verbindet die Vorteile von 1 und 2: Der Herd ist übersichtlich und zugänglich, die Stromstöße werden durch den ständig zur Bodenelektrode fließenden Strom gedämpft und das Bad erhält eine gleichmäßigere Beheizung.

Als Nachteil ist zu verzeichnen, daß der Herd mit Rücksicht auf die in ihm liegenden Bodenelektroden sorgfältiger gewartet werden muß und daß die Gefahr der Durchbrüche bei diesen die Betriebssicherheit etwas verringert.

Wärmewirtschaft im Elektrostahlwerk.

Nach Fr. Sommer[1] verteilt sich die Energie (Stromverbrauch plus Wärmeüberschuß der chemischen Reaktionen) im Elektrostahlofen in runden Zahlen wie folgt:

	1 Indukt. Ofen	2 warmer Einsatz	3 kalter
		Lichtbogenofen	
Schmelzen und Überhitzen der Beschickung und der Schlacke	20	20	40
Elektrische Verluste, hiervon bei 2 und 3 ca. 4—5% Elektroden-(Joulsche)Verluste.	30	20	17
Ventilator-, Kühlwasser- u. Kühlluftverluste	17	10	6
Wand- und Beschickungsverluste (hiervon bei 2 u. 3 ca. 5% Verluste durch die Essenwirkung nicht vollständig gedichteter Elektroden	33	50	37
	100	100	100

[1] Bericht des Stahlwerksausschusses des Ver. Deutscher Eisenhüttenleute Nr. 77 »Die Fortschritte der Elektrostahlerzeugung« und St. u. E. 1924, S. 490 ff., 526 ff., 553 ff.

Man sieht aus obigen Zahlen[1]), daß der Induktionsofen höhere elektrische, der Lichtbogenofen höhere Wandverluste aufweist. Der Wirkungsgrad, d. h. der Anteil an Wärme, der in das Stahlbad und die Schlacke geht, steigt bei kaltem Einsatz, weil hier das große Temperaturgefälle voll zur Geltung kommt, eine Frage, die in Rücksicht zu ziehen ist, wenn man überlegt, ob man im Elektrostahlofen auch einschmelzen und vorfrischen oder nur fertigmachen will.

Die Zahlentafel zeigt weiter, daß die beiden Systeme 1 und 2 wärmewirtschaftlich ungefähr gleichwertig sind. Da das auch für die Löhne und sonstigen Betriebskosten gilt (die höheren Zins- und Amortisationskosten beim Induktionsofen werden durch die Elektrodenkosten beim Lichtbogenofen mehr als ausgeglichen), so ergeben sich Lichtbogen- und Induktionsofen nicht nur wärme-, sondern allgemeinwirtschaftlich ungefähr ebenbürtig.

Was die Größe des Transformators bei Induktionsöfen betrifft, nach der Bestimmung des Ofeninhalts die wichtigste Frage, so begegnen wir hier ähnlichen Schwierigkeiten wie bei der Bestimmung der Abmessungen einer Kraftmaschine. Nach erfolgtem Einschmelzen läßt sich aus metallurgischen Rücksichten die Zeit des Verfahrens nicht stark einschränken. Schmelzwärme ist von da ab keine mehr aufzubringen, sondern es sind in der Hauptsache nur mehr die Wandverluste zu decken. Will man den wärmetechnischen Hauptvorzug der elektrischen Beheizung ausnützen, so muß es demnach beim Einschmelzen geschehen. Das bedingt starken Strom während dieser Periode, dagegen schwächeren beim Frischen und Feinen. Und das wieder, wenn man den gleichen Transformator verwendet, eine Senkung des Wirkungsgrades desselben während der zweiten Periode. Nathusius hat deshalb mit Recht vorgeschlagen, zwei Umformer von verschiedener Größe zu verwenden. Es wird Frage einer jeweils anzustellenden Rechnung sein, ob die vermehrten elektrischen Verluste oder Aufwendungen für Zins und Amortisation schwerer ins Gewicht fallen.

Die obigen Überlegungen und der Umstand, daß die Elektrostahlöfen infolge der fehlenden Kammern weit rascher auskühlen als die Martinöfen, machen ein rasches Chargieren noch wichtiger als bei jenen. In manchen Werken hat sich die Ausbildung des Gewölbes als mittels Kran abzuhebender Deckel zu diesem Zweck gut bewährt. Sie hat auch den Vorteil, daß das Gewölbe etwas niederer gehalten werden kann. Und im allgemeinen nimmt der Stromverbrauch mit der Gewölbehöhe ab.

----

[1]) Sommer hat sie aus Untersuchungen von v. Keil und Rohland abgeleitet (St. u. E. 1923, S. 1095).

d) Wärmeverbrauchszahlen.

Im Konverter wird die Wärme durch die Verbrennung von Si, Mn, C und P, die im Roheisen enthalten sind, gedeckt, das **Thomas- oder Bessemerwerk** hat also einen Wärmeverbrauch nur in dem Gebläse und den Nebenmaschinen.

Den ersteren gibt das Taschenb. f. E. H., 2. Aufl., S. 427 für 20—25 t-Birnen und 2 bis 2¼ Atm. Winddruck an:

für Dampfgebläse mit Kondensation und Überhitzung (ohne: ca. 30% mehr) 300 kg Dampf je t Rohstahl = 190000 WE,

für Gasgebläse (4 Takt) 130000 bis 170000 WE,

für elektrisch angetriebenes Gebläse: am Schaltbrett des Gebläsemotors 28 bis 31 PSst = 100 bis 240000 WE je nach Art der Energieerzeugung.

Dazu kommen für Antrieb der Pumpen für Druckwasser je t Rohstahl ca. 5 PSst, für Transport usw. ca. 3 bis 4 PSst und für die Dolomitanlage ca. 1 PSst, zusammen ca. 10 PSst einschließlich aller Verluste = 70000 WE, zuzüglich Gebläse also 270 bis 310000 WE je t Stahl.

Martinwerk: Bei Öfen mittlerer Größe (30÷50 t Einsatz) rechnet man für die Tonne Stahl 200 bis 250 kg Kohle von 7000 WE zuz. 50 kg für Generatordampf. Zus. 250 bis 300 kg Kohle = 1750000 bis 2100000 WE bei ca. 25% flüssigem, 75% festem Einsatz. Bei großen (z. B. Talbotöfen) und Verwendung von Gicht- und Koksgas ist in günstigsten Fällen, soweit dem Verfasser bekannt ist, der Wärmeverbrauch einschließlich Generatordampf für zusätzliches Generatorgas schon auf 1000000 WE herabgedrückt worden, wobei der im Abhitzekessel erzeugte Dampf (ca. 20%) abgerechnet ist.

Das entspricht bei 20% Schlacke und einer Schmelzwärme von 300 WE für Eisen und 500 für Schlacke einem thermischen Wirkungsgrad von $\frac{400000}{1200000} = \frac{1}{3}$, wobei die chemische Verbrennungswärme außer Rücksicht geblieben ist.

Bei Einzelversuchen hat G. Bulle[1]) Wärmeverbrauchszahlen von rd. 850000 WE erreicht. Dabei ist allerdings zu bemerken, daß zuverlässige Zahlen nur in längeren Dauerversuchen (mindestens über eine Woche sich erstreckend) gewonnen werden können, weil die großen Steinmassen des Regenerativofens einschließlich Generatoranlage große Wärmespeicher darstellen, aus dem ein Energieausfall durch Herabminderung der Gaszuführung lange Zeit gedeckt werden kann.

---

[1]) G. Bulle, »Versuche zur Einregelung von Gaserzeuger und Siemens-Martin-Ofen«, St. u. E. 1924, S. 397.

Den möglichen Mindestwärmeverbrauch im Martinofen gibt Bulle in der gleichen, für die Wärmewirtschaft des Herdstahlschmelzens außerordentlich wertvollen Arbeit mit 700000 WE je Tonne Stahl an.

Elektrostahlwerk. Nach Fr. Sommer[1]) können Kohlenelektroden je cm² mit 4 bis 7 Amp., solche aus Graphit mit 15 bis 30 Amp. belastet werden. Der Verbrauch ist dabei je Tonne Stahl bei ersteren 15 bis 25, bei letzteren 4 bis 7 kg Elektrodenmaterial bei festem und ungefähr halb so viel bei flüssigem Einsatz.

An der gleichen Stelle wird der Stromverbrauch für Öfen von 4 bis 8 t Inhalt wie folgt angegeben:

	Gewöhnliche Kohlenstoff-Stähle	Hochlegierte Stähle
a) flüssiger, im Konverter oder Martinofen vorgefrischter Einsatz	200	500 Kw/St.
b) fester Einsatz	600	1200 »

Nach Angaben des »Internationalen Kongresses für angewandte Mechanik« werden in Öfen mittlerer Größe benötigt:

	Handelsqualität	Tiegelstahlqualität
Kalter Einsatz	700 bis 1000	2000 Kw/St.
Roheisen aus dem Mischer	400	—

Kleine Öfen bis herab auf 500 kg Einsatz bis zu 150% mehr.

Die stark abweichenden Zahlen sind bei der verschiedenen Zusammensetzung und dem schwankenden Wärmeinhalt des Einsatzes, endlich bei der Empfindlichkeit des Elektrostahlofens gegenüber der Raschheit des Arbeitens nicht erstaunlich.

Mischer: Nach H. Meyers mehrerwähnter Dissertation rechnet man 4% Kohle für 1000 kg durchgesetztem Roheisen $<$ 300000 WE. Diese Ziffer darf als Höchstziffer betrachtet werden; man kann sie, da man Mischer bekanntlich auch ohne Heizung betreibt, in beliebiger Weise senken. Wo man sich auf Erhaltung einer dünnflüssigen Schlacke an der Abstichschnauze beschränkt und Koksgas mit vorgewärmter Luft verwendet, werden Zahlen bis herunter auf 10000 WE genannt.

Kupolöfen benötigen nach der obigen Quelle 6 bis 8 kg Koks = 42 bis 56000 WE; Gießereiflammöfen 20 bis 40% Kohle = 1,4 bis 2800000 WE; Schachtöfen für Tiegelstahl 200 bis 250% Koks = 14 Mill. WE; Regenerativtiegelstahlöfen bei 6 Sätzen in 24 St. und 25 bis 50 kg Tiegelinhalt 100 bis 135% Stein- und ca. 300% Braunkohle = 7 bis 9,25 Mill. WE.

---

[1]) Die »Fortschritte der Elektrostahlerzeugung«, Stahlwerksausschuß des Vereins deutscher Eisenhüttenleute, Nr. 77 v. 30. Jan. 1924.

e) Innere Wärmewirtschaft im Stahlwerk.

Schon beim Hochofen- und Elektrostahlwerk ist angedeutet worden, daß die wärmewirtschaftlichen und metallurgischen Prozesse in engem Zusammenhang stehen. Das gleiche gilt vom Stahlwerk überhaupt. Die Führung der Verbrennungsprozesse ist hier wie dort eine Frage des Wärmeverbrauchs nicht nur, sondern auch der Erzeugung und der Qualität. Der Eisenhüttenmann zum wenigsten der Praxis hat seine metallurgischen Verfahren bisher zu sehr nur vom Standpunkt der Metallchemie angesehen, während ihre Grundlagen mindestens ebensoviel auf dem Gebiet der Physik, vor allem der Thermodynamik, zu suchen sind. Es wird eine reizvolle Aufgabe der Zukunft sein, diese »innere Wärmewirtschaft« des Stahlschmelzens, wie wir sie nennen möchten, eingehenderen Untersuchungen zu unterziehen. Hier sei nur eine Frage kurz angedeutet, die nicht allgemein bekannt sein dürfte: Der Einfluß der hohen Temperatur und der Möglichkeit, sie leicht und rasch zu ändern, auf die Entschwefelung und Entgasung im Elektrostahlofen ist bei dessen Besprechung schon eingehend erörtert worden. Sie ist weder beim Konverter, noch bei dem Martinofen in gleichem Maße gegeben.

Auch die Vorzüge eines anderen Stahlschmelzverfahrens, von Talbot, insbesondere die hohen Ofenproduktionen, die mit ihm erreicht werden, sind nicht sowohl chemischen, als Wärmevorgängen zuzuschreiben. Es ist bekannt, daß die Verbrennung des Kohlenstoffs umso rascher sich vollzieht, je höher die Badtemperatur ist. Öfen, die bei jedem Abstich leer laufen und danach mit frischem, ganz oder teilweise kaltem Einsatz beschickt werden, müssen deshalb das Bad nach dem Einschmelzen durch ein Temperaturgebiet führen, in welchem die Verbrennungskurve des Kohlenstoffs nur langsam fällt. Erst gegen Ende der Charge, wenn die Badtemperatur sich 1500^0 nähert, erfolgt die Verbrennung rascher. Im Talbotofen dagegen wird der Einsatz in das, ein 4- bis 6faches seines Gewichtes ausmachende, im Ofen verbliebene Bad von hoher Temperatur eingebracht. Er nimmt also auf dem Weg der Mischung sofort eine Temperatur an, bei welcher eine rasche Verbrennung des Kohlenstoffs gewährleistet ist. Dadurch wird die Dauer des Frischvorganges abgekürzt. Der Talbotofen wirkt somit als eine Art Wärmespeicher, welcher dem Einsatz unter Umgehung einer langsamen Aufheizperiode sofort die für eine hohe Frischgeschwindigkeit erforderliche Temperatur zuteilt. Verglichen mit rein wärmewirtschaftlichen Vorgängen, würde der gewöhnliche Martinofen etwa einer Dampfanlage entsprechen, bei welcher der Kessel periodisch auf 0 Atm. Spannung leergepumpt, dann allmählich wieder auf 20 Atm. aufgeheizt wird usf., die also während eines großen Teils der Zeit mit schlechtem Wirkungs-grad arbeitet. Der Talbotofen dagegen einer solchen, bei welcher die Dampfspannung nur etwa zwischen 16 und 20 Atm. schwankt, die Maschine also dauernd mit geringer Füllung und Endspannung und somit mit gutem Wirkungsgrad geht.

Dieser Vorteil in Verbindung mit dem, nach dem Beschicken nicht jedesmal die erkalteten Steinmassen des Ofens wieder aufheizen zu müssen, ist so schwerwiegend, daß er die große Oberfläche des Talbot-ofens und die damit verknüpften hohen Wandverluste mehr als ausgleicht.

In diesem Zusammenhang sei endlich auf die Möglichkeit hinge-wiesen, den Verlauf einer Thomascharge aus der Zusammensetzung der Abgase und dem Windverbrauch, also ganz nach Art einer Feuerung zu beurteilen, wie es in einer Arbeit von G. Bulle[1]) gezeigt worden ist. Sie erweist nach unserer Ansicht, daß auf der Hütte auch der Metal-lurge, nicht etwa nur der Maschinenmann Wärmewirtschafter sein muß.

Aus dieser und ähnlichen Erkenntnissen heraus sind die Gedanken über die Ausbildung der Hüttenleute entstanden, die im Vorwort des vorliegenden Buches gestreift sind und auf die hier hingewiesen sei.

C. Walzwerk.

Energieanteil für das Wärmen und Auswalzen des Walzgutes.

In Hochofen- und Stahlwerken kommt für die Wärmewirtschaft hauptsächlich der Ofen in Betracht, während die Kraftanlage an Be-deutung in bezug auf die Möglichkeit von Einsparungen zurücktritt. Der Wärmebedarf der letzteren wird überreichlich von den Gichtgasen und leicht von den Abgasen der Martinöfen, wenn sie unter Abhitze-kesseln nutzbar gemacht werden, gedeckt. Anders beim Walzwerk. Für das Anwärmen der Blöcke auf die Walztemperatur (900 bis 1250°) werden bei guten Stoßöfen je 1000 kg Ausbringen 70 bis 110, im Mittel 90 kg Steinkohle von 7000 WE benötigt, und ungefähr die gleiche Menge ist für das Auswalzen erforderlich, wie nachfolgende Rechnung erweist:

Nach einer zuerst von Fink[2]) abgeleiteten, danach von Hurst und Kiesselbach wieder in Erinnerung gebrachten und auf einfacherem Wege entwickelten Gleichung, lautend

$$A_{th} = V \cdot k \ln \frac{Q_1}{Q_2} \quad \ldots \ldots \ldots \ldots \ldots \quad (44)$$

---

[1]) St. u. E. 1924, S. 9. »Beurteilung der metallurgischen Prozesse beim Thomas-verfahren nach den Flammengasen« von G. Bulle.

[2]) Zeitschrift für Berg-, Hütten- und Salinenwesen 1874, »Theorie der Walzarbeit« von Carl Fink. Vgl. auch »Walzen und Walzenkalibrieren« von W. Tafel, Abschnitt »Kraftbedarf«.

ist der theoretische Arbeitsbedarf bei der Verformung eines Stabes von dem Querschnitt Q_1, den wir auf einen kleineren Querschnitt Q_2 herunterstrecken, bestimmt. Dabei ist V das Volumen des Stabes in cm³ und k seine Quetschgrenze (Fließgrenze) je mm². Ist l_1 die Länge vor, l_2 die nach dem Stich, dann ist $\dfrac{Q_1}{Q_2} = \dfrac{l_2}{l_1} = n$. Dieses Verhältnis heißt Streckung oder Längung. Die Formel ist der mathematische Ausdruck für die Arbeit, welche zur Deformation, also zur Verdrängung der Massenteilchen aus ihrer Anfangslage $Q_1 \cdot l_1$ in eine Endlage $Q_2 \cdot l_2$ theoretisch, d. h. ohne Berücksichtigung anderer Widerstände als der in dem Material selbst entstehenden, aufgewendet werden muß. A_{th} ist unabhängig von der Art, wie wir die Umformung herbeiführen.

Bei der rechnerischen Auswertung durch den Verfasser[1]) von Versuchen, die J. Puppe an Walzwerken über Kraftbedarf angestellt hat[2]), ergaben sich für den Wirkungsgrad beim Walzvorgang, d. h. für das Verhältnis $\dfrac{A_{th}}{A_{eff}}$ (theoretische durch die an der Maschinenwelle gemessene Arbeit) folgende Werte:

für Knüppel und Blöcke   0,58 bis 0,71

» Stab- und Formeisen   0,42 » 0,62

Andere später angestellte Rechnungen ergaben zum Teil geringere Werte, die niedersten lagen bei 0,5 für Blöcke und Knüppel, bei 0,33 bei Stab- und Formeisen und 0,10 bei Drahtstraßen (s. auch »Walzen und Walzenkalibrieren«, S. 288 unter »Wirkungsgrad der Walzwerke«). Bei den genannten Rechnungen des Verfassers war eine Fließgrenze von 10 kg je mm² zugrunde gelegt. Bei den Walztemperaturen, die Puppe bei seinen Versuchen gemessen hat (ca. 1000 bis 1150°), würde sie niederer gewesen sein. Aber der Fehler hebt sich heraus, wenn in beiden Fällen, demjenigen, aus welchem der Wirkungsgrad ermittelt, und demjenigen, auf welchen er angewendet wird, die gleichen Temperaturen (übliche Walztemperatur) herrschen. Deshalb und weil die gebräuchlichen pyrometrischen Messungen nur die Außentemperaturen, nicht aber die im Innern des Blockes angeben, wäre es ohne Sinn gewesen, die Quetschgrenze genauer bestimmen zu wollen. Am besten macht man sich unabhängig von der Temperatur, indem man die Größen k und den Wirkungsgrad η in eine zusammenfaßt. Aus obiger Formel erhalten wir in diesem Falle die effektive Arbeit $= \dfrac{A_{th}}{\eta}$

$$A_{eff} = \frac{k}{\eta}\, V \ln n \quad\ldots\ldots\ldots\ldots (44')$$

---

[1]) St. u. E. 1919, S. 381. »Der Wirkungsgrad unserer Walzwerke.«

[2]) St. u. E. 1909, S. 161.

Statt der oben genannten Wirkungsgrade von 0,50 bzw. 0,33 würden die Rechnungen aus den Puppeschen Versuchen dann einen Quotienten $\frac{k}{\eta}$ gleich 20 bzw. 30 ergeben haben. Daraus ergibt sich für Temperaturen, wie sie bei den Puppeschen Versuchen geherrscht haben

$$A_{\text{eff}} = 30\ (20)\ V \ln n \quad \ldots \ldots \ldots \ldots (44'')$$

Das Volumen einer Tonne Eisen ist:

$$V = \frac{1000^2}{7,8} = 127\,000 \text{ cm}^3$$

nach Gleichung (44'')

$$A_{\text{eff}} = 30 \cdot 127\,000 \ln n = 3,81 \cdot 10^6 \cdot \ln n \text{ mkg}$$

und nach Gleichung (18) S. 13 =

$$\frac{3,81 \cdot 10^6}{366,900} \ln n = 10,4 \ln n \text{ Kw/St} \quad \ldots \ldots \ldots (45)$$

Nehmen wir als durchschnittliche Streckung des Eisens 30 an, so ergibt sich im Mittel eine für die Umformung notwendige wirkliche Arbeit von $A_{\text{eff m}} = 10,4 \cdot 3,4 = 35$ Kw/St.

Bei stark wechselndem Kraftbedarf, wie er bei Walzwerken immer vorliegt, muß man 2 bis 2,5 kg Kohle je 1 Kw/St. rechnen, und wir benötigen demnach für das Auswalzen von 1000 kg Stahl rd. 90 kg Kohle, d. h. gleichviel, wie wir nach dem eingangs Gesagten zum Anwärmen brauchen.

Verfasser hat gern die Gelegenheit benützt, an dieser Stelle nochmals kurz auf die Entwicklung der Kraftbedarfsformel einzugehen, weil sich vielfach Mißverständnisse und daraus Angriffe gegen ihn ergeben haben[1]. Es sei deshalb hier nochmals festgestellt, daß weder von ihm, noch s. W. von einem anderen Verfechter der Formel (44) behauptet worden ist, daß sie den Vorgang des Walzens wiedergebe. Vielmehr heißt es schon in der ersten Veröffentlichung in St. u. E. 1919, S. 382, daß sie »der Ausdruck für die Energiemenge sei, die unabhängig von der Art, wie eine Formänderung herbeigeführt wird, mindestens für sie aufgewendet werden muß.« Es werden sicher für andere Materialien, Temperatur- und Geschwindigkeitsverhältnisse, überhaupt für andere Bedingungen als die von Puppe untersuchten und vom Verfasser seinen Rechnungen zugrunde gelegten andere Werte für k und η, also auch für den Quotienten $\frac{k}{\eta}$ gefunden werden. Aber beim

---

[1]) S. z. B. »Montanistische Rundschau«, Wien 1924, Nr. 3, einen Aufsatz von Cotel und des Verfassers Erwiderung darauf an dem gleichen Ort, ferner »Zeitschrift für Metallkunde« 1924 Heft 3 S. 107 »Walzen und Walzenkalibrieren« von H. Weiß (Erwiderung im Druck).

Walzen wird man nie weit unter den Wert der Formel (44″) kommen. Und wer bestreitet, daß es nützlich ist, den theoretischen mit dem wirklichen Kraftbedarf zu vergleichen, kann ebensogut die Berechtigung bestreiten, aus Wassermenge mal Gefälle eine Wasserkraft, aus Gewicht mal Hubhöhe eine Förderarbeit zu berechnen. Auch in der Turbine durchmißt das Wasser nicht die Gefällhöhe h, sondern sehr viel verwickeltere Wege und auch das zur Gicht zu fördernde Erz legt nicht den Weg h, sondern längere Bahnen zurück. Trotzdem stellt $G \cdot h$ die Energie dar, die höchstens aus der Turbine zu holen wäre oder die mindestens für die Förderung aufzuwenden sein würde, wenn keine Verluste entstünden. Und ebenso stellt die Gleichung (44) die Arbeit in mkg dar, welche mindestens aufzuwenden sein würde, wenn andere Verluste als die inneren, in der Fließgrenze zum Ausdruck kommenden nicht entstehen würden. Ob und wann dabei k eine Konstante ist, darüber ist nichts behauptet worden; jedenfalls gibt es für jede Temperatur, Geschwindigkeit, Plastizität eine mittlerer Druckspannung, die aufgewendet werden muß, um das Fließen einzuleiten und bis zur Beendigung einer gewollten Umformung zu unterhalten. Und eben diese ist mit dem k gemeint! Daß man sie ausschalten bzw. in den Wirkungsgrad einbeziehen kann, ist schon erwähnt worden und kommt in Gleichung (44″) zum Ausdruck. Diese gibt den effektiven Kraftbedarf an bei gleichen Fließbedingungen wie bei den Puppeschen Versuchen, also bei den üblichen Verhältnissen, wie sie an unseren Walzenstraßen zu herrschen pflegen.

Der Kraftbedarf wird nach obigem kleiner, je heißer die Blöcke sind. Nach Gleichung (44′) ist er proportional der Quetschgrenze. Sie ist nach Geuze (Le Laminage du Fer):

bei 900°	10,5	kg/mm²
» 1000°	7,6	»
» 1100°	4,4	»
» 1200°	2,1	»

Man kann also durch eine Erhöhung der Walztemperatur um nur 100° den Kraftbedarf fast um 50% erniedrigen. Nicht ganz, wie nach der Gleichung vermutet werden könnte, weil zu der mit der Temperatur veränderlichen Deformationsarbeit eine konstante Leerlaufsarbeit von Walzenzugsmaschine und Strecke hinzukommt.

Wir sehen aus der Abhängigkeit des Kraftbedarfs von der Temperatur, daß der Gang des Ofens nicht nur die Erzeugung und den Wärmeverbrauch in diesem beeinflußt, sondern auch den der Kraft-

maschinen. Darum wollen wir uns zunächst ihm als dem wichtigsten
Faktor im Walzwerk zuwenden.

a) Walzwerksöfen.

1. **Herdöfen** mit direkter oder Halbgasfeuerung, selten mit Gas-
ofenfeuerung, d. h. Regeneratoren oder Rekuperatoren. Sie sind fast
nur mehr als Schweißöfen in Verwendung und für Flußeisen da, wo
daneben noch Schweißeisen gewärmt werden muß. Für beide Fälle
kommen Tieföfen nicht in Frage, weil Schweißpakete nur liegend gearbeitet werden können. Stoßöfen hat man als Schweißöfen bislang,
soweit die Kenntnis des Verfassers reicht, nicht gebaut aus Furcht,
daß die Pakete im Stoßherd zusammenschweißen, wenn einmal die Temperatur dort auf Schweißhitze kommt. Bei Blöcken ist diese Gefahr geringer, besonders aber kann sie durch genügend gekühlte Gleitschienen
hintangehalten werden, welche dem Block über seine ganze Länge so
viel Wärme entziehen, daß ein Schweißen ausgeschlossen ist. Im übrigen
aber sind sehr große Öfen unerwünscht, wo zwischen Flußeisen und
Schweißeisen gewechselt werden soll, weil sie zu lange Zeit erfordern,
bis sie, einmal auf Flußeisentemperatur abgekühlt, wieder auf Schweißhitze gebracht werden.

Über den Bau der Herdöfen ist das Notwendige bei den Feuerungen
gesagt worden. Das Verhältnis von Rost zu Herdfläche wechselt von
1,1 : 10 bis 2 : 10, ersteres gilt für beste nicht backende Stück- oder
Nußkohle und Unterwind von wenigstens 20 cm WS, das letztere für
Förder- oder Grieskohle oder backende Stückkohle und Essenzug ohne
Unterwind. Die Häufigkeit übermäßig großer Rostflächen, ihr nach-
teiliger Einfluß auf den Kohlenverbrauch und die Notwendigkeit, sie
allmählich herabzudrücken, ist schon früher besprochen worden.

Der Kohlenverbrauch bei Flußeisen beträgt im Herdofen ca. 20
bis 25, bei Schweißeisen 35 bis 40% neben drei- bis zweifacher Verdampfung im Abhitzekessel. Der Abbrand bei Schweißeisen 12 bis 15, bei
Flußeisen 3 bis 5%.

2. **Stoßöfen.** Das Wichtigste darüber ist bei den Gasöfen gesagt
worden. Hier soll ergänzend bemerkt werden:

Neuerdings sind Hochleistungsöfen in Betrieb gekommen, die stündlich eine Erzeugung von 30 t Fertigware herauswerfen bei einem Kohlenverbrauch von 7 bis 8% neben im Abhitzekessel erzeugten Dampf
(über dessen Menge sind uns Zahlen nicht bekannt). Das bedeutet,
daß ein Ofen die Erzeugung von dreien leistet, wie sie bisher als gut
angesehen worden sind. Die Anordnung von Abhitzekesseln hinter
Gasstoßöfen, bei denen der Abhitzerest von den kalten Blöcken auf

dem Stoßherd aufgenommen wird, scheint dem früher Gesagten zu widersprechen. Denn Kammern plus Vorwärmeherd würden an sich genügen, die ganze Abhitze aufzunehmen. Es muß also, wenn nennenswerte Wassermengen verdampft werden sollen, ein Gasüberschuß in den Ofen gelangen, dessen Energie, soweit sie nicht in den Wandverlust geht, wir eben in dem erzeugten Dampf wiederfinden. Ein solcher Gasüberschuß hat den Vorteil, die volle Erzeugung auch noch zu sichern, wenn kleine Bedienungsfehler usw. unterlaufen. Es liegt hier etwas Ähnliches vor wie beim Hochofen, wenn wir etwas mehr als unbedingt nötig Koks setzen. Der Betrieb wird dadurch sicherer, und die Energie, die wir diesem Vorteil opfern, finden wir zum Teil in den Gichtgasen, bzw. beim Stoßofen in dem Dampf des Abhitzekessels wieder.

Dank der höheren Temperatur, mit welcher die Abgase bei Gasüberschuß aus den Kammern treten, können nach früher Gesagtem die letzteren kürzer werden, was den Ofen kleiner und billiger macht und bei gleicher Umsteuerzeit den Temperaturabfall verringert, bei gleichem Abfall die Umsteuerperiode vergrößert. Alle diese Vorteile zusammengenommen, können einen geringen Verlust an. Energie, wie er sonst mit einem Gasüberschuß verbunden ist, wohl rechtfertigen.

Für kalte Blöcke ist der Stoßofen unübertreffbar. Gewisse Unbequemlichkeiten gegenüber dem alten Herdofen sind, daß bei sehr wechselnden Querschnitten die kleineren Blöcke zu lange der Vorwärmung ausgesetzt werden müssen, weil sonst die neben ihnen liegenden großen zu kalt in den Fertigherd kommen. Auch steigen, namentlich wenn die Neigung des Stoßherdes gering ist (sie wird sehr verschieden mit 2 bis 10% gewählt), solche ungleichen Blöcke leicht auf, d. h. einer schiebt sich über den andern. Endlich ist man auch in bezug auf die Länge der Blöcke unfreier als im Herd- und Tiefofen. Leistungen wie die oben angegebenen sind nur bei hochliegenden Gleitschienen erreichbar. Dadurch geht ein Teil, zweckmäßig der größere, der Abgase unter den Blöcken durch (Abb. 107), sodaß die Wärme von oben und unten eindringt und so das Blockinnere rascher erreicht. Die Ofenleistung wird auf diesem Wege wesentlich verstärkt. An sich streben die heißesten Gase infolge ihres geringen spezifischen Gewichtes natürlich immer nach oben. Man muß durch entsprechende Lage des Abzuges oder Führung von Luft und Gas in den Brennern sie unter die Blöcke zwingen, was ohne Schwierigkeit geschehen kann. Gelingt das aber, dann drängen die in die Höhe strebenden Gase nun gegen die Unterkante (1, 1') der Blöcke, statt oben gegen das Gewölbe, so einen besseren Wärmeübergang durch innigere Berührung herbeiführend. Die ersten Öfen mit Unterheizung sind u. W. von Gasch in Herminenhütte O.-S.

ausgeführt worden, jetzt baut sie u. a. auch Siemens, Berlin. Die Gleitschienen, am besten entweder aus durchbohrten Knüppeln oder aus
starkwandigen Rohren (nicht ausgepilgerten Mannesmannrohren) bestehend, müssen in den letzten 7 bis 8 m des Stoßherdes bis zum Schweißherd wassergekühlt sein, einmal um sie vor dem Verbrennen und dem
Verschweißen mit den Blöcken zu schützen. Zum andern wird den
letzteren dadurch so viel Wärme entzogen, daß sie auch untereinander
davor geschützt sind, zusammenzuschweißen.

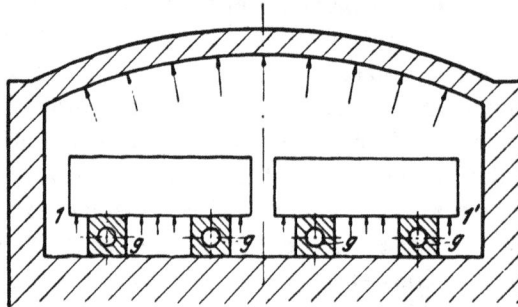

Abb. 107. Blockheizung von unten durch hochliegende Gleitschienen.

Die Stoßöfen erhalten gewöhnlich Gas- oder Halbgasfeuerung,
vereinzelt auch Kohlenstaub- oder Ölfeuerung. Da wir zum Vorwärmen
der Blöcke weniger Heizgase brauchen als zum Fertigmachen auf dem
Schweißherd und da für Vorwärmung von Luft und Gas beim Halbgasofen Abhitze nicht benötigt wird, so werden hinter dem Halbgas-
stoßofen fast immer Abhitzekessel verwendet.

Im allgemeinen arbeitet bei Stoßherden die Gasfeuerung wärmewirtschaftlich besser als der Halbgasofen. Es ist das nach den früheren
Betrachtungen über die Gasfeuerung einleuchtend. Einmal ist durch
die Verwendung der Abhitze zur Vorwärmung der Blöcke der Haupt-
nachteil des Regenerativofens, der Verlust des Abhitzerestes, beseitigt, zum andern strömt infolge der höheren Verbrennungstemperatur
bei ungefähr gleichen Wandverlusten mehr Wärme auf das Wärmgut
über, sie werden also prozentual kleiner. Die Verbrennung ist vollständiger und der Abhitzeverlust auch deshalb geringer, weil wir ein kleineres
Luftvielfaches benötigen als bei der Halbgasfeuerung.

Die hohe Verbrennungstemperatur hat zudem den Vorteil,
daß der Schweißherd, auf welchem die Blöcke von Hand, durch Kanten
und Rollen vorwärts gebracht werden müssen, kurz gehalten, diese
schwere Arbeit und die dafür zu zahlenden hohen Löhne also vermindert
werden können. Das A und Z eines guten Stoßofens ist: rasches Fertig-

machen zwischen dem Verlassen des Stoßofens und dem Ziehen. Dieser Forderung werden wir umso mehr gerecht, je heißer der Ofen geht, beim Gasofen also besser als beim Halbgasofen und bei diesem besser als bei der direkten Feuerung.

Endlich und vor allem ermöglicht der Gasofen die Verwendung des natürlichen Brennstoffs der Eisenwerke, der Gicht- oder Koksofengase. Wenn man den nicht immer verlässigen Gasmessungen der Werke vertrauen kann, so beträgt der Wärmeverbrauch je Tonne fertigen Walzgutes bei Verwendung dieser Gase nur 400000 bis 500000 WE. Aber auch, wenn er nicht günstiger wäre als bei Verwendung von Generatorgas, so würde doch naturgemäß auf jedem Werke, auf welchem Gicht- und Koksgase überschüssig sind, der Gasofen jede Art von Kohlenofen aus dem Felde schlagen müssen. Wo das nicht der Fall ist, kann die Tatsache, daß Grundbedingung für einen guten Stoßofen heißer Gang im Schweißherd ist, den Gedanken nahelegen, die Öl- oder Kohlenstaubfeuerungen mit ihren hohen Temperaturen heranzuziehen. Solche Öfen sind mit gutem Erfolg und geringem Wärmeverbrauch (3 bis 4% Kohle) im Betrieb. Aber bei dem letzteren kann das schwer vermeidliche Eindringen der Flugasche in den Schweiß- und Stoßherd von Nachteil sein. Das Arbeiten im Gasofen ist deshalb sauberer als im Kohlenstaubofen. Zudem kann der Abbrand sich erhöhen, sobald unverbrannte Kohlenteilchen mitgerissen werden. Der Kohlenstaub kann in die hocherhitzten Blöcke diffundieren und ihre so gekohlte Oberfläche bei den herrschenden hohen Temperaturen abschmelzen.

Bei den flüssigen Brennstoffen ist hindernd, daß die Wärmeeinheit meist teuerer ist als in der Kohle.

Diesen Nachteilen steht bei Öl- und Kohlenstaubfeuerungen gegenüber, daß sie nach einem Stillstand rascher wieder auf Temperatur gebracht sind, als der Halbgas- und Gasofen. Sie eignen sich deshalb besser für das Arbeiten auf einfacher Schicht als dieser.

Alles in allem: Der Hochleistungsgasstoßofen wird mit seinem geringen Abbrand von 2½ bis 3%, dem niederen Wärmeverbrauch (ca. 400000 WE je Tonne Walzerzeugnis), der hohen Erzeugung und der Eignung für Gicht- und Koksofengas bei normalen Verhältnissen voraussichtlich im Walzwerk führend bleiben, wo nicht sehr große Blöcke vorliegen, deren Eigenwärme vom Stahlwerk man nutzbar machen und die man darum warm einsetzen will. Hier ist der Tiefofen besser am Platze.

Bei der Gegenüberstellung der verschiedenen Ofensysteme und des Warm- und Kalteinsetzens sei auch erwähnt, daß in bezug auf Qualität des Walzerzeugnisses das letztere dem ersteren vorzuziehen ist,

was selten in Stahl- und Walzwerken beachtet wird. Läßt man einen
warmen Block an der Außenluft abkühlen, so krampfen sich seine er-
kaltenden äußeren Schichten mit elementarer Gewalt über den noch
warmen Kern, so ihn und sich selbst komprimierend. Kühlt nun
später auch das Innere des Blockes ab, so findet zwar der umgekehrte
Vorgang, d. h. eine Auflockerung statt, aber sie erstreckt sich nur auf
den Kern, weil dieser noch weich, die Schale aber längst starr, also von
geringerer Fließfähigkeit geworden ist. Wird der erkaltete Block wieder
angewärmt, so will die Schale sich zuerst ausdehnen, also einen größeren
Umfang annehmen; der Kern hält sie aber zurück. Da jetzt dieser geringere Temperatur hat, ist er gleichsam stärker als die Schale, und diese
lockert ihn nicht auf wie vorhin, sondern er zieht die Schale zu sich
herein, so abermals ein Komprimieren bewirkend[1]).

So bedeutet jedes Erkalten und Wiedererwärmen des
Materials einen neuen Verdichtungsvorgang. Bei sonst gleichen Verhältnissen (Erzeugung, Abbrand, Kohlenverbrauch) ist also der
Arbeitsprozeß, bei dem das Schmiedestück oder Walzgut dazwischen
erkaltet, der Arbeit in einer Hitze vorzuziehen.

Betriebszahlen von Stoßöfen sind in mittleren Werten:

	Kohlen-verbrauch % des Aus-bringens	Wärmeverbrauch je 1000 kg Aus-bringen	Abbrand	Stündliche Erzeugung in t
a) **Halbgasofen:** mit Rekuperator				
kalter Einsatz . . .	12—14	840 — 1 000 000	3—4	} 5—15
warmer » . . .	6—7	420 — 490 000	2—3	
b) **Gasofen:**				
kalter Einsatz . . .	7—12	450 — 850 000	2,5—4	} 10—30
warmer » . . .	3—6	210 — 400 000	1—2	

3. Tiefofen. Für warme Blöcke, wie sie vom Stahlwerk kommen,
ist der Stoßofen wenig geeignet. Die Blöcke müssen, damit sie einge-
stoßen werden können, umgelegt und gerichtet werden; beides ist unbequem und für die Mannschaft bei der Stoßvorrichtung lästig. Der
Tiefofen (Abb. 108 a u. b) ermöglicht es, die Blöcke mittels eines gewöhnlichen Krans stehend, wie sie vom Stahlwerk kommen, einzusetzen.
Das Umlegen ist danach zwischen Ofen und Walze mittels eines Block-
kippers leicht zu bewerkstelligen, weil hier, auf dem Rollgang, ein ge-

---

[1]) S. auch W. Tafel, »Das Entstehen von Spannungen bei der Wärmebehandlung«, St. u. E. 1921, S. 1321, und W. Tafel und O. Schmidt, »Wärme-
spannungen«, »Maschinenbau- und Betrieb« 1921, Heft 12, S. 393.

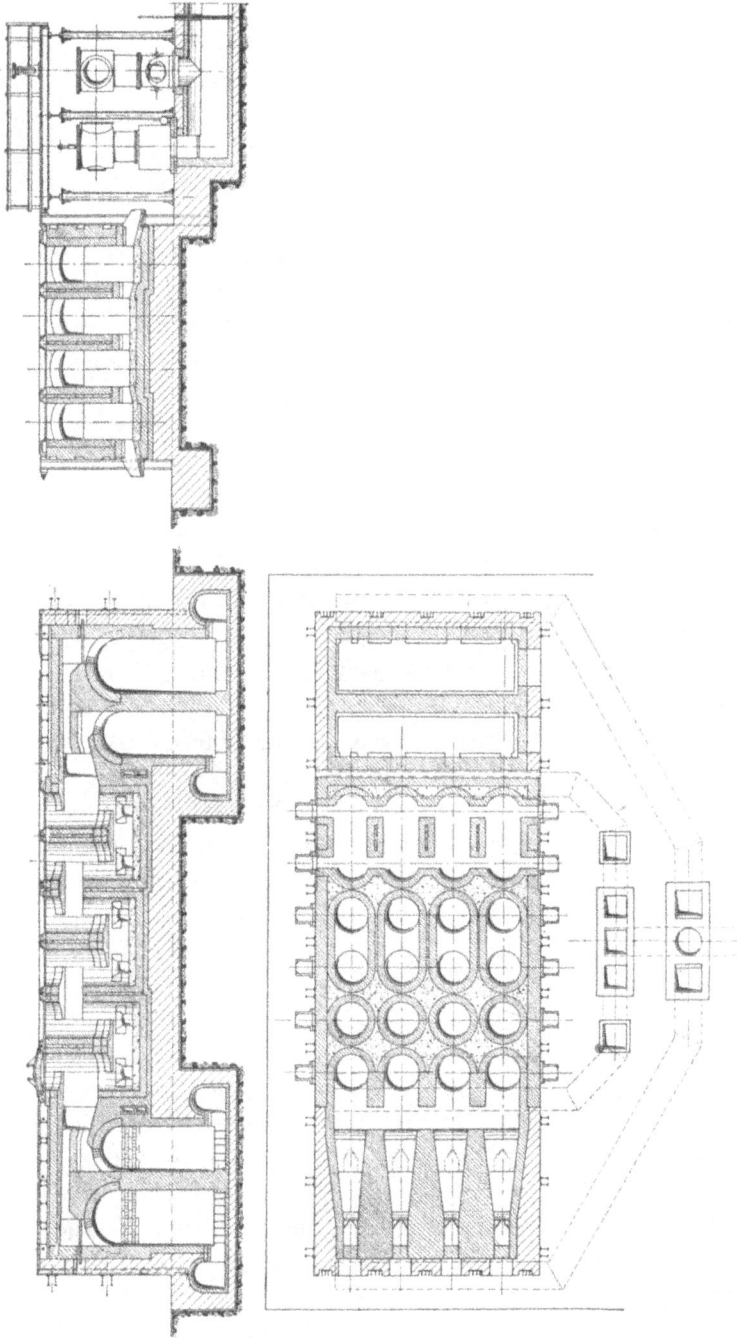

Abb. 108a. Tieföfen der Firma Poetter, Düsseldorf (Grundriß und Schnitt).

naues Ausrichten nicht erforderlich ist. Der Tiefofen hat zudem den Vorteil, daß man die verschiedensten Blocklängen und Blockgewichte nebeneinander einsetzen kann. Das Einsetzen und Herausnehmen aus den Zellen, in welche die Blöcke meist einzeln, manchmal zu zweien, selten in größerer Zahl eingebracht werden, ist aber schwerfällig; der Tiefofen kann deshalb in bezug auf die Erzeugung nur bei großen Blockgewichten, etwa von 1500 kg an, mit dem Stoßofen gleichen Schritt halten.

Tieföfen werden ungeheizt (sog. Ausgleichs- oder nach ihrem Erfinder »Gjerssche Gruben« genannt) oder mit direkter, Halbgas- und Gasfeuerung betrieben. Da die Temperatur im Innern der vom Stahlwerk kommenden Blöcke höher ist als an der Oberfläche, so handelt es sich vor allem um einen Ausgleich, und die umspülenden Gase haben in der Hauptsache die Aufgabe, ein Abkühlen der Oberfläche zu verhindern. Darum ist beim Tiefofen eine hohe Verbrennungstemperatur nicht ebenso wichtig wie beim Stoßofen. Zudem würde sie, da die Blöcke nicht so genau wie bei diesem beobachtet werden können, die Gefahr des Verbrennens mit sich bringen. Immerhin muß der Hüttenmann auch hier sich bewußt bleiben, daß eine flau, d. h. mit niederer Temperatur betriebene Feuerung stets eine schlechte Wärmewirtschaft bedeutet.

Ungeheizte »Ausgleichsgruben« kommen nur bei großen Durchsatzmengen und gleichmäßigem Durchgang der Blöcke in Frage, im allgemeinen also mehr für Thomas-, weniger für Martinwerke mit ihrem stoßweisen Anfall an Stahl. Sie neigen zu ungleichen Temperaturen (Beginn der Woche kälter als gegen Ende, Oberfläche der Blöcke kälter als Inneres) und haben den Nachteil, daß sie kalt gewordene Blöcke, wie sie in jedem Betrieb vorkommen, nicht mehr warm bekommen.

Ein Nachteil der Tieföfen ist die tiefe Lage von Feuerung und Schlackenabstich, welche das Arbeiten beschwerlich macht. Namentlich für den letzteren ist deshalb auf gute Zugänglichkeit zu achten, damit nicht, wie man es häufig finden kann, die Blöcke in einem ständigen »Fußbad« von geschmolzener, durch verstopfte Stichlöcher am Abfluß gehinderter Schlacke stehen. Es hat das nicht nur eine geringere Haltbarkeit der Öfen zur Folge, deren Zwischenwände allmählich von der Schlacke unterspült und zum Einsturz gebracht werden, sondern auch eine schlechte Wärmewirtschaft, weil das die Blöcke teilweise einhüllende Schlackenbad den Wärmeübergang zwischen Heizgasen und Block hemmt. Endlich kann die Schlacke chemisch nachteilig auf Abbrand oder Qualität des Eisens einwirken. Eine Verbesserung sind in dieser Richtung die vertikalen Schlackenabstiche nach F. Schruff[1]).

---

[1]) St. u. E. 1913, S. 1104 u. 1143.

Abb. 108b. Tiefofen der Firma Poetter, Düsseldorf, im Bau (Ansicht).

Vom Standpunkt eines leichten Schlackenabflusses ist es günstiger, statt Einzelzellen größere Räume für 4 bis 12 Blöcke vorzusehen. Denn die Gefahr des Einfrierens des Schlackenlochs ist geringer bei großen, als bei kleinen Abstichmengen. Zu beachten ist dabei nur, daß vor dem Abstechen eine Zeitlang das Gas oder die Feuerung abgestellt wird, damit der Schlackenzufluß zum Sumpf über dem Schlackenloch zum Stillstand kommt. Denn die Verstopfungen rühren fast immer daher, daß während oder nach dem Abstechen bei offenem Schlackenloch noch geringe und halb erkaltete Schlackenmengen nachfließen, an den Wänden oder an der Mündung zum Erstarren kommen und so Ansätze bilden. Man läßt also vor dem Ziehen der letzten Blöcke den Ofen etwas abkühlen, dann stößt man aus. Während des Abfließens des starken Schlackenstroms sind Ansatzbildungen unmöglich. Nach Freilegung des Schlackenloches wird, am besten immer von oben, beobachtet, ob nicht geringe Schlackenmengen nachfließen. Ist es der Fall, so beseitigt man sorgfältig mit Eisenstangen die sich bildenden Ansätze. Erst wenn jedes Nachtropfen aufgehört hat, darf das Schlackenloch gestopft werden. Bei Einhalten dieser Regel kann man eine ganze Ofenreise lang die Schwierigkeiten und Störungen vermeiden, die ungeregelter Schlackenabfluß sonst wohl ständig verursacht.

Sicherer und gleichmäßiger als bei ungeheizten ist der Betrieb immer bei geheizten Gruben. Oft findet man sie auch mit ungeheizten kombiniert, wobei die warm vom Stahlwerk kommenden Blöcke nur durch die letzteren, die kälteren zuerst durch sie, danach durch den geheizten Tiefofen gehen.

Wo Gicht- oder Koksofengas verfügbar ist, werden zur Heizung Regenerativ-, seltener Rekuperativgasöfen, sonst meist Halbgasfeuerungen verwendet. Hinter den letzteren sollte nie der Abhitzekessel fehlen.

Meyer gibt in der oft genannten Dissertation für warmen Einsatz folgende Wärmeverbrauchs- und Abbrandzahlen für Tieföfen an:

	W. E. je Tonne Ausbringen	Abbrand
Direkte Feuerung	200 000	1 ½ bis 2
Halbgasfeuerung	130 000	1 ¼ » 1 ¾
Gasfeuerung mit Generatorgas . . . . . 80 bis 100 000	} 1 » 1 ½	
Gasfeuerung mit Gicht- oder Koksgas . . 55 » 75 000		

Für kalten Einsatz erhöht sich der Wärmeverbrauch um ca. 200%.

b) Kraftanlagen. Walzenzugmaschine.

Am Eingang dieses Abschnitts wurde ausgeführt, daß nach den Kraftbedarfsversuchen von Puppe und deren rechnerischen Auswertung durch den Verfasser der Kraftbedarf beim Walzen ungefähr 2 bis 3 mal

größer ist, als die theoretische Deformationsarbeit. Wo er sich auf einem
Walzwerk wesentlich höher ergibt, ist nicht wahrscheinlich, daß wir
den Fehler beim Walzwerk zu suchen haben. Vielmehr zeigt sich, wenn
in dem verhältnismäßig einfachen Apparat einer Walzenstrecke wirklich einmal, etwa durch ungenügende Schmierung oder schlechte Lager
anormale Energiemengen verzehrt werden, dies in der Regel rasch durch
Warmlaufen der betreffenden Teile an. Und zwar meist so energisch,
daß die Belegschaft, soll das Weiterarbeiten nicht unmöglich werden,
ohnehin zur Ausfindigmachung und Beseitigung des Mangels gezwungen
ist; es kommt vor, daß Walzenzapfen bis zur Rotglut heiß laufen. Da
die Walzen meist mit Wasserkühlung gehen, so ist ein guter Indikator
auch der über den Zapfen aufsteigende Dampf. Bei einiger Sorgfalt in
der Wartung und Überwachung sind also leicht die Zapfen kühl zu halten,
und, das vorausgesetzt, sind große Energieverluste über die oben angegebenen hinaus, wie gesagt, nicht zu erwarten. Sie liegen, wenn wir
sie trotzdem feststellen, meist im Antrieb des Walzwerks. Über die
Quellen der Energieverluste in den Antriebsmaschinen ist das Wesentliche bei den verschiedenen Motorenarten gesagt worden. Nur einiges,
das Walzwerk im besonderen Betreffende sei nachgeholt. Zunächst zur
  Auswahl der Maschinenart für den Antrieb. Hydraulische Motoren, vor allem Turbinen, sind für den Antrieb von Walzenstraßen gut geeignet. Aber Wasserkräfte stehen, zum wenigsten in
Deutschland, den Walzwerken selten zur Verfügung. In der Ebene
gibt es keine, und in den Bergen, wo wir sie finden, sind meist die Fracht-
verhältnisse für Eisenhüttenwerke ungünstig. Wir können diese Antriebsart also ausscheiden.
  Dieselmotoren. Wo das fragliche Werk selbst geeignete Treiböle
erzeugt oder sie billig kaufen kann, kommt, obwohl nach Wissen des
Verfassers bislang noch nicht eingeführt, der Dieselmotor als Walzenzugsmaschine wohl in Frage, wie schon im ersten Teil ausgeführt, zum
wenigsten, wo die Straßen nicht allzusehr schwankenden, stoßweisen
Kraftbedarf aufweisen. Zwar ist er in bezug auf Wartung empfindlicher
und erfordert mehr Reparaturen als die Dampfmaschine. Dafür würde
er, selbst 2700 WE statt 1800, wie sie Tafel II[1] aufweist, also 50% mehr
je PSst angenommen, für 1000 kg Stahl bei 30facher Streckung nach
S. 284 und Gleichung (16) S. 13 nur $\frac{35}{0,736} \cdot 2700 = 128\,000$ WE verbrauchen, entsprechend nur 18,3 kg Kohle gegen 90 kg, wie wir sie für
die Dampfmaschine errechnet haben. Diese außerordentliche Wärmeeinsparung würde wohl ein Opfer an Betriebssicherheit rechtfertigen.

---

[1] Siehe Schluß des Buches.

Gasmotoren. Es ist oft versucht worden, sie in Anbetracht ihres geringen Wärmeverbrauchs als Walzenzugsmaschinen, also zum direkten Antrieb von Straßen, zu verwenden. Nach Kenntnis des Verfassers immer mit unbefriedigendem Erfolg. Die Erklärung liegt in der früher gezeigten großen Empfindlichkeit des Gasmotors gegen Unter- und Überlastung. Eine Maschine dieser Eigenschaft ist für die normale Walzenstraße schlechterdings nicht zu gebrauchen. Dazu kommen die größeren Anforderungen an Wartung und Instandhaltung, die wenig kleiner als bei dem Dieselmotor, aber sehr viel größer als bei der Dampfmaschine sind. Beides zusammen schaltet den Gasmotor für den Antrieb von Walzwerken, mit Ausnahme vielleicht von den am gleichmäßigsten belasteten Fein- und Schnellstraßen, aus. Will man ihn in Anbetracht seines günstigen thermischen Wirkungsgrades (s. Tafel II[1])) und der Möglichkeit, Gicht- und Koksofengase zu verwenden, auch für andere Walzwerke nutzbar machen, so muß der Umweg über den elektrischen Antrieb genommen werden.

Elektrischer Antrieb. Bei Trio-, Doppelduo- und Wechselduostraßen, die mit gleichförmiger Geschwindigkeit umlaufen und darum mit Schwungrad versehen werden können und deren Belastung nicht sehr schwankt, ist die Antriebsart: Gasdynamo in der Zentrale und Elektromotor als Walzenzugsmaschine, wärmewirtschaftlich einwandsfrei. Zwar gehen in der primären und sekundären elektrischen Maschine je 7 bis 10% und in der zwischenliegenden Leitung ca. 5% der Energie verloren, sodaß zusammen ein elektrischer Wirkungsgrad von ca. 0,77 verbleibt. Da aber die Gasdynamo höchstens 3000 WE, mit den elektrischen Verlusten also $\dfrac{3000}{0,77} \lessgtr 4000$ WE für die PSst benötigt, so sind wir gegen den Kohlenverbrauch von 1 kg je PSst selbst bei ausgezeichneten und ganz gleichmäßig belasteten Dampf-Walzenzugsmaschinen, also gegen 7000 WE immer noch wesentlich im Vorsprung. Meist ist für sie ja, wie oben erwähnt, ein weit höherer Wärmeverbrauch anzusetzen.

Anders, wenn es sich um schwungradlose Straßen, also um Reversierduo- und Blockstraßen handelt. Hier muß zum mindesten der Walzenzugmotor so groß gewählt werden, daß er das maximale Kraftmoment zu überwinden vermag, bei der Blockstraße z. B. das beim Erfassen und Drücken des größten Blockes auftretende. Bei allen folgenden Stichen ist er dann geringer beansprucht, sein Wirkungsgrad sinkt dadurch und damit der der Gesamtanlage. Meist bedient man sich des Umsteuerns und Änderns der Umlaufzahl wegen und um das Netz vor Stromstößen zu schützen, des sog. Ilgneraggregates (Abb. 109) wie es von den Siemens-Schuckertwerken in Berlin gebaut wird. Der

[1]) Siehe Schluß des Buches.

Antriebsmotor I, meist ein Drehstrom- oder anderer Wechselstrom-
motor, entnimmt gleichmäßig Strom aus dem Netz, seine Leistungsfähigkeit muß mindestens dem mittleren Kraftbedarf der Straße, vermehrt um die Verluste in der elektrischen Übertragung, gleich sein.

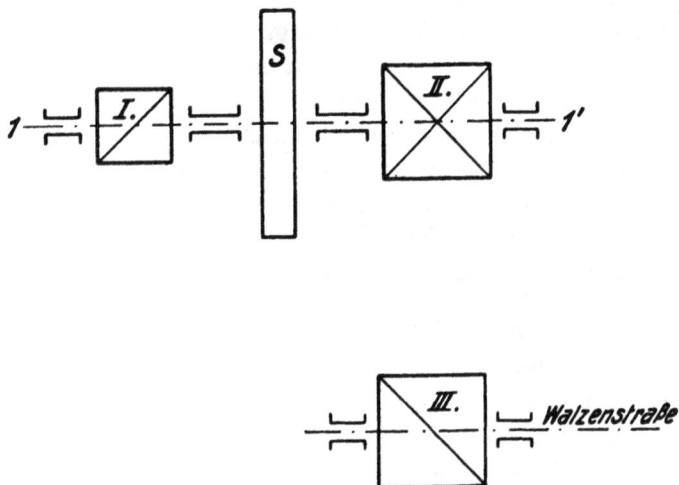

Abb. 109. Anordnung eines Ilgner-Umformers.

Auf der verlängerten Welle von Motor I sitzt das Schwungrad S, welches
bei geringem Kraftbedarf der Straße den von I geleisteten Energie-
überschuß in Form von lebendiger Kraft, d. h. von zunehmender Umlaufzahl aufspeichert, bei plötzlichem starkem Kraftbedarf dagegen
solche abgibt, indem es seine Geschwindigkeit allmählich vermindert.
Dadurch schützt es den Motor I und das ihn speisende Netz vor Stromstößen. Weiter sitzt auf der Welle die sog. Steuerdynamo (II), eine Gleichstrommaschine, deren Ankerstrom dadurch veränderlich gemacht ist,
daß das von den Magneten ausgehende Kraftlinienfeld durch mehr oder
weniger vorgeschaltete Widerstände variiert wird. Dieser veränderliche
Strom gelangt dann in den Anker des eigentlichen Walzenzugmotors (III),
dessen Kraftlinienfeld konstant ist, dessen Umlaufzahl also mit der
Stromstärke, die von II kommt, wächst und fällt. Durch Umkehr der
Stromrichtung von III läßt sich auch dessen Drehrichtung umkehren.
Es hat II konstante Drehzahl, aber veränderliches Kraftlinienfeld und
liefert darum verschieden starken Strom. Dagegen hat III konstantes
Kraftlinienfeld, erhält aber von II verschieden starken Ankerstrom und
liefert darum veränderliche Drehzahl. Die Schaltung heißt nach ihrem
Erfinder Leonardschaltung; ihre Anwendung auf Walzenzug- und
Fördermaschinen stammt von Ilgner.

Muß wegen der auftretenden Stöße, der veränderlichen Drehzahl oder der Umkehrbarkeit zwischen Zentrale bzw. Primärmaschine und Walzenstraße ein derart verwickelter Apparat eingeschaltet werden, dann ändern sich durch seine elektrischen und mechanischen Verluste die Dinge wesentlich zugunsten des unmittelbaren Antriebs und zuungunsten der elektrischen Übertragung. Je nach den Kraftschwankungen, m. a. W. je nach der Verschiedenheit von Motor I und III (bzw. Dynamo II) sinkt der Wirkungsgrad der letzteren unter Umständen bis auf 50% und weniger. Zudem hat die rasch laufende, wenigstens 6 mal gelagerte Welle des Umformers starke mechanische Verluste von 5 bis 10%, sodaß der Gesamtwirkungsgrad der elektrischen Übertragung in der Regel nur mehr 45 bis 55% beträgt. Dazu kommen Verluste in der Primärmaschine, in der Zentrale und Leitung bei I, zus. ca. 15%, so daß wir statt oben $\dfrac{3000}{0,77}$ nun $\dfrac{3000}{0,50 \cdot 0,85} \leqq 7100$ WE als Energiebedarf erhalten. Der günstigere thermische Wirkungsgrad des Gasmotors wird also durch die Verluste des Ilgner ungefähr aufgezehrt, und es bleiben auf seiner Passivseite die wesentlich größeren Anlagekosten. Günstiger gestalten sich die Dinge allerdings für den Ilgner dort, wo man die Leistung von III durch sorgfältiges Kalibrieren von Block- und anderen Reversierstraßen, richtiges Bedienen der Anstellung und rasches Arbeiten einigermaßen gleichmäßig halten kann.

Eine Entscheidung, ob es wirtschaftlicher ist, Gaszentrale und elektrische Übertragung oder direkten Dampfantrieb zu wählen, kann bei Reversierstraßen nur von Fall zu Fall getroffen werden. Sie ist aber einfach, sobald das Verhältnis von mittlerem zu höchstem Kraftbedarf, die Zeiten, in welchen die verschiedenen Belastungen zu erwarten sind, die Wirkungsgrade, welche für jede derselben von den Lieferanten der Motoren gewährleistet werden und endlich die Kosten der zur Wahl stehenden Anlagen bekannt sind[1]). Was die obigen Zahlen und Überlegungen zeigen sollen, ist, daß trotz der thermischen Überlegenheit des Gasmotors bei stark schwankender Belastung die Dampfmaschine durchaus mit in den Bereich der wärmewirtschaftlich konkurrenzfähigen Kraftanlagen kommt.

Dampfmaschine. Mit dem eben behandelten, früher ausführlich nachgewiesenen Vorzug, daß sie gegen Unter- und Überlastungen am wenigsten empfindlich ist, verbindet sie den größter Betriebssicherheit, des leichten Anlaufens, des geringen Ölverbrauchs (s. Tafel II), geringster Instandhaltungskosten und größter Anspruchslosigkeit in bezug auf

---

[1]) Bei den Dampfanlagen dürfen dabei die Leitungsverluste nicht vergessen werden (s. S. 314).

Wartung. Für Schwungradantrieb und gleichmäßig belastete Straßen
(mit nicht sehr wechselnden Profilgewichten) wird sie mehr und mehr
vom Elektromotor verdrängt werden, für Strecken mit stark schwankendem Kraftbedarf, insbesondere reversierbare, wird sie das Feld be-
haupten, vielleicht, wenn erst die Errungenschaften der Neuzeit, vor allem
die höheren Kesselspannungen, auch für die Walzenzugmaschine eingeführt sein werden, sich schon Verlorenes zurückerobern.

Kombinierte Gas- und Dampfmaschine. Vor einigen Jahren
ist von K. Möbus in St. u. E. (1921, S. 1649) der Vorschlag gemacht
worden, die Vorzüge der Gas- und Dampfmaschine dadurch zu verbinden, daß man 2 Viertaktgaszylinder auf eine, 1 oder 2 Dampfzylinder
auf die zweite Kurbel der Welle einer Walzenzugmaschine treiben läßt.

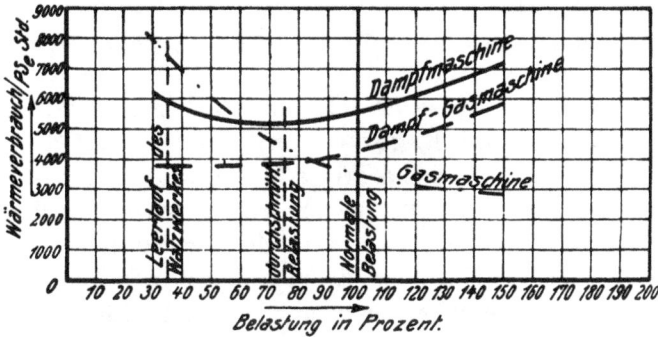

Abb. 110. Energieverbrauch der kombinierten Gas- und Dampfmaschine bei verschiedenen
Belastungen.

Die Regulierung wird so eingerichtet, daß die Spitzenbelastungen hauptsächlich von den letzteren, die Grundbelastung von den Gaszylindern
zu tragen sind. Eine solche Anordnung verbindet die Anpassungsfähig-
keit und leichte Regulierbarkeit der Dampf- mit dem günstigen Wärmeverbrauch der Gasmaschine, und die Nachteile der letzteren, die Empfindlichkeit gegen Belastungsschwankungen und das schwierige Anlaufen
sind ausgeschaltet oder gemildert. Abb. 110, der genannten Veröffentlichung entnommen, zeigt, wie gut die Verschiedenheiten des Wärmeverbrauchs bei schwankender Belastung sich ausgleichen können. Es
scheint uns ein beachtenswerter Vorschlag zu sein, nach welchem die
Vorzüge des Gasmotors in Zukunft auch für Walzenzugmaschinen (ebenso auch für Fördermaschinen) nutzbar gemacht werden können.

b) Energieverbrauch innerhalb des Walzwerks.
1. Walzarbeit.

Wir haben zu Eingang des Abschnittes »Walzwerk« gezeigt, daß die
eigentliche Umformungsarbeit bei den von Puppe untersuchten Straßen

für Stab- und Formeisen 42 bis 62, für Knüppel und Blöcke 58 bis 70%, daß also die Verluste 38 bis 58 bzw. 30 bis 42% betragen haben. Die letzteren verteilen sich

a) auf die Reibung in den Zapfen und Lagern der Walzen,

b) auf diejenige zwischen Walzen und Walzgut infolge Stau-wirkung (s. unten), Breitung und Verschiedenheit der arbeiten-den Durchmesser, durch zu geringe Kaliberbreitung (sog. »Ka-liberflankenreibung«) und infolge Reibung durch das Auf-liegen der Hunde,

c) auf den Kraftbedarf der Kammwalzen,

d) auf die »verlorene Breitung«,

e) auf die Erwärmung des Walzgutes,

f) auf die Entstehung von Spannungen im Walzgut.

Ziffer e und f zählen unter die Verluste nur, soweit sie nicht in der Nutzarbeit mitenthalten sind.

Zu den einzelnen Posten ist folgendes zu bemerken:

Zu a) Zapfen- und Lagerreibung. Um sie auf dem Mindest-maß zu halten, müssen vor allem Triogerüste entlastete Mittelwalzen haben, d. h. der Druck der Mittelwalze von unten darf sich nicht, wie früher üblich, durch die Oberwalze zu der Druckspindel fortpflanzen, sondern muß durch Keile oder Erdmannhebel unmittelbar von dem Walzenständer aufgenommen werden. Diese Anordnung fehlt wohl bei keinem neuzeitlichen Walzwerk. Aber sie macht bei schlechter An-ordnung die Anstellung unbequem und oft auch ungenau. Die Beleg-schaft hilft sich dann wohl einfach dadurch, daß sie kurzerhand die Ent-lastung ausschaltet. Es bedeutet das, wenn unten gesteckt wird, eine Vermehrung der Zapfenreibung von $33\frac{1}{3}\%$. Wird oben gewalzt, so ändert sich die Zapfenreibung nicht; durchschnittlich beträgt die Ver-mehrung also rund 17%.

Das für gewöhnliche Zapfen übliche Mittel, die Reibung gering zu halten, indem man durch große Zapfenlänge kleinen spezifischen Flächen-druck herbeiführt, ohne das Verhältnis: Reibungsarbeit zu Abkühlungs-fläche zu ändern, ist bei den Walzen nicht gangbar, weil die Zapfen sonst an Festigkeit zu viel einbüßen und oft brechen. Über das für Walz-zapfen übliche Verhältnis von Länge zu Durchmesser gleich 1,1 bis 1.2 : 1 hinauszugehen, ist nicht ratsam.

Dagegen hat man in den letzten Jahren mit Erfolg versucht, diesen größten Posten unter den Verlusten dadurch herabzumindern, daß man rollende Reibung an die Stelle der gleitenden setzt, indem man Kugel- oder besser Rollenlager statt der gewöhnlichen Lagerschalen alter Art verwendet. Werke, die sie eingeführt haben, geben Kraftersparnisse bis zu 40%, die dadurch erzielt worden seien, an. Die Höhe dieser Zahl allein schon erweist, daß der Hauptteil der Verluste in der Lager-reibung liegen muß[1]).

Zu b) Die Materialverdrängung beim Walzen beruht auf Fließ- oder Strömungsvorgängen. Die hierbei entstehende innere Reibung unter Wärmeentwicklung ist nicht zu den obengenannten Verlusten zu zählen, sondern in der Formverdrängungsarbeit, also bei der nutzbaren Energie enthalten. Dagegen haben wir zu den ersteren die Reibung infolge des Rutsches zwischen Walzgut und Walzen zu rechnen. Eine solche entsteht durch die Breitung, die verschiedenen arbeitenden Durchmesser z. B. bei Formeisenprofilen und endlich bei jedem Walz-prozeß durch den Umstand, daß die Walzen mehr Material in sich hinein-zuziehen suchen, als ihrer Umfangsgeschwindigkeit nach aus ihnen aus-treten möchte. Diese Verschiedenheit verursacht eine Stauung des Materiales zwischen Ein- und Austritt des Walzgutes. Sie findet ihren Ausgleich zum Teil durch die Breitung, zum Teil durch die Voreilung, also einen Rutsch nach vorn, endlich durch einen solchen nach rück-wärts (Näheres siehe »Walzen und Walzenkalibrieren« von W. Tafel, Aufl. 2 u. 3, Kap. II, 1, 3, 6 u. 7). Fink hat die Reibungsarbeit durch diesen bei jedem Walzvorgang auch bei gleichen Durchmessern unver-meidlichen Rutsch berechnet und mit 10 bis 30% der Formveränderungs-arbeit ermittelt, das sind 5 bis 15% der gesamten aufgewandten Energie.

Die Reibung durch die auf den Walzen aufliegenden und schleifen-den Hunde (Abstreifmeisel) ist beim Leerlauf unbedeutend, kann aber mitsprechen, wenn das Walzgut sehr stark auf den Hund gedrückt wird, d. i. bei Profilen, die sich im Kaliber klemmen. Ebenso wenn die Ab-streifmeisel nicht wagrecht und tangential zur Walze aufliegen, sondern wegen ungenügender Länge in einer den Walzenumfang in der Ver-längerung schneidenden Linie.

Zu c) Den Kraftbedarf der Kammwalzen hat Puppe in ein-gehenden Versuchen mit 5 bis 7% ermittelt.

Zu d) Als »verlorene Breitung« bezeichnet der Verfasser bei einem ganzen, aus mehreren Stichen bestehenden Walzvorgang das in

---

[1]) Schon die bisher gewonnenen Erfahrungen auf Werken des deutschen Westens und der Tschechoslowakei (Kladno, Witkowitz) haben den Beweis erbracht, daß Rollenlager auch für das Walzwerk durchaus praktisch möglich sind, zum minde-sten, wo die Walzen nicht sehr häufig umgebaut und seitlich nicht sehr stramm gehalten werden müssen. Näheres s. St. u. E. 1924 S. 425, wo Holzweiler über Betriebserfahrungen namentlich mit den von Witkowitz in den Handel gebrachten Walzwerksrollenlagern berichtet.

Man ist im Übrigen an vielen Stellen bemüht, durch verbesserte Konstruk-tionen den Nachteilen insbesondere in Bezug auf großen Raumbedarf in Längs- und Höhenrichtung abzuhelfen.

die Breite gehende Material, das beim Kanten oder in Stauchstichen wieder
hereingeholt werden muß. Es erfordert natürlich Arbeit, die erspart
worden wäre, wenn das verdrängte Material bei den einzelnen Stichen
ganz in die Länge hätte geschickt werden können. Der Energiebedarf
für die verlorene Breitung beim Blocken ist beträchtlich und beträgt,
wie ein Vergleich der Summe der Einzelstiche $\left(A_{\text{total}} = \Sigma\, V \dfrac{k}{\eta} \ln \dfrac{h_1}{h_2}\right)$
mit der gesamten Deformationsarbeit $\left(A_{\text{total}} = V \dfrac{k}{\eta} \cdot \ln \dfrac{Q_1}{Q_2}\right)$ ergibt, bis
zu 35% der Gesamtarbeit. Sie kann dadurch eingeschränkt werden,
daß man nicht frei breiten läßt, sondern den Block in den Spitzen hält
und ein Ausdrücken von Grat durch starken Anzug und ev. konvexe
Flanken verhindert. Die Flankenreibung, welche daraus entsteht, ist
geringer als der Verlust durch verlorene Breitung.

Zu e) Der auf die Erwärmung durch Druck entfallende Prozentsatz ist schwer zu schätzen, da er, wie gezeigt, zum Teil bei der Deformationsarbeit enthalten ist. Eine Annäherungsrechnung läßt annehmen,
daß der darüber hinausgehende Anteil einige Prozente nicht überschreitet,
also vernachlässigt werden kann.

Zu f) Beim Walzen namentlich von irregulären Profilen entstehen
innere Spannungen (s. »Walzen und Walzenkalibrieren«, S. 78), deren
Erzeugung ebenfalls Energie verzehrt. Deshalb und weil sie die Qualität
des Walzmaterials ungünstig beeinflussen, müssen sie auf ein Mindestmaß reduziert werden. Es geschieht durch sorgfältiges Kalibrieren,
richtige Lage der Walz- bzw. neutralen Linie (Näheres s. a. a. O.) und
durch Verlegung des »irregulären« Druckes in die ersten, d. h. heißesten
Stiche.

Die obigen rohen Zahlen erweisen, daß eine Aussicht nicht besteht,
außer durch Einführung von Rollenlagern und gute Schmierung (schlechtes
Schmiermaterial kann den Kraftbedarf eines Walzwerks um 30% und
mehr erhöhen) den Wirkungsgrad wesentlich über den von Puppe fest-
gestellten hinaus zu verbessern. Die von ihm untersuchten, von dem
Verfasser ausgewerteten Strecken müssen, da sie eine nutzbare Arbeit
von ca. 40% aufweisen, geringere Verluste gehabt haben, als oben unter
a bis f geschätzt sind. Der Wärmewirtschaftler wird deshalb, wo die
Untersuchung an Straßen Wirkungsgrade von 0,3 bis 0,6 ergibt (bei
Rollenlagern von 0,5 bis 0,8), das Feld seiner Tätigkeit weniger innerhalb
der Strecke als in der äußeren Wärmewirtschaft, d. h. beim Antrieb
und Ofen zu suchen haben.

2. Leerlauf.

Die Formeln (44) usf. und der aus den Puppeschen Versuchen er-
mittelte Wirkungsgrad der Walzwerke beziehen sich auf die belastete
Straße. Ihr Leerlauf ist nicht inbegriffen. Man kann seinen Energiebedarf im Mittel und überschlägig mit 20% desjenigen für die Walzarbeit annehmen. Aber dieser Anteil wechselt natürlich stark je nach
der Anzahl der Gerüste. Bei der Drahtstraße mit ihren 20 Walzen-
paaren und mehr ist er höher, als bei Strecken mit wenig Gerüsten,
etwa der Blockstraße, die nur eines aufweist. Bei allen aber ist er abhängig von dem Verhältnis der Walzzeit zu den Stichpausen.
Die Leerlaufsarbeit A_L ist für eine bestimmte Zeit konstant. Je geringer
die Stichpausen sind, um so mehr Walzarbeit A_w leistet die Strecke in
dieser Zeit, umso kleiner wird also das Verhältnis $\dfrac{A_L}{A_w}$. Es gilt somit
auch hier wieder der Grundsatz, wie überall für die Wärmewirtschaft
wie die Wirtschaftlichkeit überhaupt: Intensiver Betrieb ist sparsamer Betrieb!

Leistungsgrad einer Strecke.

Wollen wir die Leistungsfähigkeit einer Strecke beeinflussen, so
müssen wir sie vor allem kennen. Zu dem Zwecke hat der Verfasser
seit vielen Jahren mit dem Begriff der »theoretischen Erzeugung«
gearbeitet und darunter das Gewicht an Walzerzeugnis verstanden,
das ein Stich, vor allem der Fertigstich, in einer Stunde herauswerfen
würde, wenn die Stichpausen = Null wären. Der Verfasser zusammen
mit E. Schneider[1]) haben das Verhältnis zwischen wirklicher und dieser
theoretischen Erzeugung (»Leistungsgrad«) durch Messungen an einer
großen Zahl von Strecken ermittelt. Der günstigste Leistungsgrad
ergab sich in runden Zahlen:

bei Blockstraßen . . . . . . mit 38%
» Grobstraßen bis 500 mm » 40%
» Mittelstraßen . . . . . » 55%
» Fein- und Drahtstraßen . » 57%

Es hat sich als nützlich erwiesen, wenn man die Ursache starker
Verschiedenheiten in dem genannten Verhältnisse auffinden will, einen
zweiten Begriff einzuführen, die sog. »verlustlose Erzeugung«. Wir
verstehen unter ihr die Produktion eines Walzgerüstes in einer bestimmten
Zeit, wenn alle vermeidbaren Aufenthalte in Wegfall kommen. Die
»theoretische Walzzeit« umspannt also nur die reinen Stichzeiten,
die verlustlose diese und die unvermeidbaren Aufenthalte für das

---

[1]) St u. E. 1923, S. 374.

Einführen des Walzgutes in den folgenden Stich, während die effektive auch die vermeidbaren Pausen, wie Aufenthalte am Ofen und an der Strecke, Arbeitspausen usw. enthält.

Der energiesparende Walzwerker — ein Eingreifen des reinen Wärmewirtschaftlers wird hier kaum möglich sein — verfährt also, wenn er dem obigen Grundsatz gerecht werden will, folgendermaßen:

1. er stellt die theoretische Erzeugung seines Fertigstichs (bei Drahtstraßen sind es mehrere) fest und vergleicht sie mit der effektiven. Ist das Verhältnis nach obigen Zahlen unbefriedigend, so untersucht er die Vorkaliberwalzen und ermittelt mit der Stoppuhr:
2. welche Walze die geringste verlustlose Erzeugung aufweist, also das drosselnde Element der Straße ist, dann nimmt er
3. eine andere Verteilung der Stiche und ev. der Drucke auf dem Gerüste vor, derart, daß jedes Gerüst möglichst gleiche verlustlose Walzzeit und Erzeugung aufweist.

Danach ist die Erzeugung nur mehr eine Frage der Drehzahl der Straße, der Leistungsfähigkeit ihrer Maschine, der Öfen und Adjustage und der Hintanhaltung der vermeidbaren Aufenthalte, also eines flotten Arbeitens der Belegschaft.

Für die Wahl des Druckes in den einzelnen Stichen ist die Erkenntnis maßgebend, die schon Fink auf rein rechnerischem Wege abgeleitet, und die Kiesselbach (s. die Verhandlungen der Kraftbedarfskommission des Vereins deutscher Eisenhüttenleute) in den Puppeschen Versuchen bestätigt gefunden hat, daß der Energiebedarf je 1000 kg Walzmaterial um so kleiner sei, mit je größeren Abnahmen bzw. Drucken die Formveränderung erreicht wird. Das führt zu dem einfachen Grundsatz: Man muß die Drucke so hoch nehmen als möglich. Begrenzt sind sie durch das Greifvermögen, durch die Leistung der Maschine, durch die Genauigkeit der Abmessungen, die wir erreichen wollen, und durch die Plastizität des Materials. Bei weicher, sog. Handelsqualität und den üblichen Walztemperaturen von 1100 bis 1250° scheidet der letztere Punkt aus; wir sind hier im Druck nur durch das Greifvermögen der Walze beschränkt und im letzten Stich durch die Rücksicht auf genaue Abmessung. Im Hinblick auf die letztere wählt man im Fertigkaliber ca. 10%, im ersten Vorkaliber 40 bis 50% und vermittelt dazwischen in steil ansteigender Druckkurve (etwa 40, 35, 30, 20 u. 10%). Wo der Unterschied zwischen der effektiven und verlustlosen Erzeugung bei einer Strecke sehr groß ist, liegt die Schuld an dem Ofen, den Walzgerüsten oder der Belegschaft. Über die letztere und die Mittel, sie durch einfache und übersichtliche Lohnsysteme zu freudiger Leistung zu bringen,

hat sich der Verfasser in seinem Buch über »Walzen und Walzenkalibrieren« ausgesprochen. Die Ofenleistung ist oben behandelt worden.
Mitspielen kann noch die Lage des Ofens zur Strecke. Grundsätze
dafür sind

1. Der Ofen soll nicht so nahe an der Strecke stehen, daß die Walz-
mannschaft die ausstrahlende Hitze empfindet oder der Ofen in die Bahn
des auslaufenden Walzgutes kommt. Dieses Maß ist natürlich je nach
Gebäudehöhe, Walzlänge und seitlich von der Strecke verfügbarem
Raum verschieden.

2. Eine Entfernung, welche über die Erfordernisse zu 1 hinausgeht,
ist fehlerhaft, weil sie das Walzgut unnötig abkühlt. Kommt es dadurch
kälter zur Walze, so steigt dort
der Kraftbedarf. Gibt dagegen, um
das zu vermeiden, die Ofenmann-
schaft dem Wärmgut eine der vermehrten Abkühlung entsprechende
höhere Temperatur, dann steigt der
Kohlenverbrauch im Ofen und dazu
der Abbrand, und zwar nicht etwa
nur proportional zur Anwärm-
temperatur, sondern wesentlich
stärker.

Um einen Block von 1350 auf
1450⁰ zu bringen, müssen wir unter
Umständen die gleiche Heizgasmenge über ihn wegströmen lassen,
wie zur Erwärmung von 0 auf 1350⁰
nötig war (s. Abb. 111, $t_1 = t_2$). Und

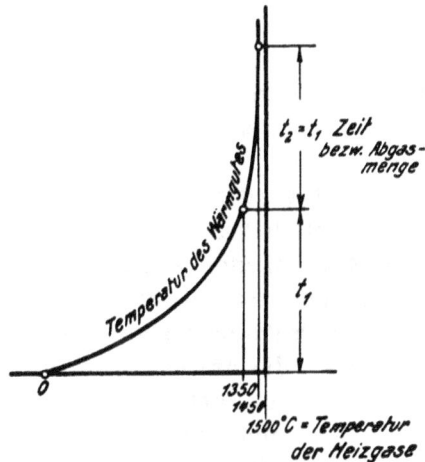

Abb. 111. Asymptotischer Verlauf der
Erwärmung eines Blockes.

in noch schrofferem Anstieg wird der Abbrand in die Höhe gehen,
weil er zugleich mit der Zeit, welche das Material den Heizgasen ausgesetzt ist und mit deren Temperatur steigt. Mit anderen Worten:
gerade die letzten Temperaturerhöhungen im Ofen sind die
teuersten, gerade mit ihnen muß besonders sparsam umgegangen,
bei ihnen muß schon der Verlust von 25⁰ schwer genommen werden.

Noch wichtiger als bei Flußeisen ist beim Schweißeisen der Grundsatz: »Ofen an die Strecke heran«, weil dort alles davon abhängt,
die Schlacke noch möglichst dünnflüssig zu den ersten Stichen zu bekommen

Die Walzgerüste müssen ein rasches Ein- und Ausbauen und
Einrichten gestatten, Höhen- und Seitenstellung der Walzen muß bequem erfolgen können und mit der gleichen Schlüsselweite, damit der

Walzer nicht zu jedem Einstellen erst ein- bis zweimal nach dem falschen Schlüssel greift. Das gleiche gilt von den Führungen; Schraubenbefestigungen sind hier besser als Verkeilungen. Für die Walzenanstellung sind Spindeln (auch unten) besser als Keile. Die Sekunden, die im Laufe des Tages beim Einbauen und Stellen der Walzen durch vertiefte Behandlung solcher Einzelheiten gespart werden, summieren sich in der Schicht leicht zu einer viertel und halben Stunde, während welcher Straße und Ofen ohne Erzeugung leer gehen, also Kraft und Wärme verbrauchen.

All diese Einzelheiten beeinflussen den Wärmeverbrauch, wie überhaupt im Walzwerk Höhe der Erzeugung und Güte der Wärmewirtschaft fast identisch sind.

Darum hängt die letztere schließlich auch noch von der Einteilung des Walzprogramms ab. Damit in dem Konflikt zwischen rascher Bedienung der Kunden und wirtschaftlicher Herstellung jeweils das Optimum erreicht werde, muß sie nicht von untergeordneten Kräften sondern von technisch gebildeten besorgt oder wenigstens maßgebend beeinflußt werden, welche alle Einzelheiten ihrer Straßen, Walzen und Belegschaft beherrschen. Durch kluge Ausnützung der jeweils günstigsten Möglichkeiten kann in jeder Woche und an jeder Straße manche Tonne mehr erzeugt werden, welche den Wärmeverbrauch drückt.

Grundsätzlich sei auf diesem Gebiet nur erwähnt, daß das übliche Verfahren, die unbequemen Sorten möglichst zu verteilen, schlecht ist. Kann man sie nicht durch Umkalibrierung zu guten machen, so vereinige man alle schlechten auf eine oder einige Schichten und walze sie etwa einmal in jedem Monat in einem Zuge weg, damit für den Rest der Zeit diese Entschuldigung für schlechte Erzeugungszahlen Belegschaft und Betriebsführung entzogen ist.

Schlußbetrachtung über die Gesamtwärmewirtschaft auf Hüttenwerken.

Am Hochofen liegt der Schwerpunkt der Wärmewirtschaft auf dem niederst möglichen Kokssatz und der besten Verwertung der Gichtgase und ihrer Speicherung bei Überschuß. Beim Stahlwerk auf dem Wärmeverbrauch für das Einschmelzen, die Verwertung der Abhitze und der Schonung bzw. Verwertung von Roheisen- und Blockwärme. Beim Walzwerk ist der Komplex der Fragen zu groß, um ihn in wenigen Worten wiederzugeben. Die Wärmequellen beschränken sich in ihm auf kleine Abhitzekessel; in der Hauptsache aber ist das Walzwerk nur wärmeverbrauchend.

Wer gemischte Werke neu errichten oder bestehende wärmewirtschaftlich beurteilen und verbessern soll, wird sich zuerst Rechenschaft

geben müssen einerseits über die auf dem Werk fließenden Energie-
quellen, andererseits über den Energieverbrauch an den verschiedenen Stellen. Decken sie sich rechnungsmäßig, so muß mit allem Nach-
druck angestrebt werden, die Deckung auch in der Tat herbeizuführen.
Jede Anlage, die zu diesem Zwecke gebaut wird, ist wirtschaftlich.
Die »Hütte ohne Kohle«, das Ziel, das sich Max Meier in Differ-
dingen schon vor 3 Jahrzehnten gestellt hat, muß das Streben jedes
neuzeitlichen Werkes sein! Das eben ist das typische, die Eisenhütten-
industrie von allen anderen unterscheidende Merkmal, daß sie starke
Kraftquellen verfügbar hat, deren vollkommene Ausnützung oberste
Aufgabe sein muß. Das Primäre auf dem Hüttenwerk sind die Feuerungsanlagen, von ihnen werden sekundär die Kraftanlagen mit brennbaren
oder unbrennbaren Heizgasen gespeist. Die Wärmewirtschaft des Hüttenwerks ist also vornehmlich eine Gaswirtschaft. All das machte eine
besondere Behandlung in dem vorliegenden letzten Teil dieses Buches
notwendig, obwohl alles Grundsätzliche schon in den ersten beiden
Teilen behandelt worden ist.

In dem Falle rechnungsmäßiger Deckung des mittleren Anfalles
und Bedarfes an Energie, aber nicht Deckung in der Wirklichkeit,
können die Fehler in den Anlagen und in der Handhabung der
Wärmewirtschaft liegen. Sie zu finden, ist das nächste Ziel. Am rasche-
sten wird man zu ihrer Aufdeckung und Behebung kommen, wenn man
folgende Reihenfolge einschlägt:

1. Untersuchung aller Gase, die erzeugt werden, auf Qualität und
Behebung der Mängel, wenn sie schlechter ist als dem Brennstoff entspricht. Also Reform und Überwachung der Gaswirtschaft.

2. Untersuchung aller Kraftmaschinen auf Energieverbrauch
je PSst. Ersetzen unwirtschaftlich arbeitender und vor allem Entlastung überlasteter Maschinen.

3. Untersuchung der Abhitze von Kraftanlagen und Feuerungen
und ihre Verwertung, wo der Strom nicht nach Temperatur oder Wärme-
gewicht allzu spärlich fließt. Für die Temperatur dürfen zurzeit zum
Wärmen von Wasser etwa 300, zur Dampferzeugung etwa 500°, für die
Wärmemenge etwa 200 000 WE je Stunde als unterste Grenzen für die
Ausnützbarkeit betrachtet werden.

4. Untersuchung des Energieverbrauchs der Feuerungen und
Ersatz veralteter durch Hochleistungsöfen ohne »Abhitzerest« und mit
hoher Verbrennungstemperatur.

5. Theoretischer Stromverbrauch für Licht und Kraft (aus
Zahl der im Betrieb befindlichen Lampen und Motore) und Vergleich

mit dem tatsächlichen Verbrauch. Instandsetzung der Leitungen und Schaltungen, wo sich wesentliche Unterschiede herausstellen.

Ergibt die Gegenüberstellung von mittlerem Energieanfall und -verbrauch einen Überschuß, so müssen wir uns schlüssig werden, wie wir ihn verwenden, d. h. wohin wir ihn abgeben wollen. Es kann an fremde Betriebe oder Stromnetze oder an neu zu errichtende eigene Fabrikationen geschehen.

Ergibt sich im Gegenteil ein Fehlbetrag, so ist über die Art der Deckung Beschluß zu fassen. Sie kann durch eine eigene Kraftanlage oder durch Bezug fremder Energien, etwa der Gase einer benachbarten Kokerei oder von Strom aus dem Netz einer Überlandzentrale erfolgen. Häufig wird man beides vorsehen, einmal, um eine Reserve zu haben, zum anderen, um bei Verhandlungen über den Strompreis in günstigerer Lage zu sein. Abhängigkeit gefährdet stets billigen Einkauf!

In den obigen Überlegungen über die Herstellung des Gleichgewichts zwischen mittlerem Energiebedarf und mittlerer Energieerzeugung (besser Wandlung in die für unsere Betriebe erforderlichen Formen) liegen Schwierigkeiten nicht. Sie erwachsen erst aus dem Umstand, daß beide ungleichmäßig auftreten, beide Spitzen und Täler aufweisen, und daß diese sich nicht etwa decken, sondern daß der Spitze des Energieanfalls ein Tal des Energiebedarfes gegenüberstehen kann und umgekehrt.

Die zweite Hauptfrage ist deshalb, ob und inwieweit wir solche Unregelmäßigkeiten einebnen können. Hier geraten die, hohe Erzeugung anstrebende Betriebsführung und die, sparsamen Energieverbrauch fordernde Wärmewirtschaft leicht in einen gewissen Zwiespalt. Man wird die Entscheidung im allgemeinen so treffen, daß die Wärmewirtschaft Dienerin des Betriebes sein muß (wie sie, richtig verstanden und gehandhabt, ein Bestandteil von ihm, nicht etwa etwas Fremdes, von außen in ihn Hineingetragenes ist), wo andernfalls die Höhe und Güte der Erzeugung geschädigt wird, daß aber der Betrieb der Wärmewirtschaft untertan zu sein hat, wo es ohne Schaden, nur durch Aufwand geistiger Arbeit und Aufgabe gewisser Bequemlichkeiten geschehen kann. So ist z. B. die Forderung, der Hochofen müsse so betrieben werden, daß er in der Zeiteinheit ungefähr gleiche Gasmengen liefere, durchaus berechtigt. Man wird zu diesem Zweck das Blasen nicht einfach nach dem Druck, sondern nach der Menge des Windes regeln, wobei nur bei gleichmäßigem Ofengang beide identisch sind. Diese Gleichmäßigkeit in der Ofenführung, die zum mindesten dort durchaus möglich erscheint, wo selten die Qualitäten gewechselt werden, wird dem übrigen Betrieb nicht abträglich, sondern förderlich sein. Wir haben ja auf den verschiedensten Gebieten eine möglichste Gleichmäßigkeit als eine der Grundbedingungen für einen guten Wirkungsgrad kennen gelernt. Die ausgezeichneten Resultate der amerikanischen Hochofenwerke nach Erzeugung und Koksverbrauch sind nicht zum wenigsten dieser Erkenntnis zu verdanken. Dagegen werden z. B. die Abhitzekessel hinter Stahl- oder Wärmeöfen mit ihren verschiedenen Qualitäten, Blockgrößen und Perioden der Charge sich dem Ofen unterzuordnen haben. Hier kann der Schmelzer oder Schweißer sich nicht nach dem Kessel richten, sondern muß seinen Ofen ganz so führen können, als wäre jener nicht vorhanden.

Manches zur Einebnung der Energiespitzen kann noch durch Regelung der Abstiche und Cowperumsteuerung beim Hochofen geschehen. Oder im Walzwerk dadurch, daß Sorten, welche großen Kraftbedarf haben, schwere Blöcke, dünnes, breites Bandeisen, kleines Rundeisen mit seinen seitlich straff gespannten Walzen usw. nicht auf Zeiten verlegt werden, in denen leicht Energieknappheit herrscht, z. B. nicht auf Montag früh. Oder dadurch, daß man, wenn Kraftmangel droht, unter Zurückstellung des Abbrandes mit etwas höherer Walztemperatur walzt. Ähnliche Mittel für den Energieausgleich wird jeweils das Studium der verschiedenen Betriebsverhältnisse zu ergeben haben; hier mußten wir uns darauf beschränken, einige Beispiele zu nennen.

Auch bei sorgfältiger Beobachtung all dieser Möglichkeiten werden immer noch beträchtliche Schwankungen in Anfall und Verbrauch der Energie bleiben. Sie zu überwinden, ist die dritte Hauptaufgabe der Wärmewirtschaft eines Hüttenwerkes. Hier tritt die Wärmespeicherung in den Vordergrund der Betrachtung. Ihre verschiedenen Arten seien an dieser Stelle noch einmal zusammengefaßt:

1. durch Großwasserraumkessel und Ruthsspeicher bei starken, aber kurz dauernden Schwankungen;

2. Speiseraumspeicher bei langandauernden, aber niederen Spitzen;

3. Gasbehälter. Sie können, wenn groß genug, Spitzen jeder Art und Dauer ausgleichen;

4. sog. »Spitzenmaschinen«, die je nach Energiebedarf zu- und abgeschaltet werden, oder fremder Gas- oder Strombezug;

5. Zu- und Abschalten von ganzen oder Teilbetrieben oder von Cowpern.

Je nach Größe der Schwankungen wird man eine oder mehrere oder alle Möglichkeiten der Speicherung heranziehen. Weiter wird man zweckmäßigerweise, am besten in Form von Diagrammen nach Abb. 112

und 113, sowohl für den Fall des Energieüberschusses, wie für den des
Energiemangels die maximalen Abweichungen vom Durchschnitt (größter
Anfall bei kleinstem Bedarf und umgekehrt) der Aufnahme- und Abgabe-
fähigkeit der verschiedenen Speicher gegenüberstellen.

Die Zeiten in Abb. 113 ergeben sich aus dem Wärmeinhalt des betr.
Speichers dividiert durch die Zahl der WE, die wir ihm sekundlich ent-

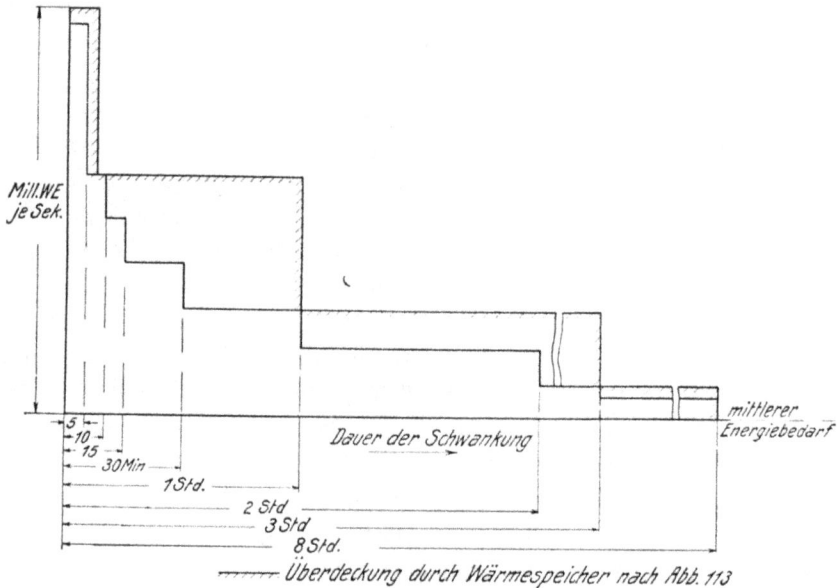

Abb. 112. Diagramm für Energie-Anfall und -Verbrauch.

nehmen wollen, um die Spitzen von Abb. 113 zu überdecken. Diese wieder
sind aus den Betriebsstörungen (Hochofenabstich, Hängen von Gichten,
Walzeinbau usw.) zu berechnen oder zu schätzen. Wir können z. B.
die Wirkung des Speiseraumspeichers auf die doppelte Zeit ausdehnen,
wenn wir ihm sekundlich nur halb so viel WE entziehen (gestrichelte
Linie). Dazu müßten wir den Ruthsspeicher oder die Großwasserraumkessel so vergrößern, daß sie 1 Stunde statt 5 Min. die höchste Spitze
zu decken vermögen.

Auch hier, wie so oft, wird rascher als exakte Rechnung das Probieren an der Hand einer Anzahl von Schaubildern der gezeigten Art,
die durch gleiche, für die Zeiten des Energiemangels und der Speicher-
abgabe zu ergänzen sind, zum Ziel führen. Man legt am besten zunächst
willkürlich geschätzte Speichergrößen zugrunde, die dann je nach Feh-
lendem oder Überschießendem in den Diagrammen entsprechende Änderungen und ihre endgültige Bemessung erfahren.

Aus allem geht hervor, daß die wechselnde Erzeugung von Energie einerseits und der noch stärker schwankende Bedarf andererseits, die Notwendigkeit, beide in Einklang zu bringen und die hierdurch bedingte Abhängigkeit der einzelnen Betriebe voneinander die Wärmewirtschaft

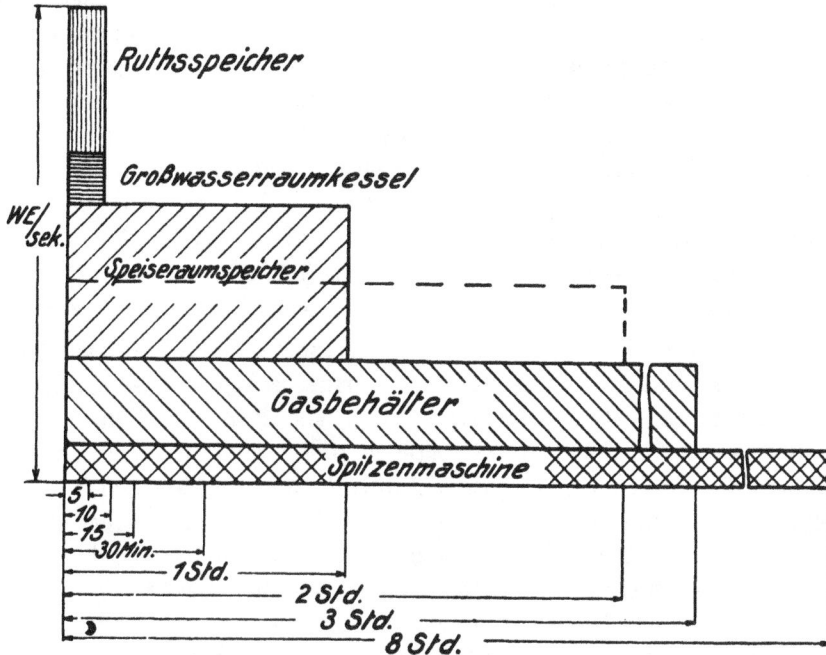

Abb. 113. Energiespitzen eines Hüttenwerks.

der Eisenhüttenwerke verwickelter macht als die irgendeiner anderen Industrie. Schon darum war es notwendig, sie einer gesonderten Behandlung wenigstens grundsätzlich und in großen Zügen zu unterziehen.

XI. Kapitel.
Chemische Industrie und verwandte Betriebe (Papierfabrikation).

A. Chemische Betriebe im Allgemeinen.

1. Heiz- und Kraftdampf. Kessel- und Leitungsverluste. Lageplan. Fernleitung.

Unterscheidet sich die Wärmewirtschaft der Hüttenwerke von derjenigen anderer Industrien dadurch, daß die Bedeutung der Ofenanlagen die der Kraftmaschinen überwiegt und daß der Energiebedarf der letz-

teren in der Hauptsache aus der Abwärme der ersteren bestritten werden
muß, so ist das Kennzeichen für die Wärmewirtschaft der chemischen
und verwandter Industrien, daß hier das Überwiegende der Wärmebedarf für Heiz- und Kochzwecke zu sein pflegt, und daß die Energie
für die Kraftanlagen zweckmäßigerweise dadurch gedeckt wird, daß
man den Dampf vor seiner Verwendung zu diesen Zwecken in der Dampfmaschine (Gegendruck-Kolbenmaschine oder -Dampfturbine oder Abzapfturbine) Arbeit leisten läßt. Diese Lösung ergibt sich zwingend
aus unseren Betrachtungen im ersten Teil des vorliegenden Buches.
Wir haben dort gesehen, daß die Wärme, die wir aufwenden, um Dampf
von niederer Spannung auf höhere zu bringen, bei der Expansion in der
Kraftmaschine fast restlos ausgenützt wird und daß darum solche
»Gegendruckmaschinen« von allen Kraftanlagen in weitem Abstand
den besten Wirkungsgrad haben (ca. 75 gegen 35% beim Dieselmotor).

Man wird also bei Neuanlagen von chemischen Fabriken oder bei
der Kritik und Verbesserung der Wärmewirtschaft bestehender von
dem Bedarf an Heiz- und Kochdampf als dem Primären ausgehen.
Dann ist der Kraftbedarf festzustellen (der zum Unterschied von der
Hüttenindustrie gleichmäßig zu sein pflegt) und, da beide sich im Durchschnitt selten, in den Spitzen und Tälern des Heizdampfverbrauchs niemals decken, zu überlegen, wie sie in Einklang gebracht und die Schwankungen ausgeglichen werden können. Diese für die Wärmewirtschaft
der chemischen Industrie grundlegenden Fragen sollen vor allem in dem
vorliegenden Kapitel behandelt, nicht etwa die zahllosen Einzelapparate
für Destillation, Eindampfung, Lösen und Auslaugen, Extraktion und
Fraktion und Trocknung usw. einer Kritik unterzogen werden. Sie ist
mehr eine Frage der chemischen Technik; die genannten Verrichtungen
können hier nur gestreift werden, soweit ihre Auswahl und ihr Betrieb
die Wärmewirtschaft beeinflussen.

Bei der Bestimmung des Heizdampfes ist weiter festzustellen, in
welcher Form, d. h. von welcher Spannung und Überhitzung er benötigt wird.

Hier ist zunächst allgemein folgendes vorauszuschicken (s. auch
Abschnitt 3):

Überhitzter Dampf hat eine niederere Wärmeübergangszahl zu
Metall-, insbesondere Eisenwänden als gesättigter. Wo ein hohes Temperaturgefälle zwischen dem Heizdampf und dem Wärmgut erwünscht
ist, und wo die Dichtungen und die Festigkeit der Heizkörper es erlauben,
verwendet man deshalb zum indirekten Kochen und Heizen besser
hochgespannten, gesättigten, als überhitzten Dampf.

Die obengenannte Rücksicht auf Dichtungen und Festigkeit der Heizapparate bewirken, daß man bisher bei gesättigtem Dampf ungern über 200° hinausgegangen ist, eine
Temperatur, die einer Spannung von rund 15 Atm. Überdruck entspricht. Darüber hinaus greift man zu überhitztem Dampf bis etwa 500°. Von da ab tritt die Feuerung
in ihr Recht.

Trotz der bedeutenden Verluste im Dampfkessel und den Dampfleitungen hat die Dampfheizung bei kleinen Apparaten (stündlicher
Wärmeverbrauch etwa 20000 WE und kleiner) einen besseren thermischen Wirkungsgrad als Einzelfeuerungen, die wegen hoher Wandverluste (große Oberfläche im Verhältnis zur Heizfläche), wegen durch diese
Verluste bedingter niederer Verbrennungstemperatur, und weil sie weniger
sorgfältig geschürt und überwacht werden können als eine große Kessel-
zentrale, wärmewirtschaftlich stets schlecht arbeiten. Es kommt hinzu,
daß beim Dampf die Temperatur durch Regelung des Druckes genau
eingestellt und immer gleich gehalten werden kann, ein Vorteil, der mit
Rücksicht auf die zu erwärmenden Stoffe, auf die Möglichkeit ihrer
Zersetzung, Verbrennung, das Anbrennen usw. für die chemische Industrie besonders ins Gewicht fällt.

Voraussetzung für den guten Wirkungsgrad des Verdampfens und
Kochens usw. mit Dampf ist allerdings, daß die Verluste in Kessel und
Leitungen möglichst nieder gehalten werden.

Die ersteren betragen, wie bei den Dampfkesseln ausgeführt, 20
bis 30%. Gut isolierte Dampfleitungen geben je St. und m² Rohr- oder
Flanschenfläche an die Außenluft ab:

	bei einer Stärke der Isolierschicht	
	von 20 mm	von 80 mm
bei gesättigtem Dampf bis etwa 15 Atm. . .	500	250 WE/St.
bei hochgespanntem u. überhitztem Dampf .	600	300 ♦

Nackte, nicht isolierte Rohre lassen dagegen je m² Rohr- und Flanschenfläche und Stunde 2500 bzw. 3000 WE, also das Zehnfache von
gut und dick isolierten durch.

Über den Dampfbedarf der einzelnen Apparate werden in der
Regel Angaben der Lieferfirmen vorliegen. Wo es nicht der Fall ist,
oder zu ihrer Kontrolle ist er auch aus den der zu erwärmenden oder
verdampfenden Flüssigkeit zuzuführenden Wärmeeinheiten zu errechnen,
zu welchen ein Wandverlust von 10 bis 30%, je nach Größe und Vollkommenheit der Wärmeisolation zuzuschlagen ist. Wärmebedarf bei
Wiederverwertung der Brüden (Mehrkörperapparate) s. später.

Leitungsverluste.

Bei den weitverzweigten, häufig dünnen, also ungünstigen Dampf-leitungen[1]) chemischer Betriebe ist den ihnen entspringenden Verlusten besondere Aufmerksamkeit zuzuwenden. Die Mittel zu ihrer Verringe-rung seien deshalb, obwohl zum Teil schon früher behandelt, hier noch-mals aufgeführt:

a) Hochspannung und Überhitzung des Dampfes für die Fort-leitung auf weite Strecken. Die Gründe der günstigen Wirkung sind im 1. Teil erörtert worden. Im wesentlichen liegen sie in der geringeren Wärmeübergangszahl zwischen überhitztem, gegenüber nassem Dampf und den Rohrwänden und in dem Umstand, daß der erstere geringere Rohrreibung erfährt, sodaß ihm ohne vermehrten Druckabfall eine um ca. 50% größere Geschwindigkeit (35 bis 38 gegen 20 bis 25 m/Sek.) erteilt werden kann. Dadurch werden die Rohrdurchmesser und -ober-flächen kleiner. Wo an der Verwendungsstelle gesättigter Dampf er-wünscht ist, wird man ihn nur mit solcher Überhitzung in die Leitungen schicken, daß sie auf dem Weg zur Verbrauchsstelle eben aufgezehrt wird. Es ist das aus der oben angegebenen Wärmeabgabe der Rohr-leitungen leicht zu errechnen, noch einfacher im Betrieb einzuregulieren. Der Überhitzer muß zu dem Zwecke mit einer Regelklappe versehen sein oder durch Einlegen von Steinen in die Züge dem Feuer mehr oder weniger entrückt werden können[2]). Die Leitungen sind hinter dem Über-hitzer und an der ersten Verbrauchsstelle mit Thermometer zu versehen.

Wird an manchen Verbrauchsstellen überhitzter, an anderen ge-sättigter Dampf benötigt, so wird man die letzteren an das Ende, die ersteren in der Reihenfolge der Überhitzung an den Anfang des Haupt-dampfstrangs legen, soweit nicht andere Gründe, wie Klarheit und Übersichtlichkeit des Lageplans das verbieten. Auch die Verlegung mehrerer paralleler Stränge mit hoch- und niedergespanntem und über-hitztem Dampf bzw. Abdampf kann in Frage kommen.

b) Sammeln der Kondenswässer. Man läßt sie am besten in Sammelbecken zusammenlaufen und drückt sie von hier durch Pumpen wieder in den Kessel, wenn man ihre Wärme nicht an näherliegenden Stellen verwerten kann. Die selbsttätigen Rückführvorrichtungen sind verwickelt und haben sich wenig bewährt. Wo der Dampf überhitzt

---

[1]) Die Heizoberfläche eines Rohrs steigt in einfachem, der Querschnitt in quadratischem Verhältnis des Durchmessers; bei Verdoppelung desselben und gleicher Dampfgeschwindigkeit wird deshalb der Wärmeverlust zweimal, die durchströmende Dampfmenge dagegen viermal so groß, der anteilige Wandverlust also kleiner.

[2]) Drosselklappen und Schieber vor Überhitzern verziehen sich bei den hohen Temperaturen leicht, weshalb man sich vielfach mit primitiven, aber betriebssicheren Mitteln hilft.

durch die Leitungen geht, bilden sich Kondenswässer nur bei Betriebs-
beginn.

c) Verlegen der Leitungen in den wärmsten Teilen der Arbeitsräume.
Man soll Dampfleitungen deshalb hoch, nicht in den Boden und nicht
an den Außenwänden der Gebäude verlegen.

d) Isolierung durch Wärmeschutzmittel (Kieselgur, Holzwolle,
Asbest, Filz u. a. m.) der Leitungen und möglichst auch der Flanschen
(s. auch S. 77). Wärmeverlust isolierter Rohre s. S. 313.

e) Vor allem möglichste Verkürzung der Leitungen. In dieser
Beziehung wird in den Betrieben besonders viel gesündigt. Das Anzapfen

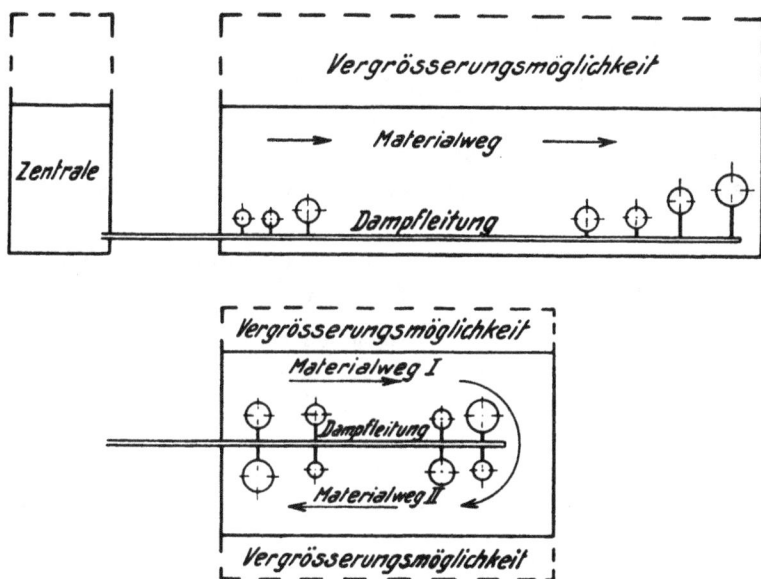

Abb. 114. Kürzung der Hauptdampfleitung durch Rückkehr des Materialwegs.

von Dampfleitungen darf nicht dem Reparaturmeister oder irgendeinem
Vorarbeiter des betr. Betriebes überlassen werden, sondern ist an der
Hand der Leitungspläne, die mit allen Änderungen und Erweiterungen
auf dem Laufenden zu halten sind, nach den Gesichtspunkten geringster
Wegstrecke, Oberfläche und Spannungsverluste genau zu überlegen.
Neue Lagepläne sind nicht nur vom Standpunkt geringer und klarer
Massentransporte, sondern auch nach dem geringer Dampfwege zu
betrachten. Es ist ohne Sinn, wenn der Maschinenbauer in den »Kurz-
maschinen« jeden cm an Dampfweg spart und der Betriebsmann danach
sorglos meterweise unnötige Dampfwege zuläßt. Oft sind beide Rücksichten, Material- und Dampfweg, miteinander zu vereinigen, indem man
den Betrieb statt in einer geraden, in einer um 180° gebrochenen Linie

anordnet (Abb. 114). Man halbiert dadurch die Länge des Hauptdampf-
stranges und ermöglicht für den Materialtransport Querwege, die wegen
der Rückführung von Abfällen, Laugen usw. häufig erwünscht sind.

Wo man den Lageplan hauptsächlich vom Standpunkt kurzer Dampf-
und ev. Flüssigkeitswege aus entwirft, kann man auch an eine Anordnung im Viereck oder Kreis denken, in deren Mittelpunkt die Zentrale
und das Pumpenhaus liegen.

Genaue Überlegung der Dampfwege ist nicht nur wegen der Wärmeverluste, sondern auch wegen des Leitungswiderstandes erforderlich,
der, wo Abdampf vorliegt, den Gegendruck in der Kraftmaschine erhöht
und somit Leistung und Wirkungsgrad herabsetzt. Das macht, daß
man ungern Abdampf über 200 m hinaus leitet. Doch findet man neuerdings auch Abdampfwege bis zu 500 m[1]). Muß die Dampfabwärme unbedingt auf größere Strecken transportiert werden, so überträgt man
sie besser auf Wasser. Heißwasserleitungen haben geringere Wärmeverluste als Dampfleitungen; nach de Grahl verhalten sie sich wie 1 : 2,5.

2. Höchstspannungskessel und Gegendruckmaschinen.
Ausgleich zwischen Heiz- und Kraftdampf.

Die Wärmewirtschaft der chemischen Industrie hat dadurch ein
ganz anderes Gesicht erhalten, daß es in den letzten Jahren gelungen ist,
die früher üblichen Höchstspannungen der Dampfkessel von 12 bis 15 Atm.
zu überschreiten und auf 25 bis 50 Atm. zu gehen. Ermittelt man für
einen Zylinder des üblichen .Verhältnisses zwischen Hub und Durchmesser (etwa 1 : 0,6) und für 10% Füllung graphisch nach Abb. 35,
S. 67 oder rechnerisch aus der Gleichung $p_e = p_a \dfrac{V_a}{V_e}$ den Enddruck p_e,
wobei p_a den Admissionsdruck = 25 bis 50 Atm., V_a das Anfangs-
volumen = Füllung + schädlicher Raum, V_e das Endvolumen = Hub
+ schädlicher Raum bedeuten (schädlicher Raum = 5 bis 7% des Hubes),
so ergibt sich selbst bei der kleinen Füllung von 10% eine Endspannung
von einigen Atmosphären Überdruck. Das bedingt ein hohes T_2. Der
Ausdruck für den Carnotschen Wirkungsgrad (s. S. 19 Gleichung (20))
$\dfrac{T_1 - T_2}{T_1}$ wird aber trotzdem nicht ungünstiger, als bei unseren früheren
niedereren Admissions- und Endspannungen, weil der Divisor T_1 sehr
hoch ist. Die sog. »Höchstspannungsmaschine« läßt demnach hohe
Gegendrücke ohne Verschlechterung des thermischen Wirkungsgrades
zu. Mit Abdampf von einigen Atmosphären Überdruck können wir

---

[1]) Siehe Maschinenausschuß des Ver. d. Eisenhüttenleute Nr. 20, S. 11.

nun aber fast allen Aufgaben gerecht werden, die uns in chemischen Fabriken gegenübertreten.

Die Firma, welche sich besonders um die Ausbildung der Dampfturbine mit hohem Gegendruck ohne Herabsetzung des Wirkungsgrades verdient gemacht hat, ist die »Erste Brünner Maschinenfabrik-Gesellschaft, Brünn (Mähren)«. A. Stodola schreibt über eine Turbinenanlage des genannten Ursprungs, die er in Nestomitz a. Elbe untersucht hat, wie folgt:

»Einen thermodynamischen Wirkungsgrad (Abdampfwärme abgezogen) von rd. 82% bei Vollast, auf die Leistung an der Kupplung und den Zustand vor dem Hauptabsperrventil bezogen, muß man als ausgezeichnetes Ergebnis anerkennen, dem in verschiedener Hinsicht weitreichende Bedeutung zukommt. Einmal ist die Gegendruckturbine nunmehr der Kolbendampfmaschine ebenbürtig geworden. Dann bildet die Nestomitzer Anlage ein Vorbild, wie der erreichte technische Vorsprung fruchtbringend weiter zu verwerten ist. Die Turbinen jener Anlage sind nämlich mit einem elektrischen Überlandwerk parallel geschaltet, an das der Arbeitsüberschuß, wie von selbst einleuchtet, zu so günstigen Bedingungen abgesetzt werden kann, daß keine noch so vollkommene Turbine eines selbständigen Kraftwerkes damit in Wettbewerb treten könnte. Es wird nicht ausbleiben, daß die Industrie, je nach Umständen in Verbindung mit geeigneter Dampfspeicherung, von der neuen Einnahmequelle ausgiebigen Gebrauch macht. Für organisatorisch und wirtschaftlich starke Kräfte liegen großzügige Aufgaben vor. Schließlich weiß man, daß die Erste Brünner Maschinen-Fabriks-Gesellschaft im Begriff ist, die neuen Erkenntnisse auf die Kondensationsturbine anzuwenden.

Bei der heutigen Lage des Brennstoffmarktes, die dazu zwingt, aus der Kohle soviel Energie wie möglich herauszuholen, stellt die Turbine, obschon sie sich teurer baut als die bis jetzt bekannt gewordenen, einen wirtschaftlichen Fortschritt dar. Sie wird einen nachhaltigen Ansporn zur Weiterentwicklung in den Dampfturbinenbau hineintragen (Zeitschr. d. V. d. I., Bd. 67, Nr. 52, vom 29. Dezember 1923).«

In der Tat wird keine Industrie, die Heizdampf benötigt, an den Ergebnissen dieser Versuche vorübergehen können.

Da die meisten chemischen und verwandte Betriebe (wie Papier-, Zellulosefabriken, Bleichereien usw.) noch Maschinen- und Kesselanlagen mit niederen Dampfspannungen aufweisen, so müssen wir unsere wärmewirtschaftlichen Betrachtungen auf Kraftanlagen alter und neuer Art ausdehnen. Für beide gilt zunächst als ehernes Gesetz, daß wir den Heizdampf zuerst Arbeit leisten lassen, also keinen Frischdampf zur Heizung verwenden sollen, wo wir mit den Temperaturen von Abdampf (»Maschinendampf«) auskommen. Die Kraftanlage liefert aber diesen Abdampf, wie schon erwähnt, ungefähr gleichmäßig, während der Verbrauch an Heizdampf meist unregelmäßig ist. Ähnlich wie bei den Hüttenwerken liegt nun die eigentliche Schwierigkeit im Ausgleich dieser Unregelmäßigkeit. Da man bei den alten Niederspannungsanlagen für viele Zwecke, um eine höhere Heizdampftemperatur zu haben, ohnehin gezwungen ist, Frischdampf zu verwenden oder dem Abdampf zuzumischen, und da in der Regel der Maschinendampf für die Heizzwecke nicht ausreicht, so liegt es hier nahe, diesen Ausgleich einfach durch Zugabe von mehr oder weniger Frischdampf herbeizuführen. Aber man muß sich dabei bewußt sein, daß jede Tonne, die man verwendet, ohne der Temperatur wegen dazu gezwungen zu sein, mit einem ganz geringen Wärmeverlust (30 von 670 WE $\cong$ 4,5%) ca. 40 PSst hätte leisten können, also eine Verschwendung von ungefähr ebensoviel Kohle bedeutet.

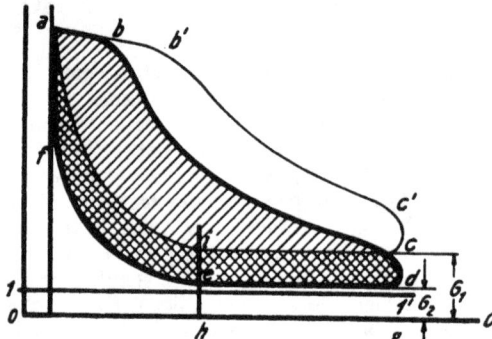

Abb. 115. Diagramm der Kolbenmaschine mit veränderlichem Gegendruck.

Anders liegen die Dinge bei Hochspannungsanlagen. Da hier das Bestreben herrschen muß, Frischdampf gar nicht oder nur in ganz seltenen Fällen zu verwenden, so fällt diese Art des Ausgleiches weg, und wir müssen uns zur Einebnung der Spitzen und Täler des Heizdampfbedarfes nach anderen Mitteln umsehen. Solche Möglichkeiten sind:

1. Kolbenmaschinen mit variablem Gegendruck. Der Gedanke liegt nahe, bei wechselndem Verhältnis von Heiz- und Arbeitsdampf etwa durch ein einstellbares, mit Gewicht oder Feder belastetes Reduzierventil in der Abdampfleitung den Druck in dieser zu variieren. Ist er hoch (in Abb. 115 G_1; hierzu die einfach schraffierte obere Diagrammfläche), dann leistet die Maschine trotz gleicher Füllung (*ab*), also gleichem Dampfverbrauch um soviel weniger, als bei normalem Gegendruck (G_2), wie das ganze Diagramm (*abcdef*) (einfach und doppelt schraffierte Flächen) größer ist als das erstere, einfach schraffierte (*abci*). Somit steigt auch der Dampfverbrauch je PSst in diesem Verhältnis. Es kommt hinzu, daß der Abdampf, weil von höherer Spannung und Temperatur, je kg etwas größeren Wärmeinhalt hat.

Der Ausgleich würde sich z. B. folgendermaßen abspielen: Der Kraftbedarf sei, wie oben angenommen, annähernd konstant (= 500 PS = Schaubild *abcdef*). Der Heizdampf beträgt ein Minimum = Fläche *dehi* und habe die Spannung G_2 = 1,2 Atm., also 641 WE Wärmeinhalt je kg. Nun steige der Heizdampfbedarf auf das Doppelte. Wir stellen das Reduzierventil so ein, daß der Druck in der Abdampfleitung auf etwas mehr als das Doppelte, sagen wir 2,5 Atm. steigt. Bei gleichbleibender Füllung würde dadurch die Maschinenleistung auf die Fläche *abci* zurückgehen, also auf ca. 50%. Da der Maschine aber die gleiche Leistung wie vorher entnommen wird, stellt der Regulator größere Füllung (*ab'*)

ein, bis Fläche $ab'c'ci$ wieder = Fläche $abcdef$ ist. Die doppelte Füllung ab' bedeutet für jeden Hub eine ungefähr doppelte Dampfmenge,
so daß erreicht ist, was gewollt war: doppelter Ab- bzw. Heizdampf
bei gleicher Maschinenleistung. Zum gleichen Ergebnis kommt man,
wenn man bedenkt, daß jeder Kolbenhub das gleiche Volumen Abdampf
in die Auspuffleitung, also jedesmal $V \cdot p$ (Vol. mal spez. Gew. des
Dampfes) schickt. Bei 1,2 Atm. wiegt 1 m³ lt. Dampftabelle 0,689,
bei 2,5 Atm. 1,368 kg, somit liefert jeder Kolbenhub im zweiten Fall
ungefähr doppeltes Abdampfgewicht. Der Wärmeinhalt steigt von 641 auf
650 WE, sodaß die Wärmelieferung für Heizung um 101,5% gestiegen ist.

Trotzdem, wie gezeigt, der gewünschte Ausgleich auf dem geschilderten Weg durchaus möglich ist, wird er kaum praktisch werden. Er
ist nur deshalb eingehend behandelt worden, weil auf ihm kleinere
Korrekturen immerhin möglich sind, aber nur für den, der die Zusammenhänge genau kennt. Schwankungen von der Größe des Beispiels in Druck und Temperatur des Heizdampfes sind für die meisten
chemischen Prozesse unzulässig oder unerwünscht. Die Kompression
der Maschinen würde bei dem hohen Gegendruck gegenüber dem niederen
stark ansteigen (s. Abb. 115), ihr Gang würde unruhig, stoßend werden.
Die Kompression zugleich mit dem Gegendruck zu wechseln, ist zwar
möglich, bedingt aber verwickelte Vorrichtungen und Bedienung. Auch
das Einstellen des richtigen Gegendrucks würde nicht leicht und meist
nur unter Zwischenschaltung eines Dampfspeichers zu treffen sein. So
muß man sich für größere Schwankungen nach anderen Ausgleichsmöglichkeiten umsehen.

2. Sind sie von kurzer Dauer, so kann man einen Ruthsspeicher
verwenden (s. S. 110). Man stellt die Kraftanlage auf einen Dampfverbrauch = dem mittleren Heizdampfbedarf ein, indem man entweder
wie oben verfährt, aber den einmal eingestellten Gegendruck konstant
läßt, oder aus dem Aufnehmer einer Verbundmaschine (s. S. 63) oder
einer Abzapfturbine (S. 88) Zwischendampf abzapft. Bei geringem
Heizdampfbedarf läßt man einen Teil davon in den Ruthsspeicher gehen,
bei großem dagegen Maschinen und Speicher zugleich auf die Abdampfleitung arbeiten.

3. Wo der Heizdampf nur einen Teil des Kraftdampfes ausmacht,
ist die Abzapfturbine oder die Zwischendampfentnahme bei einer Verbundmaschine das Gegebene. Nur muß man sich bewußt sein, daß der
Wirkungsgrad beider um so mehr abnimmt, je weniger Dampf man
durch die Niederdruckstufe gehen läßt.

4. Eine weitere Möglichkeit zur Herstellung des Gleichgewichtes
zwischen Kraft- und Heizdampf ist das Heben und Senken der

Kesselspannung. Sie hat Ähnlichkeit mit der unter 1 genannten, nur bricht man an dem Arbeitsdiagramm oben statt unten ab. Bei der geringeren Admissionsspannung arbeiten die Kraftmaschinen mit höherem Dampfverbrauch je PSst, d. h. mit größerer Füllung, geben also je Hub mehr Heizdampf ab. Zwar sinkt der Wirkungsgrad in der Maschine infolge des geringeren Temperaturgefälles $T_1 - T_2$, aber es ist immer noch besser, als ganz auf dessen Ausnützung zu verzichten, wie es bei Verwendung von Frischdampf zum Heizen der Fall ist. Eine solche Senkung des Kesseldrucks bleibt ein Notbehelf, der nicht zum Dauerzustand werden soll.

5. Wo dauernd mehr Abdampf benötigt wird, als die Arbeitsmaschinen bei höchster Kesselspannung abgeben, muß das Gleichgewicht auf anderen Wegen hergestellt werden, indem man entweder die Kraftanlage stärker belastet und die Heizung entlastet, oder beides miteinander vereint. Das kann geschehen:

   a) indem man in der Kraftanlage elektrischen Strom erzeugt und ihn an fremde Betriebe abgibt;

   b) durch Ersatz von einzelnen Dampfkochern, -Trockenapparaten usw. durch elektrisch geheizte. Hierbei findet gleichzeitig Entlastung der Heizung und Mehrbelastung der Maschinen statt;

   c) durch Ersatz des Dampfes zum Heben von Flüssigkeiten mit Injektoren, Pulsometern, Montejus usf. durch Preßluft (s. auch folgenden Abschnitt).

Fassen wir die bisherigen Betrachtungen zusammen, so ergeben sich für die Gesamtanlage bei Neu- oder Verbesserungsbauten folgende Reihenfolge der Überlegungen und Art der Verfahren:

Zunächst bringt man mittleren Anfall und mittleren Verbrauch von Abdampf durch Maßnahmen nach 5 a—c zur Deckung.

Sodann bestimmt oder schätzt man die auftretenden Schwankungen und die Zeit, die sie längstens dauern. Danach sind Temperatur bzw. Spannung für den Heizdampf festzulegen, die von dem zu behandelnden Stoff und dem chemischen Prozeß, dem er unterworfen werden soll, abhängen. Der Spannungsabfall in den Leitungen ist nach der Gutermuthschen Formel (s. Taschenbuch der Hütte) zu ermitteln. Daraus ergibt sich der Gegendruck in der Maschine, der etwa 0,1 Atm. höher sein muß als am Anfang der Leitung (Spannungsverlust in den Dampfkanälen der Maschine). Noch kann man, wie bei Frischdampfleitungen, auch einen Druckverlust von 0,1 Atm. je 10 m Leitungslänge rechnen. Bei neuzeitlichen Hochspannungsanlagen von 60 Atm. Kesselspannung kann man mit dem Gegendruck von Kolbenmaschinen bis 12 Atm.

gehen. Meist werden 4 bis höchstens 5 Atm. genügen (s. folgenden Abschnitt).

Die letzte Frage ist, wie die oben genannten Schwankungen auszugleichen sind. Aus den unter Ziffer 1 bis 4 aufgeführten Möglichkeiten sollten diejenigen ausgeschieden werden, die den thermischen Wirkungsgrad der Gesamtanlage verschlechtern. Dagegen ist seine Verringerung in Teilen, den sog. Spitzenmaschinen, natürlich unvermeidlich, weil, wie wir wissen, höchster Wirkungsgrad eben nur bei vollständig gleichmäßiger Belastung möglich ist. Daraus folgt, daß zum

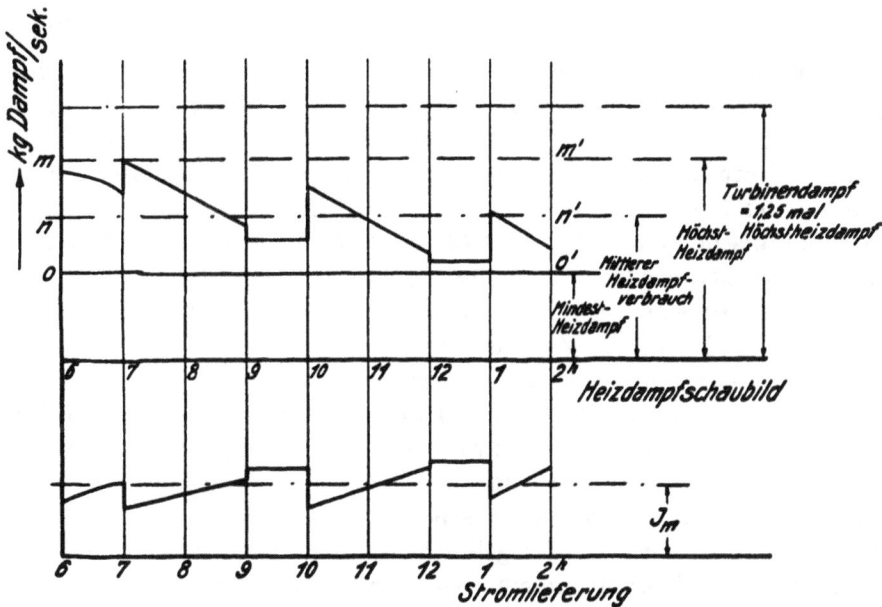

Abb. 116. Abzapfturbine bei Hochdruckheizdampf.

wenigsten für Großbetriebe die Dampfwirtschaft zu teilen ist in eine Hauptgruppe, welche den Mindestbedarf, und in eine, die den Spitzenbedarf an Heizdampf liefert. Für die ersteren sind Kolbendampfmaschinen, bei kleinen Anlagen Einzylindergegendruck-, bei großen von 80 PS und mehr Verbundmaschinen, und zwar Hochspannungsmaschinen zu wählen. Ihre Admissionsspannung hängt ab von dem Druck des Heizdampfes, der benötigt ist.

Den Spitzenheizdampfbedarf überträgt man am besten einer Abzapfturbine. Man kann dann je nach örtlichen Verhältnissen, jeweiligen Anlagekosten und persönlicher Neigung drei Wege für den Ausgleich der Verschiedenheit zwischen Heizdampfanfall und -bedarf einschlagen, die aus den Schaubildern Abb. 116 zu ersehen sind.

1. Wir ordnen eine Abzapfturbine mit Dynamo gekuppelt an, durch deren Hochdruckstufe wir konstant ca. 25% mehr an Dampf schicken, als dem Höchstbedarf an Heizdampf (abzügl. Abdampf aus Gruppe 1) entspricht. Tritt dieser Höchstbedarf ein, so zapfen wir in der Mitteldruckzone 80% ab, die restlichen 20% gehen nach wie vor durch die Niederdruckstufe zum Kondensator. Nach Schneider[1]) steigt in diesem Falle der Dampfverbrauch der Turbine gegenüber Null-Abzapfung um 80 bis 82% (nach Stodola »Die Dampfturbine« um ca. 100%). Das heißt, da wir gleiche Dampfmengen in die Turbine strömen lassen, daß sie nur $\frac{1}{1,8} \cdot 100 = 55\%$ des bei Mindestbedarfes an Heizdampf erzeugten Stromes liefert. Der Strom, der vom eigenen Betrieb nicht übernommen werden kann, wird an ein fremdes Netz abgegeben. Abb. 116 oben zeigt den wechselnden Heizdampfbedarf. Bei Beginn der Schicht, wo alle Leitungen und Apparate erst vorgewärmt werden müssen, hoch, dann fallend, dann etwa durch einen periodisch ein- und auszuschaltenden (zwischen 7 und 9, 10 und 12 und 1 und 3 eingeschaltet) besonders großen Kocher wieder schroff ansteigend usf. Unten ist das Stromschaubild zu sehen, das Maxima bei niederstem Bedarf an Heizdampf (12 bis 1 Uhr) und ein Minimum beim Höchstbedarf (7 Uhr) aufweist. Natürlich kann durch Zu- und Abregulieren des Maschinendampfes die Stromkurve (J_m) auch konstant erhalten werden, wenn man auf Einhaltung gleicher, zur Turbine strömender Dampfmengen verzichtet.

2. Wir verwenden statt einer Abzapf- eine Gegendruckturbine, durch welche nicht der höchste, sondern der jeweils benötigte Spitzenheizdampf strömt nach der gebrochenen Linie oben in Abb. 116. Die Stromkurve verläuft in diesem Falle parallel der Heizkurve. Was der eigene Betrieb davon nicht benötigt, wird an ein fremdes Netz abgegeben. Die Einstellung würde sich hier verwickelt gestalten: das Einströmventil vor der Turbine wäre von Hand oder selbsttätig nach dem Druck in der Abdampfleitung einzustellen. Der Regulator regelt die Umdrehzahl der Turbodynamo nicht durch den zuströmenden Dampf, sondern die abströmende elektrische Energie.

3. Es wird selten angängig sein, Strom in den schwankenden Mengen, wie sie Fall 1 und 2 bedingen, in ein fremdes Netz zu schicken. Dann muß der Ausgleich so vor sich gehen, daß man von der Abzapfturbine einmal beim niedersten Heizdampfbedarf (Linie 00' in Abb. 116) keinen Dampf, dann beim Höchstbedarf (Linie mm') 100% desselben abzapft. Im letzteren Fall steigt der Dampfverbrauch der Turbine je

---

[1]) Die Abdampfverwertung in Kraftmaschinen von Dr.-Ing. L. Schneider, Verlag von J. Springer, Berlin.

PSst ebenfalls um ca. 100%, so daß der mittlere Heizdampfverbrauch (Linie nn') um plus und minus 100% variieren kann. Reicht das nicht aus, um die Heizdampfschwankungen zu beherrschen, so muß man zwei oder mehrere Abzapfturbinen vorsehen und je nach Bedarf ein- und abschalten. Außerdem können kurz andauernde, besonders hohe Spitzen auch hier durch einen Ruthsspeicher bestrichen werden, der zwischen Turbinen und Abdampfleitung aufgestellt wird. Er übernimmt zunächst die Regelung des Heizdampfes und öffnet und schließt automatisch das Abzapfventil, wenn sich ein Sinken oder Steigen des Gegendruckes einstellt.

Fall 3 wird auch dem Sonderfall gerecht, daß vorübergehend für den eigenen Betrieb der Kraftdampf höher als der Heizdampf wird. Dann schaltet man die. Spitzenabzapfturbine von der Abdampfleitung ab und läßt den Überschuß an Kraftdampf ganz durch ihre Hoch- und Niederdruckstufe zum Kondensator strömen.

Ebenso können ev. auch Kolbenmaschinen zeitenweise von der Abdampfleitung abgeschaltet und mit dem Kondensator gekuppelt werden; es muß in diesem Falle aber die Steuerung, oder wenigstens die Kompression leicht verstellt werden können, weil sie sonst, für Gegendruck richtig bemessen, für Kondensation zu klein ist und zum Stoßen der Kreuzkopf-, Kurbel- und Hauptlager führt.

Es sei noch gesagt, daß natürlich auch Verbindungen der angeführten drei Lösungen möglich sind. Weiter, daß sie nur die Verteilung von Heiz- und Kraftdampf bewirken, nicht etwa seine Erzeugung. Die Untersuchung, ob deren Schwankungen die Kesselanlage Herr zu werden vermag, oder ob ihr ein Speisewasserspeicher zur Unterstützung beizugeben ist, muß Gegenstand besonderer Rechnungen sein, wie sie früher bei den Wärmespeichern gezeigt worden sind.

Alles in allem zeigen die obigen Ausführungen, daß die Aufgabe, Heiz- und Maschinendampf im Mittel und in den Schwankungen darüber und darunter im Gleichgewicht zu halten, immer lösbar ist, aber auch immer sorgfältiger Überlegungen und Berechnungen bedarf. Um sie laufend überprüfen zu können, empfiehlt es sich, am Eingang sowohl zur Kraftanlage wie zu den Abdampfleitungen Dampfmesser, Manometer und Thermometer, am besten als Selbstschreiber, aufzustellen.

3. Hebung und Transport von Flüssigkeiten durch Pumpen. Dampf oder Druckluft für Montejus (Druckfässer). Injektoren, Pulsometer etc. Geschwindigkeiten in Wasserleitungen.

Das Heben und Transportieren von Flüssigkeiten, das in der chemischen Industrie natürlich eine große Rolle spielt, geschieht mit dem geringsten Kraftaufwand durch Pumpen mit Riemenantrieb, wo an ohnehin notwendige Transmissionen angeschlossen werden kann. Wo dagegen nur zu diesem Zweck eine Reihe von Transmissionslagern betrieben werden müssen (die Grenze liegt etwa bei 4), ist elektrischer Antrieb billiger. Bei Kreiselpumpen mit ihren hohen Umdrehzahlen ist er unter allen Umständen das gegebene. Dampfpumpen sind aus den gleichen Gründen wie kleine Dampfmaschinen wärmewirtschaftlich schlecht. Sie werden mit Recht als »Dampffresser« bezeichnet. Den Pumpen kann man ihre Arbeit durch richtig verlegte Leitungen außerordentlich erleichtern. Hohe Geschwindigkeiten verursachen hohen Widerstand, also Energieverbrauch. In Saugleitungen von Kolbenpumpen wählt man 0,8 bis 1 m/Sek.; wo sie sehr kurz sind, kann man bis 2 m gehen. In Druckleitungen 1 bis 2 m. Für Niederdruckzentrifugalpumpen sind die gleichen Zahlen 2 bis 2,5 für die Saug-, bzw. 2,5 bis 3 m für die Druckleitung. Für Zentrifugalhochdruckpumpen 2 bis 2,5 bzw. 3 bis 3,5 m/Sek. (s. Dubbel, Taschenbuch für den Maschinenbau). Richtungswechsel sind tunlichst einzuschränken und womöglich durch Krümmer mit ihrem sanften, nicht durch T-Stücke mit ihrem scharfen Bogen herzustellen.

Heißes Wasser muß den Pumpen zulaufen; es kann nicht angesaugt werden. Denn das von der Pumpe erzeugte Vakuum bringt die Flüssigkeit zum Verdampfen, und die entstehenden Dämpfe zerstören das Vakuum im Entstehen. Die Pumpe saugt Nebel an, aber keine Flüssigkeit. Bei kaltem Wasser bewirkt eine Saughöhe von einigen Metern einen zuverlässigeren Abschluß des Saugventils. Gibt man ihm aber eine entsprechende Federbelastung, so kann man auch hier die Flüssigkeit durch natürliches Gefälle zur Pumpe drücken und hat dann immer eine Störungsquelle, nämlich Undichtigkeiten in der Saugleitung, weniger im Betrieb.

Häufig verbieten sich wegen ätzender Flüssigkeiten, Säuren usw., Pumpen mit ihren Eisenwänden. Auf der anderen Seite hat das säurebeständige Blei nicht genügende Festigkeit für Maschinen mit rotierenden oder hin und her gehenden lidernden Teilen, wie sie Pumpen aufweisen. Deshalb und weil sie zugleich als Maßgefäße dienen können und bequem ein- und auszuschalten sind, findet man in chemischen Betrieben statt der Pumpen vielfach Druckfässer (Montejus), Behälter, die mit natürlichem Gefälle mit der zu hebenden Flüssigkeit gefüllt, dann durch Dampf oder Preßluft, die auf sie drücken, wieder entleert werden. Diese Druckfässer lassen nun auch säurebeständige Materialien, wie mit Blei ausgekleidete Eisen- oder mit Drahtgeflecht umgebene, gegen das Zerspringen gesicherte Tongefäße und ähnliches zu.

Wo das Wasser oder die wässerige Lösung ohnehin durch Dampf erwärmt werden muß, oder bei sehr heißen Flüssigkeiten, die keine Kondensation herbeiführen, ist das dampfbetriebene Druckfaß am Platze. Wo diese Voraussetzung aber nicht zutrifft, ist es wärmewirtschaftlich ein Verbrechen. Denn die kalte Flüssigkeit bringt bei der unmittelbaren Berührung den Dampf natürlich zum Kondensieren. Das Kondenswasser nimmt nur einen Bruchteil des Raumes ein, den der Dampf eingenommen. In den so entstehenden luftleeren Raum stürzt neuer Dampf nach, wird wieder kondensiert usf. In der Erwärmung des gehobenen Wassers findet sich die verbrauchte Energie wieder; wird sie nicht benötigt, so ist sie verloren. In diesem Falle muß man Druckluft statt Dampf anwenden. Zwar ist ihre Erzeugung auch mit Wärme- und mechanischen Verlusten verbunden, aber die größeren Kondensverluste fallen weg, und es bleibt immer noch ein Gewinn.

Ähnlich liegen die Dinge mit den sog. »Dampfstrahlpumpen« (auch »Injektoren«, »Körtings« genannt), mit Pulsometern, Aquapulten usw., Apparaten, bei welchen eben die Kondensation dazu verwendet wird, eine Flüssigkeitssäule in Bewegung zu setzen. Ihre Einrichtung muß, wie einleitend bemerkt, als bekannt vorausgesetzt, wo nicht, auf das einschlägige Schrifttum verwiesen werden[1]). Nur dem Injektor, der mit dem in einem Kessel vorhandenen Dampfdruck Wasser anzusaugen und gegen eben diesen Druck in den gleichen Kessel zu pressen vermag, sich also gleichsam wie ein zweiter Münchhausen am eigenen Zopf in die Höhe zieht, seien an dieser Stelle einige Worte gewidmet, weil die Erklärungen in dem übrigen Schrifttum dem Verfasser wenig einleuchtend scheinen. Nach seiner Ansicht versteht man die Dampfstrahlpumpe am besten, wenn man an einen Dampfkessel, etwa an seinen Probierhahn, einen Schlauch und an dessen anderes Ende ein Glas- oder Eisenrohr anschließt und dieses in ein offenes Faß oder einen ähnlichen Behälter mit kaltem Wasser steckt. Öffnet man dann den Hahn, so erwartet man zunächst, daß der hochgespannte Dampf, dem das im Rohr und in dem Faß stehende Wasser den Austritt versperrt, dieses herausschleudert, wie es Preßluft von gleichem Druck sicher tun würde. Anders der Dampf. Von der Geschwindigkeit, mit der er das Wasser in und vor dem Rohr vor sich hertreiben möchte, subtrahiert sich diejenige, mit welcher er durch Kondensation verzehrt wird. Vor dem Rohr spielt das Wasser zwischen dem Zurückdrängen und dem Hineinsaugen in das Rohr. Ist das der Fall, wo das Wasser der Strömungsrichtung des Dampfes sich entgegenstellt, so ist einleuchtend, daß der Ausschlag

---

[1]) Die Beschreibung solcher Apparate findet sich z. B. in A. Parnicke, »Die maschinellen Hilfsmittel der chemischen Technik«.

nach der Richtung des Ansaugens erfolgen wird, wenn man es, wie in
der Dampfstrahlpumpe, in der Strömungsrichtung des Dampfes mit
diesem in Berührung bringt. Wärmetechnisch gesprochen wird an der
Berührungsstelle durch die Kondensation Raumverdrängungsenergie frei.
Energie geht aber niemals verloren, sie kann sich nur in andere Formen
verwandeln. Hier ist eine solche Umsetzung nur in energetische Energie,
d. h. in Bewegung möglich. Der Kessel saugt das kalte Wasser in
sich hinein. Heißes Wasser kommt für Injektoren, Pulsometer usw.
nicht in Frage. Ihre Wirkung beruht ja auf der Kondensation, muß
also ausbleiben, wenn sie bei hoher Wassertemperatur nicht mehr stattfindet. Sie gehen im allgemeinen nur bis 30°, mehrstufige Strahlpumpen
höchstens bis 70° und dann nicht zuverlässig. Bei kaltem Wasser sind sie,
wie oben gesagt, berechtigt, wo die Erwärmung des Wassers durch die
Kondensation Verwertung findet; wo nicht, sind sie für den Dauerbetrieb
unbedingt zu verwerfen.

**4. Direkte und indirekte Heizung. Wärmeübertragung in Koch- und
Verdampfungsapparaten bei nieder- und hochgespanntem und überhitztem
Dampf. Wärmedurchgangszahl, Entwässerung, Entlüftung und Zirkulation.**
Man kann die Wärme des Dampfes auf eine Flüssigkeit entweder
dadurch übertragen, daß man ihn unmittelbar in sie hineinschickt
(»direkte« Heizung), oder durch Vermittlung einer Metallwand (meist
Eisen oder das besser leitende Kupfer), auf deren einer Seite wie beim
Dampfkessel das zu erwärmende, auf deren anderer das heizende Medium
liegt (»indirekte« Heizung). Den besten thermischen Wirkungsgrad
hat natürlich die erstere; ihre Verluste beschränken sich auf die Wandverluste, und auch diese treten in der Hauptsache erst nach erfolgter
Erwärmung, also bei geringem Temperaturgefälle auf. Aber die direkte
Heizung hat den Nachteil, daß die Rückstände des Heizdampfes, also
Kondenswässer, bei mitgerissenem Wasser auch die in ihm gelösten
Salze, endlich bei Abdampf aus Kolbenmaschinen Öl in dem Wärmegut verbleiben. Namentlich das letztere ist fast immer unzulässig. Zur
direkten Heizung eignet sich darum nur Turbinenabdampf, nicht solcher
aus Kolbenmaschinen. Kondenswässer aus gesättigtem Dampf ver-
dünnen außerdem das Wärmgut, was meist ebenfalls unerwünscht ist.
Bei Verwendung von überhitztem Dampf kann sie vermieden werden,
indem beim Kochen der Flüssigkeit so viel, ev. sogar mehr Wasser aus
ihr entweicht, als Kondenswasser zufließt[1]).

---

[1]) Dampf von 10 Atm. und 200° Überhitzung hat, da die spezifische Wärme
rd. 0,5 ist, lt. Dampftabelle der Hütte einen Wärmeinhalt von 767 WE, kann also bei
10% Verlust $\frac{700}{667} = 1{,}03$ kg Wasser verdampfen, während er nur 1 kg Kondensat ergibt.

Schon des Öles wegen ist, da wir ja nach Möglichkeit nur Abdampf verwenden sollen, die indirekte Heizung weit vorherrschend. Die Berechnung ihrer Wärmeübertragung hat Hausbrand in seinem für den Betriebschemiker unentbehrlichen Buch (»Verdampfen, Kondensieren und Kühlen«) eingehenden Berechnungen unterzogen, auf welche hier verwiesen sei. An dieser Stelle sollen nur einige Faustzahlen genannt werden, wie sie der Wärmewirtschaftler zu seinen überschlägigen Rechnungen gebraucht.

Die Wärmeübertragung durch eine Wand haben wir schon beim Dampfkessel kennen gelernt. Dort wurden je m² u. St. im Mittel rd. 30 kg Dampf erzeugt. Das Wärmegefälle war, eine Temperatur in der Feuerung $= 1400$, beim Austritt $= 300$ und außen an der Kesselwand $= 200$ angenommen, $\cong \dfrac{1200 + 100}{2} = 650$. Somit sind $\dfrac{30 \cdot 540}{650} = 25$ WE je m²,

St. u. 1° Temperaturdifferenz durch die Kesselwand gegangen. Bei guten Zirkulationsverhältnissen dürfen wir also bei Kochapparaten aus Eisen ebenfalls eine Wärmedurchgangszahl $k = $ rd. 25 annehmen. Ist die Zirkulation schlecht, so geht sie, wie wir ebenfalls von den Kesseln her wissen, bis auf die Hälfte zurück. Ist die Wärmeleitzahl[1]) der Wand höher als bei Eisen, so nimmt auch die Wärmedurchgangszahl zu. Diese Zahlen gelten, da sie ja den Erfahrungen bei Dampfkesseln entnommen sind, für siedende Flüssigkeiten. Für nichtsiedende sind sie infolge der geringeren Bewegung kleiner, und zwar um ungefähr 20 bis 25%. Die Wärmeübertragung ist übrigens nicht nur auf der Seite des zu erwärmenden Mediums, sondern auch auf der des Heizdampfes von den Bewegungsverhältnissen abhängig, wie wir es früher schon aus den Nusseltschen Versuchen geschlossen haben. Josse, der lange vor ihm schon ähnliche Versuche angestellt hat, gibt eine Proportionalität der Wärmedurchgangszahl k mit $\sqrt[3]{v^2}$ an. Auch hier ist u. A. n. wahrscheinlich, daß das Bestimmende nicht die Geschwindigkeiten, sondern die Wärmekonzentration ist, wie im 2. Teil dieses Buches ausgeführt. Für die wärmewirtschaftlichen Rechnungen ist es, wie gesagt, zulässig, diese

---

[1]) Die Wärmeleitzahlen der bei Dampfheizapparaten vorkommenden Materialien sind in runden Zahlen:

Weiches Eisen	56	Holz quer zur Faser	0,18
Stahl (nach Hausbrand)	22 bis 40	Holz längs der Faser	0,3
Kupfer	320	Zink	100
Messing	60	Zinn	54
Aluminium	175	Blei	30
Nickel	50	Kesselstein	1,1 bis 2,7
Glas	0,8	Maschinenöl	0,1

Einflüsse außer Rücksicht zu lassen und mit mittleren Zahlen zu rechnen, wie solche oben angegeben sind.

Schon im Begriff der Wärmedurchgangszahl (WE je St., m² u. 1° Temperaturdifferenz) ist ausgedrückt, daß der Wärmeübergang mit dem Temperaturgefälle $(t_1 - t_2)$ zwischen heizendem und zu erwärmendem Medium zunimmt. Da die Wandverluste in sehr viel kleinerem Verhältnis steigen, so wird auch der Wirkungsgrad mit wechselndem Temperaturgefälle besser. Man müßte demnach auch hier, wie wir es so oft in der Wärmewirtschaft finden, ein hohes t_1 anstreben. Das verbietet sich aber bei chemischen Prozessen häufig wegen der Gefahr des Anbrennens, des Verbrennens organischer Stoffe, Fasern usw., der Karamelbildung bei der Zuckerfabrikation, der Zersetzung usw. Deshalb ist man in solchen Fällen genötigt, den obigen Ausdruck durch Erniedrigung von t_2 zu vergrößern, was durch Verdampfen im Vakuum möglich ist. Davon später. Zunächst ist noch zu sagen, daß die Wärmeübergangszahl auf der Flüssigkeitsseite (und damit auch die Durchgangszahl) mit der Dichte der Flüssigkeit zunimmt; auf der Dampfseite ist sie, wie wir wissen, größer bei gesättigtem als bei überhitztem Dampf und größer mit abnehmender Spannung.

Spengel[1]) gibt die Wärmedurchgangszahl k zwischen geheiztem und heizendem Medium wie folgt an:

Geheiztes Medium	Heizendes Medium	
	Sattdampf	Heißdampf oder Luft
Wasser von 10°	3330	36
Warmwasser (ca. 60°)	1670	35
Luft	36	18

Danach ist der Unterschied von Sattdampf und überhitztem außerordentlich hoch. Weiter ist a und damit k abhängig von der Reinheit der Heizfläche. Deshalb wirken dem Abdampf beigemengte Ölteile, welche die Heizfläche allmählich mit einer Fettschicht überziehen, nachteilig auf den Wärmeübergang ein. Ebenso Luft, die dem Dampf beigemengt ist. Der Dampfraum muß darum durch ein aus seinem kältesten Teil ausmündendes, ins Freie oder die Kondenswasserableitung führendes Röhrchen entlüftet sein[2]).

---

[1]) H. Spengel, Neuzeitliche Kraft- und Wärmeversorgung.

[2]) Auch an dieser Stelle sei, wie früher, vor der Verwechselung von Leistung und Wirkungsgrad einer Heizfläche gewarnt. Eine mit einem schlechten Wärmeleiter, etwa Kesselstein oder Öl überzogene Heizfläche wird je m² u. St. sehr viel weniger Flüssigkeit verdampfen, aber nicht etwa im gleichen Verhältnis je kg verdampfter Flüssigkeit mehr Wärme, Heizdampf usw. verbrauchen. Dieser Verbrauch steigt nur wenig und insoweit die Wandverluste anteilig größer werden. In Amerika ist das experimentell nachgeprüft worden. Stark mit Kesselstein behaftete, durch 21 Monate inkrustierte Siederohre hatten einen Mehrverbrauch von Kohle je kg verdampften Wassers von nur 10% gegenüber blanken Rohren. Siehe »The Engeneering« 1921.

Der Wärmeübergang wird insbesondere durch einen lebhaften Umlauf der zu heizenden Flüssigkeit gefördert. Er wird häufig künstlich durch mit Dampf betriebene sog. »Zirkulatoren«, eine Art von Dampfstrahlpumpen, bewirkt. Sie sind, wie die Injektoren selbst, gut, wo die durch sie verursachte Erwärmung der Flüssigkeit Verwertung findet. Wo nicht, sind mechanische Rührwerke, hohle, von Dampf durchströmte Propeller, drehbare, aus Dampfröhren gebildete Käfigtrommeln, Zylinder mit Heizrippen usw. besser. Sie haben hohen Wirkungsgrad, weil sie den Umlauf gerade dort hervorrufen, wo er erwünscht ist, während die Wirkung von Dampfumlaufapparaten schwer zu beurteilen ist; meist werden auch umliegende Massen mit in die Bewegung

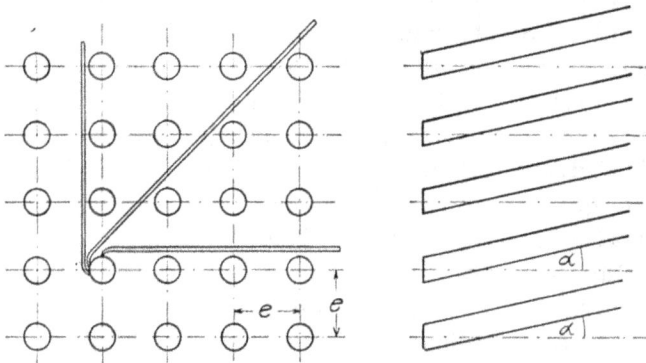

Abb. 117. Heizröhrenbündel und ihr Gefälle.

gerissen, was natürlich unnützen Energiebedarf bedeutet. Der Wirkungsgrad solcher Einrichtung ist um so besser, je mehr die Zirkulation auf das gewünschte Gebiet abgegrenzt wird.

Zu enge horizontale Röhrenbündel in Verdampfern behindern den Flüssigkeitsumlauf und den Wärmeübergang, weil die aufsteigenden Wasser- und Dampfteilchen gegen die höher gelegenen Rohre stoßen und an ihrer unteren Fläche haften bleiben. Eine solche Anordnung ist auch mit Rücksicht auf die Reinigung der Außenflächen der Heizrohre schlecht. Man tut gut, sie sich aufzuzeichnen und zu untersuchen, ob die Entfernung (e in Abb. 117) groß genug ist, damit man mit einem langen Reinigungsmeißel (stark ausgezogene Linie) den ganzen Rohrumfang bestreichen kann. Gibt man dann noch ein Gefälle von tg $\alpha = 5$ bis 10% in der Längsrichtung, so ist auch für den Umlauf geschehen, was nötig ist.

Wie für Entlüftung, so ist auch für Entwässerung des Heizraumes zu sorgen, die überall an den tiefsten Punkten vorzunehmen ist, also so, daß die sich bildenden Kondenswässer im Heizraum nicht stehen bleiben.

Es ist schon bei der Raumheizung ausgeführt worden, daß die Heizwirkung so gut wie aufhört, wo der Dampfraum mit Wasser gefüllt ist, weil dieses eine sehr geringe Wärmeleitfähigkeit hat (- = 0,5). Der Dampf erwärmt durch Berührung und Kondensation wohl die oberen Wasserschichten, aber diese geben die Wärme an die unteren nicht weiter. Da lange Heizrohre sich stets in der Mitte etwas durchbiegen, so würden sich dort schädliche »Wassersäcke« bilden, wenn sie nicht das, mit Rücksicht auf die Entlüftung schon oben geforderte energische Gefälle haben. Aus dem gleichen Grund ist bei Reparaturen und beim Einziehen der Rohre besonders darauf zu achten, daß sie nicht verbeult oder verbogen werden. Bei hohen Dampfräumen empfiehlt es sich, die Entwässerung in verschiedenen Höhenlagen vorzunehmen. Geschieht sie nur an der tiefsten Stelle, so hemmen die sich bildenden, an den Wänden herabrinnenden Kondenswässer mehr und mehr den Wärmedurchgang, je dicker ihre Schicht nach unten zu wird.

Endlich ist zu berücksichtigen, daß bei der indirekten wie direkten Heizung die Flüssigkeitssäule die Verdampfung beeinflußt. Je höher sie ist, um so größer muß das Wärmegefälle zwischen heizendem Dampf und Wärmgut sein, wenn auch in seinen unteren Schichten eine Verdampfung stattfinden soll. Denn der Flüssigkeitsdruck addiert zum Dampfdruck bestimmt die Verdampfungstemperatur. Bei einer Spannung des Heizdampfes von 1,1 Atm. z. B. ist sie für Wasser 101,8° C an der obersten, aber 104,2° (Spannung = 1,2 Atm.) in einer 1 m tiefer liegenden Schicht. Soll also auch dort eine Verdampfung bewirkt werden, so muß die Spannung des Heizdampfes wenigstens 1,3 Atm. betragen. Diese Überlegung bestimmt häufig die Entscheidung zwischen vertikalen Verdampfern mit ihren hohen, und horizontalen mit ihren geringen Flüssigkeitssäulen und mit ihren kleinen bzw. großen Wasseroberflächen. Bei Vakuumapparaten ist natürlich prozentual der Einfluß der Flüssigkeitssäule größer als bei gewöhnlichen.

5. Vacuumverdampfer. Wärmepumpe und Brüdenverwertung. Mehrstufige Verdampfung (Mehrfachkörper).

Wenn wir über einer Flüssigkeit an Stelle des atmosphärischen oder eines höheren Druckes eine Luftverdünnung erzeugen, indem wir die durch Heizung entstehenden Dämpfe (»Schwaden« oder »Brüden« genannt) zu einem künstlich gekühlten Kondensator führen und zum größten Teil dort niederschlagen, während der verbleibende Rest zugleich mit der durch Undichtigkeiten eintretenden Luft durch eine Pumpe abgesaugt wird, dann vergrößern wir, wie schon oben erwähnt, das Temperaturgefälle zwischen heizendem und zu heizendem Medium

und erleichtern zugleich die Umwandlung des flüssigen in den dampfförmigen Aggregatzustand. In so beschaffenen Vakuumapparaten
ruft schon eine Temperaturdifferenz von 5 bis 10° C eine lebhafte Verdampfung hervor.

Für die Bestimmung der Heizfläche gelten die oben genannten
Faustzahlen. Wo eine genauere Ermittlung nötig, sei auf die Berechnungen des mehrfach erwähnten Buches von Hausbrand, sowie die
weiter unten angegebenen Arbeiten verwiesen. (Siehe Fußnoten S. 333.)

Die Größe des Flüssigkeitsraums wird meist nach dem Konzentrat bemessen und die verdünnte Lösung nach und nach eingesaugt.

An Kühlwasser für den Kondensator benötigt man, wie bei der
Dampfmaschine errechnet,

das 25- bis 30fache der verdampften Menge im Einspritz- und
das 35- bis 40fache im Oberflächenkondensator.

Eine größere Kühlwassermenge verbessert zwar die Luftleere, aber nur
mehr um ein Geringes; sie ist nicht mehr wirtschaftlich. Bei Einspritz-
kondensatoren kann sie, weil sie größere Luftmengen mitführt, das
Vakuum sogar verschlechtern.

Eindampfverfahren mit Brüdenverwertung. Wenn wir eine Flüssigkeit verdampfen wollen, so stehen uns folgende, grundsätzlich verschiedene
Möglichkeiten zu Gebote:

1. Bis vor wenigen Jahrzehnten hat man allgemein im indirekten
Verfahren durch Frischdampf mit oder ohne Luftverdünnung verdampft. Es waren dann nötig:

   a) ein gewisses Temperaturgefälle vom Heizdampf zur verdampfenden Flüssigkeit;

   b) je kg verdampfter Flüssigkeit eine Wärmemenge gleich dem
   Wärmeinhalt des betr. Dampfes plus den Wandverlusten usw.
   Für 1 kg Wasser bei Atmosphärendruck z. B. bei 100°, das wir
   in Dampf von gleicher Temperatur überführen, benötigen wir,
   wenn die Verluste 10% betragen, $1{,}1 \cdot 540 = 594$ WE. Damit
   wird 1 kg Dampf mit einem Wärmeinhalt von 640 WE erzeugt,
   die nach dem alten Verfahren ins Freie gingen.

2. Heute wird man ein Verdampfen nach Ziffer 1 als sehr schlechte
Wärmewirtschaft empfinden und vor allem verlangen, daß der Heizdampf vorher zur Arbeitsleistung in einer Kraftmaschine herangezogen
wird. Wir ersetzen dann die Frischdampf- durch Abdampfheizung.

3. Der Gedanke liegt nahe, die 640 WE, die nach Ziff. 1 mit den
Brüden ins Freie gehen, wieder für die Heizung zu verwenden. Es könnten
davon an Wasser von 100° im besten Fall 540 WE abgegeben werden.

Aber wir brauchen nach den Grundsätzen der Wärmelehre auch hier
ein Temperaturgefälle, können also nicht ohne weiteres die über der
Flüssigkeit abziehenden Brüden, welche die gleiche Temperatur (t_2) wie
die verdampfende Flüssigkeit haben, zur Heizung verwenden. Vielmehr
müssen wir entweder

   a) in einem zweiten Verdampfer die Flüssigkeit unter niedereren
      Druck setzen, wie wir das schon beim Vakuumapparat gesehen
      haben. Wir erniedrigen so ihren Siedepunkt, sagen wir auf t_2'
      und schaffen damit ein Temperaturgefälle gleich $t_2 - t_2'$.

   b) Statt die Temperatur des Wärmguts zu erniedrigen, können
      wir diejenige des heizenden Mediums erhöhen, indem wir die
      Brüden in einer sog. »Wärmepumpe«, d. h. einem Kom-
      pressor verdichten. Durch Vergrößerung von t_2 auf t_1 entsteht
      somit ein Temperaturgefälle gleich $t_1 - t_2$.

Abb. 118 zeigt die Gerippskizze eines Verdampfers nach Ziff. 1 u. 2.
Der eigentliche Heizkörper (H) ist in den Heizraum eingebaut und durch
die Zwischenwände z_1 und z_2, die in der Skizze zur Erleichterung der
Entlüftung und der Abziehung des Kondensats schwach trichterförmig
geformt sind, von ihm getrennt. Die Zwi-
schenwände sind durch Rohre verbunden,
derart, daß die zu verdampfende Flüssigkeit durch sie hindurch treten kann. An
Rohr- und Zwischenwänden befindet sich
also auf der einen Seite Heizdampf, auf
der anderen die zu verdampfende Flüssigkeit. Aus ihr steigen oberhalb des Heiz-
körpers Brüden auf, die bei A entweichen.
H muß, wie früher erwähnt, durch ein
Rohr (E) entlüftet und durch eines (C)
entwässert werden.

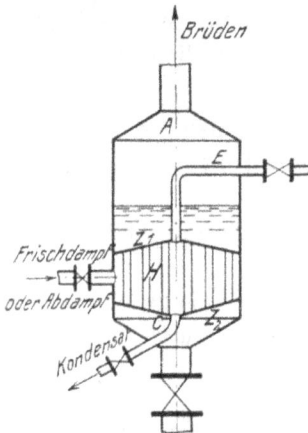

Abb. 118. Gerippskizze eines
einfachen Verdampfers.

Abb. 119 zeigt einen Apparat für das
Verfahren nach 3b (ausgezogene Linie)
oder aber nach Verfahren 3a (gestrichelte
Linie). Im letzteren Falle werden die
Brüden zu einem Kondensator geführt, aus welchem die Luftpumpe
den Rest der Dämpfe und ev. eingedrungene Luft absaugt, so über
dem Heizkörper einen luftverdünnten Raum schaffend. Bei 3b treten
die Brüden statt in den Kondensator in einen Verdichter (Kolben-
kompressor oder Kreiselgebläse oder Strahlpumpe) ein und werden
von diesem, auf höhere Spannung und Temperatur gebracht, dem
Heizkörper zugedrückt.

Die Berechnung der Vorgänge und der Einstellung des Gleich-
gewichtszustandes, namentlich bei mehrstufigen Verdampfern, ist ziem-
lich verwickelt. Wir müssen uns des Raumes wegen hier darauf beschränken, auf die von Hausbrand in »Verdampfen, Kondensieren
und Kühlen« und in Arbeiten von G. Flügel[1]), Laaser[2]), Josse-

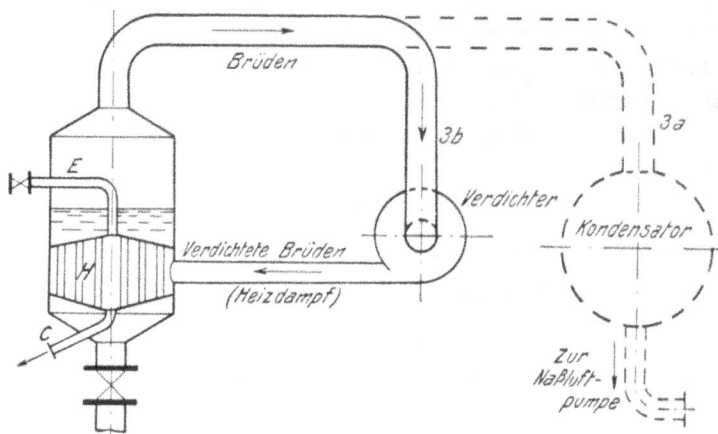

Abb. 119. Gerippskizze eines Verdampfers mit Vakuum- oder Wärmepumpe.

Gensecke[3]), Claassen[4]) u. a. aufgestellten Rechnungen hinzuweisen.
Nur mit einigen Ziffern, welche besser als umständliche Rechnungen das
Wesentliche an den Vorgängen beleuchten, wollen wir rechnerisch untersuchen, was bei der Brüdenverdichtung wärmetechnisch sich abspielt:
Nach Hütte Bd. II benötigen wir, um ein Gas von 1 Atm. Druck
auf 1,5 Atm. isothermisch, also unter Herabkühlung auf gleiche Temperatur zu verdichten, 4050 mkg. Verdichten wir Dampf von 100°
vom Sättigungszustand aus adiabatisch, d. h. ohne Kühlung, so erhöht
sich seine Temperatur (s. Abb. 3 der obengenannten Arbeit von Flügel[1]))
bei einem Verdichtungsverhältnis von

$n =$	1,5	2	2,5	3	3,5	4	4,5
auf die Temperatur . . . $t =$	155	190	230	260	285	315	330
bei der gleichen Temperatur t ist der Überdruck des gesättigten Dampfes . . $p =$	4,5	12	28	46	75	100	115

Man erkennt aus dem Vergleich von Reihe 1 und 3, daß der von
seiner Mutterflüssigkeit abgeschlossene Dampf durch die Verdichtung

[1]) Zeitschrift des V. D. I. 1920, S. 954 u. 986.
[2]) Ebendort 1914, S. 1648 und 1919, S. 567.
[3]) Ebendort 1919, S. 1074.
[4]) Zeitschrift für angewandte Chemie 1921, S. 233.

stark überhitzt wird. Nun kann man aber durch Kühlung die Temperatursteigerung künstlich so nieder halten, daß die Temperaturen eben über denen des gesättigten Dampfes liegen, bei Komprimierung auf 1,5, 2, 2,5 Atm. also eben über 127, 133, 138° usw.

Die Temperatursteigerung ist, wie man sieht, bei geringem Verdichtungsgrad unbedeutend, die Verdichtung verläuft annähernd isothermisch, und wir können, gleiches Verhalten überhitzter Dämpfe und vollkommener Gase angenommen, den obigen Kraftbedarf von 4050 mkg auch für 1 m³ des fraglichen Dampfes von 1 Atm. einsetzen.

Wir hätten ihn auch unmittelbar aus der Isotherme ableiten können, wie folgt:

1 m³ Dampf von 100° wiegt 0,58 kg. Für die Verdichtung von 1 kg wären nach obiger Zahl der Hütte also $\frac{4050}{0,58} = 7000$ mkg erforderlich. In einem Zylinder von 1 m² Querschnitt (F) ist der Raum, den 1 kg Dampf einnimmt, $\frac{1}{0,58} = 1,72$ m lang (l_1). Dieses Maß müssen wir auf $h = \frac{1,72}{1,5} = 1,15$ m verringern, um den Druck auf 1,5 Atm. zu steigern. Die Verdichtung ist isothermisch angenommen, also, wie

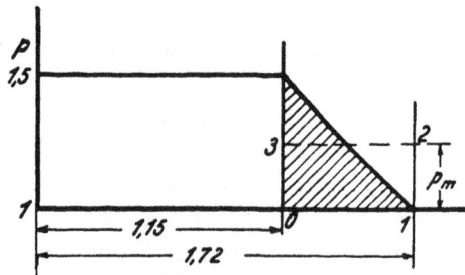

Abb. 120.   Für die Verdichtung der Brüden
aufzuwendende Arbeit.

eingangs im ersten Teil gezeigt, nach einer Hyperbel verlaufend (Abb. 120) und die für sie aufzuwendende Arbeit ist, wie ebenfalls früher dargelegt, proportional dem Inhalt der Hyperbelfläche (in der Abb. schraffiert). Diese Arbeit ist:

$$A = \underbrace{P_1}_{\substack{\text{Anfangsdruck} \\ \text{in kg/m}^2}} \cdot \underbrace{V_1}_{\substack{\text{Volumen} \\ \text{in m}^3}} \cdot \underbrace{\ln \frac{l_1}{l_2}}_{\substack{\text{Verdichtungs-} \\ \text{grad}}}$$

$$= 10,000 \cdot 1,72 \cdot \ln \frac{1,72}{\underbrace{\frac{1,15}{1,5}}}$$

$$= 10,000 \cdot 1,72 \cdot 0,41 \cong 7000 \text{ mkg.}$$

wie oben. (In ähnlicher Weise läßt sich auch der Kraftbedarf der Luftpumpe eines Kondensators ermitteln.) Würden je Stunde 100 kg Brüden wie oben zu verdichten sein, so müßte, Wirkungsgrad von Kompressor und Antriebsmotor zusammen = 0,5 angenommen, die effektive Leistung des Verdichters betragen:

$$L_{\text{eff}} = 2 \cdot \frac{7000 \cdot 100}{75 \cdot 3600} \cong 5 \text{ PS.}$$

Stellen wir den Energiezuwachs in den verdichteten Brüden dem Energieaufwand im Verdichter gegenüber, so beträgt ersterer je kg Dampf nach der Dampftabelle 644 — 639,3 = 4,7 WE. Daneben wurden aber noch verwertbar gemacht
540 WE, die ohne Verdichter ins Freie und verloren gegangen wären.

Theoretisch entsprechen die im Verdichter verbrauchten 7000 mkg $\frac{7000}{427}$ =
16,4 WE. Der Aufwand ist also beträchtlich größer als der Gewinn (4,7) an Energie,
was schon dadurch bedingt ist, daß wir bei der Kühlung Wärme abführen mußten.
Anders allerdings, wenn wir die 540 WE einrechnen, welche die Brüden zwar schon
mitgebracht haben, aber in einer zunächst nicht verwertbaren Form. Jedoch erscheint auch dieser Gewinn gering, wenn wir die wirkliche Wärme betrachten, die
wir dem Motor von 5 PS je 1 kg Dampf zuzuführen haben. Wir brauchen für die
PSst, selbst wenn wir sie in einer sehr guten Zentrale erzeugen, einschließlich Zuleitung bis vor den Verdichter mindestens 1 kg Kohle = 7000 WE, für 5 PS also 35 000.
Mit diesen verdichten wir, wie gezeigt, 100 kg Dampf, 1 kg erfordert also 350 WE,
so daß, wenn wir die Brüdenwärme als gewonnen ansehen, 556 — 350 = 206 oder
$\frac{206}{350} \cdot 100 = 60\%$ der aufgewendeten Energie als Überschuß verbleiben. Sehr viel
kleiner, unter Umständen sogar zum Verlust wird dieser Gewinn, wenn wir die Energie
für den Verdichter von einer unvollkommenen Zentrale beziehen oder in einem mit
ihm gekuppelten Kleinmotor erzeugen.

Die obigen Zahlen lassen begreiflich erscheinen, daß den hochgespannten Hoffnungen, mit welchen die Wärmepumpe und Brüdenverdichtung in der chemischen Industrie aufgenommen worden ist,
allmählich sehr viel kühleren Betrachtungen gewichen sind. So spricht ihr
Claaßen in der oben angeführten Arbeit (s. Fußnote 4, S. 333) auf Grund
eingehender Berechnungen eine Wirtschaftlichkeit nur in ganz vereinzelten Fällen zu, so bei Mehrfachverdampfern (s. unten) nur, wo mit
4 Stufen gearbeitet wird, und auch dort nur in sehr geringem Umfang.
Andere, so Flügel, urteilen allerdings günstiger über die Wärmepumpe
und halten sie, wo die Verdichtung nieder gehalten werden kann, der
mehrstufigen Verdampfung mit Kondensation der Brüden überlegen.

Verfasser steht auf dem Standpunkt derer, welche die Wärmepumpe
skeptisch betrachten, namentlich in der Überlegung, daß ein wärmewirtschaftlicher Gewinn noch nicht immer ein geldlicher ist. Denn ein
guter Wirkungsgrad ist, wie immer wiederholt werden muß, nicht
gleichbedeutend mit hoher Leistung. Nur diese vermag die kostspielige
Maschinenanlage, dazu den zu dem Energieverbrauch hinzukommenden
Bedarf an Öl, Ersatzteilen, Instandhaltung und Wartung wirtschaftlich
zu machen. Der Energiestrom, den wir durch die Brüdenverdichtung
frei machen, hat aber ein sehr geringes Gefälle, trägt die Energie also
in minderwertiger Form. Wollen wir es durch höhere Verdichtungsgrade
größer machen, so gewinnen wir, wie aus gleichen Rechnungen wie die
oben angestellten hervorgeht, nur wenig mehr Wärmeeinheiten (in der
Hauptsache eben wieder die 540 in den Brüden enthaltenen), haben
aber wesentlich mehr für die Verdichtung aufzuwenden. Daraus allein

folgt schon, daß sie um so unwirtschaftlicher ist, je höher wir komprimieren. Positiv falsch wird sie da, wo wir die Brüden ohne Verdichtung,
etwa für die Bereitung von Warmwasser für Bade- und ähnliche Zwecke,
verwerten könnten, oder wo wir, wie im Mehrkörperapparat mit Kondensation, wenigstens einen großen Teil (ca. 70%) davon auszunützen
vermögen.

    Endlich erfährt die Anwendung der Wärmepumpe dadurch eine
Einschränkung, daß bei echten Lösungen (Salze, Zucker usw.) das
Lösungsmittel einen niederen Siedepunkt hat als die Lösung. Je stärker
das Konzentrat wird, um so mehr müssen wir demnach komprimieren,
um über den genannten Unterschied hinaus noch ein Temperaturgefälle
zu erhalten und eine Wärmeübertragung zu ermöglichen. Bei schwachen

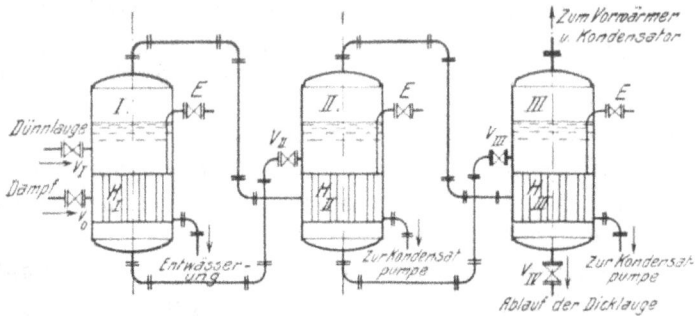

Abb. 121. Gerippskizze eines »Mehrkörperapparates«.

Lösungen ist er gering und zu überwinden[1]). Bei starken dagegen macht
er die Anwendung des Verdichters unzweckmäßig. Für sie ist das Gegebene der »Mehrstufenverdampfer«, auch »Mehrkörperapparat«
genannt, mit Kondensator. 2 bis 4 Verdampfer (Abb. 121) mit eingebauten Heizkörpern (H), wie wir sie früher kennen gelernt haben,
sind derart hintereinandergeschaltet, daß die Brüden von Körper I in
den Heizkörper von II, die von Körper II in den Heizkörper von III
gehen. Im Heizkörper II herrscht schon ein geringer Unterdruck, so
daß das Kondensat durch eine Pumpe abgesaugt werden muß. Desgleichen aus H_{III}, während es aus H_I durch natürliches Gefälle abfließt.
Die Lösung wird durch Öffnen der Ventile V_{II} und V_{III} der Reihe nach
aus dem Verdampfungsraum I in den von II und von da nach III gesaugt
und bei V_{IV} als sog. »Dicklauge« abgelassen. Bei V_I wird die »Dünnlauge«
zugeführt, bei V_0 Frischdampf oder Abdampf oder ein Gemisch von
beiden. Wir sehen, daß die Schwaden von I die Verdampfung in II,

----

    [1]) Claassen gibt als Grenze an, daß die Siedepunktserhöhung gleich oder kleiner
10° ist.

die von II die Verdampfung in III bewirken, während die von III zum Kondensator entweichen. Es geschieht das entweder unmittelbar oder auf dem Weg durch einen Röhrenvorwärmer, in welchem sie ihre Wärme an die Lauge vor deren Eintritt in den Körper I abgeben.

Nach Parnicke[1]) erhält man die Zahl der Körper, indem man den Unterschied der Temperaturen einerseits der Lösung im letzten Körper, andererseits des Heizdampfes im ersten mit 15 dividiert.

Über vier Körper hinauszugehen, ist unwirtschaftlich, wie aus einer Kurve aus der obenerwähnten Arbeit von Flügel hervorgeht (Z. d. V. d. I. 1920,

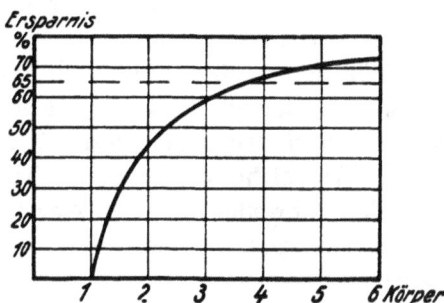

Abb. 122. Wärmeersparnis mehrstufiger Verdampfer gegenüber dem einfachen nach Flügel.

S. 986), die wir in Abb. 122 wiedergeben. Sie zeigt, daß die Ersparnis über die genannte Zahl hinaus nur mehr wenig zunimmt, so daß sie die vermehrte Pumpenarbeit nicht mehr rechtfertigt.

Nach Angaben von Hausbrand in seinem mehrfach angeführten Buch beträgt die im ersten und letzten Körper verdampfte Wassermenge in Hundertteilen von dem insgesamt verdampften Wassergewicht:

	Reihe 1 im ersten Körper	Reihe 2 im zweiten Körper	Reihe 3 = 1-Reihe 1 theoretische Ersparnis
bei 2 Körperapparaten	0,466	0,534	0,534
» 3 »	0,300	0,370	0,700
» 4 »	0,216	0,284	0,784

Die Differenz (1-Reihe 1) z. B. (1-0,466) gibt in Reihe 3 an, wieviel gegenüber dem einfachen Verdampfer theoretisch an Wärme eingespart wird (ohne Wandverluste und Kraftbedarf der Pumpen). Der Wandverlust hängt wesentlich davon ab, ob die Körper durch Wärmeschutzmittel isoliert werden können. Ohne solchen Schutz ist sie, wie bei den Dampfleitungen gezeigt, ungefähr 9 mal größer als bei isolierten Körpern. Der Wandverlust ist nach den dort angegebenen Wärmedurchgangszahlen leicht überschlägig zu errechnen. Nimmt man für jeden Körper 5 und für die Pumpenarbeit 3 % an, so ergibt sich für die vierstufige Verdampfung gegenüber der einstufigen: $78 - 3 - 5 \times 3 = 60 \%$, gegenüber ca. 63 % der Kurve von Flügel, bei der vermutlich die Pumpenarbeit nicht berücksichtigt ist.

[1]) Parnicke, »Die maschinellen Hilfsmittel der chemischen Technik«, Verlag von Paul Parey, Berlin.

Der Vorteil der Verdampfung unter Vakuum gegenüber derjenigen unter atmosphärischem Druck beschränkt sich übrigens nicht auf die Energieersparnis durch die Möglichkeit, die Brüdenwärme nutzbar zu machen, sondern er liegt auch in einer **Vermehrung der Leistung der Verdampfer**, also in einer besseren Ausnützung von Kapital, Raum, Wartung u. a. m.

Wir haben oben festgestellt, daß die Verwertung der Brüden zur direkten Heizung, etwa zur Herstellung von Badewasser usw. immer wärmewirtschaftlich günstiger ist, als die Niederschlagung im Kondensator. Wo solche Verwendungsmöglichkeiten bestehen, kann man einen Teil der Schwaden aus den einzelnen Körpern abziehen (Abgabe von sog. »Extradampf«) und damit den thermischen Wirkungsgrad der ganzen Anlage noch verbessern. Am stärksten geschieht das natürlich, wenn die Schwaden des letzten Körpers verwendet werden können; meist aber wird deren Temperatur zu anderen Zwecken, als zu einer mäßigen Vorwärmung der einzudampfenden Lösung nicht ausreichen. Man kann im übrigen auch daran denken, diese Abdämpfe in eine Vakuumheizung zu schicken (s. Raumheizung).

Die Mehrkörperapparate werden, wo eine hohe Flüssigkeitssäule unerwünscht ist, häufig auch liegend angeordnet. Die Schaltung kann so getroffen werden, daß jeder Körper als erster und auch jeder als Einzelverdampfer arbeiten kann.

Mehrkörperapparate mit Verdichter. Ebenso wie beim Einkörperapparat können auch die mehrstufigen Verdampfer mit einem Verdichter gekuppelt werden. Man saugt dann die Brüden aus jedem einzelnen Körper ab und führt sie in die verschiedenen Druckstufen eines mehrstufigen Zentrifugalgebläses ein, das sie in den Heizkörper des ersten Apparates drückt, von dem aus sie diejenigen der übrigen Apparate durchziehen. Der Gang der Lauge ist der umgekehrte des verdichteten Heizdampfes. Über die Wirkung gilt das beim einstufigen Verdampfer Gesagte (s. S. 332).

B. Papierfabrikation.

An sich könnte die Papierindustrie wärmewirtschaftlich in die chemische eingereiht werden, weil sie neben Kraft große Mengen Heizdampf benötigt. Aber sie unterscheidet sich von den normalen Verhältnissen dieser, wie wir sie im vorigen Abschnitt behandelt haben, in zwei Punkten:

1. Nicht nur der Heizdampf, sondern auch der für Kraftbedarf schwankt je nach Papierdicke, und zwar im umgekehrten Sinne.

2. Viele Papierfabriken (»Papiermühlen«) liegen von alters her an Wasserkräften. In diesem Fall ist der Bedarf an Kraftdampf gleich Null, und der Forderung, die wir grundsätzlich aufgestellt haben, daß der Heizdampf stets zunächst Arbeit leisten müsse, kann nicht mehr genügt werden. Aus genanntem Grund und wegen Ziff. 1, endlich weil die Papierfabriken häufig stark Kraft- oder Heizdampf verzehrende Betriebe angegliedert haben, wie Hadernkocher, Holzschleifen, Zellstofffabriken, schwankt das Verhältnis: Heizdampf zu Kraftdampf in weitesten Grenzen von etwa 12 : 0 bis 12 : 12 je kg Papier.

All das weicht von den im vorigen Abschnitt behandelten Verhältnissen wesentlich ab. Es ist schon in dem Punkt der Wasserkraft typisch für eine Reihe von Industrien. Deshalb und weil das Papier zu den Erzeugnissen gehört, deren Selbstkosten von Wärmeverbrauch stark beeinflußt werden, sei auch seiner Herstellung noch ein kurzer Sonderabschnitt gewidmet.

Selbstverständlich ist nach dem früher Gesagten zunächst, daß, soweit Kraft erzeugt werden muß, es aus dem Heizdampf zu geschehen hat. Der Streit der Meinungen, der auf diesem Gebiet unserer Industrie in Schrifttum und Praxis ausgefochten worden ist, ob getrennte oder verbundene Kraft- und Heizanlagen wirtschaftlicher seien, kann nicht bestehen, wenn wir uns auf Grund der oft genannten Zahlentafeln für gesättigten Dampf Rechenschaft über die Ausnützung seiner Energie geben, wie es oft in diesem Buche geschehen ist, und wie es kurz und in etwas anderer Form hier noch einmal wiederholt werden soll.

Bei besten Dampfmaschinen und einem Druck von z. B. 16 Atm. können wir in getrennten Anlagen 15% der Wärme in Arbeit verwandeln (s. Dampfmaschinen).

Bei Höchstspannungsanlagen, für die aber in den wenigsten Papierfabriken Kesselanlagen vorhanden sind, ist man auf etwa 25% gekommen.

Gewinnen wir die Energie für die Kraftmaschine dadurch in einem Kessel, daß wir dem Heizdampf höhere Spannung verleihen, etwa 16 statt 1,6 atmosphärischen Überdruck in der Heizung, dann brauchen wir ihn nach genannter Tabelle nur $671 - 645 = 26$ WE zuzuführen, zu welchem Zweck wir nur etwa $\frac{26}{0,8} = 32,5$ WE aufwenden müssen.

Aus höchstens 30 kg dieses Dampfes, also aus rd. 1000 WE erzeugen wir 1 PSst $= 632$ WE, haben also in der gesamten Kraftanlage einen thermischen Wirkungsgrad von 63,2%. Von den verbleibenden 645 WE können wir in der Heizung nur 545 mit 80 bis 90% ausnützen, so daß sich zusammen ein thermischer Wirkungsgrad der Anlage ergibt von

$$\frac{26 \cdot 0,632 + 545 \cdot 0,85}{671} \cdot 100 = 70\%.$$ Dem steht in der getrennten Kraft-
und Heizanlage der folgende gegenüber: Angenommen, es treffe wie
oben 1 kg Heizdampf auf 1 kg Kraftdampf und ersterer werde mit 0,15,
letzterer mit 0,85 ausgenützt, so ergibt sich für die Gesamtanlage ein
Wirkungsgrad von 50% gegen 70 wie oben. In der Kraftanlage allein
betragen die Zahlen 15 bzw. 63,2.

Diese Unterschiede sind wärmewirtschaftlich auf keinem Wege zu
überbrücken und rechtfertigen mancherlei Nachteile und Unbequemlichkeiten, welche die Verkupplung des Kraftbetriebes mit der Papiermaschine im Gefolge hat. Solche Nachteile sind, daß wir aus noch zu
erörternden Gründen von der Dampfüberhitzung für die Kraftanlage
nur wenig Gebrauch machen können, d. h. nur in dem Maße, daß der
Dampf nicht mehr überhitzt aus der Maschine in die Trockenzylinder
geht. Ferner die größeren Dampfzuleitungen und -ventile an den Papier-
maschinen und die Notwendigkeit, zwischen diesen und den Kraftmaschinen eine Verbindung mit der Außenluft zu halten, damit das
Zuviel an Dampf, das ev. die Kraftzentrale bringt, entweichen kann.
Diese Verbindung muß mit einem auf verschiedene Druckdifferenzen
einstellbaren Reduzierventil versehen sein, eine Vorrichtung, die schwer
zum zuverlässigen Funktionieren zu bringen ist. Regelt sie nicht einwandfrei, dann sinkt mit abnehmendem, steigt mit zunehmendem Kraftbedarf der Dampfmaschinen der Druck in den Trockenzylindern; die
Trocknung des Papiers und damit seine Qualität werden ungleichmäßig,
ein Fehler, der unter Umständen allein schwerer wiegen kann, als alle
jemals möglichen wärmewirtschaftlichen Vorteile. Diese Gefahr muß
darum unter allen Umständen vermieden werden. Meistens und am
einfachsten, wenn auch mit schlechtem Wirkungsgrad, geschieht es dadurch, daß man immer etwas Frischdampf zu dem Abdampf mischt
und mit ihm den Druck in der Leitung zu den Trockenzylindern konstant erhält.

Soweit der Abdampf zur Heizung geht, ist die Kolbendampfmaschine
günstiger als die Dampfturbine. Diese arbeitet zwar in der Niederdruckstufe wärmewirtschaftlich besser als erstere, insbesondere nützt sie die
Raumverdrängungsenergie infolge ihres geringen Leerlaufs vollkommen
aus; aber in der Hochdruckstufe ist ihr Wirkungsgrad ungünstiger.

In den Trockenzylindern nützen wir das Temperaturgefälle nur bis
100°. Zwar könnte dem Kondenswasser bei dieser Temperatur
noch weitere Wärme entzogen werden. Aber der Wärmeübergang würde
sich träge und bei abfallender Temperatur vollziehen, während sie für
ein gleichmäßiges Erzeugnis annähernd konstant sein soll. Daraus ergibt

sich ein weiteres Verfahren für die Papierfabriken, den Wärmeinhalt
des Dampfes auszunützen, darin bestehend, daß die erste Stufe in Kolbenmaschinen verlegt wird. Diese schicken ihren Abdampf in die Trockenzylinder als zweite Stufe. Von dort geht er durch die Niederdruck-
Kondensationsmaschine (Dampfturbine), in der das Wärmegefälle bis
auf 45° herunter ausgenützt werden kann. Das ist wärmewirtschaftlich
einwandsfrei. Für die Unbequemlichkeit der Abhängigkeit zwischen der
Papiermaschine und den beiden Stufen der Kraftanlage gilt in verstärktem
Maße, was oben schon gesagt worden ist.

Es ist auch vorgeschlagen worden, ähnlich wie bei der Vakuumheizung die Trockenzylinder als Oberflächenkondensation auszubilden.
So richtig wärmewirtschaftlich der Gedanke ist, so würde seine Durchführung doch die Abhängigkeit der Kraft- von der Papiermaschine und
umgekehrt noch empfindlicher machen und zudem die letztere durch
die notwendige starke Vergrößerung der Trockenzylinder (sie müssen
im umgekehrten Verhältnis zum Temperaturgefälle wachsen, also sich
etwa wie $(112 - 25) : (45 - 25)$ verhalten, wenn man von 0,5 Atm.
Überdruck auf 0,1 Atm. Vakuum übergehen und die Papiertemperatur
selbst nur mit 25° annehmen will. Wo es heißer über die Zylinder läuft,
würde der Wärmeübergang überhaupt zum Stillstand kommen. Der
Gedanke wird sich also kaum in die Praxis einführen lassen.

Oben wurde gesagt, daß überhitzter Dampf für Trockenzylinder
nicht in Frage komme. Alle Versuche, die nach dieser Richtung gemacht
worden sind, haben, soweit dem Verfasser bekannt ist, ein negatives
Ergebnis gehabt. Solange der Dampf im Gebiet der Überhitzung blieb,
war, wie bei der niederen Wärmeübergangszahl des überhitzten Dampfes
zu erwarten, die Trockenwirkung schwächer als ohne sie; wo er in das
des gesättigten Dampfes sank, trat sie unregelmäßig und stoßweise auf,
so die Gleichmäßigkeit des Erzeugnisses gefährdend. Zudem verdirbt,
»verbrennt« eine weitgehende Überhitzung die Faser. Abb. 123 A u. B
stellen die Vorgänge graphisch dar. In beiden ist die Zeit als Abszisse,
der Druck bzw. die Temperatur als Ordinate aufgetragen.

In c beginne der Dampf sich zu kondensieren. Seine latente Wärme
wird frei, die Temperatur der Zylinderwände nimmt zu, weil die plötzlich zu bewältigenden Wärmemengen nicht sofort von ihnen weitergeleitet werden können. Zugleich bilden sich Kondenswässer, die im
Falle A die Wände benetzen und sich an ihrer tiefsten Stelle in kleinen
Mengen sammeln, während sie im Falle B von dem nachströmenden
überhitzten Dampf im Entstehen wieder aufgetrocknet werden. Das
Niederschlagen des Dampfes führt eine starke Volumverminderung im
Zylinder, somit ein heftiges Nachströmen von Dampf aus der Zuleitung

herbei, das infolge der lebendigen Kraft des Dampfes auch noch anhält, wenn der Verlust an Volumen wieder ersetzt ist. So steigen im Falle *B* Temperatur und Spannung über eine Mittellage hinaus, kommen wieder zum Stehen und zur Umkehr, pendeln wie eine losgelassene Feder nach unten abermals über die Mittellage, bis unter dieser Wirkung und der zunehmenden Kondensation wieder ein starker Nachschub von überhitztem Dampf erfolgt usf. Im Falle *A* dagegen werden diese Schwankungen von Druck und Temperatur durch die stets vorhandenen Kondenswässer abgebremst, gedämpft. Sie wirken wärmeabgebend, wenn Spannung und Druck nach unten, und wärmespeichernd, wenn sie nach oben schwanken, die Schwingungen von *B* in die Gerade *m n* in Abb. *A* verwandelnd. Erst wenn die Kondenswässer einen nennenswerten Teil

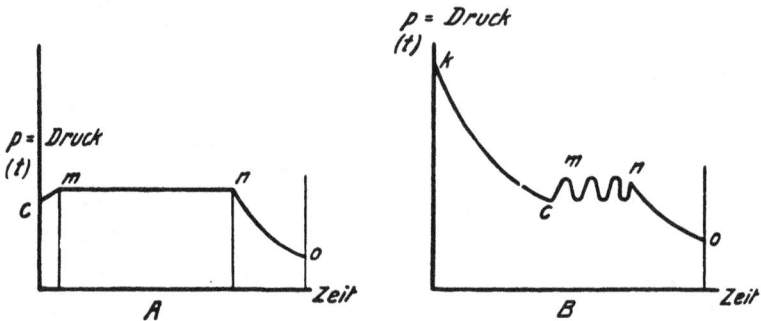

Abb. 123. Temperaturverlauf im Trockenzylinder *A* bei gesättigtem, *B* bei überhitztem Dampf.

des Zylinderinneren ausfüllen, ändert sich ihre Wirkung. Sie verringern dann die Berührungsfläche zwischen Dampf und Zylinderwand und somit die Wärmeabgabe und wirken infolge der geringen Wärmeleitfähigkeit des Wassers gleichsam isolierend zwischen beiden. Zugleich vermag die Kondensation des nachströmenden Dampfes ihre Temperatur nicht mehr so stark zu beeinflussen, wie bei geringen Mengen, die Temperatur von Wasser und Zylinderwänden sinkt (s. Kurve *no* in *A* und *B*).

Wir sehen, daß die Forderung konstanter Temperatur in einem größeren Intervall (*m n* in Abb. 123 *A*) nur bei gesättigtem Dampf und bei geringen Kondenswassermengen erfüllt werden kann.

Die Neigung zu Druckschwankungen in den Trockenzylindern wird vermehrt und kann auf den Fall *A* übergreifen, wenn die Querschnitte der Zuleitungen zu klein sind. Wo solche Unregelmäßigkeiten auftreten, ist zu sehen, ob nicht durch Vergrößerung der Leitungen, ebenso durch Verbesserung ihrer Isolierung Abhilfe möglich ist.

Für die Kesselanlagen ist, wo Hadernkocher im Betrieb sind, zu berücksichtigen, daß diese nach erfolgter Neufüllung plötzlich starke

Dampfmengen entnehmen. Man kann beim Bau solcher Anlagen daran denken, einen Ausgleich für derartige »Dampfstöße« durch das Leerpumpen eines Speisewasserspeichers herbeizuführen. Beschränkt man sich für ihren Ausgleich auf den Wasserraum der Kessel, so wird, wenn er nicht sehr groß gewählt ist, der Kesseldruck bei solchen plötzlichen Dampfentnahmen stark fallen. Das ist nicht wesentlich, wenn sie nur Heizdampf zu liefern haben; wenn sie aber auch Kraftmaschinen speisen, so laufen diese nachher längere Zeit mit vergrößerter Füllung und höherem Enddruck, also schlechterem Wirkungsgrad.

Es ist noch die Frage zu untersuchen, wie verfahren werden soll, wenn der Energiebedarf durch Wasserkraft gedeckt werden kann. Im allgemeinen wird dann Heizdampf in gesonderten Kesseln mit der Höchstspannung, die in der Fabrik benötigt wird, erzeugt. Damit wird man sich einverstanden erklären müssen, wo die Wasserkraft billig ist. Nicht immer ist es der Fall. Häufig kostet ihre Wartung, das Ausbaggern von Sand oder Kies, die Instandhaltung der Wehre je PSst mehr, als die oben genannten $30 \cdot 32{,}5$ WE $= \dfrac{30 \cdot 32{,}5}{7000 \cdot 0{,}8} = 0{,}175$ kg Kohle je PSst $+$ Kesselwartung usw., die wir nach obigem aufwenden müssen, wenn wir dem Heizdampf in den Dampfmaschinen die Bewegungsenergie entnehmen. Wo diese Rechnung zuungunsten der Wasserkraft ausfällt, wäre es besser, sie versanden, als die Möglichkeit, aus dem Heizdampf billigere Energie zu gewinnen, ungenützt zu lassen. Da das erstere aber meist nicht zulässig ist, da außerdem wohl in jeder Gegend eine einmal ausgebaute Wasserkraft wirtschaftlich verwendet werden kann, so kommt man zwangläufig dazu, in solchen Fällen die billigere Heizdampfkraft für den eigenen Betrieb zu verwenden und die teurere Wasserkraft in Form von Strom oder sonstwie an Fremde abzugeben. Wo keine Abnehmer vorhanden sind, wird man versuchen müssen, sie durch Beteiligung an neuen Unternehmungen oder Angliederung solcher an die Papierfabrik zu schaffen.

Wärmeverbrauchszahlen. Den Dampfverbrauch in der Papiermaschine fand Strauch, Nettingsdorf[1]) mit 4,1 kg Dampf je kg Papier, ein Verbrauch, der sich bei 70, 50 und 30% der Volleistung um 24, 65 bzw. 135% erhöhte.

Den Kraftbedarf der Papiermaschine gibt Strauch an der gleichen Stelle für 1 kg Papier an mit

0,403 PSst bei 50 g Papier
0,330 »   » 100 g   »
0,294 »   » 200 g   »
0,283 »   » 300 g   »

_____

[1]) Wochenblatt für Papierfabrikation 1921, S. 3346.

den Gesamtkraftbedarf der Papierfabrik einschließlich angegliederter Zellulosefabrik mit

0,504 PSst für 50 g Papier
0,413 » » 100 g »
0,367 » » 200 g »
0,354 » » 300 g »

alles bei voller Belastung der Maschinen und größter zulässiger Geschwindigkeit. Bei zunehmender Papierstärke wird der Bedarf an Kraft kleiner, der an Trockendampf größer.

Zum Kochen von 1 kg Hadern rechnet man rd. 3 kg Dampf.

Nach einer Veröffentlichung vom Jahre 1918[1]) werden zum Kochen von nicht bleichfähigem Zellstoff bei 6 Atm. und 220⁰ Dampftemperatur 2,3 kg Dampf je kg Zellstoff, für bleichfähigen 2,8 kg benötigt. Zum Trocknen mit Pressen und danach auf der Maschine mit großer Trockenpartie (2 Atm. Dampfdruck) wurde ein Dampfverbrauch von 1,2 kg je kg Zellstoff gefunden.

Nach J. Pfotzer[2]) werden nach dem »Mitscherlichverfahren«, bei welchem, wie in dem Verdampfer mit Brüdenverdichtung (s. chemische Industrie), die Schwaden abgesaugt und von neuem zur Heizung verwendet werden, ungefähr 50% der Kondensatwärme wiedergewonnen, so daß etwa 1,5 kg Frischdampf (von ca. 7 Atm.) zum Kochen von 1 kg Zellstoff erforderlich ist.

---

[1]) »Wärmewirtschaft in der Zellstoffindustrie«, »Wochenblatt für Papierfabrikation« 1918, S. 960.
[2]) Ebendort 1923, S. 1853.

XII. Kapitel.

Verschiedene Industrien und Schlußbetrachtung.

Die vorstehend behandelten Sonderindustrien sind nicht nur wegen der führenden Stellung, die sie in der Weltwirtschaft einnehmen, gewählt worden, sondern auch, weil sie als typische Vertreter besonderer wärmewirtschaftlicher Verhältnisse zu betrachten sind: Die Hüttenindustrie für den Fall, daß die auf dem Werk erzeugten Energiemengen gleich oder größer sind als sein Bedarf; die chemische Industrie, daß der Heizdampf mehr ausmacht als der für die Kraftmaschinen benötigte. Beide dafür, daß das Gleichgewicht zwischen den zwei bestimmenden Faktoren ständigen starken Schwankungen unterworfen ist. Bei der Papierindustrie, einem Sonderfall der chemischen, sind die Mengen des Kraft- und Heizdampfes im Mittel ungefähr gleich, aber beide schwanken je nach der erzeugten Papierqualität.

Alle anderen Fabrikationen werden für ihre Verhältnisse in Ergänzung zu den in Teil 1 und 2 dargelegten allgemeinen Grundsätzen in einem der vorstehenden Beispiele finden, was sie brauchen, um ihre Betriebe kritisch betrachten und leiten und wärmetechnisch richtig bauen oder verbessern zu können. So bewegen sich z. B. die Verhältnisse der Textilindustrie zwischen den in Teil 1 behandelten (im Sommer nur Kraftdampf, im Winter vorwiegend Kraftdampf und wenig Abdampf für Raumheizung) und denen der chemischen Industrie (mehr Heizdampf als Kraftdampf), wo in Webereien die Bleicherei, Färberei und ähnliche, in der Hauptsache chemische Betriebe einen großen Raum einnehmen.

Im Bergbau sind die Verhältnisse denen der Hüttenwerke ähnlich. Es ist Energieverteilung auf große Strecken nötig, die Fördermaschine erfährt starke Belastungsschwankungen und muß wie die Walzenzugmaschine der Blockstraße eine von Null bis zu einem Maximum steigende Geschwindigkeit annehmen. Die Kondensation hat gewisse Nachteile für ein sicheres Fahren, weshalb eine andere Verwertung des Abdampfes, wenn auch nicht unbedingt nötig, so doch erwünscht ist. Diese und alle die hundert anderen Sonderindustrien einzeln zu behandeln, fehlt hier der Raum, abgesehen davon, daß dem Verfasser ein Bedürfnis dafür nach obigem nicht zu bestehen scheint. Wo es von einzelnen Fabrikationszweigen empfunden werden sollte, ist in Aussicht genommen, durch einzelne Veröffentlichungen oder Ergänzungsbände ihm nachzukommen. Hier müssen wir uns darauf beschränken, einige Zahlen für sie niederzulegen, die dem Schrifttum entnommen sind.

Es sind erforderlich:

1. in der Weberei je kg Erzeugnis 1 bis 5 PSst und 8 bis 12 kg Fabrikationsdampf,
2. in der Papierfabrik je kg Erzeugnis 0,4 bis 0,6 PSst und 8 bis 12 kg Fabrikationsdampf (Gesamtverbrauch),
3. in der Zellulosefabrik je kg Erzeugnis 0,4 bis 0,5 PSst und 5,5 bis 6,5 kg Fabrikationsdampf,
4. in der Färberei je kg Erzeugnis 0,05 bis 0,1 PSst und 3 bis 5 kg Fabrikationsdampf,
5. in der Zuckerfabrik je kg Erzeugnis 0,15 bis 0,25 PSst und 5 bis 6 kg Fabrikationsdampf,
6. in der Bierbrauerei je Liter Erzeugnis 0,1 bis 0,2 PSst und 0,5 bis 0,9 kg Fabrikationsdampf[1]),
7. im Bergbau je Tonne Förderung bei einer Teufe von 400 bis 500 m 44 kg Dampf von 12 Atm$_0$ und 300^0 bei 20 kg Dampf-/ PSst. (s. »Glückauf« 1921, S. 141, F. Schulte). Nach Angaben von Waldenburger Zechen verteilt sich dieser Verbrauch in runden Zahlen wie folgt: Fördermaschinen und Kompressoren je 30%, Wasserhaltung 15%, sonstige Dampfmaschinen 10% und Heizung, Bad und Verluste 15%.

Wenn der Verfasser, einer Pflicht jedes Arbeiters, des mit dem Kopfe wie mit der Hand wirkenden, genügend, beim Abschluß dieses Werkchens es noch einmal prüfend überblickt, dann ist er sich vieler Mängel bewußt. Ein ehrliches Bestreben aber hofft er von den Fachgenossen zuerkannt zu erhalten: das große, fast die ganze Technik umspannende Gebiet der Wärmewirtschaft gleichmäßig, ohne Bevorzugung einzelner Teile zu behandeln; gleichmäßig insbesondere die Gebiete der Kraft- und Feuerungsanlagen. Zwischen ihnen waren, wenn wir von den Kesselfeuerungen absehen, bis jetzt im deutschen Schrifttum noch wenig Brücken geschlagen. Für die Technik aber erscheint es dem Verfasser noch wichtiger als für andere Felder des Wissens, daß wir das Gemeinsame in den Dingen erkennen. So kann er

---

[1]) Stauf gibt je hl Bier zusammen 80000 WE an. Die Zahlen 1 bis 5 sind Geibel, »Kraft- und Wärmewirtschaft in der Industrie«, Verlag von J. Springer, Berlin, Auszug in Zeitschrift des Bayerischen Kesselrevisionsvereins 1918, Nr. 9, entnommen.

dieses Buch nicht besser schließen, als mit dem Worte, das er einmal aus dem Munde eines Künstlers gehört, bei dem man, wie bei allen großen Menschen, im Zweifel sein kann, ob er als Künstler oder als Mensch, ob seine Schöpferkraft oder seine Lebensweisheit höher stehen. Der kraftvolle Deutsch-Schweizer Amiet sprach in seiner Malstube hoch im Bernerland zu zwei Schülern, die sich anschickten, in den Süden, nach dem Lande der Kunst, zu ziehen, Abschiedsworte. »Von der Kunst,« so sagte er, brauche ich euch nur vier Worte zu sagen: »Seht immer das Ganze!«

Nicht im Studium des einzelnen den Blick für die Gesamtheit des Problems verlieren, nicht in seitenlangen Zahlen sog. »exakter Lösungen« sich und andere totrechnen, so daß man am Ende den Wald vor Bäumen nicht sieht, sondern durch möglichst knappe Annäherungsrechnungen ein klares Bild von den Zusammenhängen schaffen, in dem eigenen Betrieb alles in peinlicher Ordnung haben, ein Auge aber immer auf die Belange auch der Nachbarbetriebe und des Gesamtunternehmens gerichtet halten, Verständnis haben und hilfsbereit sein gegenüber den Mitarbeitern, Kollegen wie Untergebenen, das ist, was für eine gute Wärmewirtschaft und Wirtschaft überhaupt nottut. Der Mangel an solchem Verständnis und solcher Hilfsbereitschaft gegenüber dem Volksgenossen ist die Schwäche des Germanen. Wenn erst die Mehrzahl der Deutschen bereit sein wird, überall einer dem andern zu helfen und die Neigung abzutun, nur die eigenen vier Wände zu sehen und sich gegenseitig die Arbeit zu erschweren, dann wird rasch ein neues, starkes, dauerndes Deutschland erstehen!

Über dem Arbeitsplatz eines jeden aber, des Mannes in unseren industriellen Betrieben, im Staatsdienst oder im öffentlichen Leben, überall wo schöpferische Arbeit geleistet und wo geführt werden muß, wünschten wir die Worte geschrieben:

»Verbinde mit der Kenntnis des Einzelnen den Blick für das Ganze!«

Zahlentafel I a.

	1	2	3	4	5	6	7	8	9
		Stoff	H_u unterer Heizwert je kg WE[1]	H_u unterer Heizwert je m³ WE	1 m³ wiegt bei 0° 760 mm kg	Theoretische Luftmenge je kg Brennstoff kg	1 m³ Gasgemisch enthält WE	Theoret. Verbrennungstemperatur ohne Luftüberschuß und ohne Vorwärmung °C	1000 WE entstehen aus ? m³ Heizgasen m³
Bestandteile der Brennstoffe, Verbrennungsluft und Feuergase	1a	Kohlenstoff ⎰ CO₂	8 080	—	—	11,6	835	2 300	1,20
	1b	verbrennt zu ⎱ CO	2 440	—	—	5,8	505	1 350	1,98
	2	Kohlenoxyd CO . .	2 440	3 050	1,25	2,5	900	2 410	1,11
	3	Methan CH₄ . . .	11 900	8 580	0,72	17,3	810	2 020	1,24
	4	Äthylen C₂H₄ . . .	11 300	14 100	1,25	14,8	930	2 450	1,08
	5	Wasserstoff H₂ . .	28 500	2 560	0,09	34,6	770	2 200	1,30
	6	Sauerstoff O₂ . . .	—	—	1,43	—	—	—	—
	7	Stickstoff N₂ . . .	—	—	1,25	—	—	—	—
	8	Luft	—	—	1,29	—	—	—	—
	9	Kohlensäure CO₂ .	—	—	1,97	—	—	—	—
	10	Wasserdampf bei 1 Atm. abs. . . .	—	—	0,58 (bei 100°)	—	—	—	—
Bei technischen Feuerungen gebräuchliche Brennstoffe	11	Kohlenstaub. . . .	7 400	—	600 bis 800	10,2	790	2 300	1,27
	12	Teer	8 500 bis 9 200	—	1 100 bis 1 260	11,0	910	2 600	1,10
	13	Rohpetroleum . . .	10 000 bis 10 500	—	800	—	—	—	—
	14	Leuchtgas	10 040	5 160	0,51	13,0	770	2 550	1,30
	15	Koksofengas. . . .	8 260	4 330	0,52	11,0	790	2 300	1,27
	16	Generatorgas . . .	1 080	1 250	1,15	1,2	600	1 750	1,67
	17	Wassergas	4 300	2 970	0,69	4,9	820	2 400	1,22
	18	Gichtgas	740	960	1,30	0,8	550	1 550	1,82

Zahlentafel I b.

Obige Zahlen sind aus folgenden Analysen errechnet:

Nr.	Stoff	Gewichtsprozente						
		CO₂	CO	CH₄	CnHm	H₂	N₂	O₂
1	Leuchtgas . .	7,7	19,5	47,3	9,7	8,5	7,3	—
2	Koksofengas .	8,2	15,1	39,8	5,7	8,6	22,6	—
3	Generatorgas .	11,9	26,5	1,3	0,2	0,9	59,2	—
4	Wassergas . .	8,5	73,4	0,5	4,4	6,8	6,4	—
5	Gichtgas . .	14,1	29,1	—	—	0,1	56,7	—
6	Luft	—	—	—	—	—	77	23
		C	O + N	H₂	S	H₂O	Asche	
7	Teer	80—95	—	—	—	—	—	—
8	Kohlenstaub .	74,3	8,1	4,7	1,3	2,1	9,5	—

[1]) Unter oberem Heizwert versteht man die bei der Verbrennung freiwerdenden Wärmeeinheiten für den Fall, daß der im Brennstoff vorhandene und bei der Verbrennung entstehende Wassergehalt kondensiert, unter dem unteren, daß er in Dampfform in den Heizgasen enthalten ist. Für die Technik kommt nur der letztere in Frage.

Tafel II. Die wichtigsten Verbrauchs- und Druckzahlen für Kraftmaschinen.

	Schmieröl-verbrauch PS.st gr.	Wärmeverbrauch WE/PS.st					Mittl. Druck p_i kg/cm² Überdruck	Eintrittsspannung bzw. Höchstdruck kg/cm² Überdruck	Flächendrücke kg/cm²		
		bel Vollast	bel ¾-Last	bel ½-Last	bel ¾-Last	bel ¼-Last			Haupt-lager	Kurbel-zapfen-lager	Kreuz-kopfzap-fenlager
Dieselmotor (Viertakt), einfach wirkend mit Kompressor	2	1800	1900	2200	2900	—	Viertakt 7,0 Zweitakt 6,3	32	bis 20	bis 30	80—100
Gasmaschine (Gicht- und Koksofengas)	1—0,5 Zyl.-Öl 0,6—0,3 Masch.-Öl	2500	2650	3000	4100	2700	4,6	22—25	20—30	50—70	95—125
Dampfmaschine 2fache Expansion	0,6 Zyl.-Öl 0,4 Masch.-Öl	3300 bis 3000	3600 bis 3300	4500 bis 4100	7400 bis 6750	3600 bis 3300	—	12—20	15—20	50—70	100—120
Dampfmaschine 1fache Expansion		4100 bis 3700	—	—	—	—	—	12—20	15—20	50—70	100—120
Dampfmaschine Gleichstrom		3400 bis 3000	3500 bis 3100	4600 bis 4100	—	3500 bis 3100	—	12—16 / 300 bis 350°	15—20	50—70	100—120
Dampfturbine	0,15—0,05	3200 bis 2600	3300 bis 2650	3350 bis 2750	—	3300 bis 2650	—	15—20 / 300—350 °C	3—5	—	—

Sachregister.

Feuerung für Kohlenstaub 130
— für Teer 130
—, indirekte 120, 122
—, Leistung der 200
Feuerungen, Wirkungsgrad der — 196
Feuerungsanlagen 118
Feuerungsarten 119
Feuerungsmessungen 246
Feuerungstechnik 118, 189
Feuerzüge 105
—, ihre Bemessung 183, 193, 201
Fiat 276
Filz 315
Fink C. 282, 301, 304
Fischer Ferdinand 122
Flachherdmischer 272
Flächenbelastung, spezifische 164
Flachschieber 68
Flammrohrkessel 96 u. f.
Flankenreibung 302
Fließgrenze 283
Flockenbildung bei Elektrostahl 276
Flugasche 238, 289
Flügel G. 333, 337
Flügelbrenner 261
Flüssigkeitsumlauf 329
Flüssigkeitswärme 75
Fördermaschinen 297, 345
Fourier 25
—, Gleichung 147, 149, 159, 165
Frank 220
Fraktion 312
Frick 276
fühlbare Wärme 56
Führungen 306
Füllung 8, 24, 61, 64, 67, 115
Füllungsregelung 47 u. f., 51, 72

G.

Gang (kalter, heißer) 142, 213
Garbe (Steilrohrkessel) 96 u. f.
Gasanalyse 138
Gasblasen 103
Gasbehälter 58, 116, 264
Gasch 287
Gasdampfmaschine, kombinierte 299
Gaserei 58
Gaserzeuger (Generator) 53, 120, 142, 202, 213, 217, 224, 257
—, Wirkungsgrad des — 74
Gaserzeugung 264
Gasfeuerung 120, 130, 145, 192, 201, 206, 288
Gasfernleitung 269
Gasgebläse 279

Gaskammer 171, 174, 176, 224
—berechnung 177
Gaskonstante 9
Gas mit Dampf erzeugt 140
— — Methan 140
Gasmaschine 50
Gasmaschinenregelung 48
Gasmotor 8, 27, 40 u. f., 296
Gasofen 120, 168, 174, 201, 203, 210, 213, 221
Gasperiode 146
Gaspfropfen 229, 234
Gasreinigung 260
Gasstoßofen 286
Gastemperatur 171
Gasturbine 54
Gasüberschuß je t Kohle 271
Gasumsteuerventil 229
Gasverlust 264
Gasvorwärmung 176
Gay Lussac 1
Gebläse, elektrisch betrieben 279
Gegendruckarbeit 81
Gegendruckmaschine 311, 316
Gegendruckturbine 322
Geibel 346
Gemische 333
Generatorgas 41, 131, 133, 136, 175
Generatorgase s. Analyse 133
Generatorverlust 132
Georgs-Marienhütte Osnabrück 217
Gerlafingen 88
Geschwindigkeit der Rauchgase in Kesseln 60, 103
— und Gewicht der Essengase in Abhängigkeit von der Temperatur 188
—, günstigste der Heizgase 159, 163, 187,
— in Wasserleitungen 323 u. f.
Geschwindigkeitskurve 148
Geschwindigkeitsräder 84
Geschwindigkeitsturbine 84
Geuze 285
Gewicht, spez., von Verbrennungsgasen 186
Gichten 213
Gichtgas 42, 121
—feuerung 121
—, fühlbare Wärme 270
—menge 257, 271
—speicherung 264
—wärme 259
Gichtstaubreinigung 257
Gichtverschluß 264
Gießereiflammöfen 280
Gips 103

WÄRMELITERATUR

WIRTSCHAFTLICHE VERWERTUNG DER BRENNSTOFFE. Kritische Betrachtungen zur Durchführung sparsamer Wärmewirtschaft von Baurat Dipl.-Ing. G. de Grahl, Mitglied der Akademie des Bauwesens und des techn.-wirtsch. Sachverständigenausschusses für Brennstoffwesen. 3 vermehrte Auflage 1923. 658 S., 323 Abb., 16 Tafeln. Lex.-8⁰. Brosch. M. 32 —, geb. M. 33.50.

DIE HEIZERAUSBILDUNG Buchausgabe der Unterrichtsblätter für Heizerschulen von H. Spitznas, Reg.-Oberingenieur. 2. Aufl. 1924. 271 S., 59 Abb., 8 Tabellen, 2 Schaubild-Tafeln, gr. 8⁰. Brosch. M. 5.—, geb. M. 6.—.

DIE BRENNSTOFFE UND IHRE VERBRENNUNG. Von Professor Dr. G. Keppeler. 60 S., 13 Abb., gr 8. 1922. Brosch M. 2.—.

DER WÄRMEFLUSS IN EINER SCHMELZOFENANLAGE FÜR TAFEL-GLAS Eine wärmetechnische Untersuchung nach durchgeführten Messungen im Betrieb von Dr.-Ing. H. Maurach. 106 S., 28 Abb., 1 Tafel. gr. 8⁰. 1923. Brosch. M 5.—.

DER EISERNE ZIMMEROFEN. Handbuch für neuzeitliche Wärmewirtschaft im Hausbrand. Herausgeg. unter Mitarbeit des Priv.-Doz. Dipl.-Ing. Dr. M. Wierz und des Dr.-Ing. G. Brandstäter von der Vereinigung deutscher Eisenofenfabrikanten. 120 S.. 57 Abb., 8⁰. 1923. Brosch. M. 1.90.

TABELLEN UND DIAGRAMME FÜR WASSERDAMPF, berechnet aus der spezifischen Wärme von Prof. Dr. O. Knoblauch, Dipl.-Ing. E. Raisch und Dipl.-Ing. H. Hausen. 32 S., 4 Abb., 3 Diagrammtafeln als Beilage. Lex. 8⁰. 1923. Brosch. M. 2,40.

Sonderausgaben der Diagramme. Ausgabe A enthaltend: Je ein ι, s- und ι, p-Diagramm. Ausgabe B enthaltend: Zwei ι, s-Diagramme. Preis der Ausgaben (2 Tafeln) in Streifband je M. 1.10
Partiepreise: 10 Exemplare der Ausgaben A oder B je M. —.85. 25 Exemplare der Ausgaben A oder B je M. —.80. 50 Exemplare der Ausgaben A oder B je M. —.75. Diese Ausgaben werden auch gemischt abgegeben.

ANLEITUNG ZU GENAUEN TECHNISCHEN TEMPERATURMESSUNGEN mit Flüssigkeits- und elektrischen Thermometern. Von Prof. Dr. O. Knoblauch und Dr.-Ing. K. Hencky. 141 S., 65 Abb. 8⁰. 1919. Brosch. M. 3.—, geb. M. 4.20.

ELEKTRISCHE TEMPERATURMESSGERÄTE. Von Dr.-Ing. G. Keinath. 283 S., 219 Abb. gr. 8⁰. 1923. Brosch. M. 10.80, geb. M. 12.30.

WÄRMETECHNISCHE BERECHNUNG DER FEUERUNGS- UND DAMPF-KESSELANLAGEN. Taschenbuch mit den wichtigsten Grundlagen, Formeln, Erfahrungswerten und Erläuterungen für Bureau, Betrieb und Studium. Von Ingenieur Fr. Nuber 2. erweiterte Aufl. 1923. 90 S., kl 8⁰ Kart. M. 1.80.

FEUERUNGSTECHNISCHE RECHENTAFEL. Von R. Michel. 3 Aufl. 1924. M. 2.50.

R. OLDENBOURG / MÜNCHEN UND BERLIN